"十三五"普通高等教育本科部委级规划教材

西餐工艺学

李祥睿　陈洪华 □主编

U0241835

中国纺织出版社有限公司　国家一级出版社
全国百佳图书出版单位

图书在版编目（CIP）数据

西餐工艺学 / 李祥睿，陈洪华主编 .-- 北京：中国纺织出版社有限公司，2019.12（2024.8重印）

"十三五"普通高等教育本科部委级规划教材

ISBN 978-7-5180-6218-8

Ⅰ . ①西… Ⅱ . ① 李…②陈… Ⅲ . ①西式菜肴 – 烹饪 – 高等学校 – 教材 Ⅳ . ① TS972.118

中国版本图书馆 CIP 数据核字（2019）第 098081 号

责任编辑：舒文慧　　特约编辑：范红梅
责任校对：楼旭红　　责任印制：王艳丽

中国纺织出版社有限公司出版发行

地址：北京市朝阳区百子湾东里 A407 号楼　邮政编码：100124

销售电话：010—67004422　传真：010—87155801

http://www.c-textilep.com

中国纺织出版社天猫旗舰店

官方微博 http://weibo.com/2119887771

三河市宏盛印刷有限公司印刷　各地新华书店经销

2019 年 12 月第 1 版　　2024 年 8 月第 4 次印刷

开本：710×1000　1/16　印张：26.75

字数：476 千字　定价：49.80 元

前　言

　　《西餐工艺学》是研究西方饮食文化和西式菜点制作工艺的一门课程。随着我国旅游业的发展、百姓生活水平的提高和对外开放的进一步深入，西餐已经逐步进入寻常百姓家了，为了适应烹饪高等教育的发展，培养西餐制作的专门人才，普及西餐文化而编写了这本教材。

　　《西餐工艺学》也是高等学校旅游、烹饪专业的主干课程，教材体现了旅游、烹饪教育的特点，强调科学性、直观性和可操作性。在编写过程中，考虑到多数学生没有西餐基础以及西方饮食文化普及程度不够高的实际情况，教材的视角着重在夯实基础，注重西餐知识的系统性和全面性，同时也穿插了一些工艺难度较大的菜点制作案例，如分子美食的料理方法和现场表演案例，使西餐传统技术和现代烹饪工艺交相辉映。

　　《西餐工艺学》由扬州大学李祥睿、陈洪华主编；教材主要分为十四章，分工如下：第一章、第六章、第八章、第十二章等，由扬州大学李祥睿编写；第二章由杭州第一技师学院王爱明编写；第三章由南京鼓楼社区培训学院姜舜怀、张荣明编写；第四章由湖南商业技师学院王飞、周国银、张艳编写；第五章第一节以及第十一章由常州旅游商贸学院王东编写；第五章第二节由中国人民大学王祚荣编写；第七章由江苏旅游职业学院苏爱国编写；第九章由扬州大学陈洪华编写；第十章由清华大学周静、徐州工程学院赵节昌编写；第十三章由扬州大学侯兵编写；第十四章由江南大学陆中军、扬州大学杨伊然编写。全书稿件由扬州大学李祥睿、陈洪华统纂。

　　在《西餐工艺学》教材编写过程中，各位作者殚精竭虑，但由于水平限制，疏漏掠美之处在所难免，敬请广大读者指正。另外，本书稿在编写过程中得到了扬州大学旅游烹饪学院（食品科学与工程学院）各位领导的关心，也得到了扬州大学校级出版基金的支持，同时也参考了大量书稿文献，在此一并感谢。

李祥睿　陈洪华

2019.4.18

<h2 align="center">《西餐工艺学》教学内容及课时安排</h2>

章/课时	课程性质/课时	节	课程内容
第一章 （4课时）			·西餐工艺学概述
		一	西餐的概念、起源及发展概况
		二	西餐的菜式、组成及西餐从业条件
		三	西餐工艺学的概念、研究内容及研究方法
第二章 （2课时）	基础知识 （10课时）		·西餐工艺中常用的工具、设备与餐具
		一	西餐厨房工具与设备
		二	西点厨房工具与设备
		三	西餐餐具
		四	西餐厨房工具、设备和餐具的养护知识
第三章 （4课时）			·西餐工艺中的特色原料
		一	西餐原料分类
		二	常见调味料
		三	西餐香料
		四	西餐烹调用酒
		五	西点常见原料
第四章 （4课时）	实践操作 （30课时）		·西餐原料加工工艺
		一	初加工工艺
		二	部位分卸工艺
		三	剔骨出肉工艺
		四	切割工艺
		五	整理成形工艺
第五章 （4课时）			·西餐制汤工艺
		一	基础汤及高汤制作工艺
		二	开胃汤制作工艺
第六章 （4课时）			·西餐沙司制作工艺
		一	西餐沙司概述
		二	西餐沙司制作案例
第七章 （6课时）			·西餐冷菜制作工艺
		一	冷菜概述及分类
		二	开胃菜的概述、分类及制作案例
		三	沙拉的概述、分类及制作案例
		四	其他类冷菜的制作案例
第八章 （8课时）			·西餐烹调工艺
		一	西餐烹制与热传递
		二	西餐肉类菜肴烹调程度测试
		三	西餐调味概述
第九章 （4课时）			·西式面点制作工艺
		一	西点制作基础工艺
		二	蛋糕制作工艺
		三	面包制作工艺
		四	点心制作工艺
		五	甜点制作工艺

续表

章/课时	课程性质/课时	节	课程内容
第十章 （2课时）			·西式早餐制作工艺
		一	西式早餐概述
		二	西式早餐中蛋类的制作案例
		三	西式早餐中热食种类与制作案例
		四	西式早餐中谷物类品种与制作案例
第十一章 （2课时）			·西餐配菜及装盘装饰工艺
		一	西餐配菜工艺
		二	西餐装盘装饰工艺
第十二章 （2课时）			·西餐烹调表演工艺
		一	西餐烹调表演概述
		二	西餐烹调表演的要素
		三	西餐烹调表演的种类
		四	西餐烹调表演常用的用具、设备及调料
		五	西餐烹调表演的程序与标准
		六	西餐烹调表演案例
第十三章 （4课时）	素质提升 （12课时）		·西餐工艺中菜单筹划和设计
		一	西餐菜单概述
		二	西餐菜单的种类
		三	西餐菜单的筹划
		四	西餐菜单的定价
		五	西餐菜单的设计
第十四章 （2课时）			·世界各国著名菜点案例
		一	法国菜点
		二	意大利菜点
		三	英国菜点
		四	美国菜点
		五	俄罗斯菜点
		六	德国菜点
		七	比利时菜点
		八	奥地利菜点
		九	西班牙菜点
		十	葡萄牙菜点
		十一	澳大利亚菜点
		十二	新西兰菜点
		十三	芬兰菜点
		十四	希腊菜点

注：各院校可根据自身的教学特色和教学计划对课程时数进行调整。

目　录

第一章

西餐工艺学概述

本章内容：西餐的概念、起源及发展概况

西餐的菜式、组成及西餐从业条件

西餐工艺学的概念、研究内容及研究方法

教学时间： 4课时

训练目的： 让学生了解西餐的概念，掌握西餐的菜式，熟悉西餐的组成。

教学方式： 由教师讲述西餐的相关知识，合理运用经典案例阐述。

教学要求： 1. 让学生了解相关的概念。

2. 掌握西餐的菜式。

3. 熟悉西餐的组成。

课前准备： 准备一些中餐、西餐图片，进行对照比较。

第一节　西餐的概念、起源及发展概况

一、西餐的概念

西餐这个词是相对于中餐而言，由其特定的地理位置所决定的。我们通常所说的西餐是中国和其他东方人对欧美地区菜点的统称，它不仅包括西欧国家的饮食，还包括东欧各国，也包括美洲、大洋洲、中东、中亚、南亚次大陆及非洲等欧洲人口的主要移民地的饮食。广义上说，西餐是来自西方的菜点，狭义上说西餐是由拉丁语系地区的菜肴和点心组成的。西餐作为欧美文化的一部分，具备以下 3 个特征。

（1）西餐以刀、叉、匙为主要进食工具；

（2）西餐烹饪方法和菜点风味充分体现欧美特色；

（3）西餐服务方式、就餐习俗和情调充分反映欧美文化。

事实上，每个欧洲国家都有各自的饮食风味特点，如法国菜的鲜浓香醇、英国菜的清淡爽口、意大利菜的原汁原味……所以法国人认为他们做的是法国菜、英国人认为他们做的是英国菜、意大利人认为他们做的是意大利菜……并无"西餐"之概念。但是另一方面，由于这些国家的地理位置较近，历史渊源很深，在文化、生活传统上有着千丝万缕的联系。因此，在饮食禁忌和进餐习俗上也大体相同，至于南美洲、北美洲和大洋洲，其文化也是与欧洲文化一脉相承的。所以，上述国家和地区在菜点的制法上必然有许多共同之处。同样地，我国和部分其他东方国家、地区的人民在文化上大体相同，因此大都把与东方饮食迥然不同的西方饮食统称为西餐。

随着时代的变迁与发展，西餐的概念又演绎出新的内涵。现代西餐是指根据西餐的基本制作方法，融入世界各地文化、技术与配方，使用当地特有的原料制成的各种菜点，并形成风格，拥有一定知名度的餐饮文化。

但近几年来，随着改革开放的深入，东西方文化的不断碰撞、渗透与交融，使得东方人逐渐了解到西餐中各种菜式的不同风味特点，并开始区别对待，一些星级饭店都分别开设了法式餐厅、意式餐厅、俄式餐厅等，西餐作为一个笼统的概念逐渐趋于淡化，但西方餐饮文化作为一个整体概念仍继续存在。

二、西餐的起源与发展概况

西方文明是以现今所见的欧洲为地理界限来说的，西方文明史是从古埃及、古巴比伦、波斯、爱琴海及犹太文明讲起的，因为欧洲早期的历史，像古希腊、古罗马都不同程度地受到那些古文明的影响。从地理上讲，地中海本来就是沿岸各种文化传播的天然高速公路网的枢纽。希腊、罗马分别在这个高速公路网的端点上又与西亚地区直接相连，受各种文明影响是再自然不过的事。因此，为了便于阐述西餐的起源及发展概况，习惯上将西餐的发展过程分为三个阶段：古代的西餐、中世纪的西餐、近代和现代的西餐。

（一）古代的西餐

西方饮食文化的发展是和整个西方文明史分不开的。西方的文明是在地中海沿岸地区发展起来的。公元前 3100 年，地中海南岸的埃及就已经形成了统一的国家，历经古王国时期、中王国时期和帝国时期，创造了灿烂的古埃及文明。尼罗河不仅给其下游地区带来了充沛的水源和肥沃的土地，更给这里带来了生机和繁荣，埃及人逐渐在这里定居下来，依靠集体的力量，开渠筑坝、引水灌溉、种植庄稼。地理方位的优越，为社会发展提供了前提条件。许多出土文物也都证明了西餐在这一时期有较大的发展。据史料记载，埃及法老的餐桌上已经出现了奶、啤酒、无花果酒、葡萄酒、面包、蛋糕及诸多西餐菜肴。

公元前 1900 年，多瑙河流域的一支部落移民到了古希腊地区，与当地的土著融合之后，发展成一支比较文明先进的族群。由于受到古埃及文化的影响，古希腊人创造了欧洲最古老的文化，成为欧洲文明的中心。当时希腊的贵族很讲究饮食，由此推动了西餐的发展。希腊人的日常食物已经有牛肉、羊肉、鱼类、奶酪及各式面包等。

公元前 753 年，古罗马人建立了罗马城。在军事胜利的同时，古罗马的经济也维持了两个世纪的鼎盛，贸易范围非常广，不但在罗马帝国的征服区域内，而且与中东地区、印度、中国等都有联系。手工业和农业也发展很快。在烹饪方面，由于受希腊文化的影响，古罗马宫廷膳食厨房分工很细，由面包、菜肴、果品、葡萄酒四个部分组成，厨师主管的身份与贵族大臣同级。当时已经有了诸如素油、柠檬、胡椒粉、芥末等调味品或复合调味料，有的贵族还用本家族的名字来命名新的调味品。此外，古罗马人还制作了最早的奶酪蛋糕。在哈德良（Hadrian）皇帝统治时期，罗马帝国在帕兰丁山建立了厨师学校，以传播烹饪技术。

（二）中世纪的西餐

说到欧洲中世纪，我们会联想到盔甲华丽的骑士、奢侈的酒宴、流浪的游吟诗人、领主、女皇、主教、僧侣、信徒和壮观而神秘的城堡。因为受宗教的繁荣昌盛和骑士小说的影响，中世纪的生活看似充满了传奇、信仰和浪漫英雄主义，但在人们的传统观念中，公元5世纪～15世纪期间的西欧中世纪却是人类历史上最黑暗的时代，是西方古代文化和近现代文化高峰中间的低谷。

对西餐而言，它的发展也是不平衡的。一方面，由于罗马帝国的没落和蛮族的入侵，原有的西餐发展势头遭到遏制；另一方面，由于不间断的征战，也促使了西餐原料、烹调方法、生活习惯等的交融。如1066年，征服者威廉踏上了英国的土地，从此英国人民在生活习惯、语言和烹调方法等方面都受到了法国人的长期影响，英语中的小牛肉、牛肉和猪肉等词汇都是从法语中演变过来的。同时，法国人复杂多变的烹调方法改变了英国人长期单一的烹调方法。而同时期中东地区的饮食文化给意大利饮食文化带来了较大影响，主要表现在新的香料、新的烹调方法、新的蔬菜品种等的应用。再加上王公贵族对饮食的奢侈追求，使西餐不断出现新的菜式，也促进了西餐向前发展。

（三）近代和现代的西餐

欧洲文艺复兴后期，意大利烹饪几乎具备了现在的意大利菜使用的所有材料，意大利菜发展到了成熟和鼎盛的时期。同时法国菜也受到了意大利菜的影响。如1533年，意大利佛罗伦萨城美第斯家族14岁的凯瑟琳公主嫁给了法国后来成为亨利二世的15岁的王子。其陪嫁的人员中有整班的意大利名厨，他们带来了当时意大利菜中最佳的烹饪技术。除此之外，凯瑟琳还将意大利的餐桌礼仪介绍给法国的贵夫人，此举提升了法国贵族社会的社交生活，其风范也为英国的伊丽莎白一世所效仿。到了1600年，亨利四世又娶了美第斯家族的玛丽公主，使得凯瑟琳的风范得以延续到路易十三在位时期。具有"太阳王"之称的路易十四非常讲究就餐的仪式与排场，每次宴会都有"仪式与庆祝"的程序。另外他组织凡尔赛宫的厨师和侍膳人员举办烹饪比赛，对于技艺超群者，赐予"蓝带"（Cordon Bleu）奖章，而且比赛的风气延续至今。此后的路易十五、路易十六也都对饮食十分讲究，法国也因此名厨迭出，而厨师也成为一种既高尚又具有艺术性的职业，从而也刺激了西餐的快速发展。1789年法国大革命后，由于封建体制的瓦解、皇室贵族制度的崩溃，一些宫廷名厨只好另谋出路，或做家厨或开餐馆营业，使原来的宫廷美食与民间饮食紧密结合，开创了法国菜的新纪元，也标志着西餐发展到了一个崭新阶段。到了19世纪中叶，法国名厨奥古斯特·爱斯克菲尔（Auguste Escoffier）将法国菜系统化地整理成一本烹饪指南，成为世界各地的法国菜经典，由于法国菜在世界各地早已成为美食的代名词，这本指南也成为国际的美食经典。

现代的西餐是西式正餐与西式快餐并存的模式，无论是从知识上，还是在技术上，应该说都已经达到成熟的境界。一方面由于新的烹饪设备不断更新、新的烹饪方法不断出现、新的原料被使用；另一方面由于营养学与微生物学的问世，也使现代西餐更加科学合理了。以上种种因素表明，现代西餐已经形成了用料精选、香醇浓郁、工艺独特、讲究老嫩、设备考究、就餐别致、营养卫生的特点。

三、西餐在我国的传播与发展

西餐在中国的传播和发展，大致经历了以下几个阶段。

（一）17 世纪中叶以前

西餐在我国有着悠久的历史，它是伴随着我国和世界各民族人民的交往而传入的，但西餐到底何时传入我国，至今还未有定论。据史料记载，早在汉代，波斯古国和西亚各地的灿烂文化通过"丝绸之路"传到中国，其中就包括膳食。公元 13 世纪（元朝），意大利著名学者马可·波罗在我国居住数十年，为两国经济文化交流贡献了毕生精力，也曾将某些西式菜点的制作方法传到中国，但未形成规模。在漫长的封建社会中，中西方的交往也是十分有限的，当时在食品方面，只限于一些物产的相互交流，如西方的芹菜、胡萝卜、葡萄酒等陆续传入我国。

（二）17 世纪中叶至 19 世纪初

公元 17 世纪中叶，西欧一些国家开始出现资本主义，一些商人为了寻找商品市场，陆续来到我国广州等沿海地区通商；一些政府官员和传教士先后到我国部分城镇进行传教等文化渗透活动。他们也带来了西方的生活方式和一些菜点制作，如明代天启二年（公元 1622 年）来华的德国传教士汤若望在京居住期间，曾"以蜜面和以鸡卵"制作"西洋饼"款待中国人，食者"诧为殊味"。

到清代初期，随着涌入我国的商人、传教士等外国人士的增多，中国宫廷、王府官吏与洋人交往频繁，逐步对西餐感兴趣，有时也吃起西餐来了。如清代乾隆年间的袁枚曾在粤东杨中丞家中食过"西洋饼"。但当时我国的西餐行业还没有形成。

（三）19 世纪中叶至 20 世纪三四十年代

1840 年鸦片战争以后，西方列强用武力打开了中国的门户，争相划分势力范围，他们同清政府签订的一系列不平等条约，使来华的西方人与日俱增，从而把西方饮食的烹饪技艺带入中国。

到清代光绪年间，在外国人较多的上海、北京、天津、广州、哈尔滨等地，陆续出现了以营利为目的专门经营西餐的"番菜馆"咖啡厅和面包房等。从此，我国有了西餐行业。《清稗类钞》云："国人食西式之饭，曰西餐，一曰大餐，一曰番菜，一曰大菜。席具刀、叉、瓢三事，不设箸。光绪朝，都会商埠已有之。至宣统时尤为盛行。"而且在《清稗类钞》中另有记载："我国设肆售西餐者，始于上海福州路之一品香……当时人鲜过问，其后渐有趋之者，于是有海天春、一家春、江南春、万长春、吉祥春等继起，且分室设座焉。"北京开设西餐馆也较早，先是有"六国饭店"，光绪末年和宣统初年，北京还建有称作"醉琼林"和"裕珍园"的西餐馆。

在西餐传入的过程中，值得重视的是《造洋饭书》的出版。此书为美国传教士高丕第（K.P.Crawford）夫人所编著，于同治五年（1866年）在上海出版。该书序言用英文撰写，内容用中文撰写，主要是为来华的传教士及西方人培训西餐厨房人员而编写的。该书于1909年曾再版。此后，1917年出版了由中国人卢寿篯撰写的《烹饪一斑》，记录了普通食物调制贮藏方法及部分西餐制法，如咖喱饭、牛排和汤等的制法。此外，李公耳的《西餐烹饪秘诀》，王言纶的《家事实习宝鉴（第二编饮食论）》、梁桂琴的《治家全书（卷10烹饪篇食谱）》等都是这一时期由中国人自己普及西餐知识的代表性书籍。

可见，在中国饮食文化史上，19世纪中叶至20世纪三四十年代，是西方饮食文化大规模传入时期，其中20世纪二三十年代，西餐在我国传播最快，达到了鼎盛时期。

（四）解放后至现在

在我国，西餐几经盛衰。至新中国成立前夕，由于连年战乱，西餐业已濒临绝境，从业人员所剩无几。新中国诞生后，历史赋予西餐行业新的艺术生命，随着中国在国际上地位的提高，世界各国家和地区与我国的友好往来日益频繁，又陆续建起了一些经营西餐的餐厅、饭店，由于当时我国与以苏联为首的东欧国家交往密切，所以20世纪50年代和60年代我国的西餐以俄式菜发展较快。随后的十年，我国经济发展缓慢，西式餐饮也受到了很大影响。

西餐在中国的重新发展，应该从20世纪70年代末、80年代初算起。随着国际旅游饭店的大量兴建，肯德基、麦当劳、必胜客等西式快餐的涌入，西餐已开始渗入到中国的各个城市，其中不少饭店是中外合资或外资独资企业，聘用了不少外国厨师，引进了不少新设备和新技术。与此同时，原来的一些老饭店也在不断进步与发展，陆续派厨师去国外学习。如今，西餐越来越为人们所了解，它以其丰富的营养、奇特的风味、浓郁的异国情调，吸引着我国人民。如今西餐已经变得家常，丰富了大众的生活。

第二节　西餐的菜式、组成及西餐从业条件

一、西餐的菜式

西方各国在气候、地理、物产、饮食文化和口味特点上各不相同，在西餐长期发展过程中，他们在菜点的制作上都形成了自己的特色，派生了很多菜式。如法国菜、意大利菜、英国菜、美国菜、俄罗斯菜、德国菜、西班牙菜、希腊菜、澳大利亚菜等。目前比较流行的菜式主要有法国菜、意大利菜、英国菜、美国菜、俄罗斯菜等。

浓缩浪漫与高雅的法国菜特色在于使用新鲜的季节性材料，加上厨师个人独特的料理，形成独一无二的艺术佳肴极品，无论在视觉上、嗅觉上、味觉上还是触感上，都达到了无与伦比的境界，同时在食物的品质、服务水准、用餐气氛上，更要求精致化的整体表现。近年来，法国菜不断精益求精，将以往的古典菜肴推向所谓的新菜烹调法（Nouvelle Cuisine），并相互运用，调制的方式讲究风味、天然性、技巧性、装饰和颜色的配合，赢得了世界食客的绝好口碑。

意大利菜有"妈妈的味道"，而"妈妈的味道是世界上最棒的佳肴"。作为西餐始祖的意大利菜从公元前4世纪的伊特里时期开始，经历罗马时期、文艺复兴时期到意大利时期，对于饮食的挚爱与热情已深植于意大利人的生活中。意大利烹饪方式变化多端，出品多样，原味自然。意大利的美食如同它的文化：高贵、典雅、味道独特。精美可口的面食、奶酪、火腿和葡萄酒吸引着世界各国美食家。

朴实无华的英国美食简单清新，烹饪食材经过清煮、烩制、烧烤、油炸后，往往由客人根据自己的爱好调味。绅士的礼仪、丰盛的早餐、悠闲的下午茶让人难以忘怀。

美国菜是在英国菜的基础上发展起来的，继承了英式菜简单、清淡的特点，口味咸中带甜。美国人一般对辣味不感兴趣，喜欢铁扒类的菜肴，常用水果作为配料与菜肴一起烹制，如菠萝焗火腿、莱果烤鸭。喜欢吃各种新鲜蔬菜和各式水果。美国人对饮食要求并不高，追求营养、快捷。

作为一个地跨欧亚大陆的世界上领土面积最大的国家——俄罗斯，虽然其在亚洲的领土非常辽阔，但由于绝大部分居民居住在欧洲部分，因而其饮食文化更多地受到了欧洲大陆的影响，呈现出欧洲大陆饮食文化的基本特征，但由于特殊的地理环境、人文环境及独特的历史发展进程，也造就了独具特色的俄罗斯饮食文化。在俄语中，"面包加盐"是最珍贵的食物，具有非常重要的象征意义：面

包代表富裕与丰收，盐则有避邪之说。在每餐开始和结束的时候，大家都会吃上一片蘸着少许食盐的面包，以示吉祥。俄罗斯菜的选料广泛、讲究制作、加工精细、因料施技、讲究色泽、味道多样、适应性强、油大味重等特色给人留下了深刻的印象。

二、西餐的组成

西餐除了大型宴会，如冷餐会、鸡尾酒会及快餐等形式外，套餐是餐馆供应西餐的最常见的形式。由于西餐不论在餐馆或是在家庭均实行严格的分餐制，因此上菜顺序及上菜方法都有一定的规程，作为西厨及管理人员必须熟悉及遵循它，方能更好地为顾客服务。

在大多数欧美国家，套餐的组成和顺序是：开胃菜（Appetizer）→汤（Soup）→主菜（Main Course）→甜品（Dessert）。而在有些国家，如法国，套餐的顺序略有变化，其顺序为：汤（Soup）→开胃菜（Appetizer）→主菜（Main Course）→甜品（Dessert）。

（一）开胃菜

开胃菜也可称为头盘，其目的是促进食欲。开胃菜不是主菜，即使将其省略，对正餐菜肴的完整性及搭配的合理性也不产生影响。

开胃菜的特点是量少而精，味道独特，色彩与餐具搭配和谐，装盘方法别致。开胃菜的内容主要包括冷菜：开那批（Canape）开胃菜、鸡尾杯类（Cocktail）开胃菜、迪普（Dip）开胃菜、鱼子酱（Caviar）开胃菜、肝批类（Pate）开胃菜、沙拉类（Salad）开胃菜及少量热菜，如焗蜗牛（Bake Snails）、烙蛤蜊（Bake Clams）等。

（二）汤

西餐中汤主要也是起开胃的作用。汤根据食材的多寡可分为浓汤与清汤两大类。清汤有冷汤、热汤之分；浓汤有奶油汤、蔬菜汤、菜泥汤等。常见的有：法国洋葱汤（French Onion Soup）、法国海鲜汤（Seafood Soup French Style）、蛤蜊汤（Clam Chowder）、意大利蔬菜汤（Minestrone）、罗宋汤（Russian Borsch）等。

（三）主菜

1. 水产类菜肴

水产类菜肴种类很多，品种包括各种淡水鱼、海水鱼、贝类及软体动物类。通常水产类菜肴与蛋类、面包类、酥盒菜肴均称为小盘菜。因为鱼类等菜肴肉质鲜嫩，比较容易消化，所以放在肉类菜肴的前面。西餐吃鱼讲究使用专用的调味汁，品种有鞑靼汁、荷兰汁、酒店汁、白奶油汁、大主教汁、美国汁和水手鱼汁等。

2. 畜肉类菜肴

畜肉类菜肴的原料取自牛、羊、猪等各个部位的肉，其中最有代表性的是牛肉或牛排。牛排按其部位又可分为沙朗牛排（也称西冷牛排，Sirloin Steak）、菲力牛排（Tenderloin Steak）、"T"骨型牛排（T-bone Steak）、薄牛排（Minute Steak）等。其烹调方法常用烤、煎、铁扒等。肉类菜肴配用的调味汁主要有西班牙汁、浓烧汁、蘑菇汁、白尼斯汁等。

3. 禽类菜肴

禽类菜肴的原料取自鸡、鸭、鹅，品种最多的是鸡，有山鸡、火鸡、竹鸡。烹调方法有煮、炸、烤、焖，主要调味汁有黄肉汁、咖喱汁、奶油汁等。

4. 蔬菜类菜肴

蔬菜类菜肴可以安排在肉类菜肴之后，也可以与肉类菜肴同时上桌。蔬菜在西餐中常用来制作沙拉，与主菜同时供应的沙拉，称为生蔬菜沙拉。一般用生菜、番茄、黄瓜、芦笋等制作。沙拉的主要调味汁有醋油汁、法国汁、千岛汁、奶酪沙拉汁等。

沙拉除了蔬菜之外，还有一类是用鱼、肉、蛋类制作的，这类沙拉一般不加调味汁，在进餐顺序上可以作为头盘食用。

还有一些蔬菜是熟食的，如西蓝花、煮菠菜、炸土豆条。熟食的蔬菜通常与肉食类主菜一同摆放在餐盘中上桌，称为配菜。

（四）甜品

从真正意义上讲，甜品包括所有主菜后的食物，如布丁、煎饼、冰激凌、奶酪、水果等。

三、西餐从业条件

（一）西餐工作人员应有的素质

作为一名西餐工作人员，除了具有高超的厨艺技能、专业的学识积累和高尚的厨德修养之外，还应该妥善处理厨房的人、事、物及客人的投诉等事宜，及时把握西餐行业的脉动和潮流，方能有所成就。因此，一名西餐工作人员应具备以下素质。

1. 爱岗敬业，遵纪守法

遵纪守法是每个公民所必须具有的素质。在这样的前提下，本着诚实待人、公平守信、合理盈利的原则，守法经营，注意厨房本身的经济效益和社会效益。同时，每个西餐厨师要做到爱岗敬业，认真做好每一件事、每一个环节、每一个菜点。

2. 技术扎实，坚韧不拔

西餐工艺操作是一项较繁重的体力劳动，同时又是复杂细致的技术工作。由于西餐菜点的品种多样，操作中又要掌握火候、调味等因素的各种变化。因此，从事西餐的工作人员必须掌握扎实的基本功，如西餐工具与设备的保养与正确使用、原料的鉴别与保藏、原料的加工工艺、基础汤的制作、基本沙司的调制及基本的烹调方法等。只有基础扎实了，才能有提高与发展。同时，从事西餐的工作人员由于工作时间长、工作量大，因此需要有健康的体魄、良好的心理素质与坚韧不拔的意志。

3. 语言熟练，团结协作

西餐是外来的饮食文化，在平常的工作过程中，对外语有着较高的要求。不懂外语，就看不懂原版专业书籍、文献、菜单等，就不能与外厨直接交流，因而也就无法理解和掌握西餐的技术精髓和文化内涵。

团队合作是一种为达到既定目标所显现出来的自愿合作和协同努力的精神。它可以调动团队成员的所有资源和才智，并且会自动地驱除所有工作中不和谐的现象。如果团队合作是出于自觉自愿时，它必将产生一股强大且持久的力量。厨房的各种工作都需要多人的合作才能成功的。

（二）餐饮从业人员应掌握的卫生法规

"民以食为天"，饮食是我们赖以生存的根本。因此，提供营养美味、卫生安全的菜点是每个餐饮从业人员的基本任务。

1. 健康管理

餐饮从业人员的健康是食品卫生的最基本要求。《中华人民共和国食品安全法》（以下简称《食品安全法》）（2018 年修正）第四十五条规定：

"食品生产经营者应当建立并执行从业人员健康管理制度。患有国务院卫生行政部门规定的有碍食品安全疾病的人员，不得从事接触直接入口食品的工作。

从事接触直接入口食品工作的食品生产经营人员应当每年进行健康检查，取得健康证明后方可上岗。"

2. 卫生习惯

良好的卫生习惯关系到很多细节。从服装的整洁、手部的卫生及个人良好习惯的养成等有很多细微的方面，看上去似乎很小，而实际上非常重要，一点都不能马虎。

餐饮从业人员，多以手为活动中心，手也是与食品接触最多的部位，所以保持手部清洁显得尤为重要。而保持手部清洁最有效的方法就是使用正确的洗手方法。但对于藏匿于皮肤内的细菌却无法清洗掉，因此当必须以手接触食物时，最好戴上手套，以确保食物的卫生安全。一般手部的清洁主要分五个步骤：一洗：打开水龙头将手淋湿；二搓：抹上肥皂，和水搓揉起泡 20 秒钟；三冲：将双手冲洗干净；四捧：双手捧水将水龙头冲洗干净，然后关闭水龙头；五擦：用纸巾把手擦干。

除了上述手部的清洁之外，其他还有几点必须特别注意。如不可蓄留指甲、涂指甲油，若手部有疮口、脓肿者，不可直接用手去接触食品等。

3. 卫生教育

我国《餐饮服务食品安全监督管理办法（卫生部令第 71 号）》第十条和第十一条规定，餐饮服务提供者应当依据《食品安全法》的有关规定，做好从业人员健康检查和培训工作。如对新入职的从业人员建立健康档案，组织从业人员参加食品安全培训，而对于在职人员，可针对平时出现的情况加以改进，如以下几种情况的正确操作方式。

① 炒菜时，不得用口对炒菜工具进行直接试吃，应使用另一餐具，如盘、小碗等。

② 在厨房内或正在工作时，禁止吸烟、吃东西，非必要时切勿交谈。

③ 不可直接用手抓取熟食或直接生吃食物，应利用夹子或戴手套来取用食物。

④ 煮好的食物必须加上盖子，以防止苍蝇、蟑螂及灰尘等的污染。

⑤ 将洗菜、洗米等污水或残渣妥善处理。

⑥ 端送食物和餐具时要使用托盘。

⑦ 保持餐具的干净，手指不可触摸杯子或碗、盘的内部，以免污染餐具。

⑧ 餐具使用前必须洗净、消毒，符合国家有关卫生标准。未经消毒的餐具不得使用。禁止重复使用一次性餐具。

⑨ 外卖食品的包装、运输应当符合有关卫生要求，并注明制作时间和保质期限。

⑩ 冷藏、冷冻及保温设备应当定期清洗、除臭，温度指示装置应当定期校验，确保正常运转和使用。

（三）厨房卫生与安全维护

厨房是加工食物的场所，其卫生、安全问题一直是人们关注的焦点。下面就其中的一些重要方面加以探讨。

1. 厨房环境的清洁与保养

我国《餐饮服务食品安全监督管理办法》（2010年5月实施）相关规定，食品加工场所应当符合下列要求。

厨房：

① 厨房的最小使用面积不得小于8平方米。

② 墙壁应有1.5米以上的瓷砖或其他防水、防潮、可清洗的材料制成的墙裙。

③ 地面应由防水、不吸潮、可洗刷的材料建造，具有一定坡度，易于清洗。

④ 配备有足够的照明、通风、排烟装置和有效的防蝇、防尘、防鼠及污水排泄和符合卫生要求的存放废弃物设施。

凉菜间：配有专用冷藏设施、洗涤消毒和符合要求的更衣设施，室内温度不得高于25℃。

蛋糕间：用于制作裱花蛋糕的操作间，应当设置空气消毒装置和符合要求的更衣室及洗手、消毒水池。

2. 厨房的安全维护

在厨房中，最常见的意外伤害不外乎刀伤、烫伤、碰伤、跌伤等，因此若能在厨房中建立良好的安全措施，做到"防患于未然"，必定能减少伤害的发生。

（1）防止刀伤

① 持刀工作时，应全神贯注。严禁持刀具嬉闹、玩笑。

② 持刀行走时应将刀尖朝下、刀刃向后或装入刀套中。

③ 勿将刀子置于水槽内或闲放于工作台上，刀子掉落时切勿用手去接。

④ 刀子不用时，应放置于安全的地方，并用刀套、刀具箱妥善保管。

（2）防止烫伤

① 锅具的握把应摆放在偏离走道的位置，应用干燥的垫布握把取锅，切勿空手把握。

② 掀开锅盖时，应由较远离自己的一方掀起，并等蒸汽散尽后，再完全拿开锅盖。

③ 穿戴长袖的正规工作服，防止水、油溅烫。围裙上的绑绳应绕过腰脊，绑在左前或右前侧，并将绳结处塞于衣内。

④ 点燃燃气前，先确认燃气的流量正常，而后再点。

⑤ 灭火器等消防设备应置于明显易取之处。

（3）防止碰伤、跌伤

① 厨房走道应有足够的照明设备。

② 对于人员进出的通道，禁止堆放物品。

③ 紧急出口应标示明确。急救箱等急救设备应置于明显易取之处。

第三节　西餐工艺学的概念、研究内容及研究方法

一、西餐工艺学的概念

西餐工艺学是指研究西餐原料、工具和设备、初加工工艺、制汤工艺、沙司制作工艺、冷菜制作工艺、热菜烹调工艺、西点制作工艺、西式早餐工艺、配菜及盘饰工艺、烹调表演工艺及菜单筹划和设计等一系列西餐制作工艺过程的知识体系。

西餐工艺学是烹饪专业的一门重要的专业课。改革开放以来，该门课程在引进外来餐饮文化和总结前人经验的基础上，通过不断地探索和交流，西餐学科体系不断发展与提高，不断完善，对建立和完善世界烹饪科学的学科体系具有十分重要的意义。

从烹饪专业学科教学的角度分析，西餐工艺学分为理论教学和实践教学两个部分。理论教学部分主要注重文化的传承、原理的阐述、方法的统领，而实践教学主要在理论教学的铺垫下，掌握西餐最基本的选料、加工、烹调、装饰、服务等工艺流程，进而分类涉及西餐各个不同菜式的制作工艺，甚至能体现和引导西餐的发展潮流，使理论教学和实践教学紧密相连。

二、西餐工艺学的研究内容及研究方法

西餐制作具有悠久的历史，经过历代各国烹调师的不断实践、创造和发展，已经形成用料精选、香醇浓郁、工艺独特、设备考究、就餐别致、营养卫生的特点。为了进一步了解西方饮食文化，繁荣世界餐饮市场，研究西餐制作工艺的知识体系已然成为西餐工艺课程的主要任务。

（一）研究内容

西餐工艺学所要研究的主要内容包括西餐特有原料的性质、特征和用法；餐具工具和设备的使用；西餐原料的分档和初加工工艺；制汤工艺；沙司制作工艺；冷菜制作工艺；热菜烹调工艺；西点制作工艺；西式早餐工艺；西餐配菜及装饰工艺；烹调表演工艺；菜单筹划和设计；世界各国著名菜点制作工艺等。

（二）研究方法

西餐工艺学的研究方法主要有以下几种。

1. 学好外语，全面把握西方饮食文化

西餐这个词中，"西"是西方的意思，一般指西欧各国；"餐"就是饮食菜点。目前广义的西餐包括的范围很广，众多的国家又派生出很多西餐的菜式，如法式、英式、意式、俄式、美式等多种不同风格的菜点。就语言来讲，涉及法语、英语、意大利语、俄语、德语等语种，要全面掌握具体国家的饮食习惯和文化，掌握一门外语还是有必要的。

而且时代在快速发展，西餐行业也在不断地发展变化，从近年来的人才调研情况反映来看，企业要求西餐从业人员不仅需要具备过硬的西餐制作水平，还需具备较强的外语交际能力，特别是西餐专业英语。

2. 理论联系实际，加强对外饮食交流

西餐工艺学课程理论和实践都很重要，通常要在了解西餐理论的基础上，进行实践训练，掌握西餐制作工艺的基本原理和基本方法，进而研习各种西餐菜式，使理论知识和实践相互交融，完整地了解西方饮食文化。

在学习西餐工艺学的同时，要注重各种对外文化交流、餐饮交流及美食活动互访，利用交流的机会近距离地体验西方的餐饮文化和菜点的制作经验，并将其融会贯通到西餐工艺学的学习和研究中，丰富西餐工艺的内容。

3. 掌握西餐基本功，进行模拟厨房训练

西餐工艺学的实践教学内容比较丰富，但也比较注重基本功的训练，如原料的选择与鉴别、原料的分档与加工、西餐的刀工切割、基础汤的制作、沙司的调味、冷菜和热菜的制作工艺等。只有熟练掌握了西餐基本功，才有可能顺利掌握西餐制作的各个工艺流程，为烹调各国著名菜点奠定基础。在实践教学和训练的过程中，尽可能地进行模拟厨房训练，在特定的情景中，掌握原汁原味的西餐菜点制作工艺。

思考题

1. 如何理解西餐的概念？
2. 西餐在我国的传播与发展分为哪几个阶段？
3. 西餐的主要流派有哪些？
4. 法国菜、英国菜、意大利菜、美国菜、俄罗斯菜的各自特点是什么？
5. 西餐的组成内容有哪些？
6. 西餐工作人员应有的素质是什么？

7. 餐饮从业人员应掌握的卫生法规有哪些？

8. 厨房卫生与安全维护的注意点有哪些？

9. 如何理解西餐工艺学的概念？

10. 西餐工艺学的研究内容和研究方法有哪些？

第二章

西餐工艺中常用的工具、设备与餐具

本章内容： 西餐厨房工具与设备

西点厨房工具与设备

西餐餐具

西餐厨房工具、设备和餐具的养护知识

教学时间： 2 课时

训练目的： 让学生了解西餐工艺中常用的工具、餐具与设备。

教学方式： 参观；由教师讲述工具、餐具与设备的相关知识。

教学要求： 1. 让学生了解相关的工具、餐具与设备。

2. 掌握工具、餐具与设备使用方法。

3. 熟悉工具、餐具与设备的保养知识。

课前准备： 联系酒店，参观西餐厨房。

"工欲善其事，必先利其器"，省时高效的现代西餐厨房用具与设备是烹调美味佳肴的基础，熟悉并熟练地使用它们也是专业厨师的入门必修课。

第一节　西餐厨房工具与设备

一、西餐厨房工具

西餐厨房工具是以烹调用途及厨师烹调的习惯来设计形状和大小的。西餐烹调在制作上比较重视厨房的整齐、清洁及标准化制作流程。因此，西餐厨房工具种类齐全、规格成套。主要工具分为西餐生产工具、西餐计量工具两部分。

（一）西餐生产工具

西餐生产工具品种繁多、形式多样，常按其用途分为烹调锅具、烹调辅助用具、刀具及其他工具四类，现分述如下。

1. 烹调锅具

烹调锅具按用途来分，种类较多，主要有：高汤锅、双耳汤锅、焖锅、平底锅、单柄沙司锅等；锅具的材质主要有：铝、铜、生铁、不锈钢、特氟隆等。

（1）高汤锅（Stock Pot）　亦称汤桶。桶身细长且深，旁有耳环，上面有盖，以不锈钢或铝制成，主要用于熬煮高汤。

（2）双耳汤锅（Sauce Pot）　深度适中的双耳汤锅，主要用于制作汤菜等液体食物。

（3）焖锅（Brazier）　锅口较宽、深度较浅且锅壁较厚的圆筒形锅，主要用于焖、烩等菜肴。

（4）平底锅（Flat Pan）　亦称煎锅（Frying Pan），深度较浅的圆形单柄锅，锅壁有倾斜和垂直两种，材质有铜、生铁、特氟隆等几种，主要用于煎、炒及快速浓缩食物等。

（5）单柄沙司锅（Sauce Pan）　外形似汤锅的单柄锅，有大、中、小三种容量，主要用于调制沙司、浓稠汤汁等。

2. 烹调辅助用具

（1）烤盘（Roast Pan）　与烤箱配套使用，一般为长方形，用于烧烤肉类、鱼类等。

（2）各种滤网（Assorted Strainer）　根据用途主要有：滤器笊篱（Strainer）、

帽形滤器（Cap Strainer）、蔬菜滤器（Colander）、漏勺（Skimmer）等。

滤器笊篱，主要为不锈钢筛网，大小与锅相配，用于沥干面条等。帽形滤器，形似帽子，主要用于过滤沙司等。蔬菜滤器，主要用于沥干洗净的蔬菜水果等。漏勺，不锈钢制成，浅底连柄、圆形广口，中有许多小孔，用于食品油炸后沥油等。

（3）铲（Shovel）、勺（Ladle）、钎（Skewer）　铲主要为锅铲、蛋铲，不锈钢制成，铲面有小孔或长方形孔槽，以便沥去油或水分。勺，不锈钢制成，有长柄，用于舀调味汁及汤汁等。钎，不锈钢、铁或银制的长针，锋尖长短不等，20～80厘米，用于串烤食物。

（4）搅板（Wood Spoon）　形似船桨，专门用于搅打沙司的熘板，有时也用于搅拌原料和菜肴。使用搅板可以保护锅具，尤其是不粘锅。

3. 刀具

西餐刀具琳琅满目，种类齐全。具体形状、大小等与其加工的原料对象相适应，刀具材质主要有：不锈钢（Super Stainless Steel）、碳钢（Carbon Steel）、高碳钢（High-Carbon Stainless Steel）等。不锈钢虽然不锈，但刀具无法达到锋利的要求；碳钢锋利易锈、价格适中、应用面广；高碳钢结合碳钢及不锈钢的优点，锋利不锈，但价格较贵。

西餐刀具主要由刀身与刀柄两个部分。刀身包括：刀尖（Tip）、刀背（Spine）、刀口（Cutting Edge）、刀尾（Heel）；刀柄包括柄（Handle）、刀根（Tang）及铆钉（Rivets）。

（1）西餐刀（Chef's Knife）　刀长15～40厘米，刀头尖或圆，刀刃锋利，用途广泛。

（2）屠刀（Butcher Knife）　刀身重、背厚、刀刃锋利呈弧形，用于分解大块生肉。

（3）出骨刀（Boning Knife）　长约15厘米，又薄又尖，用于生肉出骨。

（4）去皮刀（Paring Knife）　不锈钢制，头尖刃利，长6～10厘米，用于蔬果去皮、修割。

（5）沙拉刀（Salad Knife）　形与西餐刀相似，尖头短刃，用于冷菜制作。

（6）砍刀（Cleaver）　方头、面宽、刃利、背厚、刀身重，用以砍脊背和排骨等。

（7）牡蛎刀（Oyster Knife）　刀头尖削、刀身短而薄，用于挑开牡蛎外壳。

（8）蛤蜊刀（Clam Knife）　刀身短而扁平，刀口锋利，易将蛤蜊壳剖开。

4. 其他工具

（1）肉叉（Meat Fork）　也称厨师叉（Chef's Fork）。切肉时，用来佐刀或烹调时翻转肉块。通常搭配厨师刀使用，用于客前烹制表演。

（2）肉锯（Meat Saw）　细齿薄刃，用以锯开肩骨等大骨骼。

（3）肉锤（Meat Tenderizer）　铝制，锤身有蜂窝面及平面，用于捶松及拍扁肉类，破坏肉的结缔组织，使之细嫩。

（4）磨刀棒（Steel Scraper） 经过磁化处理，用以磨刀。使用时利用磨刀棒的磁性，吸除刀上杂质，使刀保持锋利。

（5）砧板（Cutting Board） 常由木头或塑料制成，用以刀工处理时的衬垫工具。

（6）食品夹（Food Tong） 为金属制的有弹性的"U"字形夹钳，用于夹制食物。

（7）擦板（Grater） 属于多用途加工工具，可以将奶酪擦成较粗的末，也可以将土豆擦成片、丝等形状。

（8）刨皮器（Vegetable Peeler） 用来刨去蔬菜、水果的外皮。

（9）刮丝器（Zester） 将橘子、柠檬、橙子等果皮刮成细丝的器具。

（10）挖球器（Ball Cutter） 将蔬菜、水果等挖成球状，有大小不同的规格。

（11）打蛋器（Egg-whisk） 以不锈钢丝缠绕而成，用于打发或搅拌食物原料。

（12）夹蛋器（Egg-choice） 夹蛋器底座由铝、不锈钢或塑料制成，中间凹成蛋形，上有数根能转动的细钢丝，操作时先将去壳的熟蛋置于凹处，然后用钢丝夹成薄片。

（13）土豆夹（Potato Masher） 是一种专门用于夹制土豆并使之成蓉泥的工具，分旋转式和挤压式两种，多为不锈钢制成。

（二）西餐计量工具

1. 量杯（Measuring Cup）
量杯以塑料或玻璃制成，有柄、内壁和刻度，一般用以量取液体原料。

2. 量匙（Measuring Spoon）
量匙是测量少量的液体或固体原料的量器。有1汤匙、1/2汤匙、1/4汤匙一套；也有1毫升、2毫升、5毫升、25毫升一套。

3. 弹簧秤（Spring Scales）
弹簧秤用于称量各种原料。

4. 电子秤（Electronic Scales）
电子秤是比较精确的计量工具，能精确到小数点后一位以上。

5. 温度计（Thermometer）
温度计由测杆和温度刻度表两部分组成，用以测量油温、糖浆温度及肉类等的中心温度。主要温度计种类有：探针温度计、油脂和糖测量温度计、普通温度计等。

二、西餐厨房设备

用于西餐工艺的设备种类很多，可以分为炉灶设备、烘烤设备、制冷和保温设备与加工设备四类，现分述如下。

（一）西餐炉灶设备

1. 西菜灶（Gas Cooker）

西菜灶分为明火灶、暗火烤箱与控制开关等部分。灶面平坦，上面分为4～6个正火眼与支火眼，火眼上有活动炉圈或铁条，用于烹煮食物。灶下面是烤箱，可用于烤制食品。灶中间为控制开关部分，较高级的炉灶还有自动点火和温度控制等功能。

2. 平扒灶（Menuiere Cooker）

平扒灶俗称扒板，其表面是一块较厚的铁板，四周是滤油槽，滤油槽的下口是一个能拉出来的、盛接灶面剩油的铁盒。铁板煎灶主要是靠铁板的传热来烹制菜肴，它的优点是受热均匀、工作效率高。

3. 铁扒炉（Grill Cooker）

铁扒炉其炉面架有20根左右的槽形铁条子，每条宽约1.5厘米，排列在一起，间距约2厘米，铁条下面以木炭、煤气生火或电加热传热，别具特色。

4. 深油炸灶（Frying Cooker）

深油炸灶由深油槽、过滤器及温度控制装置等部分组成。主要用于炸制食物。这种灶的特点是工作效率高、滤油方便。

5. 蒸汽汤炉（Steaming Soup Cooker）

蒸汽汤炉呈球罐状，内容积大，可容汤水几十千克，以管道蒸汽加热，不易搬动，常设一个摇动装置使汤炉倾斜。

（二）西餐烘烤设备

1. 电烤箱（Electronic Oven）

电烤箱为角钢、钢板结构，炉壁分三层，外层钢皮，中间是硅酸铝绝缘材料，内壁是不锈钢或涂以银粉漆的铁皮。利用电热管发出的热量来烘烤食品。电热管的根数取决于烤盘的面积。其优点为省电、清洁卫生、使用方便。

2. 微波炉（Micro-wave Oven）

微波炉是利用磁控管将电能转换成微波。微波穿透菜点，可使菜点内外同时受热。微波炉的优点是加热均匀，菜点营养损失少，成品率高。新型的微波炉具有蒸、炒、煮、炸、烤、解冻、定时控温等功能。

3. 明火焗炉（Salamander）

明火焗炉形似烤箱，顶端有发热管，由上而下放热，适于表面加热的菜肴。有定时控温等功能。其优点是热效率好、卫生、方便。

4. 多功能蒸烤箱（Combination Steamer Oven）

智能型多功能的蒸烤箱不仅具有蒸箱和烤箱的两种主要功能，并可根据实际烹调需要，调整温度、时间、湿度等设定，省时省力，效果颇佳。

（三）西餐制冷和保温设备

1. 制冷设备（Cooler & Freezer）

（1）冷藏设备（Refrigerator）　主要有小型冷藏库、冷藏箱和电冰箱。这些设备的共同特点是都具有隔热保温的外壳和制冷系统。按冷却方式分为直冷式和风扇式两种，冷藏温度范围在 −40 ~ 10℃之间，并具有自动恒温控制，自动除霜等功能。

（2）制冰机（Icemaker）　由冰槽、喷水头、循环水系、脱槽电热丝、冰块滑道、贮冰槽等组成。制冰时先由制冷系统制冷，喷水头将水喷在冰槽上，逐渐冻成冰块，然后停止制冷，用电热丝加热使冰块脱落，沿滑道进入贮冰槽即成。用于制冷冰块、碎冰和冰花。

2. 保温设备（Heat Preservation Equipment）

（1）热汤池（Steam Table）　以热水隔水保温制备好的沙司、汤或半成品等，该设备常常与炉灶设备等组合在一起。

（2）红外线保温灯（Infrared Heat Preservation Lamp）　以红外线加热，供暂时上菜保温用。

（3）保温车（Heat Trolley）　一种通过电加热保温的橱柜，下有脚轮，可以推动。用于上菜菜肴、点心的保温。

（四）西餐加工设备

（1）粉碎机（Grinder）　由电机、原料容器和不锈钢叶片刀组成，适宜打碎蔬菜水果，也可混合搅打浓汤、调味汁等。

（2）搅拌机（Electronic Blender）　由电机、不锈钢桶和搅拌龙头组成，有专用打蛋机和多功能搅拌机两类。前者主要用于搅打蛋液。后者则除搅打蛋液外，还可用来打蛋白膏、奶油酱，调制各种点心、面包的面团等，但使用多功能搅拌机时，要注意根据制品的不同要求选择搅拌速度。

第二节　西点厨房工具与设备

一、西点厨房工具

（一）西点生产工具

1.搅拌工具

（1）打蛋器（Egg-whisk）　以不锈钢丝缠绕而成,用于打发或搅拌食物原料。如蛋清、蛋黄、奶油等。

（2）榴板（Wood Spoon）　通常以木质材料制成,前端宽扁,或凿成勺形,柄较长,有大小之分,可用来搅拌面粉或其他配料。

（3）拌料盆（Whisking Pan）　有大、中、小三号,可配套使用。可用来搅拌面粉或其他配料。

（4）橡皮刮板（Rubber Spatula）　塑料制成,有长柄。用于刮取或拌和拌料盆中或案板上的面团等原料。

2.模具类

（1）烤盘（Roast Pan）　用于摆放蛋糕生坯,便于烘烤,常见的为铁质,其清洗后必须擦干,以免生锈。常见烤盘有活动底坯模烤盘、连底烤盘,形状有圆形、方形、心形、三角形等。

（2）焙烤听（Roast Tin）　由铝、铁、不锈钢或镀锡等金属材料制成。有各种尺寸和形状,可以根据蛋糕品种的需要来进行选择利用。

（3）巧克力模（Chocolate Mould）　巧克力模有铜质模、塑料模、硅胶模三种,模具又分阳模、阴模,表面凸出的叫阳模,凹进的叫阴模,模具是巧克力成型的主要工具。

（4）印模（Shape Mould）　印模是一种能将装饰面皮经按压切成一定形状的模具。形状有圆形、椭圆形、三角形等;切边有平口和花边口两种类型,常为铜制或铁制。

（5）比萨烤盘（Pizza Pan）　常用材质多为不锈钢、铝制等,有大、中、小号不同规格。

（二）西点计量工具

1.称量工具

（1）弹簧秤（Spring Scales）　台式弹簧秤是最常见的厨用秤,它是利用弹簧受到的力和弹簧的形变量成正比的原理进行称量。放置弹簧秤的桌子要尽量水平、坚硬，读数的时候，视线要跟指针在同一水平线上，不要从上往下俯视，或者从侧面斜看，否则这样产生的误差会较大。还有原料的摆放位置也会对读数造成影响，比如一大块黄油放在秤盘的角落里，和它化成液体之后流淌均匀的读数也不相同，所以称重时，材料尽量均匀放在秤盘正中。

挂钩式的弹簧秤一般量程比较大，有几千克，而最小刻度不够精确，也不方便放置材料，所以不适合用作烘焙称量。

（2）电子秤（Electronic Scales） 电子秤利用压敏元件，就是通过元件的电流大小随着元件上受到的压力大小而变化的原理来称量，这种变化是非常敏感的，所以电子秤最小刻度更精确而量程更大，是比较精确的计量工具，能精确到小数点后一位以上。

（3）尺子（Ruler） 一把有英寸标记的软尺，而且便于携带，可以省去计算的麻烦和失误。因为蛋糕模子（圆形、心形）、比萨盘、派盘的大小是用直径的长度来标注的，单位是英寸（1 英寸 ≈ 2.54 厘米，下文同），在背面会写着"6#""9#"的字样，指的就是直径 6 英寸或者 9 英寸，常用的最小蛋糕模子就是 6 英寸的；吐司模子、方形蛋糕模子的大小是用"长 × 宽"来标注的，单位也是英寸；小的挞模、花形蛋糕模用直径的长度来标注大小，单位大多是厘米。

2. 计量工具

（1）量杯与量匙（Measuring Cup & Measuring Spoon） 量杯和量匙是用来量液体或者粉状原料的体积的，也可以量干果一类的碎块、屑、末材料。

量杯和量匙上一般不标注毫升，而是直接标注杯、勺等，甚至只有英文缩写，所以要把前面的单位列表搞清楚才能读懂，还要注意是否有 1/2、1/4 的字样。因为量杯和量匙不会像刻度尺或者温度计那样均匀的标注刻度，所以选购的时候尽可能选择规格多一些的，比如有半小勺、半大勺的量匙，要比眼睛看的一勺的一半要准确得多，而 50 毫升的量匙，也要比 5 毫升的量匙舀 10 勺要准确。

量杯可以在里面直接搅拌，可以冷藏，也可以平稳摆放，但是准确程度不如量勺，而量匙则很方便从大筒材料中直接舀取所需的分量。

用量匙量取粉状材料的时候，要事先过筛，不要有结块，但是也不要故意压实，要装满一量匙，表面平整，可以先舀堆出尖的一勺，然后轻轻左右晃动；量取液体的时候，由于表面张力，液面会鼓出来或者凹进去，而且越小的勺子越不易把所有的液体都倒下去，底部总会有残留，可以自己估计一下误差。使用量杯的时候，要保证液面或者粉状材料表面水平，而且读数的时候视线和表面在同一高度。

（2）温度计（Thermometer） 由测杆和温度刻度表等两部分组成，用以测量油温、糖浆温度及面包面团等的中心温度。主要温度计种类有：探针温度计、油脂、糖测量温度计、普通温度计等。

（三）西点成型工具

1. 刀具、刮片类

（1）抹刀（Spatulas）　盛装奶油的主要工具，也是抹坯必用的工具，有长、短之分，如8寸、10寸、12寸。

（2）锯齿刀（Serrated Knife）　分粗锯齿刀和细锯齿刀两种，长短不同，粗锯齿刀可用来切割糕坯，也可用来抹坯，制作奶油面装饰纹理，细锯齿刀主要用来切割糕坯。

（3）水果刀（Fruit Knife）　水果刀具是蛋糕装饰不可缺少的工具，在蛋糕造型装饰中，很多装饰与水果分不开，切割水果造型是水果蛋糕装饰的重要内容和方法。

（4）铲刀（Relieving Knife）　铲刀有平口铲刀、斜口铲刀，多用来制作拉糖、巧克力造型之用。可以铲巧克力花瓣、巧克力花、巧克力棒，也可以用来制作拉糖造型。规格有：1寸平口铲刀、1.5寸平口铲刀、3寸平口铲刀、1.2寸斜口铲刀、1.7寸斜口铲刀、3.5寸斜口铲刀。

（5）雕刻刀（Burin Knife）　用于专业的巧克力雕刻造型之用，要求有钢质刀形，有塑料质地刀形，形状各异，刚柔相配，专业特点明显，是制巧克力雕塑的必备工具。

（6）挑刀（Pick Knife）　挑刀是用来转移蛋糕的专用工具（有直挑刀、心形挑刀、三角挑刀）。

（7）花边刀（Lace Cutter）　花边刀两端分别为花边夹和花边滚刀。前者可将面皮的边缘夹成花边状，后者由圆形刀片的滚动将面皮切成花边状。

（8）剪刀（Scissors）　铁制，刀尖刃快，用于修剪裱花袋口，或者夹取花托。

（9）刮片（Scraper）　按其用途可分欧式刮片、普通刮片，有铁质，也有塑料材质。欧式刮片形状各异，一般可分为细齿刮片类、粗齿类；普通刮片为平口类，三角形类刮片主要用蛋糕表面刮图装饰，方便快捷。

（10）擀面棒（Rolling Stick）　有擀面杖和走锤之分。擀面杖是用坚实细腻的木材制成，有长有短，粗细不一，其用途是擀制面皮；走锤也是一种擀面棒，形状粗大、圆柱中空，其中有一根木棒，擀制面皮时，双手抓住木棒，上面锤体随之转动，发挥作用。

2. 裱花嘴、裱花袋类

（1）裱花嘴（Cake Mouth）　裱花嘴有20头、30头、48头、60头等多种花形样式，奶油通过裱花嘴可做边、做花、做动物等各种造型。

（2）转换嘴（Conversion Mouth）　用在裱花袋前端，用来调节裱花嘴旋转方向，调换裱花嘴的中间装置，使用比较方便，多为硬质塑料，规格有大号、中号、小号。

（3）裱花袋（Cake Bag）　裱花袋主要结合裱花嘴使用，可盛装奶油，通过手的握力，使奶油通过裱花嘴挤出，蛋糕表面装饰造型之用，也可以用来盛装果膏，在蛋糕表面淋面装饰。

裱花袋有布胶袋和塑料袋两种，前者可反复使用，后者多为一次性使用。

（4）烘焙纸（Baker Paper）　烘焙纸常为油纸或玻璃纸制成，前者为一次性使用，后者可多次使用。

（四）其他工具

（1）纤维毛笔（Fiber Brush）　用来蛋糕奶油造型制作，经过毛笔处的奶油立体、造型细致（如仿真卡通、动物、人物），也可以在蛋糕上用彩色果膏绘制造型，可以绘制各种平面视觉艺术效果，如西洋画、中国画都可以用毛笔表达出来。

（2）喷笔（Airbrush）　喷笔由气泵、输气管、喷笔三部分组成，操作时将食用色素滴入笔色料斗，通过气压将色浆喷出，达到雾化或渐变处理色彩的效果。喷笔上色在奶油表面，易着色，色素量少，是蛋糕着色的理想工具。

（3）花棒（Stick）　铁制或塑料制，两头呈锥形，是配合花托裱挤花卉的专业工具。花棒的形状很多种，有传统形花棒、马来花棒、英式花托、筷子花棒等。

（4）转台（或转盘，Turn Table）　铁制，具有一个圆形可转动的台面，便于大型蛋糕的裱花装饰操作。

（5）面筛（Flour Sieve）　用于面粉等原料的过筛，除去其中的团块，使颗粒均匀，其筛网一般由铜丝或不锈钢丝制成。

（6）刷子（Brush）　用于烤盘和模具内的刷油及制品表面的蛋液涂抹。

（7）调色碗勺（Color Bowl Spoon）　碗为瓷制或玻璃制品，成套选用；勺为陶瓷制品。常用于装饰面料的调色。

（8）缎带（Ribbon）　用来刮出蛋糕的特殊面，如寿桃面、圆形面；或者用于捆扎蛋糕盒，缎带要宽，边口要光滑。

（9）花架（Flower Shelf）　将裱好的花临时插在其圆孔中备用的工具，常为塑料制。

（10）食品夹（Food Tong）　为金属制的有弹性的"U"字形夹钳，用于夹制食物。

（11）冰激凌球勺（Ice Cream Scoop）　由球勺（半球形）与手柄两部分组成，勺底有一半圆形薄片，捏动手柄，细薄片可以转动，使冰激凌呈球形造型。

（12）案板（Flour Board） 有木案板、不锈钢案板等，多为长方形，是制作面包等点心的工作台。

二、西点厨房设备

（一）西点加工设备

1. 粉碎机（Grinder）

粉碎机由电机、原料容器和不锈钢叶片刀组成，适宜打碎蔬菜水果，也可混合搅打浓汤、调味汁等。

2. 搅拌机（Mixer）

搅拌机主要有大型搅拌机、鲜奶油小型搅拌机、手提式搅拌机等，由电机、不锈钢桶和不同搅拌头组成。大型搅拌机大多用来搅打蛋糕坯浆糊，但也有用来打发奶油和鲜奶油的，大型搅拌机体积大、功率大、产量高、稳定性好，如果蛋糕装饰所需的量大，可选用大型搅拌机，但是比较笨重，不易搬运；小型鲜奶搅拌机为专业型鲜奶油搅打设备，体积小，重量轻，功率小，可调速，损耗小，便于搬运，对于小型店面使用比较适合；手提式鲜奶油搅拌机，其性能同前，其体积更小，重量更轻，功率小，损耗小，便于携带。

3. 和面机（Dough Machine）

和面机有立式和卧式两大类型。卧式和面机结构简单，运行可靠，使用方便；立式和面机对面团的拉、抻、揉的作用大，面团中面筋质的形成更充分，有利于面包内部形成良好的组织结构。

4. 分割机（Dough Divider）

分割机设计精密，坚固耐用，操作简便快捷，分割速度均匀，提高工作效率，节省人力、物力。全自动分割机用于面团、面包条等面制食品的分块。

5. 滚圆机（Spheronization Machine）

滚圆机用于把经分割机处理过的小面团滚转成外观一致、密度相同、表面平滑的小圆球。

6. 整形机（Shape Machine）

整形机的作用是把经中间发酵后已松弛的面团，压成薄片并卷成设定的大小，以方便放入烤盘中。

7. 压面机（Dough Pressure Machine）

压面机由托架、传送带和压面装置组成。用于将面团压成面片或擀压酥层，厚度由调节器控制。

8. 切片机（Slicer）

以手动或自动方式将面包切片，操作过程中可将切割厚薄控制在设定的范围内，使成片厚薄一致。

9. 冰激凌机（Ice Cream Machine）

冰激凌机由制冷系统和搅拌系统组成。制作时把液态的冰激凌浆体装入一个桶形的容器，容器内有搅拌器，外壁是蒸发器，操作时一边冷冻，一边搅拌，直接将浆体冷冻成糊状，然后装入硬化箱中冻硬，用于制作各式冰激凌。

（二）西点烘烤设备

1. 电烤箱（Electric Stove）

电烤箱的构造及性能详见 P21，但西点用的部分烤箱具有温控装置和水汽喷雾装置。

2. 多功能蒸烤箱（Multi-function Steam Oven）

智能型多功能的蒸烤箱的功能详见第二章第一节所述。

（三）西点恒温设备

1. 饧发箱（Fermentation Tank）

饧发箱是发酵类面团发酵、饧发的设备。目前在国内常见的有两种，一种结构较为简单，采用铁皮或不锈钢板制成的饧发箱。这种饧发箱靠箱底内水槽中的电热棒将水加热后蒸发出的蒸汽，使面团发酵。另一种结构较为复杂、以电作为能源，可自动调节温度、湿度，这种饧发箱使用方便、安全，饧发效果也较好。

2. 热汤池（Thermal Pot）

以热水隔水保温制备好的西点沙司等，该设备常常与炉灶设备等组合在一起。

3. 红外线保温灯（Infrared Heat Lamp）

红外线保温灯以红外线加热，供暂时西点保温用的。

4. 保温车（Insulated Van）

保温车是一种通过电加热保温的橱柜，下有脚轮，可以推动。用于部分西点的保温。

（四）西点炉灶设备

1. 西餐炉灶（Gas Cooker）

西餐炉灶的构造详见第二章第一节所述。

2. 深油炸灶（Deep Fried Cook）

深油炸灶的构造及功能详见第二章第一节所述。

（五）西点装饰专业设备

1. 冷藏设备（Refrigeration Equipment）

冷藏设备的构造及功能详见第二章第一节所述。蛋糕装饰时，打发但没使用完的淡奶油、果酱和新鲜水果等，可冷藏保存。

2. 展示冰柜（Display Freezer）

展示冰柜为镀铬大圆角豪华造型，上有大圆弧玻璃，四面可视箱内物品，后侧推拉门，存取方便。顶部配备照明灯管、箱底配备可移动角轮，自由、灵活。可以选配立体支架，储物量大。用来展示蛋糕和部分面包制品。

3. 空调（Air Conditioning）

空调即房间空气调节器（Room Air Conditioner），是一种用于给房间（或封闭空间、区域）提供处理空气的机组。它的功能是对该房间（或封闭空间、区域）内空气的温度、湿度、洁净度和空气流速等参数进行调节，以满足蛋糕生产和装饰工艺过程的要求。

4. 裱花喷枪（Cake Spray Gun）

裱花喷枪包括喷嘴、喷管、操作按钮、喷射阀门和高压气源装置，操作按钮控制喷射阀门。高压气源装置是一个装有雾化剂的耐压密封容器，喷嘴、喷管和耐压密封容器设计为一体化使用。裱花喷枪主要用于在生日蛋糕上进行艺术上色，使用前不需要倒出容器，减少了污染的机会，符合国家对食品卫生的管理要求，且体积小，便于携带，无需利用其他外界能源，工作时噪声小。裱花喷枪分为低压喷枪和调压喷枪，低压喷枪更适合初学者使用。

5. 巧克力熔炉（Chocolate Stove）

巧克力熔炉是制作和调制巧克力溶液必用的设备，是双层隔水、可调控温的设备，可根据需要进行调节，温度可控制在 20 ~ 100℃之间。

第三节 西餐餐具

西餐餐具的种类繁多，因为饮食差异的存在，各国的餐具也各具特色。但大体上西餐常用的餐具可按材质分为瓷制餐具、玻璃（水晶）餐具、金属餐具等。

一、瓷制餐具

用于西餐餐桌的瓷器餐具，于 18 世纪中叶在欧洲普及。当时主要用于茶具和咖啡器具。自从哥伦布发现新大陆之后，西方出现了航海热，世界各地的食品先后传入欧洲。到了 16 世纪，中国和印度的茶叶、阿拉伯的咖啡，成为欧洲人的必备饮料。后来瓷制餐具逐步在整个欧洲得到普及。在中国青花瓷传入欧洲之前，西餐中使用的餐具只有金属器、玻璃器和软质陶器。中国青花瓷的淡雅、精美，得到了欧洲人的喜爱，于是欧洲人便开始了瓷器的研制。1710 年德国多列士出现了欧洲最早的瓷窑——曼斯窑。1717 年法国建起了赛尔窑。接着，英国烧制出了洁白的骨灰瓷器，而且造型、质地不断更新，进而导致瓷器餐具在西餐中得以普及应用。

瓷制餐具的种类和规格很多。不同质地、不同色彩和图案的瓷器可以与餐厅的档次规格结合起来，因此许多餐饮企业在订制瓷制餐具时，往往将本餐厅的标志或店徽印在上面，以显示一种高规格。西餐瓷制餐具主要有面包盘、开胃品盘、鱼盘、甜品盘、汤盘、汤盅、主菜盘、展示盘、黄油盘、咖啡杯及垫碟、小型咖啡杯及垫碟、茶杯及垫碟、茶壶、小奶罐、咖啡壶、糖罐等。

二、玻璃（水晶）餐具

玻璃餐具绝大多数都用吹制或压制的方法成形，具有化学性质稳定、刚度高、透明光亮、清洁卫生、美观大方等优点。

玻璃装饰手法主要有印花、贴花、绘花、喷花、蚀花、磨花、刻花等。根据装饰风格的特点，玻璃有乳浊玻璃、蒙砂玻璃、叠层玻璃、拉丝玻璃和晶质玻璃五种。用于制作餐具的常常选用晶质玻璃，它是通过特殊工艺成形的，与一般玻璃不同的是它具有良好的透明性与白度，在阳光下几乎不显颜色。其制作的餐具如水晶般光辉夺目，叩之如金属般清脆悦耳，显示出较高的档次和特殊的效果。

玻璃杯类有啤酒杯、果汁杯、水杯、白葡萄酒杯、红葡萄酒杯、雪利酒杯、香槟酒杯、鸡尾酒杯、甜酒杯、古典杯、白兰地杯、威士忌杯、苏打水杯。各种杯具的形状、容量、所用材料的质地有所不同。高档西餐厅及高档宴会经常使用水晶制作的杯具，甚至现代西餐中有使用玻璃、水晶制作的餐具的习惯，于晶莹剔透之中，为西餐菜点平添了很多华贵与浪漫的气息。

三、金属餐具

西餐金属餐具主要有银制餐具、不锈钢餐具等。在中古时期，白银曾是非常稀有的贵金属。但自 16 世纪开始，因为自美洲进口了大量的白银，银在欧洲变得较为大众化，造成银制品的降价，银就被大量使用在餐桌上，且社会不同阶层也有能力使用它，于是银制餐具在运用上也有了重大改变。但目前，金属餐具的具体种类和档次，要根据餐厅的档次和豪华程度来决定。高级西餐厅的餐具往往是银制的，而咖啡厅用不锈钢餐具就可以了。

金属餐具有黄油刀、甜品刀叉、牛排刀叉、鱼刀叉、肉刀叉、牡蛎叉、汤匙、咖啡匙、茶匙、调味汁匙、甜品匙、蜗牛夹等。其他还有肉刀、肉叉、分餐叉匙、面包夹、方糖夹、盛汤匙、冰块夹、服务托盘、菜盘盘盖、黄油盅、调味汁船形罐、洗手盅、冰桶、冰酒桶、水灌、保温锅、鸡蛋盅等。

第四节　西餐厨房工具、设备和餐具的养护知识

西餐厨房中使用的工具、餐具与设备种类繁多，并且各种性能、特点、用途都不一样，为了充分发挥它们的作用，提高工作效率，必须了解与掌握工具、餐具与设备的使用及养护知识。

一、熟悉性能、合理使用

"一个不懂得操作的人，也是一个最易损坏工具的人。"因此，学会使用西餐厨房的工具、餐具与设备，熟悉其性能与特点，就显得十分重要。如金属餐具设计制作精美、表面光洁亮丽，在使用过程中如果疏于清洁和抛光，其独具个性的外表不但会暗淡无光，甚至会变得色彩斑驳，严重影响台面观瞻。再如在烹调操作中，要注意炊具内原料不要装得太多，以免汁液溢出，洒在炉灶表面，浇灭火焰，堵塞燃烧器喷嘴。此外，燃烧器喷嘴要经常检查，保持通畅，并保持空气配比的最佳点。

二、编号登记，定点存放

由于西餐厨房的工具、餐具与设备种类繁杂，在使用过程中，应当对其进行适当分类、成套摆放、编号登记。对于常用的西餐设备应根据其制作工艺流程，合理设计安装位置，对于一般的常用工具要做到合理使用，定点存放。对于不同餐具要归类放置，摆放整齐。

三、清洁卫生、定时养护

在西餐厨房中，工具、餐具与设备的清洁卫生十分重要。加强卫生防护，可以避免食品污染、交叉污染的危险。在厨房中一般应做好以下几个方面的工作。

① 工具、餐具与设备必须保持清洁，并定时严格消毒。

② 生熟制品的工具、餐具必须严格分开使用，以免引起交叉污染，危害人体健康。

③ 建立严格的工具、设备专用制度,定期对工具与设备进行检修和专门维护。

四、制度完善、安全操作

西餐厨房安全操作必须做到以下几个方面。

① 规范制定安全责任制度，加强安全教育。

② 严格掌握安全操作程序，思想重视，精神集中。

③ 切实重视设备安全，使用安全防护装置。

思考题

1. 西餐生产工具主要有哪些？

2. 西餐测量工具主要有哪些？

3. 西餐餐具各有哪些材质？具有哪些特点？

4. 西餐炉灶设备有哪些？

5. 西餐烘烤设备有哪些？

6. 西餐制冷保温设备有哪些？

7. 西餐加工设备有哪些？

8. 西点生产工具主要有哪些？

9. 西点计量工具主要有哪些？

10. 西点炉灶设备有哪些？

11. 西点烘烤设备有哪些？

12. 西点装饰、保温设备有哪些？

13. 西点加工设备有哪些？

14. 西餐厨房工具、餐具和设备的养护知识有哪些？

第三章

西餐工艺中的特色原料

本章内容： 西餐原料分类

西餐调味料

西餐香料

西餐烹调用酒

西点常见原料

教学时间： 4课时

训练目的： 让学生了解西餐工艺中特色原料。

教学方式： 由教师讲述西餐原料的相关知识，运用恰当的方法阐述各类西餐原料的特点。

教学要求： 1. 让学生了解相关原料的种类。

2. 掌握西餐原料的特点。

课前准备： 准备一些西餐原料的样品或图片，进行对照比较，掌握其特点。

西餐原料来自于世界各国，种类繁多，让人目不暇接。一般常用的原料知识在《烹饪原料学》中大都做了介绍，本章只是从西餐原料选用的角度，着重介绍西餐特有的原料和部分常用原料。

第一节　西餐原料分类

西餐原料种类齐全、花样繁多。西餐原料一般分为肉类、家禽类、水产类、蛋奶类、蔬果类和淀粉类六大类。

一、肉类

肉类是西餐的主要原料。肉的品质（味道、质地及外观）取决于动物的种类及饲养方式。肉类原料在西餐烹调中菜式很多、风味各异。其风味主要受肉的部位、加热方式、烹调温度与烹调时间的交互影响。因此，专业厨师必须掌握肉类原料的部位及其特性，对专业厨师而言是必须掌握的。下面将分别介绍常见的肉类原料：牛肉、猪肉、羊肉、兔肉等。

（一）牛肉

牛肉的品种（色泽、外观、脂肪含量与肉的组织）取决于牛的年龄，畜龄越大，肌肉质地会越粗糙，嫩度也有所降低；而牛肉中大理石纹脂肪含量越高，分布越细致均匀，牛肉的风味、含汁性与口感就会越好。在牛肉的分类上，根据美国肉类出口协会的分类，共分八级：美国极品级（U.S. Prime）、美国特选级（U.S. Choice）、美国可选级（U.S. Select）、美国合格级（U.S. Standard）、美国商用级（U.S. Commercial）、美国可用级（U.S. Utility）、美国切块级（U.S. Cutter）、美国制罐级（U.S. Canner），优劣由一至八级顺序而下，一般来说前三级是做牛排的原料。如一级牛肉，质量最高，肉外部和内部都分布脂肪，质地较坚实，肉质细嫩，数量有限，价格高；二级牛肉，质量高，肉外部和内部的脂肪少于一级，供应量大，价格适中，是西餐业的理想原料；三级牛肉，质量适中，肉外部和内部的脂肪都较少，味道略差，肉质较老，价格较低。

小牛肉又称牛仔肉，是指出生后2个半月到10个月之间屠宰的牛肉。牛仔肉脂肪少而肉质柔软，在欧美各国，尤其是法国、意大利，市场的需求量十分大。和成年牛肉相比，牛仔肉颜色略淡，呈粉红色或淡玫瑰色。牛仔出生2～3

个月的叫乳牛，这时的牛仔还没有断乳，富含牛奶风味，肉质细嫩而柔软，是西餐中的上等原料。

小牛肉肉质细嫩、柔软，脂肪少，味道清淡，是一种高蛋白、低脂肪的优质原料，在西餐烹调中应用广泛。小牛除了部分内脏外，其余大部分部位都可以作为烹调原料，特别是小牛喉管两边的膵脏，又称牛核，更被视为西餐烹调中的名贵原料。

（二）猪肉

猪肉也是西餐烹调中最常用的原料，尤其是德式菜对猪肉更是偏爱，其他欧美国家也有不少菜肴是用猪肉制作的。

猪在西餐烹调中又有乳猪和成年猪之分。乳猪是指尚未断奶的小猪。乳猪肉嫩色浅，水分充足，是西餐烹调中的高档原料。成年猪一般以饲养 1 ~ 2 年的为最佳。

猪肉色泽粉红，嫩度因部位不同而有较大差别。新鲜猪肉表面有一层微干或微湿的外膜，呈暗灰色，有光泽，切断面稍湿、不黏手，肉汁透明。具有鲜猪肉正常的气味，肉质紧密富有弹性，用手指按压凹陷后会立即复原；脂肪呈白色，具有光泽，有时呈肌肉红色，柔软而富有弹性。在西餐烹调过程中，基于安全卫生考虑，猪肉菜点必须全熟才能供餐。

（三）羊肉

羊肉在西餐中的应用仅次于牛肉，羊肉也有羊仔肉（重 13 ~ 17 千克）和成年羊肉（重 32 ~ 36 千克）之分。羊仔是指出生后不足 1 年的羊，1 年以上的羊统称为成年羊。羊仔肉颜色较成年羊肉浅，肉质细嫩，是西餐中的上等原料，其中没有食过草的羊称为乳羊，肉质更佳。此外，还有一种生长在海滨的羊，吃的是含有盐分的草，称咸草羊，肉质也很好，且没有膻味。

西餐烹调中主要以使用羔羊肉为主。羊的种类很多，其品种类型主要有绵羊、山羊和肉用羊等，其中肉用羊的羊肉品质最佳，肉用羊大都是由绵羊培育而成，其体型大、生长发育快、产肉性能高、肉质细嫩，肌间脂肪多，切面呈大理石花纹，其肉用价值高于其他品种。其中较著名的品种有无角多赛特、萨福克、德克塞尔、德国美利奴及夏洛来等肉用绵羊。

澳大利亚、新西兰等国是世界主要的肉用羊生产国，目前我国的市场供应主要以绵羊肉为主，山羊肉因其膻味较大，相对较少。

（四）兔肉

兔肉具有特殊的食用价值，是理想的保健、美容、滋补肉食品，深受人们的欢迎，欧洲各国素有食兔肉的传统习惯。兔肉与其他肉类相比，具有"三高"和"三低"的营养特点，"三高"即蛋白质含量高、矿物质含量高、人对兔肉的消化率也高；"三低"即脂肪含量低、胆固醇含量低、能量也低。

兔肉有野兔和家兔之分。

1. 野兔

野兔肉色暗红，脂肪较少，肉质较硬，但味道浓厚。生长期短的野兔肉质柔软，特别是 3 ~ 8 个月、体重 2.5 ~ 3.5 千克的野兔，味道最为鲜美。

2. 家兔

家兔肉色粉红，肉质柔软。可整只烤制，也可小块焖制。

（五）肉制品

西方国家的食品工业比较发达，肉制品的种类较多，主要有腌肉制品和肉肠制品。

1. 腌肉制品

腌肉制品主要有火腿（Ham）、培根（Bacon）、咸肥膘（Salt Fat）等。

（1）火腿 火腿是一种在世界范围内流传很广的肉制品，西式火腿可分为无骨火腿和带骨火腿两种类型。

无骨火腿是选用猪后腿肉或脊肉，可带皮及少量肥膘。一般制作工艺为：先把肉用盐水和香料浸泡腌渍入味，然后加水煮制，有的要进行烟熏处理后再煮，这种火腿外形有圆形和方形，应用比较广泛。

带骨火腿一般采用整只带骨的猪后腿加工而成。一般制作工艺为：先把整只后腿肉用盐、胡椒粉、硝酸盐等干擦其表面，然后再浸入加有香料的咸水卤中腌渍，最后取出风干、烟熏，再悬挂一段时间使其自熟，就可以形成良好的风味。

世界上著名的火腿品种有法国烟熏火腿（Bayonne Ham），苏格兰整只火腿（Braden Ham）、德国陈制火腿（Westphalian Ham）、黑森林火腿（Black Forest Ham）、意大利火腿（Prama）等。

（2）培根 培根也称咸猪板肉，是西餐中使用广泛的肉制品。按照选用部位分有五花咸肉和外脊咸肉（如加拿大式培根 Canadian-style Bacon），但以前者为常见。培根的一般制作工艺为：把猪肉分割成块（带皮），用盐、硝酸盐、黑胡椒、丁香、香叶、茴香等香料腌渍，然后再经风干、熏制而成。培根一般用于制作肉类、家禽野味类菜肴时的调味配料，由于肥膘多，所以在做烩菜、焖菜时，有改善主料口感的作用。

（3）咸肥膘 咸肥膘采用干腌法腌渍而成，这种腌肉方法是将选好剔净的猪肥膘间隔 8 ~ 10 厘米切一道深口，再用盐反复搓揉，使盐渗透入内。咸肥膘可供煎食，也可混入或插入缺脂的动物性原料中烧或焖制，以起到补充脂肪的作用。

2. 肉肠制品

肉肠制品在西餐中比较普及，其主要品种有腊肠（Sausage）、小泥肠（Bratwurst）、意大利肠（Italian Sausage）等。

（1）腊肠　腊肠也称火腿肠、半熏腊肠，起源于波兰。腊肠的一般制作工艺为：以70%的瘦肉丁和30%的肥膘泥混合做馅，用猪大肠制作的肠衣灌制，再经煮制、晾干、熏制而成。

（2）小泥肠　小泥肠主要产于德国的法兰克福。小泥肠的一般制作工艺为：以绞细的肉馅灌入鸡肠制成的肠衣中制作而成。成品长12～13厘米，直径为2～2.5厘米，是灌肠中最小的一种，味道好，常用于煎、煮、烩等烹调方法。

（3）意大利肠　意大利肠是肉肠中较大的一种，肉馅中掺有鲜豌豆，长50厘米左右，直径13～15厘米，味道鲜美。

二、家禽类

家禽是西餐中的重要原料，主要品种有鸡、火鸡、鸭、鹅、珍珠鸡、鸽子等。禽肉的老嫩与饲养时间和部位相关，通常饲养时间长的或禽类经常活动的部位肉质较老。西餐中经常将禽肉分为白色肉类、深色肉类等。白色肉类肉质呈白色，含脂肪及结缔组织较少，烹调时间短，如鸡、火鸡等；深色肉类肉质呈褐色，因为这一部位含脂肪及结缔组织较多，烹调时间较长，如鸭、鹅、鸽子。

另外，家禽肉常常分为A级、B级和C级三个等级。这些级别的划分是根据家禽躯体的形状，其肌肉和脂肪的含量及皮肤和骨头是否有缺陷等来界定的。如A级禽肉体型健壮，外观完整；B级禽肉体型不如A级健壮，外观可能破损；C级禽肉外观不整齐。

（一）鸡

鸡的种类较多，主要有：雏鸡（Poussin）、童子鸡（Broiler）、小鸡（Capon）、阉鸡（Stag）、母鸡（Hen）、公鸡（Cock）等。雏鸡是指特殊喂养的小鸡，肉质鲜嫩。饲养期为5～6周，重量在0.9千克以下；童子鸡饲养期在9～12周之间，重量在0.9～1.6千克之间，肉质细嫩；小鸡饲养期在3～5个月之间，重量在1.6～2.3千克之间，肉质嫩；阉鸡是指阉过的公鸡，肉质细嫩，饲养期为8个月，重量在2.3～3.6千克之间；母鸡饲养期常常为10个月以上，肉质老，重量在1.8～2.7千克之间；公鸡饲养期常常为10个月以上，重量在1.8～2.7千克之间。鸡肉菜肴的主要烹调方法为煎、铁扒、烩、焖、煮等。

（二）火鸡

火鸡又名吐绶鸡，原产于北美洲，是一种体形较大的野生鸡种，后被驯养，是一种高蛋白、低脂肪、低胆固醇的现代理想禽肉，是欧美许多国家"圣诞节"和"感恩节"餐桌上不可缺少的佳肴。火鸡分为雏火鸡（Fryer-roaster）、小火鸡（Young Hen & Young Tom）、嫩火鸡（Yearling）、成年火鸡（Mature Turkey）等。雏火鸡的饲养期在16周之内，重量为1.8 ~ 4千克；小火鸡的饲养期为5 ~ 7个月，重量为3.6 ~ 10千克，肉质嫩；嫩火鸡的饲养时间在15月之内，重量为4.5 ~ 14千克，肉质细嫩；成年火鸡，饲养期在15个月以上，重量在14千克以上，肉质老。火鸡的烹调方法主要为烧烤、煎、煮等。

（三）鸭

鸭分为雏鸭（Young Duck）、童子鸭（The Lad Duck）、成年鸭（Mature Duck）等。雏鸭和童子鸭饲养期短，分别为8周及16周以下，肉质细嫩；成年鸭饲养期长为6个月以上，肉质老。鸭主要用于煎、烤等烹调方法。

（四）鹅

鹅分为幼鹅（Young Goose）与成年鹅（Mature Goose）。幼鹅肉质嫩，饲养期短，在6个月以内；成年鹅肉质老，饲养期长，为6个月以上。鹅在西餐中的用途不如鸡广泛，但肥鹅肝却是西餐烹饪中的上等原料。为了得到质量上乘的肥鹅肝，必须预先选择一批小雄鹅，在3 ~ 4个月之前饲以普通饲料，然后用特制的玉米饲料强制育肥1个月。其肝脏可重达700 ~ 900克。肥鹅肝中含有大量脂肪，因此在烹调时不要用急火，以免脂肪流失，鹅肝的质地变干。优质的鹅肝颜色呈乳白色或白色，其中的筋呈淡粉红色；肉质紧，用手指触压后不能恢复原来的形状；肉质细嫩光滑，手触后有一种黏糊糊的感觉。反之，手触不光滑并发干，是质量较差的肥鹅肝。

肥鹅肝原则上应立刻使用，不得保存。如果制作菜肴剩余一部分肥鹅肝，可将其用于制作肉卷等。如需新鲜保存，应将肥鹅肝放进真空薄膜中，封口后置于冰水中。

（五）珍珠鸡

珍珠鸡，又名珠鸡，原产于非洲，其羽毛非常漂亮，全身灰黑色，羽毛上有规则地分布着白色圆斑，形状似珍珠，所以得名珍珠鸡。珍珠鸡分为幼鸡（Young Guinea）与成年鸡（Mature Guinea）。前者饲养期在6个月以内，肉质嫩；后者饲养期在1年左右，肉质老。珍珠鸡适合于烤、铁扒、煮、焖等烹调方法。

三、水产类

水产品的种类较多，它能提供丰富的维生素和矿物质及高度不饱和脂肪酸（某些高度不饱和脂肪酸是人体必需的脂肪酸，具有重要的生理作用，人体不能自行合成，只能从鱼类和其他水产品中摄取）；此外，水产品还可以提供卵磷脂（有健脑的作用）和优质蛋白质。

（一）鱼类

1. 三文鱼（Salmon）

三文鱼又名细鳞鱼、红点鲑鱼，与大马哈鱼同属硬骨鱼纲鲑科，是鲑鱼的一种，是世界上著名的珍贵鱼种，是一种在海里生长在淡水产卵的鱼。主要产于美国、加拿大、挪威及英国的河口处等冷水域。

三文鱼平时生活在冷水海洋中，成熟后到淡水河中产卵。三文鱼体呈纺锤形，鳞细小，肉呈淡红色，刺少肉多，味道鲜美，质地略粗，有较高的营养价值。

知识链接

加拿大的新不伦瑞克省，与大海有着天然的联系，在该省被称为"三文鱼故乡"的坎普贝尔顿村，有一座别具一格的三文鱼雕像。据介绍，加拿大渔民于 1997 年在加拿大东部米拉米奇海湾捕捉到一条长 8.5 米、重 1 吨的三文鱼，被认为是世界上迄今为止发现的最大的一条三文鱼。三文鱼通常 3 年长大成熟，临近产卵期的三文鱼，突然想"家"了，每年 7～10 月更是它们回"家"的高峰季节，它们成群结队，游历数百公里。由于独特的遗传基因，即使离"家"再远，三文鱼也能找到自己的出生地。

---

2. 鱼子和鱼子酱

鱼子是新鲜鱼子经盐水腌制而成，浆汁较少，呈颗粒状。鱼子酱是在鱼子的基础上又经发酵制成的，其浆汁较多，呈半流质胶状。鱼子制品有红鱼子酱和黑鱼子酱两种。

（1）红鱼子酱（Red Caviar）　红鱼子酱是用大马哈鱼（Oncorhynchus Keta）的卵制成的，方法是在鱼卵中加 4% 的盐水，用木棍搅动，使衣膜与卵脱离，盐分便渗入卵中，腌透后滤出孵衣膜即红鱼子，如再发酵可制成红鱼子酱。

优质的红鱼子酱应是颗粒饱满无破粒，色红晶亮，无汤汁，颗粒松散但附有少量黏液，味咸鲜，含盐率在 4% 以下。红鱼子酱为名贵冷吃，常作开胃小吃或装饰冷盘用。

（2）黑鱼子酱（Black Caviar）　黑鱼子酱是用鲟鱼的卵制成的，因鲟鱼的产量很少，所以黑鱼子比红鱼子更名贵。黑鱼子的加工方法同红鱼子。

优质的黑鱼子酱颗粒饱满，松散但有少量黏液，黑褐色有光泽，味清香鲜美，略有咸味。常作开胃小吃或装饰冷盘用。

3. 鳕鱼

鳕鱼（Cod）属于鳕鱼科，又名大头青、大口鱼、大头鱼、明太鱼、水口、阔口鱼、大头腥、石肠鱼。其体型长，稍侧扁，尾部向后渐细，一般长 25 ~ 40 厘米，体重 300 ~ 750 克。头大，口大，体被的细小圆鳞易脱落，侧线明显，头、背及体侧为灰褐色，并具有不规则深褐色斑纹，腹面为灰白色。胸络呈浅黄色，其他各扇均为灰色。

鳕鱼主要分布于北太平洋，属冷水性底层鱼类，每百克鳕鱼肉含蛋白质 16.5 克、脂肪 0.4 克。其肉质白细鲜嫩，清口不腻。世界上不少国家把鳕鱼作为主要食用鱼类之一。除鲜食外，还加工成各种水产食品，此外鳕鱼肝大而且含油量高，富含维生素 A 和维生素 D，是提取鱼肝油的原料。

知识链接

鳕鱼大部分生活在太平洋、大西洋北方水温 0 ~ 16℃ 的寒冷海里。只要会动的东西都吃，吃得多，因此长得快，繁殖能力也强，体长 1 米左右的雌鱼，一次可产 300 万至 400 万粒卵。因集群性生活，捕捉很容易，自古就是有名的食用鱼。

4. 金枪鱼

金枪鱼（Tuna）也称鲔鱼、吞拿鱼，是一种生活在海洋中上层水域的鱼类，分布在太平洋、大西洋和印度洋的热带、亚热带和温带广阔水域，属大洋性高度洄游鱼类。从生物学的分类上讲，广义的金枪鱼是指鱼类中的鲭科、箭鱼科和旗鱼科，共计约 30 种鱼类。经济价值较大的种类包括蓝鳍金枪鱼、马苏金枪鱼、大眼金枪鱼、黄鳍金枪鱼、长鳍金枪鱼、鲣鱼 6 种，其中蓝鳍金枪鱼、马苏金枪鱼、大眼金枪鱼、黄鳍金枪鱼是生鱼片原料鱼，长鳍金枪鱼和鲣鱼主要用来做金枪鱼罐头原料，但是，现在也用长鳍金枪鱼来做生鱼片。

知识链接

金枪鱼体呈纺锤形，游动的阻力小，一般时速为每小时 30 ~ 50 千米，最高速可达每小时 160 千米，比陆地上跑得最快的动物还要快。所以金枪鱼是鱼类中的游泳能手，它游泳速度快，旅行范围远达数千千米，能作跨洋环游，被称为"没有国界的鱼类"。根据科学家研究，金枪鱼是唯一能够长距离快速游泳的大型鱼类。金枪鱼若停止游泳就会窒息，原因是金枪鱼游泳时总是开着口，使水流经过鳃部而吸氧呼吸，所以在一生中它只能不停地持续高速游泳，即使在夜间也不休息，只是减缓了游速，降低了代谢。

---

5. 沙丁鱼

沙丁鱼（Sardine）属于鲱科，是一些鲱鱼的统称，身体侧扁，通常为银白色。它是硬骨鱼纲鲱形目鲱科沙丁鱼属、小沙丁鱼属和拟沙丁鱼属的统称，为世界重要的海洋经济鱼类。沙丁鱼具有生长快、繁殖力强的优点，且肉质鲜嫩，脂肪含量高。清蒸、红烧、油煎及腌干蒸食均味美可口。据有关资料介绍，沙丁鱼中含有一种具有 5 个双键的长链脂肪酸，可防止血栓的形成，有益于心脏。

知识链接

沙丁鱼属仅沙丁鱼 1 种，又分欧洲沙丁鱼和地中海沙丁鱼 2 个亚种。拟沙丁鱼属共有 5 种，即远东拟沙丁鱼、加州拟沙丁鱼、南美拟沙丁鱼、澳洲拟沙丁鱼和南非拟沙丁鱼。小沙丁鱼属种类最多，有 20 多种。中国的沙丁鱼类主要为小沙丁鱼属，有 10 余种，以金色小沙丁鱼和裘氏小沙丁鱼产量最高。沙丁鱼鱼体长、侧扁，腹部具棱鳞，体被圆鳞，无侧线。

沙丁鱼为近海暖水性鱼类，通常栖息于中上层，游动速度快。适温在 20 ~ 30℃之间。在第二次世界大战前，美国加利福尼亚州附近的海面上，常常可以捕到大量的沙丁鱼。奇怪的是 1951 年沙丁鱼的年产量突然从 50 万吨下降到 3000 吨。后来查清了减产的原因，是由于水温突然下降造成的。6 年以后这里的水温上升，沙丁鱼的产量又明显地提高了。

沙丁鱼主要摄食浮游生物和硅藻等。饵料因鱼种、海区和季节而异。金色小沙丁鱼一般不作远距离洄游，秋、冬季成鱼栖息于 70 ~ 80 米以外的深水，春季向近岸作生殖洄游。远东拟沙丁鱼是沙丁鱼中产量最高的鱼种，分布在日本近海，分为太平洋群系、日本海群系、足褶群系和九州群系 4 个群系。

海洋中的沙丁鱼最"有礼貌"，也最"守纪律"，当它们游到狭窄地带时，便自觉排成整齐的队伍，并遵守规矩。年长者在水的下层，年幼者在上层。要是鱼群中发现有日本鳗鱼时，年长的沙丁鱼还能客气地把下层让给"客人"，自己则在上层列队前进。

---

6. 虹鳟鱼

虹鳟鱼（Rainbor Trout）俗称鳟鱼，属鲱形目鲑科，虹鳟鱼又称瀑布鱼、七色鱼，体形呈长纺锤形，吻圆，鳞小而圆，背部和头部苍青色或深灰色，下腹部银白色。体侧、体背和鳍部有分散的小黑点，性成熟的个体体侧中部沿侧线有一条类似彩虹的紫红色彩带（由此而被称为虹鳟）延伸至尾鳍基部。虹鳟鱼原产自美国和加拿大，是世界性重要养殖鱼类之一，也是珍贵的冷水性鱼类。虹鳟鱼肉味鲜美，刺少肉多，营养丰富，生长快，易捕捞，饲料利用率高，在国内外市场上都被列为高档商品鱼。更具特色的是虹鳟鱼适合高密度、集约化养殖，其单位面积产量很高，是发展前景广阔的高产高效优质养殖品种。

知识链接

虹鳟鱼原产于北美洲北冰洋沿岸及美国的阿拉斯加和加利福尼亚州，在日本的山涧溪流中也有生存。据传一位日本樵夫，见此鱼体态优美，十分好看，欲捉到家中饲养观赏。不料，此鱼特别娇贵，未到家中早已"气绝身亡"。于是便炖了下酒，结果发现肉质特别细嫩、鲜美，非常好吃，后来知道的人越来越多。

经水产专家化验证明，此鱼体内含有大量的 DHA（二十二碳六烯酸）、EPA（二十碳五烯酸），是人体大脑营养的必需物质，对心血管疾病有很好的预防功效，同时，虹鳟鱼体内营养极其丰富，是滋补营养的珍品。驯化培育后的虹鳟鱼得到日本政府的高度重视，和国花"樱花"齐名，并称为"樱鳟"。后来其他国家仿效日本，新西兰将此鱼称为"圣鱼"并立法保护。

---

7. 鳀鱼

鳀鱼（Anchovy）为鳀科鱼类，又称为海蜒、离水烂、烂船丁、海河、巴鱼食、乾鱼、抽条、黑背鳁等，主要分布于太平洋西部。其体细长，稍侧扁，一般体长 8 ~ 12 厘米，体重 5 ~ 15 克。口大、下位，吻钝圆，下颌短于上颌，两颌及舌上均有牙。眼大、具脂眼睑。体被薄圆鳞，极易脱落，无侧线。腹部圆、无棱鳞。尾鳍呈叉形、基部每侧有 2 个大鳞。体背面呈蓝黑色，体侧有一银灰色纵带，腹部银白色。背、胸及腹鳍浅灰色；臀鳍及尾鳍浅黄灰色。

因鳀鱼肌肉组织脆弱，离水后极易受损腐烂，鲜销困难，大都加工晒干，小鳀鱼加工制做的咸干品为有名的海蜒，用来做汤或凉拌食用具独特风味。西餐中，将鳀鱼加工后浸泡于橄榄油中，常常用于沙拉的制作中。

（二）虾蟹类

虾在生物学上属于甲壳纲，淡水、海水均产，种类较多，主要有褐虾、粉虾和白虾等；螃蟹的种类也很多，主要品种有蓝蟹、红蟹、沙蟹、雪蟹和王蟹。

1. 褐虾

褐虾（Brown Shrimp）分布于北半球温带和寒带浅海。分布于北大西洋东岸欧洲各海的常见品种有褐虾，西岸有七刺褐虾；北太平洋东岸种数较多，重要品种有加州褐虾、黑尾褐虾和黑斑褐虾。西太平洋北部有脊腹褐虾等品种，后者自库页岛向南分布，经日本、朝鲜至中国黄海沿岸，长江口附近海域为其分布南界，在黄海为优势品种。

褐虾有重要的经济价值。北大西洋东岸（北海海域）欧洲各国产的褐虾年产量达 4 万 ~ 5 万吨，是最重要的小型经济虾类。北美太平洋沿岸的加州褐虾和黑尾褐虾也是经济品种，亚洲东北部沿岸最重要的经济品种是脊腹褐虾，在中国和日本北部冷水浅海为常见小虾。

2. 粉虾

粉虾（Pink Shrimp）也是重要的水产品，体色为粉红至褐色，尾端和腿稍带黄蓝色。

3. 蓝蟹

蓝蟹（Blue Crab）得名于其腿部和螯足的蓝色色泽（蟹壳呈棕绿色，蟹腹为白色）。蓝蟹与亚洲的一些游水蟹品种十分相似，包括产自印度尼西亚和菲律宾的远海梭子蟹和产自中国的大闸蟹。在美国，蓝蟹以活蟹、精选蟹肉及软壳蟹的形式销售。

大量蓝蟹在脱壳期被捕捞。这些蓝蟹被置于养殖柜中，一旦它们脱壳成为"软壳蟹"，就可以高价销售。在去除眼和鳃后，软壳蟹可整只食用。在东海岸地区，软壳蓝蟹是一种季节性美味佳肴，通常油炸后食用。

4. 红蟹

红蟹（Red Carb）在大西洋沿岸产量很多，它有一个奇特的本领，当一对螯钳去除后放生回海，过了一段时间它又可以再生出一对新的螯钳。

（三）贝类

1. 蚝

蚝(Oyster)也叫牡蛎，大都是人工养殖的。蚝肉既肥嫩又鲜美，且营养价值高，是海产贝类独具一格的原料，其贝肉柔软鼓胀而有光泽，开合肌略呈透明而有力，剥出的贝肉多皱褶；外观上以蚝壳大而深、相对较重者为佳。

牡蛎既可生食又可熟食，以生食为主。另外还可干制或做罐头，适宜炒、炸、烩或制汤等方法烹调。

知识链接

一般来说，要享用生蚝，可以什么都不加，就是单纯感受那种鲜美与特殊的海水味道。要享用原味，也可以采用"冰镇方案"，将生蚝直接挑出放置于冰上，等冰透至一定程度后直接入口，这样的生蚝，除了保留原味，还会被激发出原有的甜味，而且可以回味悠久。如果还是担心有腥味，可以加一点点柠檬汁和茄汁，这样依然可以感受其原本的鲜甜原味。如果口味比较重，也可以加上一点红酒醋和辣椒水，生蚝加入辣椒水，有着让人意想不到的好滋味。

2. 蛤

蛤（Clam）有硬壳蛤（Hard-shell Clam）、软壳蛤（Soft-shell Clam）和海蛤（Sea Clam）之分。

3. 淡菜

淡菜（Mussels）为蚌类，蚌肉俗称水菜，因曝干时不加食盐，故名淡菜。淡菜壳呈三角形，长 6 ~ 10 厘米，足根有丝状茸毛附着于岩石。产于浙江近海，肉红色紫，味美，为营养食品，亦作药用。

4. 其他类

蜗牛（Snail）肉质鲜美，营养丰富，是法国和意大利传统名菜的原料之一，现已风靡全球。蜗牛的品种很多，目前食用的种类主要有法国蜗牛、意大利庭院蜗牛和玛瑙蜗牛三种。法国蜗牛又称苹果蜗牛、葡萄蜗牛，因其多生活在果园中而得名，欧洲中部地区均产。此种蜗牛壳厚重，茶褐色，中有一条白带，肉白色，质量好。意大利庭院蜗牛因生活在庭院或灌木丛中而得名。此种蜗牛壳薄，黄褐色，有斑点，肉有褐色、白色的不等，质量也很好。玛瑙蜗牛原产非洲，又称非洲蜗牛，目前我国亦产。此种蜗牛壳大，黄褐色，有花纹，肉呈浅褐色，肉质一般。蜗牛大多是鲜品，也有罐头制品。

四、蛋奶类

（一）蛋类

鸡蛋（Egg）是西餐常用的原料，它既可以作为菜肴，又可以做西点，还可以作为沙司等的配料。鸡蛋由蛋黄、蛋清和蛋壳三部分组成。在美国，根据蛋清在蛋壳内部体积的比例和蛋黄的坚硬度，将鸡蛋分为特级（AA）、一级（A）、二级（B）和三级（C）。特级鸡蛋的蛋清在蛋壳内的体积最大，其蛋黄也最硬。因此，它适合于汆、煎和煮等烹调方法。一级和二级鸡蛋适用于煮、煎等烹调方法。二级以下的鸡蛋另作其他用途。

鸡蛋是大众喜爱的食材，鲜鸡蛋所含营养丰富而全面，营养学家称之为"完全蛋白质模式"，被人们誉为"理想的营养库"。鲜鸡蛋含的蛋白质中，主要为卵蛋白（在蛋清中）和卵黄蛋白（主要在蛋黄中）。其蛋白质的氨基酸组成与人体组织蛋白质最为接近，因此吸收率相当高，可达 99.7%。鲜鸡蛋含的脂肪主要集中在蛋黄中。此外蛋黄还含有卵磷脂、维生素和矿物质等，这些营养素有助于增进神经系统的功能，所以，蛋黄是较好的健脑益智食物，经常食用，可增强记忆。

知识链接

据美国 KITV 电视台报道，从 2001 年 9 月 4 日起，美国食品店出售的鸡蛋上必须贴上标签，说明如何正确搬运鸡蛋、如何冷藏鸡蛋及要彻底煮熟鸡蛋等。由于沙门氏菌可以隐藏在鸡蛋内部，美国每年有 100 万到 150 万人因感染沙门氏菌而生病。而用不正确方式搬运的鸡蛋（例如在搬运中鸡蛋被太阳晒过），或是食用半熟的鸡蛋，都有可能繁殖该病菌而危害健康。有关专家建议，为保证鸡蛋新鲜，最好在购买后 1 周内食用，而做熟的鸡蛋最好立刻食用。

（二）奶类

1. 牛奶

牛奶（Milk）也称牛乳，营养价值很高，含有丰富的蛋白质、脂肪及多种维生素和矿物质，经消毒处理的新鲜牛奶有全脂、半脱脂和脱脂三种类型。

新鲜牛奶应为乳白色或略带浅黄，无凝块，无杂质，有乳香味，清新自然，品尝时略带甜味，无酸味。

牛奶保存时一般采取冷藏法。如短期储存可放在 $-2 \sim -1$℃的冰柜中冷藏；长期保存需要放在 $-18 \sim -10$℃的冷库中。

知识链接

"国际牛奶日"的英文名称是 International Milk Day，它是由德国促进牛奶消费者协会在 20 世纪 50 年代最先提出来的，后来被国际牛奶业联合会所采纳，并沿用至今。国际牛奶业联合会于 1903 年在布鲁塞尔成立，现有 39 个成员国，大部分为欧洲和美洲国家。1961 年 5 月，国际牛奶业联合会在德国举行了第一个庆祝"牛奶日"活动，并将每年 5 月的第三个星期二定为"国际牛奶日"。

"国际牛奶日"活动的目的是以多种形式向消费者介绍牛奶的生产情况，直接了解消费者对牛奶生产和乳制品加工的要求。"国际牛奶日"活动的一项重要内容是宣传牛奶的营养价值和对人体健康的重要性。

我国从 1999 年开始宣传"国际牛奶日"，鼓励人们多喝奶，通过对牛奶的宣传促进和启动消费市场，进而带动牛奶的生产，形成良性循环，最终达到提高全民族身体素质的目的。

2. 淡奶

淡奶（Evaporated Milk）也叫奶水、乳水、蒸发奶、蒸发奶水等，是将牛奶蒸馏除去一些水分后的产品，有时也用奶粉和水以一定比例混合后代替。经过蒸馏过程，淡奶的水分比鲜牛奶少一半。淡奶常被用于制作甜品、冲调咖啡及奶茶等。

3. 炼乳

炼乳（Condensed Milk）是"浓缩奶"的一种。炼乳是将鲜乳经真空浓缩或其他方法除去大部分的水分，浓缩至原体积25%～40%的乳制品。炼乳加工时由于所用的原料和添加的辅料不同，可以分为加糖炼乳（甜炼乳）、淡炼乳、脱脂炼乳、半脱脂炼乳、花色炼乳、强化炼乳和调制炼乳等。

知识链接

炼乳诞生至今已有一百多年。首创者是美国人格尔·波顿。他在大西洋的一次航行中目睹了一起不幸事件，促使他萌发研制炼乳的想法。某次，格尔·波顿和各国旅客一起登上"玛丽号"海轮。当这艘海轮离开纽约驶向大西洋之前，船长威廉斯为了招揽乘客，别出心裁地在船上饲养了一头荷兰种奶牛，以便及时为旅客中的婴儿提供牛奶。当时缺乏牛奶保鲜办法，挤出的牛奶经过10余小时的航行，因细菌迅速繁殖而变质，4名婴儿饮用后不幸失失生命。正当失声痛哭的母亲为自己的孩子举行海葬仪式时，格尔·波顿好奇地挤进围观的人群，他得知原委后，感到十分难过。从此，他决心研究一种牛奶保鲜办法，以避免悲剧的重演。他跑遍图书馆，查找参考资料，请教专家和有识之士，终于了解到，牛奶除含有各种营养成分外，还占有87%水分；而水是细菌繁殖的重要条件，要长期保鲜牛奶，就得减少水分。在几位挚友的资助下，他开始在一间简陋的实验室里进行科学实验。经过多次实验，才成功地用"减压蒸馏"的办法浓缩了牛奶；接着，他又翻阅大量资料，经过反复实验，发现适量溶入糖分，可进一步提高牛奶防菌能力。起初他将这种牛奶称为"浓缩牛奶"，后改称"炼乳"。1853年夏，格尔·波顿与朋友合伙在纽约创办了世界第一家炼乳加工厂。后来为了运输方便，发明了罐头炼乳，再后来，炼乳又增添了无糖淡炼乳、发酵浓炼乳等许多新品种。

---

4. 奶油

奶油（Cream）是从经高温杀菌的鲜乳中加工分离出来的脂肪和其他成分的混合物，在乳品工业中也称稀奶油，奶油是制作黄油的中间产品，含脂率较低，分别有以下几种：

（1）淡奶油（Light Cream）　淡奶油也称单奶油（Single Cream），乳脂含

量为 12% ~ 30%，可用于沙司的调味，西点的配料和起稠增白的作用。

（2）掼奶油（Whipping Cream）　掼奶油很容易搅拌成泡沫状，含乳脂量为 30% ~ 40%，主要用于裱花装饰。

（3）厚奶油（Heavy Cream）　厚奶油也称双奶油（Double Cream），含乳脂量为 48% ~ 50%，这种奶油用途不广，因为成本太高，通常情况下为了增添风味才使用厚奶油。

保存奶油一般采用冷藏法，保存的温度为 4 ~ 6℃。为防止污染，对无包装的奶油应放在干净的容器内，并加上盖。由于奶油营养丰富，水分充足，很易变质，所以要注意及时冷藏，其制品在常温下超过 24 小时不应再食用。

知识链接

长期以来，奶油只是用来做黄油的。不过从 17 世纪开始，奶油被应用于烹调，并成为高档美食的代名词。1879 年，离心分离技术的发明使奶油大规模生产成为可能。而在以前人们只能让牛奶长时间的沉淀，再手工分离牛奶中的水分和乳脂。奶油被人们推崇的原因是因为它能使沙司、酱汁变得更为香滑。路易十四发明了今天我们经常见到的掼奶油。到了 18 世纪，奶油的应用更为广泛。它不仅用于甜品和最早的冰激凌中，还用来烹调肉类。法国是欧洲第三大奶油生产地，奶油也有 AOC 原产地监管制度。在法国仅有的 AOC 奶油是产自 ISGNY 的奶油。由于奶牛种类，饲养方式和制作工艺的考究和严格，该地产的奶油入口细滑，香气诱人。

---

5. 黄油

黄油（Butter），食品工业中也称"奶油"，国内北方地区称"黄油"，上海等南方地区称"白脱"，香港称"牛油"等，是由鲜奶油经再次杀菌、成熟、压炼而成的高乳脂制品。常温下呈浅乳黄色固体，乳脂含量一般不低于 80%，水分含量不高于 16%，还含有丰富的维生素 A、维生素 D 和矿物质，营养价值较高。黄油是从奶油中进一步分离出来的脂肪，分为鲜黄油和清黄油两种。鲜黄油含脂率在 85% 左右，口味香醇，可直接食用。清黄油含脂率在 97% 左右，比较耐高温，可用于烹调热菜。还可以根据在提炼过程中是否加调味品分为咸黄油、甜黄油、淡黄油和酸黄油等品种。

黄油的脂肪率高，较奶油容易保存。如长期储存应放在 -10℃ 的冰箱中，短期保存可放在 5℃ 左右的冰箱中冷藏。因黄油易氧化，所以在存放时应注意避免光线直接照射，且应密封保存。

　　黄油是直接从新鲜牛奶中提炼出的、不添加任何防腐剂的纯天然食品。它浓缩了牛奶中丰富的蛋白质、钙、维生素A、维生素B、维生素D和脂肪等营养物质，是一种涂抹面包、饼干、馒头，制作烘焙食品和作为西餐配料的佳品，在世界各地广为食用，特别是在欧美等发达国家，更是每餐必不可少的食品。

　　黄油可作为馅饼、烘焙食品、酱汁、菜肴的配料，同时也是甜点、冰激凌的理想之选。在餐饮方面被广泛用于面包、松饼制作和煎烤等烹饪过程中。

　　6. 植物黄油

　　植物黄油（Plant Butter）为人造黄油或人造奶油，又称麦淇淋（Margarine），由棕榈油或是可食用的脂肪添加水、盐、防腐剂、稳定剂和色素加工而成。

　　植物黄油外观呈均匀一致的淡黄色或白色，有光泽；表面洁净，切面整齐，组织细腻均匀；具有奶油香味，无不良气味。

　　麦淇淋就是人造奶油。奶油是西方国家餐桌上不可或缺的一种食品，尤其是法国人，对奶油更是情有独钟，几乎餐餐都离不开它。19世纪中期的法国，奶油一度奇缺，此事引起当时法国政府的恐慌。拿破仑三世便拿出重金悬赏，招募人才研制奶油代用品。不久，法国有一名叫美奇·摩利士（Mege-Mouriesx）的化学家，在法国巴黎郊外的一个农场开始了攻关，两年后，他研制出了人造奶油。这个消息对奶油紧缺的法国人来说无疑是一个福音，他们用希腊语中珍珠的名称"麦淇拉特"的译音给人造奶油取了一个动听的名字。1869年，美奇·摩利士获取了拿破仑三世颁发的奖金。后来，英国女王维多利亚将发明麦淇淋的7月17日定为麦淇淋的生日，以表彰美奇·摩利士对人类的贡献。这种甜美可口的食品一问世，就赢得了法国人的赞誉。很快，麦淇淋从法国传遍欧洲，传遍全世界。麦淇淋传入我国时，中文译名采用了意译与音译的方法，其意是可以用植物油脂制造的人造奶油。

　　麦淇淋主要有以下四个品种。

　　（1）餐用麦淇淋（Meal Margarine）　主要用于涂抹面包，其特点是入口即化，具有令人愉快的香气和味道，而且营养价值较高，富含多不饱和脂肪酸。

　　（2）面包用麦淇淋（Bread Margarine）　用于面包、蛋糕等西点的加工和装饰，吸水性及乳化性好，可使西点带有奶油风味。

（3）起层用麦淇淋（Forming Layer Margarine）　稠度较大，起酥性好，适用于面团的起层，如各种酥皮类点心、清酥类点心、牛角包、丹麦酥等。

（4）通用型麦淇淋（Common Margarine）　具有可塑性、充气性和起酥性，可用于高油蛋糕、糕点等。

7. 奶酪

奶酪（Cheese）常被译为"起司"或"吉司"，广州、香港一带译为"芝士"。

奶酪是用动物奶（主要是牛奶和羊奶）为原料制作的奶制品。优质的奶酪切面均匀致密，呈白色或淡黄色，表皮均匀，细腻，无损伤，无裂缝和脆硬现象。切片整齐不碎，具有本品特有的醇香味。

奶酪的种类很多，目前世界上的奶酪有上千种，其中法国产的种类较多，意大利、荷兰生产的奶酪也很著名。

奶酪应在温度 2 ~ 6℃、相对湿度在 88% ~ 90% 的冰箱中冷藏，存放时最好用纸包好。

奶酪的分类方法很多，最常用的方法是按制品的性质分成下列四类。

（1）硬奶酪（Hard Cheese）　这类奶酪大多数呈较大的车轮形，有的品种有"眼"或许多孔，质地硬，味咸，香气浓郁，多擦成粉末用于焗菜中。例如原装的埃曼塔尔大孔奶酪（Emmentaler）有清淡的果仁味，奶酪呈黄色，内部均匀地分布着小孔。此外还有红波奶酪（Edam）、黄波奶酪（Gouda）等。

（2）半硬奶酪（Semi-hard Cheese）　这类奶酪的特性与硬奶酪差不多，只是质地稍软一些，大部分品种可直接食用，也可以擦成碎末后用于焗菜和汤菜中。如英国的 Cheddar、瑞士的 Gruyere、荷兰的 Gouda 及我国生产的红腊皮奶酪等。

（3）软奶酪（Soft Cheese）　这类奶酪一般体积都比硬奶酪小，形状各异，有的品种还具有大理石花纹，质地由半软到软成膏状不等，香味也较重，适宜直接食用，也可用于烹调或制作调味汁等。如法国的 Roquefort Brie、丹麦的 Camenbert 等奶酪。

（4）奶油奶酪（Cream Cheese）　这类奶酪一般呈厚奶油状，味道各异，一般都作为拌制调味品用，如美国的 Cottagenail 奶酪、德国的 Yogurt 奶酪等。

知识链接

奶酪又名芝士，因为其具有营养高、奶香浓郁、吸收率高、不易肥胖、食用方便等特点，而被誉为"奶品之王"。

每千克奶酪由 12 千克新鲜牛奶提炼而成，浓缩了牛奶中丰富的蛋白质、钙、不饱和脂肪酸、矿物质和维生素等成分，其中不饱和酸可降低人体的血清胆固醇，对预防心血管疾病十分有益，并且食用后不必担心发胖；其中所含的钙是已知食品中含量最高的，且最易被人体吸收，有利于儿童骨骼的生长和强健、防止老年人骨质疏松。

五、蔬果类

（一）蔬菜类

蔬菜种类较多，常常可以按照食用部位将其分为叶菜类、根菜类、茎菜类、瓜菜类、果菜类、豆菜类、花菜类等。

1. 叶菜类

叶菜类的食用部分主要为植物的叶子部位，多用于制作沙拉。如生菜、菊苣、菠菜、西洋菜、卷心菜、抱子甘蓝等。

（1）生菜（Lettuce）　生菜又名叶用莴苣，因能生食而得名，是一、二年生菊科植物，原产于地中海沿岸，在我国有悠久的栽培历史。生菜按叶片的色泽区分有绿生菜、紫生菜两种。如按叶的生长状态区分，则有散叶生菜、结球生菜两种。前者叶片散生，后者叶片抱合成球状。如再细分则结球生菜还有三个类型：一是叶片呈倒卵形，叶面平滑，质地柔软、叶缘稍呈波纹的奶油生菜；另有一种叶片呈倒圆形，叶面皱缩，质地脆嫩，叶缘呈锯齿状的脆叶生菜，以后者栽培较普遍；再有一种就是叶片厚实、长椭圆形，叶全缘，半结球型的苦叶生菜，这种生菜很少栽培。

（2）菊苣（Endives）　菊苣别名法国苦苣、欧洲苣荬菜、法国苣荬菜、比利时苣荬菜、苞菜，在日本称为"苦白菜"。它是菊科菊苣属中的多年生草本植物，原产于地中海、亚洲中部和北非等地区，意大利、法国、比利时和荷兰栽培较为普遍。

在烹调中，菊苣主要用于生吃，是西餐中做沙拉的上好时蔬。因此，在挑选时应留意，以外叶洁白有光泽，芽叶厚且抱合紧实者为佳。如果菜叶的前端出现绿色，说明其不太新鲜了。菊苣在加热后，苦味会有所增强，所以在清洗时不宜用热水；在烹调过程中也常常在菜中加入少许白糖来缓和菊苣的苦味。菊苣还适合很多烹调方法，如凉拌、煎、烤等。

（3）西洋菜（Watercress）　西洋菜俗称水田芥，为中空茎的水生植物，可发现于流水、河流及池塘中，靠匍伏的地下茎增长并生长于水面上。为常绿植物，羽状复叶为绿褐色，带有心形的小叶，小白花会开成圆锥花序，随后结成圆柱形的种荚。

西洋菜富含维生素 C、维生素 A、叶绿素、矿物质及碘等。有刺激性的辣味和淡淡的苦香，在西餐中主要用来做配菜或切碎制作调味汁等。

（4）抱子甘蓝（Brussels）　抱子甘蓝又称芽甘蓝、子持甘蓝，属十字花科芸薹属甘蓝的一个变种，两年生草本植物。其植株中心不生叶球，而在茎周叶腋中产生小芽球，犹如子附母怀，故称"抱子甘蓝"。原产于地中海沿岸，19世纪初逐渐成为欧美国家的重要蔬菜之一，在英国、德国、法国等国家种植面积较大，美国、日本等国家和地区也有栽培，近几年抱子甘蓝引入我国，在北京、广州、云南、台湾等地已有种植，面积并不大，主要是供应大型饭店和宾馆，百姓的餐桌上还不多见。抱子甘蓝芽球形状奇特，大者如乒乓球、小者像鹌鹑蛋，玲珑可爱，是名副其实的袖珍蔬菜。

抱子甘蓝以腋芽处形成的小叶球为食用部分，富含各种营养物质。风味似结球甘蓝却也有自身独特的口味，适合于多种烹调方法，可清炒、素烧、凉拌、作汤料、火锅配菜、泡菜、腌渍等。由于抱子甘蓝叶球抱合紧实，加工时先将小叶球洗净，然后在其基部用小刀切一刀，剞成"一"字形或切两刀，剞成"十"字形，深度约为小叶球的1/3，使之在烹调过程中较易成熟并入味。最后放在已加少量盐的沸水中焯熟，捞起后沥去水分，再行烹调或直接浇上各自喜欢的调料，如黄油、奶油、沙拉酱等拌匀，即成小包菜沙拉。也可以用高汤煮熟直接食用，外观碧绿、形状珍奇、味甜浓郁、风味独特。

2. 根菜类

食用部分为植物的根部。西餐中常见的原料有胡萝卜、芜菁、红萝卜、白萝卜、辣根、红菜头等，通常生长于土中，烹调时洗净去皮，适合多种烹调方法。

（1）辣根（Horseradish）　辣根又名西洋葵菜、山葵萝卜、马萝卜，为十字花科辣根属，它是以肉质根为食的多年生草本植物。作为一种调味品蔬菜，主要以保鲜或加工脱水后出口为主，深受日本及欧洲各国消费者的欢迎。辣根具有特殊辣味，磨碎后干藏，备作煮牛肉及奶油食品的调料，或切片入罐头中调味。中国自古药用，有利尿、兴奋神经之功效。

（2）芜菁（Turnip）　芜菁为十字花科芸薹属芸薹种芜菁亚种，能形成肉质根的两年生草本植物，别名蔓菁、圆根、盘菜等。富含水分、糖类、粗蛋白、纤维素、维生素C及其他矿物质。

芜菁起源中心在地中海沿岸及阿富汗、巴基斯坦、外高加索等地区，由油用亚种演化而来。法国有许多芜菁种质资源，中世纪古埃及、希腊、罗马已普遍栽培，在亚洲（阿富汗、伊朗、日本等国）也普遍栽培。美洲栽培的芜菁由欧洲引入。其肥大肉质根供食用，肉质根柔嫩、致密，供炒食、煮食或腌渍。

（3）红菜头（Beetroot）　红菜头又名火焰菜，是红色根用甜菜，主要以球形的肉质根供食用，是欧美各国的主要蔬菜之一。红菜头为藜科两年生草本植物，原产于地中海沿岸，有2000多年的栽培历史。

红菜头生长的第一年形成连作丛肉质根，其肉质根形状各异，但以扁圆形最好，外皮和肉质根均为紫色，肉质根横断面有数圈深紫色同心圆环纹，纤维素少，质地柔嫩，营养丰富，西餐中除做主菜、做汤之外，还用作盆饰配菜用。其还有治疗呕吐和腹泻、驱散消化道内寄生虫、治疗高血压等药效。

3. 茎菜类

食用部分为植物的茎部。西餐中常见的原料有鳞茎类的洋葱、大蒜、红葱头、葱、蒜苗等；嫩茎类的有芦笋、竹笋、西芹等；块茎类的有土豆、红薯等。

（1）红葱头（Shallot） 红葱头是洋葱家族的一员，长像似蒜头又似洋葱，是增加香气的材料之一。红葱头原产地在巴勒斯坦，随后传入欧洲，因此荷兰、法国、英国均为红葱头重要产地。红葱头在亚洲也有栽培，是中餐烹调中不可或缺的增加香气的食材之一，将红葱头切碎用油爆香后，用于烹调肉类、海鲜等。

（2）芦笋（Asparagus） 芦笋又名石刁柏、龙须菜，是一种多年生的连作蔬菜，一次种植多年受益。芦笋原产于欧洲地中海沿岸，种植历史已有2000多年，鸦片战争后期，传教士把芦笋带入我国。它口味清爽香郁，肉质细嫩，可生吃凉拌，也可为多种名菜的配料。从营养成分上看，每百克鲜芦笋嫩茎含蛋白质 1.4克、胡萝卜素 220 毫克、维生素 B_1 0.01 毫克、烟酸 0.9 毫克、维生素 C 2 毫克，非常适于老年人和幼儿食用。芦笋在欧洲有"蔬菜大王"的美称。

（3）西芹（Celery） 西芹也叫洋芹，是芹菜的一个变种，属于伞形科两年生蔬菜。其根属直根系类型，一般根深 60 厘米以上，须根系分布在 30 厘米的土层中，叶柄发达，宽可达 3 厘米以上，质地脆嫩，纤维少，具有芳香的气味。西芹在欧美国家普遍栽培，其特点是叶柄宽厚，实心，纤维少，味道清淡，单株较重，质量在 0.5 ~ 1.0 千克之间。近年来，随着蔬菜生产的发展，西芹也开始在我国各地引种。

西芹营养丰富，每 100 克含水分 94 克、碳水合化物 2 克、蛋白质 2 克、脂肪 0.22克，含有丰富的胡萝卜素、维生素 B_1 和矿物质，茎叶中含有挥发性芳香油，能促进食欲。在西餐中可制作沙拉凉拌菜生吃，也可煮炖。同时，西芹还是中草药，具有降血压、镇静、健胃、利尿等功效。

4. 瓜菜类

瓜类菜是以植物的瓠果为烹调原料的蔬菜。西餐中常见的品种有南瓜、黄瓜、节瓜、苦瓜等。

（1）节瓜（Courgette） 节瓜又名毛瓜、笋瓜、印度南瓜、玉瓜、北瓜等，为葫芦科南瓜属中的栽培种，一年生蔓性草本植物。每 100 克果实含水分94.4 ~ 96.7 克、碳水化合物 2 ~ 3.9 克、蛋白质 0.5 ~ 0.8 克，还含有各种维生素等。果实适炒食或作馅，种子可加工成干香食品。节瓜起源于南美洲的玻利维亚、智利及阿根廷等国，已播种到世界各地。

节瓜以表面有光泽、富弹性、无色斑者为佳，而且个体越小，肉质越柔软。不论煮、炒、凉拌等均可，既可独立成菜，也可作配菜。

（2）苦瓜（Bitter Cucumber）　苦瓜为葫芦科植物苦瓜的果实，又名凉瓜、锦荔子、癞葡萄、癞瓜，是药食两用的食疗佳品。幼嫩果实可供食用，因味苦得名。原产于热带，现广泛分布于亚热带、热带及温带地区。我国各地均有栽培，在烹调中从不把苦味渗入别的配料，所以又有君子菜的美称。

苦瓜营养丰富，所含蛋白质、脂肪、碳水化合物等在瓜类蔬菜中较高，特别是维生素 C 的含量，每百克高达 84 毫克，约为冬瓜的 5 倍、黄瓜的 14 倍、南瓜的 21 倍，居瓜类之冠。苦瓜还含有粗纤维、胡萝卜素、苦瓜苷、磷、铁和多种矿物质、氨基酸等；苦瓜还含有较多的脂蛋白，经常食用可以增强人体免疫功能。苦瓜的苦味是由于它含有抗疟疾的奎宁，奎宁能抑制过度兴奋的体温中枢。因此，苦瓜具有清热解毒的功效。

苦瓜因其味苦而清香可口，被人们视为难得的食疗佳蔬。我国民间自古就有"苦味能清热""苦味能健胃"之说。中医认为苦瓜味苦，性寒冷，能清热泻火。苦瓜的微苦滋味，吃后能刺激人体唾液，胃液分泌，令人食欲大增，清热防暑。因此，夏吃苦瓜最相宜。在西餐中主要用于做沙拉及配菜。

5. 果菜类

果类菜主要以植物的浆果为烹调原料的蔬菜。西餐中常见的品种有茄子、番茄、辣椒等。

6. 豆菜类

此类蔬菜为西方人的主食蔬菜之一。食用部分为植物的种子部位。西餐中常见的主要品种有：荷兰豆、羊角豆、青豌豆、扁豆、绿豆、黄豆等。

（1）荷兰豆（Sugar Pea）　荷兰豆又叫豌豆、青荷兰豆、小寒豆、淮豆、麻豆、青小豆、留豆、金豆等，是豆科中以嫩豆粒或嫩豆荚供菜食的蔬菜。中国南方主要食用嫩梢、嫩荚和嫩籽以作菜用。

荷兰豆起源中心有人认为是埃塞俄比亚、地中海和中亚，也有人认为起源于南高加索至伊朗一带。荷兰豆由原产地向东首先传入印度北部、后传到中国。荷兰豆性平、味甘，具有和中下气、利小便、解疮毒等功效，能益脾和胃、生津止渴、除呃逆、止泻痢、解渴通乳。常食用对脾胃虚弱、小腹胀满、呕吐泻痢、产后乳汁不下、烦热口渴均有疗效。其种子粉碎研末外敷可除痈肿，与糯米、红枣煮粥食用，具有滋补脾胃、助暖去寒、生津补虚、强肌增体之功效。

荷兰豆是营养价值较高的豆类蔬菜之一。其嫩梢、嫩荚、籽粒，质嫩清香极为人们所喜食。在西餐中主要用于配菜等。

（2）羊角豆（Lady's Finger）　羊角豆属锦葵科秋葵属，一年生草本植物，原产于非洲。羊角豆有个美丽的英文名叫"淑女的手指"，它还有一个很有诗意的名称叫"秋葵"。埃及人食用它几个世纪后，才传到欧洲、东亚、东南亚、南亚和美洲。羊角豆传入美洲后，开始只是在很偏北的费城地区种植，令人惊讶的是，现在最大的生产地竟然是在美国南部。20世纪初由印度传入我国。羊角豆以嫩荚供食用，果荚长12厘米左右，有4~6条菱线，肉质柔软，黏质润滑，具特殊风味，用于炒食、煮食均很可口。叶、芽、花也可食用。

7. 花菜类

花菜类是以植物的花部器官为食用部位的蔬菜。西餐常见的品种有西蓝花、朝鲜蓟等。

（1）西蓝花（Broccoli）　西蓝花又名绿菜花、青花菜，属十字花科芸苔属甘蓝变种。其食用部分为绿色幼嫩花茎和花蕾，营养丰富，含蛋白质、糖、脂肪、维生素和胡萝卜素，营养成分位居同类蔬菜之首，被誉为"蔬菜皇冠"。西蓝花口味超群，脆嫩爽口，风味鲜美、清香，在西餐中主要用于制作配菜和沙拉，是蔬菜中的精品。

（2）朝鲜蓟（Artichokes）　朝鲜蓟别名菊蓟、菜蓟、法国百合、荷花百合，为菊科菜蓟属多年生草本植物，原产于地中海沿岸。据报道，早在2000多年前罗马人已食用此菜。目前以法国、意大利、西班牙栽培最多，已成为欧洲许多国家的高档菜蔬。

朝鲜蓟主要食用部位为花蕾的总苞及花托部分。在6月至7月间朝鲜蓟枝端产生肥嫩的花蕾，一株有10~20个花蕾，以主茎花蕾最大，称"王蕾"，质量在200~250克之间，侧花蕾次之在50~80克之间。其肉质鳞片排列紧密，颜色碧绿，口味清鲜；花托较嫩，其味清香。挑选时以花序丰满、花瓣未开、外层花苞紧密且无干枯苞片、有光泽、无虫蛀者为佳。朝鲜蓟在西餐中使用，多用其制作开胃菜、沙拉、酿馅。

8. 食用菌类

（1）白菌（Champignon）　白菌又称洋蘑菇，是一种人工栽培的蘑菇，它以肉质厚嫩、味道鲜美著称。由于是人工培育，所以个体均匀，整齐划一。白菌是西餐中用途最多的一种蘑菇，可独立成菜，如黄油炒鲜蘑、奶油烩鲜蘑，也可佐食肉、鱼类等。

（2）黑菌（Truffle）　黑菌是西欧特有的一种蘑菇，又名块菰或松露菌。黑菌有一种特有的香味，和肥鹅肝及鱼子酱并称为世界三大美食原料。主要产于意大利和法国。黑菌可切碎入调味汁中为调味汁提味，也可用于装饰菜肴。

（3）羊肚菌（Morale）　羊肚菌也叫草帽菌、羊肚子，一般以春天采集的野生羊肚菌为高级品。用奶油煮羊肚菌是该原料的一种典型烹调法。羊肚菌咬起来有一种独特的感觉，所以煮时不能过火。此外，羊肚菌和牛仔肉、鸡肉等清淡无味的原料极其匹配。羊肚菌大都是从法国进口，在使用时，应用开水泡开，注意清洗细沙。

（二）果品类

果品类原料有丰富的营养价值，斑斓的色彩，在西餐中运用，无论是单独食用或是加入沙拉、甜点、肉类烹调，都得到了人们的喜爱。在西餐中常见的果品类原料有桃子、李子、樱桃、草莓、蓝莓、柠檬、西瓜、木瓜、菠萝、葡萄、鳄梨、橙子、苹果、橄榄、欧李干、开心果、西柚、无花果、桑葚、杏子、石榴、椰子、猕猴桃、杨桃、荔枝、哈密瓜、香蕉、芒果、海棠等。

1. 柠檬

柠檬（Lemon）是一种多年生常绿小乔木，属芸香科柑橘属。一年四季开花结果，以春花果为多，春花果在 9 月中下旬成熟，呈纺锤形，橙黄色或青绿色。柠檬果实皮厚，且富含芳香油、维生素 C、果酸等，因而被人们重视并利用，属于典型的保健果品。在西餐中不论冷菜、热菜、汤、点心或饮料等都离不开柠檬调味。

2. 橄榄

橄榄（Olive）又名白榄、青果，橄榄科。常绿大乔木，高达 20 米，有胶黏性芳香的树脂。叶互生，奇数羽状复叶，小叶椭圆状卵形，揉之有橄榄气味，圆锥花序。核果为椭圆形，熟时为黄白色。橄榄原产于我国，现在广东、广西及云南西双版纳等地还有小片野生橄榄林，以广东、福建栽培最多。果味涩苦而甘，除鲜食外，可加工成蜜饯。

在西餐中一般将橄榄分为黑橄榄和绿橄榄。前者是盐渍的成熟橄榄果实；后者是盐渍的未成熟的果实。盐渍是为了消除橄榄的苦味和涩味，使之味道可口，生津开胃。所以，盐渍橄榄常常用作开胃菜。此外，还有油橄榄品种，主要用于榨制橄榄油。

3. 桑葚

桑葚（Mulberry）为桑科落叶乔木桑树的成熟果实，桑葚又叫桑果，有紫、红、青等品种，以紫色成熟者为佳，红者次之。桑葚味甜带酸，清香可口，营养丰富，西方人喜欢摘其成熟的鲜果食用，味甜汁多，是人们常食的水果之一。

成熟的桑葚肉质油润，酸甜适口，以个大、肉厚、色紫红、糖分足者为佳。每年 4～6 月果实成熟时采收，洗净，去杂质，晒干或略蒸后晒干食用。在西餐中，桑葚主要用于西点装饰及压汁使用。

4. 无花果

无花果（Fig）为桑科无花果属。因花小，藏于花托内，又名隐花果，为多年生小乔木。叶互生，厚膜质，宽卵形或矩圆形。少有分裂，先端钝，基部心形，边缘波状或有粗齿；上面粗糙，下面生短毛；托叶三角形卵形，早落。夏季开花，花单性，隐藏于倒卵形囊状的总花托内。果实为肉果，倒卵形，在盛夏成熟，外面暗紫色，里面红紫色，质地柔软，味酸甜。

原产于地中海和西南亚；花托生食，味美，可制酒或作果干；西餐中主要用于西点调味和装饰。

5. 鳄梨

鳄梨（Avocado）为樟科鳄梨属的一种。原产于中美洲，全世界热带和亚热带地区均有种植，但以美国南部、危地马拉、墨西哥及古巴栽培最多。

鳄梨是一种营养价值很高的水果，果肉柔软似乳酪，色黄，风味独特，含多种维生素、丰富的脂肪和蛋白质，钠、钾、镁、钙等含量也高。果仁含油量8%～29%，油是一种不干性油，没有刺激性，酸度小，乳化后可以长久保存，可以直接食用。果肉用于制作沙拉等菜肴。

6. 猕猴桃

猕猴桃（Kiwi Fruit）属猕猴桃科植物，是一种营养价值极高的水果，其可溶性固形物含量为14%～20%，含亮氨酸、苯丙氨酸、异亮氨酸、酪氨酸、缬氨酸、丙氨酸等十多种氨基酸，含有丰富的矿物质，每100克果肉含钙27毫克、磷26毫克、铁1.2毫克，还含有胡萝卜素和多种维生素，其中维生素C的含量达100毫克以上，有的品种高达300毫克以上，是柑橘的5～10倍，苹果等水果的15～30倍，因而在世界上被誉为"水果之王"。

7. 西柚

西柚（Pumelo）为芸香科常绿乔木植物柚的成熟果实，是温带及热带的水果，我国南方广东、广西、福建、台湾等地出产，有文旦柚、沙田柚、坪山柚、四季抛、大红抛等；泰国有西施柚；马来西亚也有出产。柚子红肉的多味酸，皮较薄；白肉多甜，皮较厚。10～11月果实成熟时采摘。在西餐中可供直接食用或制作沙拉。

8. 蓝莓

蓝莓（Blue Berry）的英文名称是蓝色的浆果，原产和主产于美国，又被称为美国蓝莓。蓝莓果实平均在0.5～2.5克之间，最大的5克，果实色泽美丽、悦目，蓝色并披一层白色果粉，果肉细腻，种子极小，可食率为100%，甜酸适口，且具有香爽宜人的香气，为鲜食佳品。蓝莓果实中除了常规的糖、果酸和维生素C外，富含维生素E、维生素A、维生素B、超氧化物歧化酶（SOD）、熊果苷、蛋白质、花青苷、食用纤维及丰富的钾、铁、锌、缺等矿物质元素。主要用于西点装饰或制酱调味。

六、淀粉类

淀粉类原料为米面类原料或制品，其中主要为意大利面条。

意大利面条一般是用优质的专用硬粒小麦面粉和鸡蛋等为原料加工制成的面条，形状各异，色彩丰富、品种繁多。

从意大利面条的质感上，可以分为干制意大利面条、新鲜意大利面条两类；从意大利面条制作的主要原料上，可以分为普通面粉、标准小麦粉、全麦面粉、玉米粉、绿豆粉、荞麦粉、燕麦面粉、米粉等；从意大利面条的颜色和添加的材料上，可以分为红色或粉红色（番茄汁、甜菜汁、胡萝卜汁、红甜椒汁）、黄色或淡黄色（番红花汁、胡萝卜汁）、绿色或浅绿色的（菠菜汁、西蓝花汁）、灰色或黑色（鱿鱼或墨鱼墨汁）及咖喱色、巧克力色等；从意大利面条的外观和形状上可分为棍状意大利面条、片状意大利面条、管状意大利面条、花饰意大利面条、填馅意大利面条和意大利汤面。

国内常见的意大利面条品种主要有意式实心粉、细意式实心粉、贝壳面、弯形空心粉、葱管面、大管面、宽面条、猫耳面、米粒面等。

第二节　常见调味料

西餐常见调味料品种很多，其中主要有以下几种。

一、盐

盐是人们日常生活中不可缺少的食品之一，健康人每天盐的摄入量不超过6克。盐能保持人体心脏的正常活动、维持正常的渗透压及体内酸碱的平衡，同时盐是咸味的载体，是用得最广泛的调味品。

食盐的主要成分是氯化钠，种类较多，根据不同的分类方法，可分为如下几类。

（一）根据来源的不同分类

1. 海盐

海盐（Sea Salt）由海水晒取而成，我国主要产于辽宁、河北、山东、江苏、浙江、广西、广东、台湾等地。在法国布列塔尼南岸，有上千年历史的Guerande盐田区，以其当地独有的气候水域和自然条件结晶而成的天然海盐，不仅使菜肴的味道柔美清澈，让食材原味充分显露，此地出产的海盐比一般海盐有更多的微量元素，而且结晶形状为中空的倒金字塔形，且带有奇异的紫罗兰香味，这款盐在法国当代的顶级餐饮中使用，有一股神秘超然的气息。

2. 井盐

井盐（Well Salt）为地下卤水熬制结晶而成，我国主要产于云南、四川等地。

3. 池盐

池盐（Lake Salt）又称湖盐，咸水湖中提取的，我国主要产于陕西、山西、甘肃、宁夏、青海、新疆等地。

4. 其他

岩盐（Rock Salt）：直接开采地下的盐层。

崖盐（Cliff Salt）：裸露在地上的矿盐。

（二）根据加工工艺的不同分类

1. 原盐

原盐（Crude Salt）又称粗盐，利用自然条件晒制，结构紧密，色泽灰白，纯度约为 94% 的颗粒状盐。

2. 精盐

以原盐为原料，采用化盐卤水净化、真空蒸发、脱水、干燥等工艺，颜色洁白，呈粉末状，氯化钠含量在 99.6% 以上，适合于烹饪调味。

3. 低钠盐

普通食盐中钠含量高，钾含量低，易引起膳食中钠、钾的不平衡，而导致高血压的发生。低钠盐的钠、钾比例合理，适于高血压和心血管疾病患者食用。

4. 加碘盐

为防治碘缺乏症，在普通食盐中，添加一定剂量的碘化钾和碘酸钾。这是一种科学、有效、简单、经济的防治碘缺乏症的补碘方法。主要用于缺碘地区居民补碘，可防治地方性甲状腺肿、克汀病。

5. 加锌盐

锌元素有"生命之花"的美称，缺锌会引起食欲不振、发育迟缓、智力迟钝、脱发秃顶、免疫功能降低等疾患。加锌盐是用葡萄糖酸锌与精盐均匀掺兑而成，可防治儿童因缺锌引起的发育迟缓、身材矮小、智力减低及老年人食欲不振。

6. 补血盐

用铁强化剂与精盐配制而成，可防治缺铁性贫血，适合妇女和儿童食用。

7. 防龋盐

在食盐中加入微量元素，对防治龋齿有很好的作用，适合小儿、青少年食用。

8. 维生素 B_2 盐

在精制盐中，加入一定量的维生素 B_2（核黄素），色泽橘黄，味道与普通盐相同。

9. 加铁盐

铁是人体必需的微量元素，是构成血红蛋白、肌红蛋白和细胞色素的主要物质，是人体内氧的载体，可提高机体的免疫功能。在精制盐中，加入一定量的铁盐，可以补铁。

10. 加硒盐

合理补充硒元素，能抵抗砷、汞、铅等重金属元素对人体的毒害，可促进免疫机能，保护心脏，预防因缺乏硒而导致的克山病、肿瘤等。

11. 加钙盐

钙是构成人体骨骼及牙齿的主要成分，长期食用加钙盐能有效补充人体钙质不足，对预防缺钙及过敏性疾病有重要作用。

12. 营养盐

营养盐为近年新开发的盐类品种，它是在精制盐中混合一定量的苔菜汁，经蒸发、脱水、干燥而成，具有防溃疡和防治甲状腺肿大的功能，并含有多种氨基酸和维生素。

13. 平衡健身盐

以低钠盐为基础，加入钾、镁、钙、铁和碘等营养素即成为平衡健身盐，长期食用可维持人体体液中锌、钙、钠、镁离子的平衡，对高血压、心脑血管疾病具有一定的预防及辅助治疗作用。

14. 风味盐

在精制盐中加入芝麻、辣椒、五香面、虾米粉、花椒面等，可制成风味别致的五香辣味盐、麻辣盐、芝麻盐、虾味盐等，以增加食欲。

二、芥末粉

芥末粉（Mustard）用芥末菜籽磨制而成，除具有辣味外，还有苦味，所以芥末粉在作为调味品使用时，需经过调制成糊酱方可食用。在西餐中芥末酱作为一种沙司，主要有法式芥末酱和美式芥末酱两种。前者，由褐芥末子、水、白葡萄酒和调味料制成，色泽淡黄，味道温和；后者由白芥末子、白葡萄酒和调味料制成的，色泽鲜黄，味道稍重。

芥末酱主要用于拌凉菜，可也用来蘸食煮制的肉类食品，及佐食泥肠、火腿等口味较重的菜肴，有解腻提味，起到增进食欲的效果。

三、咖喱

咖喱（Curry）一词来源于印度古老的塔米尔语——Cari，意思是指将许多种香料一起烹调的过程。印度是世界公认的香料王国，出产许多种绝无仅有的名贵香料。咖喱粉典型的成分包括香菜、姜黄、小茴香、芥末、葫芦巴、豆蔻果实、肉豆蔻、红辣椒、桂香和丁香。

普通的一道咖喱需使用40多种天然香料制成，其突出特点是"香、鲜"，大部分咖喱是不辣的，但可按客人的需要增加辣度。咖喱中用到了许多草本植物的香料，这些香料对人体是非常有益的，而且由于使用了多种香料，不同的人品尝同样的咖喱后的感受是不同的。咖喱除了营养丰富、色香味全之外，还有利汗排毒、增进食欲、驱湿散寒、除虫杀菌等功效。姜黄在印度饮食及黄色芥末中广泛存在，其活性成分姜黄素使姜黄呈现黄色，可抑制多发性骨髓瘤细胞的生长。

咖喱主要是用于西餐的调料，通常用于烹饪肉类，如咖喱牛肉、咖喱鸡等，注意在烹饪时不要炒的太久，否则味道就不鲜美了。

四、甜椒粉

甜椒粉（Paprika）又称红椒粉，甜椒是茄科一年生草本植物，状如一般的柿子，果实大，呈红色，味不辣，略甜，干后可制成粉，主要产于匈牙利，甜椒粉在烹调中广泛用于调色和调味。

五、辣酱油

辣酱油（Worcestershire Sauce）最初产于英国，是以海带、胡萝卜、洋葱、蕃茄、蒜、姜、辣椒等蔬菜煮汁，再加胡椒、陈皮、肉桂、肉豆蔻、藿香、桂皮、丁香、花椒、茴香、百里香等香辛料煮沸，然后添加食盐、味精、蔗糖、冰醋酸及焦糖色配制而成。体态如酱油，但无酱油组分。它是一种具有酸辣辛香，风味独特而复杂的调味料，是烹饪欧美菜肴及佐餐所必需的。最早著名的为马斯特辣酱油。现在，随着人民生活水平的提高和对欧美菜肴的喜爱，辣酱油的需要量逐年增加。辣酱油多用于吃西餐、拌凉菜，也可佐蘸饺子。

六、番茄酱和番茄沙司

番茄酱（Ketchup）是鲜番茄的酱状浓缩制品，鲜红色酱体，具有番茄的特有风味，是一种富有特色的调味品，一般不直接入口。番茄酱由成熟的红番茄经破碎、打浆、去除皮和籽等粗硬物质后，经浓缩、装罐、杀菌而成。干物质含量一般分22%～24%和28%～30%两种。

番茄酱常用作鱼、肉等食物的烹饪佐料，是增色、添酸、助鲜、提香的调味佳品。番茄酱罐头打开后应及时用完，如一次吃不完，放一段时间后就容易变质。

番茄沙司（Tomato Sauce）是将红色小番茄经榨汁粉碎后，调入白糖、精盐、胡椒粉、丁香粉、姜粉等，经煮制、浓缩，调入微量色素、冰醋酸制成的。

七、醋

醋（Vinegar）是家庭生活中常用的调味品，也是具有医疗作用的保健佳品。醋的主要成分为醋酸，还含有少量的葡萄糖酸、柠檬酸、苹果酸、乳酸等；在发酵过程中，微生物繁殖可产生多种维生素，并将原料蛋白质分解为各种氨基酸；醋还含有少量酒精，与有机酸结合可生成多种芳香物质。西餐中主要使用的品种有红酒醋、白醋和意大利香脂醋。

八、辣椒汁

辣椒汁（Tabasco）由美国艾弗瑞岛的麦克尼家族创制，已有130多年的历史，至今已推出了4款不同口味的辣汁。

有一款是加勒比海风味的，选用特辣辣椒（包括最辛辣的Habanero辣椒），配合各种不同水果蔬菜（包括芒果、洋葱、香蕉、木瓜、番茄、罗望子）调制而成的辣椒仔特辣汁。

九、墨西哥辣椒

墨西哥辣椒（Mexican Chili）小且辛辣，多半为鲜绿色的辣椒，墨西哥辣椒的使用通常分为新鲜及干燥两大类，如Serrano、Jalapeno、Polano等品种常被用来腌制黄瓜，而Ancho、Pasilla、Guajillo、Chipotle、Cascable等品种，通常则被制作成辣椒干或辣椒颗粒。墨西哥辣椒在拉丁美洲的饮食料理上被广泛的使用，可搭配各种菜肴。

十、枫糖浆

枫糖浆（Maple Syrup）为加拿大特产，取自枫树皮，香气具有甜味，口味浓郁，甜味非常高，适用于松饼和面包蘸酱。

十一、覆盆子酱

覆盆子酱（Raspberry）有欧洲蓝莓之称，是梅子家族里最受欢迎的果子之一，富含铁、维生素 A、维生素 C，制成酱后有酸酸甜甜的味道，是用于调整搭配甜点、海鲜类的酱料。

十二、紫苏酱

紫苏酱（Basil Sauce）由松果、紫苏、大蒜、乳酪、橄榄油等调制而成，自古就在意大利流传，是非常有名的调味酱，适合搭配肉类、海鲜、开胃菜、各式意大利面的调味酱，也可用来调和酱料。

十三、奶酪粉

奶酪粉（Custard Powder）为牛奶加上鲜奶油所做成未成熟的奶酪，风味佳，适用于各种沙拉、糕点及意大利面等。

十四、水瓜纽

水瓜纽（Caper）也称续随子、刺山柑。该植物是一种多年生的灌木，用于调味和食用的实际上是它的花蕾，市场上最常见到的是醋渍的或盐渍的水瓜纽。水瓜纽原产于地中海沿岸，意大利南部的沿海地区也是水瓜纽的产地之一，特别是一些乱石堆或荒地，有许多的野生水瓜纽。在制作调味汁或沙拉时，可以直接使用醋渍的水瓜纽，使用盐渍的水瓜纽时，必须先将其浸泡在水中，把咸味泡净之后再用于制作菜肴。

十五、酸黄瓜

酸黄瓜（Pickles）是采用小的黄瓜纽或嫩黄瓜腌渍而成，口味酸咸，生津开胃。主要用于沙拉、沙司的制作或汉堡、热狗等快餐食品的搭配。

十六、胡椒

胡椒（Pepper）原产于马来西亚、印度尼西亚、印度等地。20 世纪 50 年代初我国开始引进并在海南岛栽培，目前广东、广西、云南等地均已引种。胡椒为被子植物，多年生藤本。夏季开花，果实为黄红色的浆果。胡椒适宜生长于高温和长期湿润地区，繁殖多以茶树或咖啡树为母体，以胡椒粗茎部分为子本嫁接，经过 3 年以上的精心培植才能结果，但生长期可维持在 30 年以上。其香辣成分主要是胡椒碱、辣树脂及少量的挥发油。

白胡椒以药用价值为主，调味次之，有散寒、健胃的功能，尤其对肺寒、胃寒更有疗效。黑胡椒（黑椒）与白胡椒同是一棵藤本植物上的果实，果熟时变为黄中带红。将未成熟的绿色嫩胡椒摘下，放在滚水中浸泡 5～8 分钟，捞起晾干，再放在阳光下晾晒 3～5 天（或用火焙干，但以阳光晒干者为上品），干后的嫩胡椒表皮搓开，就成了黑胡椒。

黑胡椒味道比白胡椒更为浓郁，于是厨师们把它应用于烹调菜肴上，使之达到香中带辣，美味醒胃的效果。制作黑椒菜式，应先将黑椒研末或研细料，黑椒入肴应注意两个关键：一是与肉食同煮的时间不宜太长，因黑椒含胡椒辣碱、胡椒脂碱、挥发油和脂肪油，煮太久会使辣和香的原味挥发掉；二要掌握调味浓度，保持热度，可使香辣味更加浓郁（如在铁板上效果更佳）。

优质的胡椒颗粒均匀硬实，香味强烈。白胡椒白净，含水量低于 12%。黑胡椒外皮不脱落，含水量在 15% 以下。

第三节 西餐香料

西餐香料常常分为干制香料和新鲜香草两个部分。它们在西餐烹调过程中能起到去臭作用、赋香作用、辣味作用及着色作用。

一、干制香料

干制香料主要是将香料植物的根、茎、叶、花、果实、种子等进行干燥制作而成的，通常有粉末状、颗粒状和自然成形的形状等。

（一）香叶

香叶（Bay-leaf）又称桂叶，是桂树的叶子。桂树原产地中海沿岸，属樟科植物，为热带常青乔木。20 世纪 60 年代初我国海南岛开始引种，目前在广东、广西、云南、四川等地均有种植。香叶一般 2 年采集一次，采集后经日光晒干即成。

香叶可分为两种。一种是月桂树（又称天竺桂）的叶子，形椭圆，较薄，干燥后色淡绿。另一种是细叶桂，其叶较长且厚，背面叶脉突出，干燥后颜色淡黄。

香叶是西餐特有的调味品，其香味十分清爽又略含微苦，干制品、鲜叶都可使用，用途广泛。在实际使用上需要较长的烹煮时间才能有效释放其独特的香味，一般用于汤汁类、肝酱类和烩肉类菜中。

（二）番红花

用作香料的番红花（Saffron）是干燥的红花蕊雌蕊，其原产地为欧洲南部和小亚细亚地区，早年经西藏走私入境，故又称藏红花。在欧洲，番红花的主要产地是西班牙，意大利南部也有少量栽培。番红花的栽培十分费工费时，产量又少，所以价格十分昂贵。在西餐中主要用于菜肴、米饭、汤及沙司的调色和调味。

（三）肉桂

桂皮（Cinnamon）即《本草拾遗》之月桂，《海南本草》之天竺桂。桂皮是肉桂树的树皮，卷成条状干燥后制成，越接近树干中心的树皮所制成的肉桂品质越上等，有发汗止吐的功效。

肉桂的外形有粉状、片状两种，片状的肉桂可直接用来炖煮汤及菜肴，可去除肉类的腥味，或是当作咖啡的搅拌棒；而肉桂粉多使用在甜点上，是做苹果派时不可缺少的必备香料。

上好的桂皮皮细肉厚，颜色乌黑或呈茶褐色，断面呈紫红色，油性大，味道鲜美。国外把桂皮称为"西桂"。

（四）丁香

丁香（Clove）也称丁子香、鸡舌。桃金娘科丁香属，为常绿乔木，叶对生，革质，卵状长椭圆形。夏季开花，花淡紫色，聚伞花序。果实长倒卵形至长椭圆形，称"母丁香"；干燥花蕾入药，称"公丁香"，性温，味辛，功能温胃降逆，主治呃逆、胸腹胀闷等。花蕾提取的丁香油为重要香料。原产马鲁古群岛，我国广东、广西、海南等地有栽培。

（五）豆蔻

冠"豆蔻"（Semen Myristicae）之名的调味料有3种，即豆蔻、草豆蔻和肉豆蔻。豆蔻与草豆蔻都属土产，分别是两种姜科植物的种子，唯有肉豆蔻是舶来品，原产东南亚，是常绿乔木的果仁。豆蔻又名白豆蔻，气味苦香，味道辛凉微苦，烹调中可去异味、增辛香，常用于卤水及火锅等；草豆蔻也是一种香辛调味料，可去膻腥味、怪味，为菜肴提香，在烹饪中可与豆蔻同用或代用。

肉豆蔻又名肉蔻、肉果、玉果、顶头肉等，为肉豆蔻科肉豆蔻属植物肉豆蔻的干燥种仁。本品呈卵圆形或椭圆形，长 2 ~ 3 厘米，直径 1.5 ~ 2.5 厘米。表面灰棕色或灰黄色，有时外披白粉（石灰粉末）。全体有浅色纵行沟纹及不规则网状沟纹。种脐位于宽端，呈浅色圆形突起，合点呈暗凹陷。种脊呈纵沟状，连接两端。质坚，断面显棕黄色相杂的大理石花纹，宽端可见干燥皱缩的胚，富油性。气香浓烈，味辛。

（六）小茴香与八角茴香

小茴香（Anise）为伞形科多年生草本植物小茴香的干燥成熟果实。产于地中海，质地温和，有着温暖怡人的独特浓郁气味，但尝起来味道有点苦，且略微辛辣，有助于提神、开胃。小茴香是制作许多综合香料的主要原料。运用于烹饪方面，小茴香可用于马铃薯与鸡肉等沙拉酱，也可用于肉类调理，或制作烤肉酱与烹调牛肉汤。要注意的是，小茴香在烹煮之前，必须先烘烤，才能将它的味道散发出来。

八角茴角（Star Anise）又名大茴香，为木兰科常绿乔木植物八角茴香的干燥成熟果实，秋冬两季果实由绿变红时采摘，置于沸水中烫几分钟后捞出晒干入药。本品为聚合果，多由 8 个蓇葖果组成，放射状排列于中轴上。蓇葖果呈小船形，长 1 ~ 2 厘米，宽 0.3 ~ 0.5 厘米，高 0.6 ~ 1 厘米，表面红棕色，先端钝或钝尖，上侧多开裂，内含种子 1 粒，呈扁卵形，红棕色，光亮，富油性。气芳香，味辛、甜。以个大、色棕红、香气浓者为佳。其性味，功用与小茴香近似，用量也与小茴香相同。

二、新鲜香草

新鲜香草是指香料植物在其生长过程中，通过采摘直接使用的香料。

（一）番茜

番茜（Parsley）也称荷兰芹，常用于装饰各种菜式，用于制作牛油汁、混合香草、鱼汁、扒类、酿馅等。其香味颇为清烈，但却能有效掩盖菜肴中过强之味而突出菜肴清新宜人的特点。西餐烹调中常用来制作法国蜗牛的香草牛油及巴黎牛油汁等；也可和其他香草混和使用，或撒在汤及蔬菜表面，增加美感、平添色彩、产生香气。

（二）马佐林

马佐林（Majoram）也称牛膝草，常用于制作混合香草，用于烹调杂菜汤、意大利粉、干酪、酿馅、沙拉等。马佐林和阿里根奴是意大利菜式中最具代表性的香草，其味道与番茄及蒜头十分相配；制作比萨饼更是必不可少。

（三）阿里根奴

阿里根奴（Oregano）俗称"牛至"，为唇形花科牛至属多年生草本，为甜马郁兰的近亲。原产于地中海沿岸、北非及西亚。目前在英国、西班牙、摩洛哥、法国、意大利、希腊、土耳其、美国、阿尔巴尼亚、葡萄牙、墨西哥及中国均有生产，以摩洛哥、英国、南美洲部分地区及希腊生产最多。全球栽培面积约有 8000 公顷。阿里根奴在不同的国家及地区有不同的名称，如在英国，种植于野外的俄力冈称为野马郁兰，唯有在地中海地区生长的野马郁兰被称为阿里根奴。

（四）他那根

他那根（Tarragon）又称茵陈蒿，有浓烈的香味，并有薄荷似的味感。常用于调制香料醋、混合香料、香草牛油、伴鸡及鱼的汁料、醋料、鲜香茄汁及各种沙拉。在实际使用上其与鸡、肉、鱼及鸡蛋能产生绝佳效果，尤其是鸡肉，除了能有效降低油腻外，更能突出鸡肉的鲜美清香。

（五）鼠尾草

鼠尾草（Sage）也称为洋苏叶，具有强烈的香味和令人愉快的清凉感，此外还略有苦味和涩味。常用于各种酿馅、香肠类、牛仔肉及猪扒菜式中。

（六）罗勒

罗勒（Basil）也称甜紫苏，是原产于印度的一种香草，在 16 世纪前后由印度传到欧洲，至今种植极为普遍，尤其地中海沿岸，几乎食不可无罗勒，但因为栽植容易，变种也多，全世界约有 40 多种（因为品种极易杂交，实际上也许更多），有紫茎、绿茎两大系。

罗勒也称九层塔，因为开花时花序层叠如塔，而以象征多的"九"来命名为"九层塔"，还因为其特殊的香气，而流传有"九层塔，十里香"的说法。

罗勒味甜而有一种独特的香味，和番茄的味道极其相似，是制作意大利菜肴不可缺少的调味品。干燥的罗勒叶其香味大幅度下降，因此应尽可能地使用新鲜的罗勒叶，一般可把新鲜的罗勒叶浸渍在橄榄油中，这样不但能长期地保存罗勒叶，也能为橄榄油增加罗勒的香味。罗勒用于鱼类、野味、家禽及其他肉类及腌制烧烤食品。

（七）百里香

百里香（Thyme）也称麝香草，加了麝香草的菜式，经长时间烹煮亦能保存其香味。烹调中常用于香料醋、香草牛油、炒蛋、沙拉、面包、烩菜、汤汁等；在腌肉及鱼类方面效果更好，香气颇为浓烈。

（八）迷迭香

迷迭香（Rosemary）也称露丝玛莉（音译），其叶带有颇强烈的香味，一般以较少量加入汤汁或烩菜中以获得适中的效果。新鲜的迷迭香也可切碎加入沙拉中进食；在"烧羊腿""烧鸡酿馅"等菜式中，加入迷迭香能产生很好的效果。腌肉类原料时亦可加入迷迭香以增添香味，也是传统羊肉菜肴的上佳搭配。

（九）莳萝

莳萝（Dill）别名"土茴香"和"刁草"，以伞形科多年生草本莳萝的果实和叶供食用。叶呈针状分枝，果实卵形，头尾略尖，长 2 ~ 4 毫米，内有种子 2 粒，略扁平，黑褐色。原产地中海沿岸，现印度、英国、美国、匈牙利、德国、西班牙等温带地区均有栽培，我国也有少量栽培，以印度较多。

香气近似于香芹而强烈，略带清凉感，无刺激气味。莳萝叶中亦含精油，其主要成分除与莳萝籽所含大部分相同外，还含有肉豆蔻醚、芹菜脑和腊质等。可直接作为汤、沙拉等菜肴的增香剂或应用于腌渍品、面包、调味汁、咖喱粉、香肠等中。

（十）紫苏

紫苏（Purple Perilla）为唇形科紫苏属的一种，原产于不丹、印度等地。一年生草本植物，茎披长柔毛，叶片宽呈卵形或圆形，先端短尖或突尖，边缘有粗锯齿，两面紫色或上面青色下面紫色，有毛。

紫苏茎叶含芳香油 0.1% ~ 0.2%，主要成分为紫苏醛，其次为柠檬烃、蒎烯等；种子含油量 45.30%。紫苏供药用和香料用，入药部分以茎叶及子实为主，叶为发汗、镇咳、芳香性健胃利尿剂，有镇痛、镇静、解毒作用，可治感冒，种子能镇咳、祛痰、平喘、去闷。叶子又可供食用，和肉类煮熟可增加香味。种子榨油可供食用，又有防腐作用。

（十一）优茴香

优茴香（Sweet Fennel）又名甜茴香，是一年生草本植物，高约 80 厘米，叶基部形成肥大。叶和种子都具芳香的苦甘味，是十分普遍的香味调味料。具有耐虫害、栽培容易的特点。开花前采摘嫩叶，可增添沙拉、鱼类海鲜等菜肴的风味。还可于开花前切取茎，加入沙拉或汤中。

（十二）虾荑葱

虾荑葱（Chive）又名细香葱，味道温和。叶与花都可运用。叶大多用于沙拉、汤、炒饭、煎蛋卷中等。花可作沙拉。

（十三）薄荷

薄荷（Mint）春季到夏季盛产于热带地区，只采用新鲜叶片料理，若加热烹煮时间较久清凉感会消失。通常使用在冷菜上，直接将叶片摆放于沙拉和甜点上做装饰，或是切碎与酸奶调成沙拉酱汁。清凉的味道能让料理吃起来更爽口，如果使用在热的料理上，欧美国家多搭配羊排食用。

（十四）槟榔

槟榔（Betelnut）又名宾门、青仔，是乔木槟榔树的种子，以印度尼西亚、斯里兰卡、菲律宾、印度等地产量最高。我国主要产区是广东、广西、云南、福建等地。

槟榔有圆锥形和扁圆形两种，圆锥形者为槟，扁圆形者为榔，其味浓香，微带苦涩，是西餐烹调香料之一，主要用于红烩鱼和肉类菜肴中，一般将其压碎，可使菜肴浓香醇厚，回味无穷。

第四节　西餐烹调用酒

一、西餐烹调用酒的原则

烹调用酒是西餐菜点产生香气的重要手段。西餐烹调中除了使用的烹调酒量较多之外，还讲究烹调用酒与不同菜点之间的搭配。而且长期以来，形成了一定的规律，具体来说，色香味淡雅的酒类应与色调冷、香气雅、口味纯的菜肴相结合；香味浓郁的酒类应与色调暖、香气馥、口味杂的菜肴相结合。一般来说，白酒常用于调制海鲜类或白肉类菜式，红酒类则是烹调牛肉、红肉类、野味类菜肴的传统首选。咸味菜肴选用干、酸形酒类；辣味类菜肴选用强香型酒类；甜食点心选用甜味酒类。而在菜肴制式难以确定时，则选用中性酒类。

二、西餐烹调用酒的作用

西餐烹调用酒赋予了菜肴鲜明的特色，在烹调过程中必须针对不同酒的特点，加以选择利用。以下为西餐烹调用酒在烹调时发挥的作用。

（一）用于腌渍

在西餐烹调过程中，原料往往被加工成大的块和厚的片等，因此菜肴内部不容易入味，如果在制作之前，对原料进行腌渍，可以改善菜肴的口味。在腌渍时，常常使用到烹调用酒。酒中的酒精和适当的酸度可以达到去腥解腻的效果，而且可以起到嫩化食物原料的作用。

（二）赋味调味

在烹调中使用酒类，可以赋予菜肴以独特的香气及特有的风味，而且酒的等级高低也决定着菜肴档次的变化。

（三）溶解去渣

一些烹调用酒例如葡萄酒，在煎或烤制菜肴时，烹调锅具底部会留有一些食物残渣，而这些残渣往往是食物中的精华部分，可以添加适量葡萄酒后，再次加热溶解并制成菜肴的调味汁，因为加热时间短，不会影响葡萄酒的风味。

（四）燃焰效果

有些菜肴在烹调过程中，为了使菜肴表面焦化和散发出独特的香气，常常使用烈性蒸馏酒来烹调，使其产生火焰和香气，增加就餐气氛，产生较好的视觉效果。

三、西餐烹调用酒介绍

（一）白兰地

凡是由葡萄经过蒸馏和陈酿工艺而制成的蒸馏酒或由葡萄皮渣经过发酵和蒸馏工艺而制成的酒，都统称为白兰地（Brandy）。酒制成后呈无色液体，放入用橡木制成的大酒桶内陈酿。贮存时间越长，酒味愈醇，因酒与橡木桶接触而成金黄色。法国科涅克（Cognac，又译为干邑）生产的白兰地，是世界上最佳的品种。白兰地常用星数多少和英文字母来表示酒的年限。

白兰地在西餐中使用非常广泛，如腌制肉类、冻肉批加工或煎扒肉类时，加入白兰地都能去除异味，增加肉类的香味；在调制汁水类时，将白兰地倒入锅内，令其沸腾更会散发浓郁的香味。

（二）威士忌

威士忌（Whisky & Whiskey）是用大麦或玉米等粮食酿制后蒸馏出的酒，其酒精度数一般都在 40% ~ 62.5% 之间。威士忌通常需要在木桶里老化多年后才装瓶上市，这种老化过程能够增添威士忌的芳香，使其味道更加温顺柔和，同时也能使威士忌具有比较深的颜色。一般认为，老化用的木桶本身和具有的老化过程在很大程度上决定着威士忌的质量和味道。

苏格兰是威士忌的故乡。威士忌在苏格兰语中的字面意思也是"生命之水"。威士忌目前在全世界都有生产，与干邑白兰地不同的是，任何地方生产的威士忌都可以叫作威士忌。苏格兰酿制的威士忌叫作苏格兰威士忌。美国酿制的威士忌中最有影响力的是肯塔基波本，这种酒最早是在肯塔基州的波本县酿成的，所以得名波本。其他生产威士忌的国家和地区还有爱尔兰、加拿大和日本。一般认为，爱尔兰威士忌的味道要比苏格兰威士忌的味道柔和。有一些加拿大的威士忌主要是用稞麦或称黑麦酿成的，所以这种加拿大威士忌也叫作稞麦威士忌。

在西餐烹调中威士忌可以赋予菜肴以独特的香气。

（三）金酒

金酒（Gin）也称为杜松子酒、琴酒、毡酒，是用粮食如大麦、玉米和黑麦等酿制后蒸馏出的高度酒。其中加有松子、当归、甘草、菖蒲根和橙皮等多种药草成分，因此杜松子酒有扑鼻的草药味，其酒精度数一般在 35% ~ 50% 之间。杜松子酒最早是 16 世纪时在荷兰酿成的，最初作医药用，而作为一种饮料是从英国开始普及的。

荷兰式金酒是以大麦、黑麦、玉米、杜松子及香料为原料，经过三次蒸馏再加入杜松子进行第四次蒸馏而制成。荷兰式金酒色泽透明清亮，清香气味突出，风味独特，口味微甜，酒度为 52% 左右。

英式金酒又称伦敦干金酒，是用食用酒精和杜松子及其他香料共同蒸馏（也有将香料直接调入酒精内的）制成。英式金酒色泽透明，酒香和调料浓郁，口感醇美甘冽。

除荷兰式金酒和英式金酒外，欧洲其他一些国家也产金酒。在西餐烹调中一些特色菜肴可以用它们进行调味。

（四）朗姆酒

朗姆酒（Rum）也称兰姆酒，是用甘蔗挤出的糖浆酿制后蒸馏出的酒，其酒精度数一般都在 25% ~ 50% 之间。大多数朗姆酒产于古巴、波多黎各和牙买加等加勒比海国家和地区。其种类有：白朗姆酒（White Rum），这是色浅、味淡、老化时间不长的朗姆酒；黑朗姆酒（Dark Rum），这是经过多年老化、味浓、颜色较深的朗姆酒，高质量的朗姆酒基本上都是黑朗姆酒；金朗姆酒（Golden Rum 或称 Amber Rum），这是介于上述两者之间的朗姆酒，这种朗姆酒目前受到越来越多人的欢迎；加香朗姆酒（Spiced Rum），这是加有其他调味品的朗姆酒。一般来说，朗姆酒主要用于西点的调味。

（五）伏特加

伏特加（Vodka & Wodka）是从俄语中"水"一词派生而来的，是俄罗斯具有代表性的白酒，开始是用小麦、黑麦、大麦等作原料，经粉碎、蒸煮、糖化、发酵和蒸馏制得优质酒精，再进一步加工而成。也有以土豆为主要原料酿造的。伏特加制造的工艺流程为：将优质酒精加水稀释，制成酒精和水的混合物，经第一次过滤、活性炭处理、第二次过滤，最后调至规定的酒精浓度，即可装瓶出售。一般不需陈酿。到 18 世纪以后就开始使用土豆和玉米做原料了，将蒸馏而成的伏特加原酒，经过 8 小时以上的缓慢过滤，用活性碳吸收原酒液的味道。

伏特加无色、无香味，具有中性的特点，不需储存即可出售。在西餐中，主要用于俄式菜肴的调味。

（六）特基拉酒

特基拉酒（Tequila）是墨西哥的特产，被称为墨西哥的灵魂。特基拉是墨西哥的一个小镇，此酒以产地得名。特基拉酒也被称为龙舌兰（烈）酒，因为此酒的原料很特别，以龙舌兰（Agave）为原料。龙舌兰是一种仙人掌科的植物，通常要生长 12 年，成熟后割下送至酒厂，再被割成两半后泡洗 24 小时，然后榨出汁来，汁水加糖送入发酵柜中发酵 48～60 小时，经 2 次蒸馏，酒精纯度达 104～106proof（美国、加拿大等国常用 proof 表示酒精含量，proof 的值为百分比的 2 倍，即 52%～53%），此时的酒香气突出，口味凶烈。然后放入橡木桶陈酿，陈酿时间不同，颜色和口味差异很大，白色者未经陈酿，银白色贮存期最多 3 年，金黄色酒贮存至少 2～4 年，特级特基拉需要更长的贮存期，装瓶时酒度要稀释至 80～100proof。特基拉酒的名品有凯尔弗（Cuervo）、斗牛士（EI Toro）、索查（Sauza）、欧雷（O1e）、玛丽亚西（Mariachi）、特基拉安乔（Tequila Aneio）。

特基拉酒的口味凶烈，香气独特，在西餐中，主要用于墨西哥菜肴的调味。

（七）葡萄酒

葡萄酒（Grape Wine）在世界酒类中有重要的地位。世界上著名的生产葡萄酒的国家和地区有法国、意大利、西班牙、葡萄牙、德国、瑞士、匈牙利、中国、美国等。

葡萄酒中最常见的有红葡萄酒和白葡萄酒，酒精度一般在 10% ~ 20% 之间。

1. 红葡萄酒

红葡萄酒（Red Wine）简称红酒，是用颜色较深的红葡萄或紫葡萄酿造的，酿造时果汁果肉一起发酵，所以颜色较深，分甜型和干型两种，烹调中多数使用干型酒，在制作肉类、禽类及野味类菜肴中使用非常普遍，可去除不良的气味，增加菜肴的浓香味。

2. 白葡萄酒

白葡萄酒（White Wine）是用青黄色的葡萄为原料酿造的，因为在酿造过程中去除果皮，所以颜色较浅。白酒干型的较多，清冽爽口，适宜吃海味类菜肴时饮用。同时，白酒在烹调中使用广泛。常用于烹制海鲜类或牛仔肉及鸡肉类等白汁类菜式，能去除不良气味，突出鲜美的原味。如白酒青口、白酒汁石斑等。烹调时最好选用干烈性白葡萄酒，这类白酒含有较高的酸度，烹调制成的菜式格外清香。

（八）香槟酒

香槟酒（Champagne）是葡萄酿造的汽酒，是一种非常名贵的酒，有"酒皇"之美称。原产于法国北部的香槟地区，是 300 年前由一个叫唐佩里尼翁的教士首先发明的。该酒讲究采用不同品种的葡萄为原料，经发酵、勾兑、陈酿转瓶、换塞填充等工序制成，一般需要 3 年的时间才能饮用，以 6 ~ 8 年的陈酿香槟最佳。

香槟酒色泽金黄透明，味微甜酸，果香大于酒香，缭绕不绝。口感清爽纯正，不冲头、不上脸，各种味觉恰到好处。酒度为 11% 左右，有干型、半干型、甜型之分，其糖分分别为 1% ~ 2%、4% ~ 6%、8% ~ 10%。

香槟酒多伴于鱼虾等海鲜类，配海鲜类的汁用香槟调制将更加美味可口，如扒大虾香槟汁、香槟焗火腿等。

（九）雪莉酒

雪莉酒（Sherry）又译为谢里酒，主要产于西班牙的加的斯。

雪莉酒可分为两大类，即菲奴（Fino）和奥露索（Oloroso）。菲奴雪莉酒色泽淡黄明亮，是雪莉酒中最淡的，香味优雅清新，口味甘冽、清淡、新鲜、爽快，酒度在 15.5% ~ 17% 之间。奥罗露索雪莉酒是强香型酒品，色泽金黄、棕红，透明度好，香气浓郁，有核桃仁似的香味。口味浓烈、柔绵，酒体丰富圆润，酒度在 18% ~ 20% 之间，少数有达 25% 的。

雪莉酒常用来佐餐甜食，或用于清汤类的调味，特别是牛肉清汤，加入后清香无比，更能显露出牛肉的香味。

（十）玛德拉

玛德拉（Madeira）主要产于大西洋的玛德拉岛上，是用当地产的葡萄酒和葡萄蒸馏酒为基本原料，经勾兑陈酿制成。酒度多在16% ~ 18%之间，既可作开胃酒，也可为甜食酒。常用于烹调牛肉、小牛肉及肝类菜肴。

（十一）茴香酒

茴香酒（Anisette）主要产于欧洲一些国家，以法国产的最为著名。茴香酒是用茴香油与食用酒精或蒸馏酒配制成的。茴香油一般从八角或青茴香中提取，含有较多的苦艾素，有一定的刺激性。酒精含量一般为25%左右。茴香酒常用于海鲜菜肴的调味汁，并可作餐前的开胃酒。

（十二）钵酒

钵酒（Port Wine）原名波尔图酒（Porto），产于葡萄牙的杜罗河一带，在波尔图储存销售，故得名。

钵酒是葡萄原汁酒与葡萄蒸馏酒勾兑而成的，在生产工艺上吸取了配制酒的酿造经验。钵酒可分为黑红、深红、宝石红、茶红四种类型。主要品牌有陈年钵酒（Tawny）、宝石红钵酒（Ruby）、白钵酒（White Port）等。

钵酒可作为甜食酒饮用，烹调中常用于野味菜肴及汤类，腌制肝类菜时更是不可缺少，它能去除肝的腥异味，增加肝的独特香味。

第五节　西点常见原料

西点常见原料主要有面粉、油脂、糖、鸡蛋、乳制品、食品添加剂及其他辅料、调味料等。

一、面粉

面粉（Flour）专指小麦面粉，由小麦加工而成。由于小麦品种、种植地区、气候条件、土壤性质、日照时间和栽培方法的不同，小麦的质量也有所不同。在制粉时，又受到加工技术、设备等条件的影响，使面粉的化学性质和物理性质都存在一定的差别。

（一）按照用途分类

1. 专用面粉
专用面粉（Special Flour）是区别于普通小麦面粉的一类面粉的统称。所谓"专用"，是指该种面粉对某种特定食品具有专一性，专用面粉必须满足以下两个条件：一是必须满足食品的品质要求，即能满足食品的色、香、味、口感及外观特征；二是满足食品的加工工艺，即能满足食品的加工制作要求及工艺过程。根据我国目前暂行的专用粉质量标准，可分为面包粉、面条粉、馒头粉、饺子粉、酥性饼干粉、发酵饼干粉、蛋糕粉、酥性糕点粉和自发粉等。

2. 通用面粉

通用面粉（Common Flour）是因加工精度不同，主要根据灰分含量的不同分为特制一等、特制二等、标准粉和普通粉，各种等级的面粉其他指标基本相同。

3. 营养强化面粉

营养强化面粉（Fortified Flour）是指国际上为改善公众营养水平，针对不同地区、不同人群而添加不同营养素的面粉，如增钙面粉、富铁面粉、"7＋1"营养强化面粉等。

（二）按照精度分类

1. 特制一等面粉

特制一等面粉（Special First-class Flour）又叫富强粉、精粉，基本上是小麦胚乳加工而成。粉粒细，没有麸星，颜色洁白，面筋含量高且品质好（即弹性、延伸性和发酵性能好），食用口感好，消化吸收率最高，但粉中矿物质、维生素含量较低，尤其是维生素 B_1 远不能满足人体的正常需要。特制一等粉适于制作高档食品。

2. 特制二等面粉

特制二等面粉（Special Second-class Flour）又称上白粉、七五粉（即每100千克小麦加工75千克左右的小麦粉）。这种小麦粉的粉色白，含有很少量的麸皮，粉粒较细，面筋含量高且品质也较好，消化吸收率比特制一等粉略低，但维生素和矿物质的保存率却比特制一等粉略高。适宜于制作中档西点。

3. 标准面粉

标准面粉（Standard Flour）也称八五粉。粉中含有少量的麸星，粉色较白，基本上消除了粗纤维和植酸对小麦粉消化吸收率的影响，含有较多的维生素、矿物质，但面筋含量较低且品质也略差，口味和消化吸收率也都不如以上两种小麦粉。超市里日常供应的小麦粉是标准粉。

4. 普通面粉

普通面粉（Plain Flour）是加工精度最低的小麦粉。加工时只提取少量麸皮，所以含有大量的粗纤维素、灰分和植酸，这些物质不仅使小麦粉口感粗糙，影响食用，而且会妨碍人体对蛋白质、矿物质等营养素的消化吸收。目前各地面粉厂基本上不生产普通粉。

（三）按蛋白质含量分类

1. 高筋面粉

高筋面粉（High Gluten Flour）又称强筋面粉，颜色较深，本身较有活性且光滑，手抓不易成团状；其蛋白质和面筋含量高。蛋白质含量为 12%~15%，湿面筋值在 35% 以上。高筋面粉适宜做面包、起酥点心等。

2. 低筋面粉

低筋面粉（Low Gluten Flour）又称弱筋面粉，颜色较白，用手抓易成团；其蛋白质和面筋含量低。蛋白质含量为 7%~9%，湿面筋值在 25% 以下。英国、法国和德国的弱力面粉均属于这一类。低筋面粉适宜制作蛋糕、甜酥点心、饼干等。

3. 中筋面粉

中筋面粉（Middle Gluten Flour）是蛋白质含量介于高筋面粉与低筋面粉之间。色乳白，体质半松散，蛋白质含量为 9%~11%，湿面筋值为 25%~35%。美国、澳大利亚产的冬小麦粉和我国的标准粉等都属于这类面粉。中筋面粉用于制作重型水果蛋糕、肉馅饼等。

（四）根据面粉性能分类

1. 一般面粉

一般面粉（Common Flour）指蛋白质含量在 15%~15.5% 之间、奶白色、呈沙砾状、不黏手、易流动的面粉，适合混合黑麦、全麦以制作面包，或做成高筋硬性意大利面包、犹太硬咸包。蛋白质含量在 12.8%~13.5% 之间、白色、呈半松性的面粉，适合做模制包、花式咸包和硬咸包。蛋白质含量在 12.5%~12.8% 之间、白色的面粉，适合做咸软包、甜包、炸包。蛋白质含量在 8.0%~10% 之间、洁白、粗糙黏手的面粉，可做早餐包和甜包。

2. 自发面粉

自发面粉（Self raising Flour）是预先在面粉中掺入了一定比例的盐和泡打粉，然后再包装出售。这样是为了方便家庭使用，省去了加盐和泡打粉的步骤。

3. 全麦面粉

全麦面粉（Whole Wheat Flour）是将整粒麦子碾磨而成，而且不筛除麸皮。含丰富的维生素 B_1、维生素 B_2、维生素 B_6 及烟酸，营养价值很高。因为麸皮的含量多，100% 全麦面粉做出来的面包体积会较小、组织也会较粗，面粉的筋性不够，而且食用太多的全麦面粉会加重身体消化系统的负担，因此使用全麦面粉时，可加入一些高筋面粉来改善面包的口感。建议一般全麦面包面粉的使用比例为全麦面粉：高筋粉＝4：1，这样面包的口感和组织都会比较好。

4. 合成面粉

合成面粉（Compound Flour）是 20 世纪 80 年代的产品。制作不同的面包，而在面粉中加入糖、蛋粉、奶粉、油脂、酵母等各样材料，如面包粉和丹麦酥粉等。合成面粉中的面包专用粉就是为提高面粉的面包制作性能，向面粉中添加麦芽、维生素及谷蛋白等，增加蛋白质的含量，以便能更容易地制作面包。因此就出现了蛋白质含量高达 14%～15% 的面粉，这样就能做出体积更大的面包。

二、油脂

油脂（Fat）是油和脂的总称，在西点中主要指黄油、人造黄油（麦淇淋）、起酥油、植物油等。油脂在西点中的作用主要体现在以下几点：第一，增加营养，补充热能，增进食品风味；第二，增强面坯的可塑性，有利于点心的成形；第三，调节面筋的胀润度，降低面团的筋力和黏性；第四，保持产品内部组织的柔软，延缓淀粉老化的时间，延长点心的保存期限。

（一）起酥油

起酥油（Shortening）是以英文 Shorten（使变脆）一词转化而来的。意思是这种油脂适合加工饼干或起酥类点心，可使制品酥脆易碎。它是指动植物油脂的食用氢化油、高级精制油或上述油脂的混合物，经过速冷捏和制造的固状油脂，或不经速冷捏和制造的固状、半固体状或流动状的具有良好起酥性能的油脂制品。具有这种功能的油脂称为起酥油，起酥油的这种性质叫起酥性。起酥油一般不直接食用。

（二）色拉油

色拉油（Salad Oil）俗称凉拌油，因特别适用于西餐凉拌菜而得名。

色拉油呈淡黄色，澄清、透明、无气味、口感好，烹调时不起沫、烟少，在 0℃ 条件下冷藏 5.5 小时仍能保持澄清、透明（花生色拉油除外），除作烹调、煎炸用油外，主要用于冷餐凉拌油，还可以作为人造奶油、起酥油、蛋黄酱及各种调味油的原料油。色拉油一般选用优质油料先加工成毛油，再经脱胶、脱酸、脱色、脱臭、脱蜡、脱脂等工序成为成品。色拉油的包装容器应专用、清洁、干燥和密封，符合食品卫生和安全要求，不得掺有其他食用油和非食用油、矿物油等。保质期一般为 6 个月。目前市场上供应的色拉油有大豆色拉油、菜籽色拉油、葵花籽色拉油和米糠色拉油等。

三、糖

糖（Sugar）在西点中用量很大，常用的糖及其制品有蔗糖、糖浆、蜂蜜、饴糖、糖粉等。在西点中的作用主要体现在增加点心甜度，改善点心的色泽，调节面团的筋性及具有一定的防腐作用。

（一）蔗糖

蔗糖（Sucrose）是自然界分布最广的非还原性二糖，存在于许多植物中，以甘蔗和甜菜中含量最高，因此得名。纯净的蔗糖是无色晶体，易溶于水，比葡萄糖、麦芽糖甜，但不如果糖甜。蔗糖是由一分子葡萄糖和一分子果糖失去一分子水缩合而成，葡萄糖分子中的醛基和果糖分子中的酮基都被破环，因此没有还原性，属非还原性二糖。

西点常用的蔗糖类原料有红糖、白砂糖、绵白糖等。

（二）糖浆

西点中常见的糖浆（Syrup）是指葡萄糖糖浆，是以玉米淀粉为原料，经酶制剂液化、糖化、浓缩后制得。葡萄糖浆是一种由葡萄糖、麦芽糖、三糖、低聚糖及麦芽糊精等构成的混合糖液，清凉透明，口味柔和，甜度适中，能被人体消化吸收，是一种通用的、可大量替代蔗糖的营养性甜味原料。糖浆的甜度可根据需求调整，黏度大，具有优良的抗结晶性。广泛用于生产饮料、糖果、软糖、饼干、面包、蛋糕、布丁、冷饮、果酱、焦糖色素等产品。

（三）蜂蜜

蜂蜜（Honey）又称蜜糖、白蜜、石饴、白沙蜜。根据采集季节不同有冬蜜、夏蜜、春蜜之分，以冬蜜最好。若根据采花不同，又可分为枣花蜜、荆条花蜜、槐花蜜、梨花蜜、葵花蜜、荞麦花蜜、紫云英花蜜、荔枝花蜜等，其中以枣花蜜、紫云英花蜜、荔枝花蜜质量较好，为上等蜜。蜂蜜是一种营养丰富的副食品，具有"百花之精"的美名，在西点中主要用于一些特殊制品。

（四）麦芽糖

麦芽糖（Maltose & Malt Sugar，又称为饴糖）是以大米为原材料，经麦芽或麦芽酶作用，再精制而成的一种糖浆，其主要成分为麦芽糖。外观呈黏稠状微透明液体，无肉眼可见杂质，色泽为淡黄色至棕黄色，具有麦芽糖饴的正常气味。滋味舒润纯正，无异味。

麦芽糖是一种低甜度淀粉糖，不易为细菌分解而产生酸，可防止龋齿的发生；由于其黏度大、赋形性强、易上色和保香性强，常用于制作高级糖果、饼干、月饼、面包等。

（五）糖粉

糖粉（Lcing Sugar）是蔗糖的再制品，为纯白色粉末状物，成分与蔗糖相同，在西点中可代替白砂糖和绵白糖使用，还用于西点的装饰或制作大型点心的模型等。

四、食品添加剂（Food Additives）

食品添加剂是指为改善食品品质和色、香、味及为防腐和加工工艺的需要而加入食品中的化学合成或天然物质。食品添加剂一般可以不是食物，也不一定有营养价值，但必须符合上述定义的概念，不影响食品的营养价值，且具有防止食品腐败变质、增强食品感官性状或提高食品质量的作用。

一般来说，食品添加剂按其来源可分为天然的和化学合成的两大类。在西点中常用的添加剂有膨松剂、面团改良剂、乳化剂、食用色素、香精、香料、增稠剂等。

（一）膨松剂

膨松剂（Leavening Agents）是西点中的主要添加剂，能使制品内部形成均匀、致密的多孔组织。根据其性质可分为生物膨松剂和化学膨松剂两类。前者主要为酵母，用于西点中面包等的制作；后者常见的有碳酸氢钠、泡打粉等，主要用于蛋糕、饼干等点心的膨松。

（二）面团改良剂

面团改良剂（Dough Developing Agent）能增加面团的面筋壁，使面团获得更佳的质地和保水性，加快面团成熟，改善制品的组织结构。

（三）乳化剂

乳化剂（Emulsifying Agent）又称抗老化剂、发泡剂。乳化剂是重要的食品添加剂，除了具有典型的表面活性作用外，还能与面包中的碳水化合物、蛋白质、脂类发生特殊的相互作用而发挥多种功效。在面包中使用食品乳化剂，不仅能改善面包的感官性状，提高产品质量，延长面包贮存期，而且还可以防止面包变质，便于面包加工。在蛋糕制作中使用乳化剂可使蛋糕组织膨松绵软，改善蛋糕口感。

（四）食用色素

食用色素（Food Pigments）分为天然色素和人工合成色素两种。天然色素主要从植物组织中提取，也包括来自动物体内微生物的一些色素。人工合成色素是指用人工化学合成方法所制造的有机色素。在添加色素的食品中，使用天然色素的只占不足 20%，其余均为合成色素。天然色素能促进人的食欲，增加消化液的分泌，因而有利于消化和吸收，是食品的重要感官指标。但天然色素在加工保存过程中容易褪色或变色，在食品加工中人工添加天然色素成本又太高，而且染出的颜色不够明快，其化学性质不稳定，容易褪色，相比之下，合成色素色彩鲜艳、着色力好，而且价格便宜，所以人工合成色素在食品中被广泛应用。但应严格遵守《食品添加剂使用卫生标准》中的使用规定。

（五）食用香精

食用香精（Flavoring Essence）是指由各种食用香料和许可使用的附加物（包括载体、溶剂、添加剂）调和而成，可使食品增香的一大类食品添加剂。随着食品工业的发展，食用香精的应用范围已扩展到饮料、糖果、乳肉制品、焙烤食品、膨化食品等各类食品的生产中。

食用香精按剂型可分为液体香精和固体香精。液体香精又分为水溶性香精、油溶性香精和乳化香精；固体香精分为吸附型香精和包埋型香精。在西点中多选择橘子、柠檬等果香型香精，及奶油、巧克力等香精。

（六）食品增稠剂

食品增稠剂（Food Thickeners）是能溶解于水中，并在一定条件下充分水化形成黏稠、滑腻或胶冻液的大分子物质，又称食品胶。它是在食品工业中有着广泛用途的一类重要的食品添加剂。在西点中常用的增稠剂有明胶片、鱼胶粉、琼脂、果胶等。在冷冻甜点、馅料、装饰料等制作过程中，起到增稠胶凝、稳定和装饰作用。

五、其他常用原料

西点中常用的其他辅助原料有可可粉、巧克力、杏仁膏、封登糖及各种干鲜果品、罐头制品等。

（一）可可粉

可可粉（Cocoa Powder）是可可豆的粉状制品，含脂率较低，一般为 20%。

有无味可可粉和甜味可可粉两种。前者可用于制作蛋糕、面包、饼干，还能与黄油一起调制巧克力黄油酱。后者一般多用于夹心巧克力的辅料或筛在点心表面作为装饰等。

（二）巧克力

根据风味的不同，不同的巧克力（Chocolate）所用到的原料和比例是不相同的。

1. 无味巧克力板

无味巧克力板的可可脂含量较高，一般为 50% 左右，质地很硬，作为半成品制作巧克力时，需要加入较多的稀释剂。如制作巧克力馅、榛子酱等西点馅料时，一般用较软的油脂或淡奶油稀释。

2. 可可脂板

可可脂板（也有的呈颗粒状）是从可可豆里榨出的油料，是巧克力中的凝固剂，它的含量值决定了巧克力品质的高低。可可脂常温下呈固态，主要用于制作巧克力和稀释较浓或较干燥的巧克力制品，如榛子酱和巧克力馅等，它能起到稀释和光亮的作用。此外，由于可可脂是巧克力中的凝固剂，因此，对于可可脂含量较低的巧克力可以加入适量的可可脂，增加巧克力的黏稠度，提高其脱模后的光亮效果和质感。

3. 牛奶巧克力

牛奶巧克力（Milk Chocolate）的原料包括可可制品（可可液块、可可粉、可可脂）、乳制品、糖粉、香料和表面活性剂等，含至少 10% 的可可浆和至少 12% 的乳质。牛奶巧克力用途很广泛，可以用做蛋糕夹心、淋面、挤字或脱模造型等。

4. 白巧克力

白巧克力（White Chocolate）所含成分与牛奶巧克力基本相同，它包括糖、可可脂、固体牛奶和香料，不含可可粉，所以呈现白色。这种巧克力仅有可可的香味，口感和一般巧克力不同，而且乳制品和糖粉的含量相对较大，甜度较高。白巧克力大多用作糖衣，也可用于挤字、做馅及蛋糕装饰。

5. 黑巧克力

黑巧克力（Black Choclate）板硬度较大，可可脂含量较高。根据可可脂含量的不同，黑巧克力又有不同的级别，如软质黑巧克力的可可脂含量 32%～34%；淋面用的硬质巧克力可可脂含量 38%～40%；超硬质巧克力可可脂含量 38%～55%，不仅营养价值高，也便于脱模和操作。黑巧克力在点心加工中用途最广，如巧克力夹心、淋面、挤字、各种装饰、各种脱模造型、蛋糕坯子、巧克力面包和巧克力饼干等。

（三）杏仁膏

杏仁膏（Almond Paste）又称马司板、杏仁面、杏仁泥，是用杏仁、砂糖加适量的朗姆酒或白兰地制成的。它柔软细腻、气味香醇，是制作西点的高级原料，它可制馅、制皮，捏制花鸟鱼虫及动植物等装饰品。

（四）封登糖

封登糖（Fondant Paste）又称翻砂糖，是以砂糖为主要原料，用适量水加少许醋精或柠檬酸熬制经反复搓叠而成的。它是挂糖皮点心的基础配料。

（五）调味酒

西点中为了增加面点制品的风味，常常利用调味酒（Seasoning Wine）赋味。常见的调味酒有白兰地、黑樱桃酒、葡萄酒、朗姆酒等。西点用酒的原则是以制品所用原料、口味选择酒的品种，使之口味相协调一致。

（六）水果和果仁

西点使用的水果（Fruit）有多种形式，包括果干、糖渍水果（蜜饯）、罐头水果和新鲜水果。果干和蜜饯主要用于制作水果蛋糕；新鲜水果和罐头水果则用于较高档的西点的装饰和馅料，如水果塔等。西点常用水果有苹果、草莓、柠檬、橘子、樱桃、葡萄、桃子、梨、菠萝、杏、香蕉等。

果仁（Nut）是指坚果的果实，含有较多的蛋白质与不饱和脂肪，营养丰富，风味独特，因而被广泛应用于制作西点的配料、馅料和装饰料。西点常用的果仁有杏仁、核桃仁、榛子、栗子、花生、椰蓉等。

思考题

1. 简述西餐原料的分类。

2. 掌握各种原料的现状、用途和英文名称。

3. 简述牛肉、小牛肉的肉质特点。

4. 掌握西式新鲜香草的特征和用途。

5. 了解西餐烹调用酒的使用规则。

6. 掌握西点制作常见原料的特征和用途。

第四章

西餐原料加工工艺

本章内容： 初加工工艺

部位分卸工艺

剔骨出肉工艺

切割工艺

整理成形工艺

教学时间： 4 课时

训练目的： 让学生了解西餐原料的加工方法。

教学方式： 由教师讲述西餐原料的相关知识，运用合理的方法进行加工。

教学要求： 1. 让学生了解相关的概念。

2. 掌握原料的加工方法。

课前准备： 准备一些西餐原料的样品，进行对照比较，掌握其特点。

西餐原料来自于世界各国，种类繁多，让人目不暇接。一般常用的原料知识在《烹饪原料学》中大都做了介绍，本章只是从西餐原料选用的角度，着重介绍西餐特有的原料和部分常用原料。

第一节　初加工工艺

烹饪原料具有不同的品质和特征，在西餐菜点中具有不同的用途，合理选择并正确加工原料，会给人们以多种营养与风味的享受，并能做到物尽其用。

一、蔬菜原料的初加工工艺

蔬菜原料的品种很多，加工方法也不尽相同。

（一）叶菜类的加工工艺

西餐中的叶菜品种有生菜、菠菜、荷兰芹、苋菜、西芹等，其加工流程主要有以下两种。

1. 择拣整理

此过程主要是去除黄叶、老边、糙根和粗硬的叶柄，及泥土、污物和变质的部位。

2. 洗涤

此过程主要用清水洗涤，以除掉泥土、污物和虫卵，必要时可以先用2%的盐水浸泡5分钟，使虫卵的吸盘收缩，飘落于水中，然后洗净。

（二）花菜类的加工工艺

西餐中的花菜品种有菜花、朝鲜蓟等。

1. 择拣整理

此过程主要去除茎叶，削去发黄变色的花蕾，然后分成小朵或去除老边。

2. 洗涤

此过程主要去除花蕾内部的虫卵，必要时可以先用2%的盐水浸泡，再洗涤干净。

（三）根茎菜类的加工工艺

西餐中的根菜品种主要有土豆、山芋、萝卜、胡萝卜、欧洲防风根、红菜头等。

1. 去皮整理

根茎菜类一般都有较厚的外皮，不宜食用，应该去除。但去除的方法因原料不同而有所不同。胡萝卜、欧洲防风根、红菜头等只需要轻微刮擦即可，而土豆、山芋等需要去皮整理，再用小刀去除虫疤及外伤部分。

2. 洗涤

根茎菜类一般去皮后洗净即可。但有些根茎蔬菜，如土豆、莴苣等因为含有单宁等物质，去皮后容易发生氧化褐变，所以该类蔬菜去皮后应及时浸泡于水中，以防止变色。但不应该浸泡时间过长，以免原料中的水溶性营养成分损失过多。

（四）瓠果类的加工工艺

西餐中的瓠果类品种主要有番茄、黄瓜、辣椒、荷兰豆、茄子等。

1. 去皮去籽整理

黄瓜、茄子可以用刨子、小刀削去表皮（如表皮细嫩可以不去）；辣椒去蒂去籽；豆角类要撕掉筋脉；番茄通常用开水浸烫数秒后，用冷水冲凉撕去外皮，然后去籽。

2. 洗涤

瓠果类蔬菜经过去皮去籽整理后，一般用清水洗净即可。如是生食的瓜果，可以用0.3%的高锰酸钾溶液浸泡5分钟，再用清水洗净。

二、肉类原料的初加工工艺

现代西餐厨房中使用的肉类原料往往是经过加工的带骨的或去骨的、整片的或分割成小块的冻肉或鲜肉。所以根据现代厨房使用的肉类的特点，简单介绍几种肉类的加工和处理方法。

（一）冻肉的解冻工艺

冻肉解冻应遵循缓慢解冻的原则，使肉中的汁液恢复至肉组织中，以减少营养素的损失，同时也能尽量保持肉的鲜嫩。常用的解冻方法有以下几种。

1. 空气解冻法

空气解冻以热空气作为解冻介质，可分为自然解冻与流动空气解冻。虽然它是一种原始的解冻方式，但应用仍然非常普遍，它的优点是成本低、操作方便等。通常将 0 ~ 5℃空气中解冻称为缓慢解冻；15 ~ 20℃空气中解冻称为快速解冻。用空气解冻，必须考虑一定的风速、温度、湿度等因素，这样才能保证产品质量。

2. 水泡解冻法

水泡解冻法是把冻肉放在接近 0℃ 的冰水中浸泡解冻。此法简单，是被广泛采用的解冻方法，但营养成分流失较多，同时降低了肉的鲜嫩程度。

用水泡法解冻，一定要用冷水，绝不可用热水，这是因为肉类食物在速冻的过程中，其细胞内液与细胞外液迅速冻成了冰，形成了肉纤维与细胞中间的结晶体。这种汁液的结晶体是一种最有价值的蛋白质和香味物质。如果用热水解冻，不但会失去一部分蛋白质和香味物质，更主要的是会生成一种称为丙醛的一种强致癌物。同时也不要用力摔砸，以减少营养素的损失。

3. 微波解冻法

微波解冻是利用原料的分子在微波的作用下高速反复振荡，分子间不断摩擦产生热量而解冻的。其热量不是由外传入，而是从原料的内部产生的，如处理得当的原料解冻后仍然能大体保持原有的结构和形状。

总之，科学的解冻方法是将冷冻的畜肉、禽肉类等食物放在冷水中浸泡或放在 4 ~ 8℃ 的地方，使其自然解冻。

（二）鲜肉及其他部位的初加工工艺

鲜肉的初加工工艺主要是洗涤干净和剔净筋皮。如果暂时不使用，应按照部位不同，放入冰箱冷藏。低温贮藏法即肉的冷藏，在冷库或冰箱中进行，是肉和肉制品贮藏中最为实用的一种方法。冷藏时，鲜肉与空气的接触面积应尽量减少，否则对肉质的损害会加大。鲜牛肉在 5℃ 以下的冰箱中可冷藏 3 ~ 7 天，猪肉 3 ~ 4 天。如果冷冻处理，冷冻库的温度要低于 -18℃，肉的中心温度保持在 -15℃ 以下。一般情况下，冷藏时，温度越低，贮藏时间越长。在 -18℃ 条件下，猪肉可保存 4 个月。

对其他部位例如畜类的内脏、尾巴、舌头、肝脏等原料的初加工要十分细致，因为这些原料上都是带有污物、油腻，有的还带有腥臭气味，如果不加处理，洗涤不净，就不宜食用。不同部位的原料性能不同，初加工的工艺也各不相同。

1. 牛尾的初加工工艺

牛尾一端比拳头还粗，另一端像食指一般细，边上的肉也由厚到薄。牛尾外面有一层筋膜，肉里布满毛细血管般的脂肪和筋质；这些脂肪和筋质调节干柴的瘦肉，增添松软和滑嫩。新鲜牛尾肉质红润，脂肪和筋质雪白。以牛尾为主的经典菜肴有牛尾汤、红烩牛尾。

① 剔除牛尾表面的粗筋和脂肪块。

② 用手指摁压牛尾，找出凹凸感明显的部位，这就是尾骨连接的关节，然后用刀逐次切开关节。

③ 把切好的牛尾置于冷水锅中，与水同时加热，煮沸焯烫，以去除腥味，捞出洗净备用。

2. 牛仔腰子的初加工工艺

牛仔腰子为牛科动物黄牛或水牛肾脏，外表都有一层较厚的脂肪，并带有一层薄膜。富含丰富蛋白质、维生素 A、维生素 B、烟酸、铁、硒等营养元素；有补肾气、益精之功效。

① 加工时先用刀在脂肪上开一个裂口，手指伸进剥开腰子的薄膜，并以此处为开端，用手把薄膜和脂肪一起剥下来。

② 外部脂肪和腰子内部组织紧密相连，这部分就是外部脂肪的根，用力把脂肪根切开，使外部脂肪和腰子分离。

③ 用力把腰子和腰子内部的脂肪剥离，同时应保留少部分脂肪，以免影响腰子的风味。

3. 牛舌的初加工工艺

牛舌为牛科动物黄牛或水牛舌头，由于经常运动，牛舌布满细细的脂肪，肉质细腻，松软润滑。欧洲人吃牛舌，熏腌烩炖皆宜，甚至罐装出售；韩国人热衷烧烤牛舌。牛舌的初加工工艺如下。

① 用硬毛刷仔细刷洗牛舌表面，把污物清理干净；用盐水把牛舌根部的血块清洗干净，捞出。

② 用力剔除牛舌上的筋和多余的脂肪。

③ 把牛舌置于冷水锅中，随冷水一同加热煮沸，煮沸的时间约 1 小时，在沸腾前后随时清除浮沫。

④ 把煮好的牛舌捞出，趁热剥除牛舌的粗糙表皮。剥除表皮时，应从舌根剥起，一直剥到舌尖，把粗糙的牛舌表皮剥除干净。

三、禽类原料的初加工工艺

（一）活禽的初加工工艺

活禽的初加工工艺主要是宰杀、烫泡褪毛、整理内脏及洗涤几个步骤。但在目前西餐厨房中，所使用的禽类原料基本上是已经经过初加工及分档处理过的光禽或各个部位，而且这类原料大部分为冷冻品。其解冻工艺可以参照"冻肉的解冻工艺"过程和方法。

（二）光鸡、光鸭的初加工工艺

光鸡、光鸭是指经过宰杀、褪毛的鸡鸭。加工方法如下。

① 在颈部靠近身体处直划一刀，然后取出食包、抽出气管和食管开膛取出内脏。

② 用刀在鸡、鸭的腹部近肛门处横开一刀口，长度约为 6 厘米，左手掌用力托住背脊，右手伸入刀口内，先将五指合拢，在腹腔内空旋一周，等内脏的筋膜与躯体脱开，用手指抓住全部内脏，用力拉出（注意不要拉破苦胆）。

③ 用大拇指和食指勾拉出嵌在脊骨旁的双肺。这种开膛取内脏的方法操作简便，应用广泛。

④ 将加工好的光鸡、光鸭用清水洗涤干净备用。

（三）肥鹅肝的初加工工艺

① 先把肥鹅肝放在室温中解冻，使其变柔软。因为冻的肥鹅肝很硬，不能用手将其掰成两半，也不能剔除筋和血管。

② 解冻后用手把肥鹅肝掰成大小两块，把鹅肝较圆的一面朝上，用餐刀在肥鹅肝的中间位置上纵向切开一个长切口，用两个拇指把该切口拉开。

③ 用手指查找肥鹅肝中的筋，然后用餐刀和手指一边摸索一边把筋挑出来，不要把筋拉断（肥鹅肝的筋从根部到筋梢越来越细，很容易拉断）。

④ 在摘除大筋的同时，应注意摘除分支的筋、血管和红色斑点。

（四）鸽子和鹌鹑的初加工工艺

① 用手仔细地摘除细毛，或置于煤气火上方，将残毛烧掉，然后切除爪和翼。

② 纵向在颈皮上切开一个长口，把颈骨拉出来，切除颈和头。

③ 摘除食道和肺。用手指抓住气管，将其从颈皮中撕下来，然后再抓住肺，用手将肺脏撕出来。必须预先摘除这两部分，否则向外摘除内脏时，由于内脏和这两部分相连，将使内脏被撕破。

④ 摘除 V 形锁骨，以便于整鸽或整鹌鹑成熟后能把肉块切整齐。

⑤ 把肛门切开一个大口，从此处把内脏摘除并洗涤干净。

四、水产品原料的初加工工艺

（一）水产品原料的初加工工艺

对于鱼类而言，在切配与烹调以前，首先要去鳞、除鳃、洗净。具体的步骤依品种与使用方法而异，一般而言先去鳞、鳍、鳃，后摘除内脏。

1. 去鳞、鳍、鳃

首先除去鱼的鳞、鳍、鳃，用刀反方向刮去鳞，用剪刀或菜刀切除鳍，用手挖去鳃，但鲥鱼、鳓鱼的鳞因富含脂肪、味道鲜美，故只除鳃，不必去鳞。鲫鱼鳍较软也可不切除。

鳜鱼、鲈鱼、黄鱼的背鳍非常锐利，需在去鳞前用剪刀剪去（刺在手上容易感染细菌导致发炎）。黄鱼需将头皮撕去。

2. 摘除内脏

内脏的摘除通常使用下面两种方法。

① 一般材料都采用剖腹摘取的方法。在肛门与腹部间，用菜刀沿着腹皮剖开一条直线，取出内脏。

② 为保持鱼体的完整姿态，可在肛门正中处用菜刀轻轻做横向切开，将肠剪断，用两根细竹棒（或用竹筷），以鳃插入腹部，卷起内脏。取出内脏时勿弄破苦胆（一般海水鱼不具苦胆），否则鱼味会变苦。

3. 褪沙

褪沙指鳖鱼皮有沙粒状的硬质部分，需要先用热水煮沸；然后用稻草来磨擦。除去粗皮后再去鳃，最后摘除内脏。

4. 剥皮

对于板鱼等首先应剥去外皮，再刮去板鱼细小的白鳞后，去头，除去内脏。

5. 泡烫

黄鳞、弹涂鱼因无鳞，故先用热水烫后宰杀，除去白黏液后剖开，除去鱼骨。

6. 宰杀

对于有甲骨壳的鱼类如甲鱼等，先切去头部，放去血后浸放在 70℃ 左右的热水中，刮去白衣，剖开腹壳，除去肠和黄油。

7. 挤捏

去虾壳的方法：一手抓住虾头，另一手抓住虾尾，将虾身向背部一扭，虾身便立即从壳脱落。脱落出来的虾仁，不带虾须。但对于大虾应用剥壳的方法，速度虽不如挤捏法，但可保持完整的形状。

（二）常用水产品原料的初加工工艺

1. 鲈鱼

① 为了保证鲈鱼的肉质洁白，宰杀时应把鲈鱼的鳃夹骨斩断，倒吊放血。

② 待血污流尽后，放在砧板上，从鱼尾部沿着脊骨逆刀上，剖断胸骨，将鲈鱼分成软、硬两边，取出内脏，将鱼肉洗净血污即可。

2. 河鳗

① 用左手中指关节用力勾住河鳗，右手用刀先在鱼的喉部和肛门处各割一刀，再用方竹筷插入喉部刀口内，用力卷出内脏。

② 用手挖出鱼鳃，将河鳗放入盆内，倒入沸水浸泡，待黏液凝固，即用干揩布或小刀将鱼的银鳞除净，然后用清水反复冲洗几次。

3. 三文鱼

处理三文鱼的刀在挪威是特有的，其形状为尖形、细长的单面西餐刀，十分锋利。但刀片有很好的柔韧性，钳子是用来拔鱼刺的。

① 将新鲜的三文鱼洗净，平放在案板上，先用刀顺鱼鳃将其头部切下。

② 把三文鱼分成两片。切时应以快速的刀法，从鱼腹部自上而下依骨切下（三文鱼肉质细嫩，在切时动作应轻一点）。

③ 用刀切去鱼腹部含脂肪较多的部位。

④ 再将鱼侧部含脂肪较多的部分连皮一起去掉。

⑤ 用小刀把白肚膜顺鱼骨切掉。

⑥ 用钳子把鱼肉里的一些零落的鱼骨除掉。

⑦ 最后切掉鱼皮。先在鱼肉尾段割一下，把鱼皮拉紧，慢慢从尾段起将鱼皮切掉。注意切时应拉动鱼皮，刀不动。

4. 比目鱼

比目鱼的表面外皮粗糙，颜色灰暗，极不美观，不仅影响菜肴的质量，而且还会引起食物中毒。比目鱼的初加工工艺分为如下两步。

① 先用刀在鱼的头部划一刀口，在手指上沾一点盐，放在头部刀口处用力擦，鱼皮上翻，即用手剥去外皮。

② 用同样的方法去掉另一面鱼皮。然后将鱼鳃挖掉，用刀剖开鱼腹，去除内脏，洗涤干净。

5. 墨鱼

① 将墨鱼浸泡在水盆里，双手的大拇指和食指用力挤压眼球，使黑水迸出。

② 然后用手用力拉下鱼头，抽出背骨，沿着背脊处将鱼撕开，挖出内脏，撕去鱼肉上的黑皮、黑衣。

③ 再用清水重复洗几次，洗去黑水即可。

6. 海虾、河虾

一般情况下，海虾、河虾的初加工，只需要用剪刀剪去海虾、河虾的虾须和虾脚，挑去虾筋，随后放在水盆里冲洗，直到水清不混浊即可。但有时需根据制作菜肴的不同，进行针对性的加工。

对虾的初加工工艺有以下两种。

① 把虾头及虾壳剥去，留下虾尾。然后用刀在虾背部处轻轻划一道沟，取出虾肠，洗净。这种加工方法在西餐中普遍使用。

② 用剪子剪去虾须、虾足，再从背部剪开虾壳。这种方法适宜制作铁扒大虾的菜肴。

7. 龙虾

① 切除虾爪尖和触须尖。

② 从头部中间入刀，纵向把虾身切开。再把龙虾转过 180 度，由原切口处入刀，把虾头也从中间切开，除去沙袋和虾肠。

8. 河蟹、海蟹

① 在加工之前，应先放在水盆里，让蟹来回爬动，使蟹蛰、蟹脚上的泥土脱落沉淀。

② 过 10 分钟后，用左手抓住蟹的背壳，右手用软的细毛刷，边刷边洗，直到洗净泥沙。海蟹可以将脐盖打开，挖出白胰，漂水洗净。

第二节　部位分卸工艺

部位分卸工艺是根据原料的组织结构和选料要求，将整形原料分卸成相对独立的不同部位，以便于烹制或出骨、取肉的工艺过程。部位分卸工艺是原料加工工艺的有机组成部位。它技术细致，要求较高。由于原料各部位的质量不同，烹调方法对原料的要求也是多种多样的，所以选择原料时，就必须选用不同部位，以适应烹制不同菜肴的需要，只有这样才能保证菜肴的质量，突出菜肴的特点。

同时，在操作时必须要熟悉原料的各个部位，如从家禽、家畜的肌肉之间的隔膜处下刀，就可以把原料不同部位的界限基本分清，这样才能保证所用不同部位原料的质量。而且要掌握好分卸的先后次序，做到分卸合理，物尽其用。

部位分卸工艺的主要对象是体型较大的动物性原料，如牛、羊、猪、鸡、鸭、鹅、鱼等。

一、畜类原料的部位分卸工艺

畜类原料的体型较大，对其胴体的分卸工艺一般都在工厂进行，特别是在西方国家已采用机器分割法，西餐厨房使用的畜肉几乎都是已分卸并包装好的各个部位。然而，在我国西餐业，除某些畜体由工厂分卸外，大都还需厨师自己在厨房进行。

（一）牛、羊、猪的部位分卸工艺

牛、羊、猪的部位分卸工艺大同小异。通常是将每扇畜体先分卸为前腿部分、后腿部分和腹背部分。然后顺着各部位之间的结缔组织筋膜轻轻划开，将每个部位分卸下来。

1.牛的部位分卸工艺

牛肉在西餐烹调中被分为成年牛肉（Beef）与小牛肉（Veal）。成年肉用牛一般以3岁左右的肉质最好，其肌肉紧实细嫩，皮下及肌间都夹杂少量脂肪。由于牛肉的部位不同，肉质也有很大区别，因此，在原料的选用上，一定要根据肉质特点，恰当使用。

（1）成年牛的部位分卸工艺（图4-1）

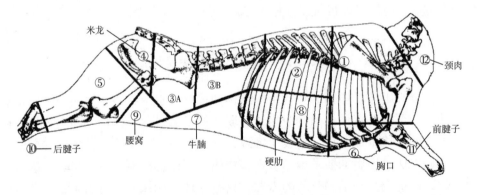

图4-1　成年牛的部位分卸结构示意图

①上脑（Chuck Rib）：肉质较鲜嫩，次于外脊肉。上好的肉质可适宜煎、铁扒；较次的肉质适宜烩、焖等。

②肋骨部（Rib）：主要由6～7根较规则的肋骨和脊肉构成，肉质鲜嫩。适宜烤、铁扒、煎等。

③A 短腰部或短脊部（Short Loin）：肉质鲜嫩，适宜烤、铁扒、煎等。B上腰部或腰脊部（Sirloin）：肉质鲜嫩，仅次于里脊肉，适宜烤、铁扒、煎等。

短腰部和上腰部下面包含牛里脊（Beef Fillet Tenderloin），又称牛柳、牛菲力，位于牛腰部内侧，是牛肉中肉质最鲜嫩的部位。

④ 米龙（Rump）：肉质较嫩，一流的肉质可适宜铁扒、煎。较次的肉质则适宜烩、焖等。

⑤ 后臀部（Round）：主要由两块肌肉组织构成，仔盖（Silver Side）又称银边，肉质较嫩，适宜煮、焖。

⑥ 胸口（Brisket）：肉质肥瘦相间，筋也较少，适宜煮、炸等。

⑦ 牛腩（Thin Flank）：又称薄腹，肉层较薄，有白筋，适宜烩、煮及制香肠等。

⑧ 硬肋（Plate）又称短肋（Short Plate），肉质肥瘦相间，适宜制香肠、培根等。

⑨ 腰窝（Thick Flank）：又称后腹，肉质较嫩，适宜烩、焖等。

⑩ 后腱子（Hind Shank）：肉质较老，适宜烩、焖及制汤。

⑪ 前腱子（Fore Shank）：肉质较老，适宜烩、焖及制汤。

⑫ 颈肉（Neck/sticking Piece）：肉质较差，适宜烩及制香肠等。

⑬ 其他：

a. 牛舌（Tongue）：适宜烩、焖等。

b. 牛腰（Kidney）：适宜扒、烤、煎等。

c. 牛肝（Liver）：适宜煎、炒等。

d. 牛尾（Tail）：适宜黄烩、制汤等。

e. 牛脑（Brain）：适宜煎、炸等。

f. 牛胃（Tripe）：适宜黄烩、白烩等。

g. 牛骨髓（Marrow）：用于烩制菜肴的制作。

（2）小牛的部位分卸工艺（图4-2）

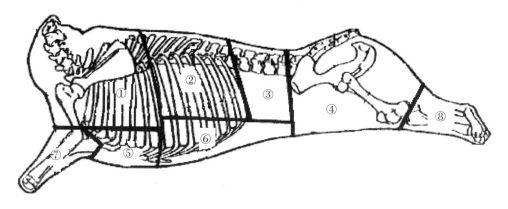

图4-2　小牛的部位分卸结构示意图

小牛结构与牛相同，但各部位的肉要比成年牛肉相应的部位嫩。但因其体型较小，其部位的划分也比较简单。

① 前肩（Veal Shoulder）：肉质较嫩，适合烧烤、烩、焖等烹法。

② 肋部（Veal Rib）：肉质嫩，适合烧烤等烹法。

③ 腰部（Veal Loin）：肉质嫩，适合烧烤、铁扒、煎等烹法。

④ 后腿（Veal Leg）：肉质较嫩，适合烧烤、煎、炸等烹法。

⑤ 胸口（Veal Breast）：肉质较嫩，适合烩、焖等烹法。

⑥ 腹部（Veal Flank）：适合烩、煮、焖等烹法。

⑦ 前腱子（Veal Shank）：适宜烩、焖、制汤等烹法。

⑧ 后腱子（Veal Shank）：适宜烩、焖、制汤等烹法。

⑨ 其他：

a. 小牛核（Sweet Bread）：适合烩、焖等烹法。

b. 小牛心（Veal Heart）：适合烩、焖等烹法。

c. 小牛肝（Veal Liver）：适宜煎、炸、铁扒等烹法。

2. 羊的部位分卸工艺（图4-3）

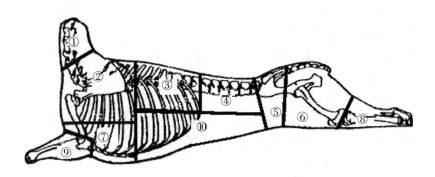

图4-3　羊的部位分卸结构示意图

目前我国市场上供应的主要是成年羊。各部位肉质特点如下。

① 颈部肉（Neck）：肉质较老，夹有细筋，适合于烩制。

② 肩肉（Shoulder）：包括前胸和前腱的上部。羊胸肉脆，其他的肉多筋，宜于烩、煮、炖等烹法。

③ 肋背部（Rib/Best End）：项背上带骨的肉，又叫排骨肉，适合于带骨烧烤或切成片煎烤。

④ 腰脊部（Loin/Saddle）：包括马鞍肉（Saddle/Rack）、外脊肉和里脊肉。外脊肉长如扁担，肉多细嫩，用途很广，常常整条烧烤或切成块烧烤，制作羊扒等。里脊肉位于脊骨内侧，纤维细长，是羊身上最嫩的肉，外有筋膜包住，去膜后用途很广。

⑤ 上腰（Sirloin/Chump）：质地细嫩，常用于烧烤。

⑥后腿肉（Leg）：肌肉较多，脂肪筋膜较少，肉质细嫩，可带骨烧烤。

⑦胸口（Brisket）：肉质较脆，常用于烩制菜肴。

⑧后腱子（Shank）：肉质较老，用于煮汤或烩制菜肴。

⑨前腱子（Shank）：肉质较老，用于煮汤或烩制菜肴。

⑩腹部（Abdomen）：肉质较老，用于烩制菜肴。

3. 猪的部位分卸工艺（图4-4）

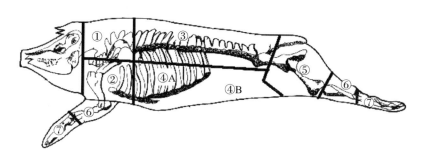

图4-4　猪的部位分卸结构示意图

①上脑（Blade Shoulder）：取之于猪的上脑部位，肉质较嫩，适合煎、炸、烤等烹调方法。

②前肩肉（Arm Shoulder）：肉质纤维细嫩，吸水性强，常常用于制作肉馅。

③外脊（Pork Loin）/里脊（Pork Tender Loin & Fillet）：统称脊背肉（Loin）。有里脊和外脊之分，肉质最嫩，常用于加工猪排及烤制菜肴。

④A硬肋（Spare Rib）：肉中带有小排骨，可烧烤烩制。B软肋（Belly-ribbed）：此部分肉中精肉和脂肪层交互掺杂，肉质较差，通常加工成培根、香肠及肉馅。

⑤后腿肉（Leg）：肉质较嫩，适合烧烤、煮焖等烹调方法。

⑥猪肘子（Hock）：富含胶质，用于烩制或煮汤。

⑦猪脚爪（Trotter）：皮多骨多，胶质也多，用于煮汤。

（二）兔肉的部位分卸工艺

新鲜兔肉（剥皮）或冷冻兔肉的分卸工艺如下。

1. 切下前腿

用手把兔的前腿抬起，并把前腿拧向兔的头部，这时前腿的关节隆起。把刀插进关节，然后用手向内侧推压前腿，帮助进刀并把前腿切下来。

2. 切下后腿

在后腰部有两个隆起的地方，这就是后腿的关节部位，用刀切开后腿的关节。如果刀锋碰到了骨头，可用一只手把后腿抬起，推向兔背方向，这样就能继续进刀了。用刀继续向后切，把后腿切下来。

3.分成两半

从肋骨末端把兔切成前半身和后半身两半。

二、禽类原料的部位分卸工艺

禽类原料的部位分卸工艺大体相同，其中鸡的分卸使用最普遍。

（一）光鸡的分卸工艺

1.鸡腿肉

鸡腿肉肉质较嫩，适合煎、炸、烤等烹法。分卸时由腹侧，用刀切开鸡腿关节的外皮和肉；用手抓住鸡腿，用力把鸡腿翻向后侧；用刀沿着鸡腿的关节把皮和肉切开，然后用厨刀刀面压着鸡身，用另一只手向外拉鸡腿，把鸡腿撕下来。用同样的方法撕下另一侧的鸡腿。

2.鸡翅

从肩胛骨处用力将鸡翅割下。

3.鸡架

鸡架主要为骨头和鸡皮，常用于煮汤。分卸时在肩胛骨处入刀切开一个切口，切口一直延伸到鸡颈下方；用手指扣住鸡脊骨，用力向外拉，将鸡架从胸部拉出来。

4.鸡胸

鸡胸包括鸡脯肉和鸡里脊肉两部分，肉质嫩，适合铁扒、煎、炸、烤等烹法。分卸时，切除颈部多余的皮，用刀压着鸡胸肉的中间部位，把鸡胸骨由中间切成两半，从而把鸡胸肉切成两半。

这样，把光鸡切成了7部分，即两块鸡腿肉、两块鸡胸肉、两块鸡翅和一个鸡骨架。

（二）鹌鹑的分卸工艺

（1）切除头、爪和翼尖；

（2）切下大腿肉；

（3）切开胸肉。

这样，把鹌鹑切成了4部分，即两块腿肉和两块胸肉。

三、水产品原料的部位分卸工艺

水产品的种类较多，部位分卸难以统一，鱼类经常分卸为净鱼肉和鱼骨；

虾类分卸为净虾肉和虾骨；蟹类分卸为净蟹肉和蟹骨等。

第三节 剔骨出肉工艺

剔骨出肉工艺是根据烹调的不同要求，将动物的骨骼或筋膜、皮壳等，从其肌肉上分离出来的过程。剔骨和出肉是同一工艺的两个方面，是某些动物性原料在正式切配、烹调前必须经过的一道重要工艺，它不仅涉及原料的利用率，而且还直接影响到成品的质量。

一、畜类原料的剔骨出肉工艺

目前，西餐厨房购进的畜类原料大部分为剔过骨骼，甚至速冻过的各个部位，其剔骨出肉工艺主要是剔除各部位的筋膜和边角余料。

（一）牛肉主要部位的剔骨出肉工艺

1. 牛里脊的出肉工艺

① 把里脊肉侧面粘连的条状肉剔除掉。

② 剔除里脊肉表面粘连的筋：剔除时，应向斜上方方向提拉着筋，并使刀锋略微上扬，才能顺利地剔除筋；如果向相反的方向拉着筋，则不能顺利地剔除筋。根据需要，可多次仔细地将筋剔除干净。

③ 将牛里脊从前至后分为五段：头段牛排（Rump Fillet）、菲力牛排（Fillet Steak）、特那多牛排（Tournedos）、小牛排（Small Fillet/Mignon）、烩用牛排（Goulash）等，其中间部分品质最佳。

2. 牛外脊的出肉工艺

牛外脊按照带骨和不带骨来进行出肉加工。

（1）带骨的外脊

① 修清外脊骨膜和脂肪。

② 从后向前将外脊锯切为臀骨牛排（Rump）、餐厅牛排（Porthouse Steak）、T型骨牛排（T-bone Steak）、腰顶部小牛排（Club Steak）、肋骨牛排（Rib Steak）。

（2）不带骨的外脊

① 剔除牛骨：用刀顺着脊骨切开，切开时注意不要使脊骨上粘连碎肉。然后顺着脊骨，用刀来回拉切几次，同时把切开的肉向外压，使其和脊骨分离，再顺着肋骨进刀，剔下肋骨。

② 剔出脊肉：用左手向外压动着脊肉，同时用尖刀仔细地剥下多余的肉。

在脊骨和周围多余的肉之间，有一层薄膜和脂肪，将其切开后，能顺利地把脊肉剥出来。

③ 清理脊肉周边：剔除脊肉两旁的碎肉，再剔除其表面的筋和脂肪。

④ 将不带骨的外脊从前至后，分为角尖牛排（Point Steak）和西冷牛排（Sirloin Steak）等。

（二）羊的剔骨出肉工艺

羊的剔骨出肉工艺与牛基本相同，但由于羊的体积较小，根据烹调要求，有的部位在烧烤时可以不剔骨，以保持肉质的鲜嫩。

1. 羊腰肉的出肉工艺

① 找到肋骨终了的部位，顺着脊骨将羊肉切成两半，即分成脊部马鞍肉。

② 出马鞍肉。顺着脊骨走向，用刀把脊骨切下来，切时应把脊骨上的残留碎肉都清理干净。在脊肉和不要的肉之间，有一层薄膜和脂肪，用刀尖将其剥离，把脊肉剥取出来。然后再仔细剔除脊肉表面的筋和脂肪。

③ 用同样的方法剥取背部肉和脊肉。

2. 羊排的剔骨出肉工艺

① 用刀尖切开外膜的一端，一手拉着切开的外膜端部，用刀将其外侧和内侧的薄膜剔除掉。

② 在脂肪和肉之间有一块半月形的软骨，用刀将其剔除掉。

③ 用尖刀沿肋骨前缘 3 厘米处，纵向断续地将肋骨间的肉划开。

④ 顺着各个肋骨，用刀尖把肋骨和肉剔开。

⑤ 把肋骨前缘的肉剥除下来，剔下脊骨，再剔除硬筋。

3. 羊大腿的剔骨出肉工艺

① 剔除羊大腿肉表面的筋和脂肪。

② 剔除胯骨和尾骨。沿着胯骨的边缘进刀，将胯骨剔除下来，接着把连着胯骨的尾骨也剔除掉。

③ 剔除大腿骨。沿着大腿骨的边缘进刀切开大腿肉并切断大腿骨和肉之间的筋，摘除大腿骨的上端，然后用一只手握着大腿骨上端并拧动大腿骨，同时把刀尖插进关节处，把大腿骨剥离干净。同样剔除小腿骨。

（三）猪的剔骨出肉工艺

猪肉原料的剔骨出肉工艺与牛羊基本相同，一般西餐厨房进行的主要是猪排、猪里脊的剔骨出肉工艺。

1. 猪里脊的出肉加工

（1）切除边缘多余的肉。

（2）用刀尖挑开筋头，一手拉着筋头，一手用力把筋剔除掉。

2. 猪排的剔骨出肉工艺

（1）顺着脊骨的走向，用刀尖把脊骨与肉分离。然后用砍刀（或用锯子）将脊骨和肋骨斩断（或锯断），使之分离。

（2）在距肋骨前缘 3～5 厘米处，用刀把多余的肉切开。然后顺着肋骨方向用刀把肋骨和多余的肉剥掉。再把肉面翻过来，用刀把多余的肉切下来。如果露出的肋骨表面留有部分残肉，应将残肉仔细清理干净。

（3）用刀插进肋骨之间，切下带肋骨的肉片，稍加整理即可。

二、禽类原料的剔骨出肉工艺

禽的种类很多，它们的剔骨出肉工艺基本相同，下面以鸡为例加以说明。

（一）鸡腿的剔骨出肉工艺

1. 一般鸡腿的出肉加工

① 沿着鸡腿骨的走向，用刀把腿肉左右切开，切断大腿骨与小腿骨间的关节。

② 摘除大腿骨。

③ 用刀背敲断小腿腿骨，并摘除肉中的小腿骨。

④ 把鸡腿肉翻过来，摘除断骨，即成备用的鸡腿肉。

2. 填馅鸡腿的出肉加工

① 顺着鸡大腿骨的走向，用刀尖切开大腿骨周边的肉，切开关节，剔除大腿骨。

② 把鸡肉里外翻过来，剔除小腿骨。剔除时注意不要撕破鸡皮，并保留 2 厘米左右的小腿骨。

③ 翻回原状。

（二）鸡胸的剔骨出肉工艺

① 沿着骨的走向进刀，摘除三叉骨。

② 按照烹调要求剔除鸡翼，如果制作炸鸡排或黄油鸡卷之类的菜肴，则留鸡翼大骨一节做骨把。

③ 剔除多余的脂肪和鸡皮。

三、鱼类原料的剔骨出肉工艺

鱼类的剔骨出肉工艺，要根据鱼的自然形态和烹调要求来进行，有的将鱼去头、去骨、去皮，只取净肉；有的只去鳞去骨，不去皮；还有的不去头尾，不破腹，直接从鱼体上剔下鱼肉。由于鱼的形态不同，具体加工方法也不尽相同。下面举例说明。

（一）一鱼三片的出肉加工（适合一般鱼类）

① 刮除鱼鳞，切掉鱼头，摘除内脏，用水洗净。

② 从头部切口处入刀，贴住鱼脊骨从前至后，割断鱼肋骨，成为带皮鱼肉；同样方法，从另一边将带皮鱼肉分离下来。

③ 去腹刺，然后去鱼皮。

④ 整鱼分成两片鱼肉、一片鱼骨。

（二）一鱼五片的出肉加工（适合于菱鲆鱼类）

① 刮除鱼鳞，用刀在鱼的周边切出一圈切口，并纵向在鱼体中间切开一个长切口。

② 用刀从中间外切，将腹部的鱼片切下来。

③ 将鱼尾调转 180 度，用刀把背部的鱼片切下来。

④ 将鱼翻身，采用同样的方法，把另一侧的两片鱼片切下来。

⑤ 剔除腹骨，铲去鱼片，成为四片鱼肉、一块鱼骨。

（三）鱼排的出肉加工（以金枪鱼为例）

① 刮除鱼鳞，切掉鱼头，摘除内脏，用水洗净。

② 将鱼横向切成 2 厘米厚的圆段。

四、其他原料的剔骨出肉工艺

（一）扇贝的出肉加工

① 把扇贝壳的扁平面朝上，顺着该贝壳内壁，把餐刀插进贝壳内，把贝壳撬开。

② 找到位于贝壳下张合关节处的贝肠，用刀把贝肠切下来，把肠和系带一起撕下来。

③ 用刀把贝肉切下来，用手撕除贝肉周围的薄膜和白色硬筋，并用与海水浓度相近的盐水简单地洗一下贝肉。

（二）淡水虾的出肉加工

① 在 5 片虾尾中拧下中间的一片虾尾，直接向后拉，把虾肠一起拉出来，摘除。

② 拧下虾头，将虾腹朝上，用拇指和食指挤压虾尾，把虾肉从虾壳中挤出来。

（三）龙虾的出肉工艺

① 用刀把虾头和虾身之间的薄膜切开，摘除虾头。
② 把虾腹朝上，用剪刀剪开龙虾腹壳的两侧，剥下虾腹的壳。
③ 剥出虾肉，摘出虾肠。

（四）蟹的去骨出肉工艺

（1）熟制蟹　将蟹蒸熟或煮熟取出。
（2）出腿肉　将蟹腿取下，剪去一头，用擀杖在蟹腿上向剪开的方向滚压，把腿肉挤出。
（3）出螯肉　将蟹螯扳下，用刀拍碎螯壳后，取出螯肉。
（4）出蟹黄　先剥去蟹脐，挖出蟹黄，再掀下蟹盖用竹扦剔出蟹肉。
（5）出身肉　将掀下蟹盖的蟹身肉，用竹扦剔出。也可将蟹身片开，再用竹扦剔出蟹肉。

第四节　切割工艺

切割工艺即刀工工艺，是西餐原料加工工艺的重要组成部分。大多数烹饪原料都要经过刀工工艺后，才能符合烹调工艺和食用的要求，才能增加菜点的美观性，增加食欲。

一、刀工刀法

刀工是指运用刀具对原料进行切割的技能，包括运刀的姿势、运刀的速度及运刀后的效果（切割后原料的质量）。刀法是指切割原料时应用刀具的方法，包括对刀具的选择使用、刀刃运动的方向及用刀的力度。刀工和刀法是紧密结合在一起的，相辅相成，难以割舍的工艺手段。刀工离不开刀法，刀法是刀工的基础。

（一）刀工的操作规范

在现代西餐厨房中，刀工操作的机械化已经实现，适用于大批量的、标准化的食品生产。但厨房内少量的原料加工主要还是手工操作。手工操作具有一定的劳动强度，特别是长时间操作。因此，刀工的规范化直接关系到操作者的安全和身心健康。

1. 刀工操作前的准备

（1）切配工作台的位置摆放　切配台周围应宽松，以无人碰撞为度。切配台应有高度调节装置，其高度一般以人体的腰部高度为宜。

（2）台面的工具陈放　台面上的工具有刀、刀墩、实料盆、杂料盆、空料盆、抹布等，这些工具的陈放应以方便、整洁、安全为度。

（3）卫生准备　加工前应对手及使用的工具进行清洗消毒，戴好工作帽，台面与地面应保持清洁。

2. 操作姿势

（1）站立姿势　两腿直立，两脚分开，略呈"八"字形，脚尖与肩垂直，挺腰收腹，颈部自然微曲，目视被切原料。

（2）握刀的方法　一般地讲，握刀没有固定的标准方法，因为刀具不同，握刀的方法也不完全相同；被切原料的性质不同，握刀方法也不完全相同。但是，握刀的方法也有一定的基本要求，比如，手心要贴着刀柄，刀要握牢，不要左右飘动。

（3）运刀方法　运刀是指刀的运动和双手的协调性，运刀做上下运动时要垂直运动，运刀用力主要以手腕和肘部，砍、劈等刀法则要用臂力的协调。运刀时要用力均匀，做弹性切割，匀速进行。

（二）刀法及应用

刀法是切割原料时具体应用刀的方法。根据原料的性质和刀刃与原料的接触角度，西餐刀法一般分为直刀法、平刀法、斜刀法和其他刀法等几种。

1. 直刀法

这种刀法常用分刀、砍刀等，操作时刀面与案板或原料成直角。根据原料的性质和烹调要求的不同，直刀法又可分为切、剁、砍等几种。

（1）切　一般适用于无骨原料。操作时，刀的运动方向总的来说是自上而下，运动幅度较小。但由于无骨原料也有老韧、鲜嫩、松脆之分，因此在切割时要采取不同手法。

① 直切：又叫立切，即左手按住原料，手指弯曲，右手持刀，垂直下切，既不向外推，也不向里拉，一刀一刀笔直切下去。技术熟练后，速度加快，形成跳切。直切的刀法用途广泛，一般适用于加工脆性原料，如胡萝卜、黄瓜等蔬菜。

② 推切：刀刃在向下运动的同时，还由里向外运动，着力点在刀的后端，一刀推到底，不需要再拉回来就切断原料。一般适用于质地松、散、较薄、较小的原料，这些原料如用直切刀法，强行压迫切开，便容易破碎、零散，为了适应这一特点采用推切。

③拉切：在向下切的同时，将刀由外向里拉动，着力点在刀的前端，一刀拉到底，把原料切断。这种刀法一般适用于韧性原料，如无骨肉类就使用拉切。

④锯切：又称推拉切，着力点前后交替使用。其操作方法是：先将刀向前推，然后再向后拉，这样像拉锯式推拉下去。采用锯切的方法，适用于切割两类性质的原料，一类是较厚、无骨的韧性原料，需切成大而薄的形状，如火腿等；另一类是质地较松的原料，需切成大片的形状，如面包等。前者用直切的方法不易切断，后者用直刀切容易碎散，所以需要用锯切的方法前推后拉慢慢切之，方可达到要求。

⑤滚料切：这种切法是每切一刀，就把原料滚动一次。左手滚动原料时，要求斜度掌握适中，右手持刀紧跟原料的滚动斜度落刀，这样两手配合，切下的原料就会大小一致，块形均匀。原料所切块形的大小，主要取决于原料滚动的快慢和切的快慢。这种刀法适用于圆形或椭圆形、质地脆的原料，如土豆、胡萝卜、萝卜等。

⑥铡刀切：这种刀法是右手提起刀柄，左手扶在刀背上，使刀柄翘起落下，在左手压力下摇动刀身，使刀刃切入原料，如加工蒜末、荷兰芹叶末、茴香菜末等。

（2）剁　是将无骨原料加工成泥蓉和某些成形菜肴剁松的一种刀法。剁的具体操作方法有排剁、砸剁及点剁等。

①排剁：排剁的操作方法又有单刀剁和双刀剁之分。单刀剁即用一把分刀将原料剁细。为了提高效率，通常左右两手各持一把分刀，同时配合操作，这叫双刀剁。其要求是两手所持的刀要保持一定距离，不宜太远或太近，两刀前端的距离可以稍近一些，刀跟的距离要稍远一些。分刀的特点是前端较窄，所以一定要防止一把刀的刀刃剁另一把刀的刀背。剁是用手腕的力量，从左到右或从右至左反复排剁，两手可交替使用，做到此起彼落，动作自如，并要有节奏，同时将原料不断翻动，使泥蓉状均匀细腻。剁时提刀不能过高，防止碎末飞溅，有时刀面要涂一些清水，避免蓉末粘刀。根据泥蓉要求有时还需要用刀背剁原料，以使蓉末更为细腻。

②砸剁：西式菜肴制作过程中的传统刀法，这种刀法的特点是落刀轻，入刀浅，一般不触及案板，其目的是增加原料的可塑性，易于收拢成形使原料在烹制时不卷缩变形，如加工鸡排时要经过砸剁。

③点剁：也是西式菜肴加工过程中常用的刀法。其方法是用分刀刀尖在原料表面点剁数下，使其细筋断裂，从而保证原料在加热过程中受热均匀且不收缩变形。

（3）砍　砍是用砍刀砍断带骨或质地坚硬的原料。砍的操作方法是右手要紧紧握住刀柄，对准要砍的部位，用力要大。砍的方法又分为直砍、跟刀砍、拍刀砍几种。

① 直刀砍：将刀对准原料要砍的部位，用力向下直砍，通常适用于带骨或质地坚硬的原料。

② 跟刀砍：将刀刃先嵌在原料要砍的部位上，让刀与原料一齐起落下将其砍断。适用于一次砍不断，而需 2 ~ 3 次才能砍断的原料。

③ 拍刀砍：将刀放在原料所需砍断的位置上，右手握住刀柄，左手举起，在刀背上用力拍下去，将原料砍开。适用于圆形或椭圆形的体积小而易滚、易滑的原料。

2. 平刀法

平刀法又叫片刀法，它是刀面与案板接近平行状态的一种刀法，适用于无骨的软性和韧性原料。操作时，刀刃由原料一侧进刀，把原片切成较大片状，这是一种比较细致的刀工技术。

3. 斜刀法

斜刀法是刀面与原料或案板成小于 90 度的一种刀法，有以下两种。

（1）斜刀片　也称斜刀拉片，是将刀倾斜，刀刃向左片进原料后即向左下方运动，直到原料断开的一种刀法。适宜于加工无骨的韧性原料，如虾片、鱼片、鸡片等。

（2）反刀片　将刀身倾斜，刀背向里，刀刃向外，刀刃片进原料后由里向外运动的刀法。这种刀法通常适用于加工烧烤的原料，如烤火鸡、烤羊腿、烤牛外脊等。

4. 其他刀法

西餐刀工工艺中使用的其他刀法还有拍、削、旋、剜等。

（1）拍　西餐刀工工艺中的一种独特刀法，其用具是拍刀，也有的用木制或铝制的榔头，是为了将较厚的段、片状肉类原料拍薄、拍松。根据具体手法不同，又有直拍、拉拍、推拍之分。主要用来加工肉类原料。

（2）削　将原料捏在手里加工原料的一种刀法，适用于对根茎和瓜果类蔬菜的去皮，如胡萝卜、土豆、黄瓜等。削有两种方法，一种是左手持原料，右手持刀，对准需削的部位，向里或向外削之，削时要用拇指和食指，抵住原料，掌握削皮的厚度。还有一种传统的削法，主要用来削土豆，也可削水果。具体方法是：左手持原料，右手持刀先将原料两端削去，然后左手拇指执原料下端，食指执上端，中指、无名指拢在原料外侧，捏住原料，这时右手持刀由原料上端靠里侧一面挨外皮进刀，向斜下方削去，每削一刀，中指和无名指将原料向逆刀方向拨动一次，这样一刀压一刀地削之，两手密切配合，操作自如，节奏和谐，将原料削成所需的形状，如鼓形、梨形、球形等。

（3）旋　手上操作的去皮方法，作用与削相同，但方法有异，原料去掉外皮后的形状也不一样。削的皮一般较碎，而旋下的皮堆放多为圆状，伸开则为长条，主要适用于水果及茄果原料。具体方法是，左手执原料，右手执刀，在原料上端里侧进刀，向左运动，右手执的原料配合向右转动，协调直到将皮旋光。

（4）剜　刀法有三种：一种是将原料的内瓤剜出成空壳，便于填入馅心，如鲜番茄、嫩西葫芦等；另一种是取出凹原料内的肉，如文蛤、海螺等；还有一种是用特殊的工具（带刃的圆勺），在体大的瓜果蔬菜上剜下圆球，作为佐食肉类的配菜，如萝卜球、哈密瓜球、冬瓜球等。

二、蔬菜类原料的切割

蔬菜含水分较多，质地脆嫩，便于切配加工。蔬菜加工的刀法主要是削和直刀切。加工成的形状有块、段、条、片、丝、粒及圆形、腰鼓形、橄榄形等。

（一）叶菜类的切割

蔬菜的叶片很薄，水分充足，非常容易切割。西餐常用的叶菜有卷心菜、菠菜、生菜、苋菜等。叶菜类切割后的形状主要有以下几种。

（1）丝　术语是 Chiffonade，常用来制作"法式蔬菜沙拉"，要求切得很细。

（2）片　术语是 Minestrone，约2厘米见方，"意大利杂菜汤"里的蔬菜形状就是如此。

（3）随意的形状　小型的叶菜做配菜时，往往只去掉叶柄即可。另外在制作沙拉时，国外流行不用刀切生菜，而是用手随意撕成小片，因刀切的生菜切口处易氧化变色，并有金属气味。

（二）根茎类蔬菜的切割

在西餐中根茎类蔬菜的加工最复杂，技术要求高，工作量也最大。常用的根茎类蔬菜有土豆、胡萝卜、萝卜、红菜头、芦笋、茎用莴苣等。

按照西餐中的传统加工方法，被切割后的原料有以下几种形状。

（1）粒　为四方形的小丁，主要用来装饰菜肴，术语为 Brunoise。

（2）丁　分两种，一种较小一些，约1厘米见方，如配菜中的蔬菜丁，术语为 Jardiniere；一种较大一些，约1.5厘米见方，如什锦蔬菜沙拉中的丁，术语为 Macedonian。它们都是正立方体。

（3）丝　较细，约5厘米长。蔬菜丝的术语是 Vegetable Julienne；土豆丝的术语是 Straw Potato，略粗一些的丝的术语是 Matchstick Potatoes。

（4）条　指截面为正方形的长条，按照原料和粗细、长短不同，有不同要求和术语：Vegetable Sticks，指的是蔬菜条的总称，约5厘米长；Potato Mignonnetts，指的是较小的土豆条，3～4厘米长；French Fries，指的是法式土豆条。

（5）片　片分薄片、厚片。

西餐中传统的蔬菜片形有：

① Potato Chips 指的是切得很薄的炸薯片。

② Potato Savoy Style 指的是较厚的、用香草煎熟的土豆片。

③ Souffle Potatoes 指的是先将土豆切成正方体后，再切成片的土豆，比薄土豆片要厚一些。加工这种土豆片时，要选择粉质、水分多些的土豆来加工，以便在深油炸时，内部容易充气而较大的膨胀起来，像枕头一样。

④ Vegetable Matignon 指的是小块的像眼形的蔬菜片。

（6）块　蔬菜原料加工成形的块主要有方块、滚料块。传统的成形原料及术语有 Potatoes Xaxim 和 Mirepoix，前者指土豆方块，后者是滚料块。

（7）腰鼓形土豆　腰鼓形土豆分大小两种，大的叫 Potatoes Fondante，即方墩土豆；小的叫 Potatoes Chateau，即粗橄榄形土豆，这种土豆加工难度较大，用削的刀工技法，要求大小一致，表面光滑。

（8）橄榄形土豆　这种形状与腰鼓形土豆的加工方法相似，其形状较小，胡萝卜等其他肉质较厚的蔬菜也可以加工成这种形状。

（9）坚果形土豆　这种形状也较难加工，它的形态如坚果的果实，近似圆形。

（10）球形土豆　它是用特殊的金属球刀将土豆挖成一个个小圆球。由于使用特殊的挖球工具，所以加工起来很方便，且大小一致。

除了以上介绍的几种常见的蔬菜形状外，随着许多特殊的小工具的出现，蔬菜加工成的形状不断多样化，如弹簧形的、锯齿形的、华夫饼形的等。

三、肉类原料的切割

肉类原料的种类很多，主要有牛肉、羊肉、猪肉、兔肉等，其切割方法大致相同。

（一）肉片、肉丝、肉丁的切割方法

1. 肉片的切割方法

用于切割的肉类部位主要有里脊、外脊和米龙部分。加工时要先去肥油，去骨，去筋，然后沿横断面切片。在西餐菜肴中大片的原料用量较多，一般为10厘米 ×6厘米 ×1厘米大小的片。常用的切割方法是直刀切或推拉刀切，如果肉质较老，可以肉鎚轻拍，使其成形。

2. 肉丝的切割方法

肉丝的切割主要使用臀部肉质，细嫩而纤维较长。因为西餐进餐主要运用刀叉工具，肉丝切割时不要太短、太细、太碎。一般规格为10厘米 ×0.5厘

米 ×0.5 厘米。常用推切、拉切等方法。

3. 肉丁的切割方法

一般用不带筋、骨和油的瘦肉加工，如牛里脊、牛外脊等。一般规格为2 厘米 ×2 厘米 ×2 厘米。

（二）肉扒、肉排的切割方法

1. 肉扒的切割方法

在西餐中，肉扒是主要的菜式之一。

（1）常用里脊扒的切割　将里脊或外脊去肥油、去筋，再去掉不用的头尾，把肉放在砧板上切成 2 ~ 3.5 厘米（因里脊、外脊部位不同）长的肉块，将横断面朝上，用手按平，再用肉鎚或拍刀拍成 1.2 ~ 1.5 厘米的饼形，用刀将肉的四周收拢整齐。

（2）特殊牛扒的切割　将肥嫩的牛外脊去骨、去筋，用棉绳每隔 2 厘米捆一道，依次捆好。将捆好的牛扒放入温度为 180 ~ 220℃的烤箱中，根据客人的要求，烤制成不同的成熟度，然后取出，滤去油、血水，去掉绳子，用推刀法切割成 0.7 ~ 1 厘米厚的扒。

2. 肉排的切割方法

排是指牛、羊或猪的脊背部分，因各地称法不同，有时将不带骨的也统称为排。

（1）带骨牛排的切割　带骨牛排是牛脊背部位于腹部肋骨处的外脊部位。其加工方法是将牛肋骨条骨选其中七根最长的肋骨用锯横断面锯掉 2/3，然后去掉肥油，沿外侧用刀将肉与脊骨分开（以免损坏外脊），再用锯紧贴肋条骨从一端锯到另一端，使肋骨与外脊分开，在肋骨的内侧去掉筋骨的筋皮，最后在肋骨断面的外侧 1/3 处，用剔刀剔去肋骨间的连接部分，使肋骨充分露出，再剔净残肉，使其光滑整洁。

用时用刀在两肋骨间切断，加入调料，再放入油中浸泡即可。

（2）羊排的切割　羊排即羊的脊背部分，俗称羊马鞍。这部分的肉质是羊的最好部位，肉质鲜嫩。羊排也分为带骨的和不带骨的。

① 带骨羊排的切割：切割时，先将羊的前腿和后腿按照部位分割下来，留下中间的部位即是羊马鞍。再用锯从羊脊骨的前端直至最后一根肋骨处横断面锯掉，成两半；然后取其中一半去掉表面筋皮，从脊骨往下留 15 厘米长，其余部分去掉；最后从肋骨外侧 1/3 处，用剔骨刀剔掉肋骨间的连接部分，使肋骨充分露出，剔净残肉，使其光滑整洁。加工好的羊排可整条烤制，或用刀在两肋骨中间切开剁断，逐块单独煎制。

② 不带骨羊排的切割：选择羊的后背部，用剔骨刀紧贴脊骨左、右两

外侧下刀切开，沿脊骨向下将外脊背肉与脊骨分开（注意不要损坏里脊肉部分），沿腹部下刀向下延长 7 厘米处横切断，去掉腰窝部分，长短以能包住羊外脊的 2/3 为准。将加工好的整条羊排横切成 2 厘米厚的墩状，即成不带骨的羊排。

第五节　整理成形工艺

西餐中整理成形工艺是指根据某些菜肴的风味特点的要求，采取不同的手法，将原料加工成特定的形状的过程。

一、捆

捆即捆扎，用食用线绳将原料捆扎整齐，以符合菜肴的特定要求，采用这种技法，大多是整只的畜类、鱼类，以及块大、质薄且不规则的肉类部位，还有大片肉类中间需要裹入馅料的情况。捆扎的目的主要是固定原料的原有形状，防止烹制时受热变形；而且使原料质地变得紧密或裹住馅料等。

（一）烤牛排的捆扎工艺

在室温下把牛肉块（重量必须超过 2 千克）放置一段时间，摘除牛肉上多余的脂肪和筋。

① 用食用线打一绳结将肉捆扎固定。

② 在肉的一端打上绳结。

③ 将绳抽起收紧肉块，每隔约 5 厘米重复打一绳结。

④ 将绳穿到肉块的下面，在每个交叉点处打结以将其扎实，将绳带回第一个结处扎实。

（二）鸡的捆扎工艺

① 放绳于鸡身下面。

② 交叉将鸡腿扎实。

③ 将绳穿过鸡腿，绳稍稍收紧。

④ 将绳绕过鸡腿将鸡翅压住，两绳绕到鸡背，在后背的位置打结，将整只鸡扎实。

二、卷

卷有多种方法。其基本程序是将片状原料上放置不同馅心，卷成不同形状的卷。根据成品的特点，卷的形状取决于馅心的形状，即馅料为圆柱，成品为圆柱形；馅料为橄榄形，成品为橄榄形；馅料为茄形，成品也为茄形。具体方法大致有顺卷和叠卷两种。

顺卷就是卷裹时，由右向左顺一个方向卷起的操作方法。即将加工成薄片的原料上面放上馅料，以分刀前半部铲挑着向左方向卷动，使原料将馅料卷裹严密，并成为特定的形状，如黄油鸡卷、鲜蘑猪排卷等。

叠卷就是将馅料放在片状原料上，将其从左右叠起，再由里向外卷起，成枕头形状的卷即成，如白菜卷、法式牛肉卷、煎饼卷等。

三、填

填即填馅，是将原料掏去瓤成空"壳"状或者剔割成袋状，然后将调剂好的馅料，填入壳或袋中，再进行加热烹制的一种方法。这种技法前者适用于蔬菜类，后者适用于畜禽类。前者为"壳"，如填馅青椒、填馅番茄及填馅西葫芦等；后者为"袋"，如填馅鸡、填馅鸭、填馅羊胸、填馅仔牛脯等。

四、穿

穿就是穿串，即将加工腌渍的块、片、段及小型整只原料，逐一穿在金属或其他扦子上，使之成串的一种成形方法。穿串的要求是：上下两面必须平整便于均匀的受热着色，使成品美观，如羊肉串、里脊串、整条鱼串及整只鸡肉串等。

五、裹皮

原料裹皮也叫挂皮、沾皮，即原料经过加工处理或初步整形后，在烹调前在其表面拍或拖、沾上一层物料（如干面粉、鸡蛋汁、面糊、面包屑等）的工艺过程。它是某些成品的特定要求，也是西餐工艺中的一种传统技法。这种技法的适用范围较为广泛，在煎或炸等烹调方法中，韧性原料大部分都要经过这道工序（部分蔬菜也有裹皮）。因此，原料挂皮是西餐工艺中的重要内容之一，是原料加工的最后操作程序，它对成品的色、香、味、形等各方面均有很大的影响。原料裹皮一般有裹干面粉、裹蛋糊、裹鲜面包屑、裹面糊、裹奶油沙司和干面包粉等。

1. 简述牛尾的加工方法。
2. 鹅肝怎样加工?
3. 解冻有哪些方法?
4. 怎样加工猪排?
5. 怎样加工牛排?

第五章

西餐制汤工艺

本章内容： 基础汤及高汤制作工艺

　　　　　　 开胃汤制作工艺

教学时间： 4 课时

训练目的： 让学生了解基础汤、高汤的加工方法、开胃汤的制作。

教学方式： 由教师讲述西餐汤的相关知识，示范吊汤。

教学要求： 1. 让学生了解西餐汤相关的概念。

　　　　　　 2. 掌握西餐汤的分类方法和生产原理。

　　　　　　 3. 熟悉各类汤的特点。

　　　　　　 4. 掌握汤的制作方法。

课前准备： 准备原料，示范操作，掌握其特点。

第一节　基础汤及高汤制作工艺

一、基础汤概述

西餐中的各种汤菜、沙司、热菜制作一般都离不开用牛肉、鸡肉、鱼肉等调制的汤，这种汤被称为基础汤，又称原汤。广州、香港一带习惯上称"底汤"。法国烹调大师爱斯克菲尔（Escoffier）曾说过："烹调中，基础汤意味着一切，没有它将一事无成。"

基础汤是将富含各种蛋白质、矿物质、胶质物的动物性原料或蔬菜，放入冷水锅中经过较长时间熬煮，使原料内部所含营养物质及其自身的味道最大限度地溶入水中，成为营养丰富、滋味鲜醇、风味独特的汁液。

基础汤的用途非常广泛，除其本身加调味品和辅助原料后可直接制作开胃汤食用外，绝大多数菜肴的沙司都需要用它来辅助。因此，基础汤是制作各种菜肴的关键。

二、基础汤的种类

（一）制作基础汤的原料

通常，制作基础汤的原料有以下五种。

1. 肉和骨头

制作基础汤的肉和骨头有牛肉、牛骨、小牛骨、鸡骨和鱼骨，偶尔也用羊骨、猪骨、火腿等原料。不同种类的肉和骨头可以熬制不同特色的基础汤，如白色基础汤是以牛骨、小牛骨或者以牛骨和小牛骨混合制作而成；棕色基础汤是将牛骨、小牛骨置入烤盘中烘烤至浅褐色，然后煮制而成；鸡肉基础汤由鸡骨头煮成；鱼基础汤是以鱼骨和鱼肉切片后剩下的边角料为原料制作而成，质量最高的鱼汤使用脂肪较少的白色鱼为原料煮制而成。

2. 调味蔬菜

蔬菜为各种西餐烹调的基本调味原料，也是基础汤鲜味成分的第二大重要来源。不仅可以用来增加基础汤的鲜味，而且也为沙司、汤类、肉类、家禽类、鱼类和蔬菜等各种菜肴增加鲜味。在熬制白色基础汤时，则将胡萝卜去掉，改用相同数量的鲜蘑可使基础汤无色透明。值得注意的是，若煮汤的时间较长，如煮制牛肉基础汤所需要的蔬菜就要切成大块；若用于制作鱼基础汤时，为了利于蔬菜在短时间内释放香味，将蔬菜切成小块是十分必要的。通常所用调味蔬菜的百分比如表5-1所示。

表5-1　调味蔬菜百分比

原　料	百分比（％）
洋　葱	50
芹　菜	25
胡萝卜	25

3．调味料和香料

制作基础汤常用的调味料和香料有盐、胡椒、芹菜、香叶、丁香、百里香、香菜梗等。煮制基础汤通常不加盐。如果在制汤时加盐，高汤可能会变得很混浊。香料通常被包在香料袋里，用细绳捆好，将香料袋放在基础汤中，以便随时取出。调味料和香料应以少量使用为佳。

4．酸类物质

制作基础汤常用的酸类物质有番茄、葡萄酒等。酸类物质可以分解动物原料的结缔组织，有利于提取骨头中的鲜味成分。番茄可以增加棕色基础汤的鲜味成分和酸味成分。当煮制棕色基础汤时，不要加入过多的番茄，因为加入过多的番茄会使汤体变得混浊。由于番茄会使汤体变色，所以不作为白色高汤的制汤原料。在煮制鱼基础汤时加入一些葡萄酒，葡萄酒更能增加鱼汤的鲜味。

5．水

水是制作基础汤不可缺少的内容，水的数量通常是骨头的3倍。

（二）基础汤的种类和特点

1．牛基础汤

牛基础汤（Beef Stock）是以牛肉、牛骨为汤料煮制而成的。由于煮制方法不同牛基础汤又分白色基础汤和棕色基础汤两种。

白色基础汤（White Stock），又称怀特基础汤（音译），由牛骨、小牛骨或牛肉配以蔬菜香料和调味品加上冷水用大火烧沸，转为小火炖制成的。其特点是清澈透明，汤鲜味醇，香味浓郁，无浮沫。牛骨与水的比例为1∶3，如果用于高档宴会，原料与水的比例可以是1∶2，如果是便餐，比例甚至可以降到1∶5。但是原料的比例也不宜太小，否则汤就失去了鲜味，从而影响了菜肴的质量。煮制时间为6～8小时，过滤后即成。主要用于白色汤、白沙司等菜肴制作。

棕色基础汤（Brown Stock），也称为红色基础汤或布朗基础汤，它使用的原料与白色基础汤原料基本相同，只是先需要将牛骨和蔬菜香料烤成棕色，然后加上适量的番茄酱或剁碎的番茄调色。其特点是颜色为浅棕色微带红色，浓香鲜美，略带酸味。原料与水的比例为 1 ∶ 3，煮 6 ~ 8 小时，过滤后即成。棕红基础汤中最常见的是牛布朗基础汤，此外还有鸡布朗基础汤、鸭布朗基础汤、猪布朗基础汤、虾布朗基础汤等。主要用于制作畜禽类菜肴、肉汁等。

2. 鸡基础汤

鸡基础汤（Chicken Stock）由鸡骨、蔬菜、调味品制成。它的特点是微黄、清澈、鲜香。制作方法与白色基础汤相同，鸡骨与水的比例为 1 ∶ 3，炖制 2 ~ 4 小时。制作鸡基础汤时可放些鲜蘑，替代胡萝卜，以使鸡基础汤的色泽更加完美和增加鲜味。

3. 鱼基础汤

鱼基础汤（Fish Stock）由鱼骨、鱼边角料或碎肉（或有壳的海鲜类）、调味蔬菜、水等熬煮而成的液体。它的特点是无色，有鱼肉的鲜味。制作方法与白色基础汤相同，制作时间约 1 小时。在制作鱼基础汤时，可以加上适量的白葡萄酒（或柠檬汁）和鲜蘑能去其腥味，增加鲜味。

4. 蔬菜基础汤

蔬菜基础汤（Vegetable Stock）又称清菜汤，是未使用动物性食品原料熬制而成的基础汤。有白色蔬菜基础汤和红色蔬菜基础汤之分，其用途广泛，主要用于蔬菜、鱼类及海鲜菜肴的制作。

基础汤原料用量比例如表 5-2 所示。

表 5-2　基础汤原料用量比例

	白色基础汤	棕色基础汤	鸡基础汤	鱼基础汤	蔬菜基础汤
肉和骨头	2.5 ~ 3 千克	2.5 ~ 3 千克	2 ~ 3 千克	2 ~ 3 千克	—
调味蔬菜	500 克	500 克	500 克	500 克	500 克
水	5 ~ 6 千克	5 ~ 6 千克	5 ~ 6 千克	4 千克	4 千克
酸类物质	—	250 克		250 克	
调味香料	1 包	1 包	1 包	1 包	1 包
成品	4 千克	4 千克	4 千克	4 千克	4 千克

三、基础汤的制作案例

1. 白色基础汤

原料：牛骨 5 千克，瘦牛肉 2 千克，清水 15 千克，葱头 350 克，胡萝卜 350 克，芹菜 200 克，香叶 2 克，胡椒粒 2 克，百里香 1 克。

工具或设备：汤锅、汤筛。

制作过程：

① 把牛骨、牛肉切成块洗净，放入汤锅内，加入冷水煮开。

② 将芹菜洗净，切成段；将胡萝卜切成滚刀块；洋葱切成片备用。

③ 烧开后撇去浮沫，将所有辅料放入。

④ 小火煮至 4 小时以上，并不断撇去浮沫和油脂。

⑤ 将原料捞出，用汤筛过滤即可。

质量标准：色泽淡黄，清澈透明。

2. 布朗基础汤

原料：牛骨 5 千克，小牛骨 2.5 千克，水 8 千克，洋葱 800 克，胡萝卜 500 克，番茄酱 1 千克，黑胡椒粒 5 克，百里香 3 克，香叶 3 片，丁香 2 粒。

工具或设备：汤锅、汤筛。

制作过程：

① 牛骨剁或剁锯成段洗净，放入烤盘后入 200℃烤箱烘烤，定时翻动，烤成浅褐色。

② 将洋葱切成块，胡萝卜切块。

③ 将所有原料放入烤盘，烤至浅棕色取出。

④ 将烤好的牛骨放入汤锅中，加入冷水，大火煮沸，撇去浮沫后将所有烤好的原料放入。

⑤ 煮 6 ~ 8 小时，经过滤即成。

质量标准：色泽棕黄，清澈透明。

3. 鸡基础汤

原料：鸡骨 5 千克，清水 15 千克，葱头 350 克，芹菜 200 克，香叶 2 克，胡椒粒 2 克，百里香 1 克。

工具或设备：汤锅、汤筛。

制作过程：

① 把鸡骨切成块洗净，蔬菜洗净切块。

② 把鸡骨和其他原料放入汤桶内，加入冷水，用旺火煮沸后改用微火煮 4 小时，并不断撇去汤中的浮沫及浮油，然后用纱布过滤即好。

质量标准：色泽微黄，清澈透明。

4. 鱼基础汤

原料：鱼骨 5 千克，水 15 千克，洋葱 350 克，芹菜 200 克，番芫荽 5 克，香叶 2 克，黑胡椒 5 克，莳萝 1 克。

工具或设备：汤锅、汤筛。

制作过程：

① 把鱼骨切成段，洋葱切成块，芹菜、番芫荽块切段。

② 煎锅内放橄榄油烧热，放入葱头片、鱼骨及其他原料，加盖，用小火煎5分钟左右，但不要将鱼骨等煎上色。

③ 把鱼骨及辅料放入汤锅内，加入冷水，用旺火煮开5分钟，再用微火煮30～45分钟，并不断撇去汤中的浮沫，用纱布过滤即好。

质量标准：色泽淡白，清澈透明。

5. 蔬菜基础汤

原料：葱头250克，芹菜100克，黑胡椒粒6粒，香叶1片，番芫荽梗10克，柠檬汁5克，冷水1500克。

工具或设备：汤锅、汤筛。

制作过程：

将蔬菜切片，同其他材料一起放入冷水中，煮开。改微火煮30～45分钟即可。制作蔬菜基础汤时，还可加鲜番茄丁或番茄酱，也可用白醋、醋或干白葡萄酒替代柠檬汁。

质量标准：色泽淡黄，清澈透明。

四、高汤的制作案例

1. 牛肉高汤

原料：牛基础汤1500克，洋葱60克，胡萝卜30克，芹菜30克，鸡蛋2个，瘦牛肉末300克，香叶1片。

工具与设备：汤锅、汤筛。

制作过程：

① 将牛肉末、洋葱碎、胡萝卜片、芹菜段与鸡蛋清搅拌均匀，充分混合。

② 取汤锅一只，倒入牛基础汤，将搅拌均匀的牛肉末等倒入汤中。汤锅上火慢慢加热放入香叶，并不断搅动，以防黏底。不要让汤体沸腾，待其将沸时停止搅动。

③ 当肉蓉和鸡蛋的混合物渐渐凝固上浮至汤的表面时，转小火保持炖的状态，使其不断吸附汤中的悬浮颗粒。

④ 撇去表面的浮渣，将汤体过滤一遍。在撇去汤体表面浮渣之前，向汤体中加入少量冷水，使汤体停止煮制，并使更多的脂肪和杂质浮上汤面。

⑤ 汤体冷却后若不立即使用，可将汤体放入密闭的容器中进行冷藏。

质量标准：汤汁清澈透明，香味浓郁，滋味醇厚，胶质丰富，无油迹。

2. 其他高汤

按照以上烹饪方法可以制作鱼高汤、鸡高汤、猪肉高汤、火腿高汤、白色小羊骨高汤和各种野味高汤等，使用相应的基础汤替换牛基础汤。

第二节　开胃汤制作工艺

一、开胃汤概述

在西方人的饮食习惯中，西餐有餐前开胃的步骤，其道理在于利用汤菜来调动食欲，润滑食道，为进餐做好准备，因此这类汤常常被称为开胃汤。从这个角度看，汤似乎已成各国饮食文化的一个典型代表。难怪法国人说："餐桌上是离不开汤的，菜肴再多，没有汤犹如餐桌上没有女主人。"

西餐中的开胃汤英文为 Soup or Broth，法文为 Potage，通常以原汤为主要原料配以海鲜、肉类或蔬菜等，经过调味，盛装在汤盅或汤盘里。通常在菜单中如有开胃小菜，开胃汤作第二道菜，否则是第一道菜。

二、开胃汤的种类

西餐开胃汤的种类较多，分类方法也各不相同。在一般情况下，西餐开胃汤可分为清汤、浓汤、特殊汤和各国传统汤。

（一）清汤

清汤，法式称为 Consomme，英式称为 Broth，有各种味道，分为牛肉清汤、鸡肉清汤、鱼肉清汤等。通常是在西餐高汤的基础上，经过调味，添加或不添加配料制作而成的清澈见底的汤菜。

（二）浓汤

浓汤（Thick Soup）分为奶油汤（忌廉汤 Cream Soup）、菜蓉汤（Puree Soup）、虾贝浓汤（Bisques）和杂烩浓汤（美式称 Chowders，法式称 Potage）。

（三）特殊汤

特殊汤（Special Soup）是要专门准备的汤类，如花生汤（Peanut Soup）、甲鱼汤（Clear Turtle Soups）、水果冷汤（Cold Fruits Soup）等。

（四）各国传统汤

各国传统汤（Traditional Soup）主要指各个国家传统的特色汤，如俄罗斯的罗宋汤（Russian Bosch）、法国的洋葱汤（French Onion Soup）、西班牙的酸辣冷汤（Sour and Hot Cold Soup）、意大利的通心粉蔬菜汤（Italian Macaroni and

Vegetable Soup）等。

三、开胃汤的制作案例

（一）清汤

"Consomme"是指"特制清汤"，是在前面介绍的各种 Stock 的基础之上，加上鸡蛋清、蔬菜香料和冰块，用低温炖制 2 ~ 3 小时，过滤而成，汤色清澈透明、口味鲜美香醇，如在此之上，加上调味料调味，名称就变为"Bouillon"。

制作清汤利用了蛋白质热变性的原理。第一步把瘦肉、蛋清等加水搅匀放置 1 小时，是为了使蛋白质溶于水中。当把瘦肉、蛋清等加入基础汤内后，用木铲搅动，可以使蛋白质和汤液充分接触，当加热后蛋白质变性、凝固的同时，也把汤液中的其他的悬浮物凝固在一起，通过过滤使汤液更加清澈了。

牛肉清汤、鸡肉清汤、鱼肉清汤是基本的汤，在此基础上，加上不同的汤料就可以制成许多清汤品种。但各种汤料的调配也不能随心所欲，因为清汤本身具有清澈、鲜美、清淡的特点，因此，选择汤料时要能保持或突出清汤本身这一特点。

1. 菜丝清汤（Consomme of Vegetables，美式，5 人份）

原料：牛清汤 1000 克，胡萝卜 40 克，白萝卜 50 克，芹菜 50 克，洋白菜 50 克，盐 3 克。

工具或设备：汤锅、汤匙、漏勺。

制作过程：

① 把各种汤料切成丝，用沸水烫一下，再用清水冲凉，控净水分。

② 把烫好的菜丝放入清汤内，上火开透，调入盐即可。

质量标准：色泽浅褐，清澈透明。

2. 牛尾清汤（Consomme Ox-tail，法式，5 人份）

原料：牛清汤 1000 克，熟牛尾肉 500 克，胡萝卜 40 克，白萝卜 50 克，罐装青豆 50 克，洋葱 75 克，盐 3 克，白胡椒粉 0.5 克，黄油 50 克，马德拉葡萄酒 50 克。

工具或设备：汤锅、汤匙、漏铲。

制作过程：

① 将熟牛尾出骨，切成 3 厘米长的段。

② 胡萝卜、白萝卜切花片，用水汆熟；洋葱切片用黄油炒黄。

③ 将熟牛尾肉、胡萝卜、白萝卜、洋葱、罐装青豆等放入汤盘内，再把滤好的清汤放入汤锅内用大火烧开，加葡萄酒、盐、胡椒粉调味，盛入汤盘内即成。

质量标准：色泽浅褐，热鲜而香。

（二）浓汤（Thick Soup）

浓汤是不透明的液体，稠度与羹相似。其主要构成有基础汤、稠化剂、配料和调料四个部分。

基础汤主要为牛基础汤、鸡基础汤、鱼基础汤和蔬菜基础汤等。在制汤过程中，通常讲究不同的基础汤与不同的配料相配，如海鲜汤常与鱼基础汤相配，素汤常用蔬菜基础汤相溶。

稠化剂是用来使汤汁变稠的辅料。通常使用油面酱（Roux）、黄油面粉糊（Beurre Manie）等。油面酱（Roux）是用油（通常是黄油）和等量面粉低温炒制而成的糊状物；而黄油面粉糊（Beurre Manie）通常是由等量的黄油与生面粉搅拌而成。两者都可以使汤汁变稠，但后者主要用于发现汤汁稠度不够时，加上少许黄油面粉糊以调剂稠度，增加光泽。

配料的不同能变化出很多汤的种类。以奶油汤为例，鲜蘑奶油汤以鲜蘑为配料；芦笋奶油汤以芦笋为配料；奶油龙虾汤以龙虾为配料等。

调料的使用也能使开胃汤增色无限。盐、胡椒粉、柠檬汁、雪莉酒、马德拉酒等是制汤的常用调味品。

1. 奶油汤

制作奶油汤（忌廉汤，Cream Soup）现在流行两种方法：一种是"热打法"，是传统的制作方法；一种是"温打法"，是现代派的制作方法。制作奶油汤主要是利用脂肪的乳化与淀粉的糊化等现象。本来，水与油是不相溶的，可奶油汤从外观上看，牛奶、清汤、油与面粉却完全融为一体，这是因为在制作奶油汤的过程中，上述物质受到机械的搅拌，使水与面粉及油脂均匀地分散开，从而形成水包油的乳化态。与此同时，面粉中的淀粉受热发生糊化，成黏稠状态，从而使油、水均匀分散的现象稳定下来，使奶油汤成乳化状态。

（1）奶油汤热打法（3人份）

原料：牛奶500克，基础汤1000克，鲜奶油50克，油面酱25克，盐3克。

工具或设备：汤锅、打蛋器。

制作过程：

① 油面酱趁热冲入滚沸的牛奶。

② 把牛奶和油面酱慢慢搅打均匀，用力搅打至汤与油面酱完全溶为一体，表面洁白光亮，手感有劲时再逐渐加入其余的牛奶及基础汤，再次用力搅打均匀。

③ 然后加上盐、鲜奶油，煮透即可。

质量标准：色泽洁白，味道鲜香。

（2）奶油汤温打法（3人份）

原料：油面酱25克，清汤1000克，牛奶500克，鲜奶油50克，胡萝卜10克，葱头25克，香叶1片，丁香2粒，盐3克。

工具或设备：汤锅、打蛋器。

制作过程：

① 在油面酱内放切碎的胡萝卜、葱头及香叶、丁香。

② 逐渐加入温的清汤，用打蛋器搅打均匀，沸后用微火煮30分钟至汤液黏稠，然后过滤。

③ 过滤后再放入牛奶、鲜奶油、盐调味，再沸即可。

质量标准：色泽乳白，富有光泽，口感浓滑细腻。

总之，在制作好的奶油汤的基础上，加上各种配料就衍变成各种汤。

2. 菜蓉汤

菜蓉汤（Puree Soup）中的"Puree"常指菜泥，是将含有淀粉质的蔬菜（土豆、胡萝卜、豌豆、南瓜等）放入原汤中煮熟，然后将蔬菜放在粉碎机中绞成泥，再与原汤一起烧开、过滤、调味、放装饰品而成，该汤常具有蔬菜的本色。如青豆蓉汤颜色为绿色，南瓜浓汤（Puree Pumpkin）颜色为橙色等。

（1）青豆蓉汤（Pureed Green Pea Soup，德式，5人份）

原料：牛肉清汤1500克，牛奶1000克，鲜青豆750克，烤面包丁100克，番芫荽50克，鲜薄荷叶适量，油面酱50克，葱头末25克，黄油50克，奶油、盐、胡椒粉各适量。

工具或设备：汤锅、搅拌机。

制作过程：

① 用黄油把葱头末炒香，放入青豆稍炒，加入部分清汤，放入鲜薄荷叶、番芫荽，沸后用微火把青豆煮烂，然后岛碎压成成青豆蓉。

② 把油面酱上火加热，逐渐加入牛奶和清汤及青豆蓉搅打均匀，煮透，调入盐和胡椒粉，用箩或纱布过滤。

③ 把汤盛入盘内撒上面包丁，浇上奶油即成。

质量标准：色泽青绿，口味浓香。

（2）南瓜浓汤（Pumpkin Soup，美式，10人份）

原料：南瓜1000克，洋葱100克，面粉50克，盐3克，炸面包丁50克，牛奶500克，黄油100克，牛肉清汤3000克。

工具或设备：汤锅、搅拌机。

制作过程：

① 南瓜去皮去籽。其中的750克切成丁，其余的切成块，再分别加水，用中火煮熟后捞出，将南瓜块的水分滤干，用搅拌机搅成酱，用筛子筛去粗质即

为南瓜酱。

② 洋葱切碎，用少许黄油炒黄。面粉用黄油炒熟后，加牛奶、少量清汤搅拌均匀，煮沸后滤清。

③ 大汤锅内加牛肉清汤烧沸，加碎洋葱、南瓜丁、南瓜酱、油面酱，用中火烧滚，加盐后调味。出锅前将炸面包丁放入，盛入汤盘。

质量标准：色泽淡黄，汤香鲜美。

3. 虾贝浓汤

"Bisques"主要指海鲜汤，是以海鲜（龙虾、海鱼、蟹等）为配料制成的汤。如蚬海鲜汤（Clam Bisques）、龙虾汤（Lobster Bisques）等。

（1）新英格兰蛤蜊浓汤（New England Clam Chowder，5人份）

原料：蛤蜊1罐，咸肉150克，土豆750克，洋葱200克，百里香粉2克，白胡椒粉1克，盐3克，鲜奶油250克，黄油50克，辣椒粉少许，水适量。

工具或设备：汤锅、打蛋器。

制作过程：

① 洋葱切细。土豆切方块。咸肉洗净切片，放入煎锅，加黄油、用中火煎至锅底出现一层薄衣后，将火调小，加洋葱烧约5分钟。当咸肉和洋葱呈淡金黄色时，加少许水和土豆块，用大火烧开，再将锅盖半开，用小火煨约15分钟，直到土豆软而不烂。

② 将罐装的蛤蜊肉和它的汤汁连同鲜奶油和百里香粉放入咸肉锅内，用小火烧至汤快要煮沸时，加适量的盐和胡椒粉调味，然后再加少量的黄油搅拌。

③ 上席时，将汤盛入汤盘，撒上胡椒粉。按传统习惯，另配用盆盛装的饼干数块。

质量标准：味鲜香浓，色泽褐黄。

（2）龙虾汤（Bisque De Homard，法式，10人份）

原料：鱼清汤1500克，大龙虾1只，胡萝卜25克，白萝卜25克，葱头50克，面粉35克，黄油50克，胡椒粒3克，柠檬汁25克，豆蔻粉2克，雪莉酒30克，盐6克，鲜奶油50克，红花粉1克。

工具或设备：汤锅、打蛋器。

制作过程：

① 把龙虾煮沸，切开两边，取肉，切成片。

② 把虾壳拍烂，剁碎，用黄油炒香，放入面粉，稍炒烹入雪莉酒，逐渐冲入鱼汤，搅匀。放入切碎的葱头、胡萝卜、白萝卜、豆蔻粉、胡椒粒，用微火煮1小时，用筛过滤，然后在汤内调入盐、红花粉、柠檬汁。

③ 把龙虾肉放入汤盘内，盛入鱼汤，浇上鲜奶油即成。

质量标准：色泽浅红，虾肉鲜嫩。

4. 杂烩浓汤

美式称"Chowders"，法式称"Potage Chowders"，主要指什锦汤或杂料汤，其制作方法各异，该汤的命名常因汤中的主料名称而变，而且它的配料品种与数量也没具体规定，但无论主料及配料，刀功处理的形状都稍大，这是区别于其他汤的特征之一。

（1）海鲜周打汤（Seafood Chowders，法式，10人份）

原料：鱼清汤3500克，比目鱼200克，平鱼200克，龙虾1只，海鳗200克，蛤蜊200克，葱头15克，大蒜末25克，番茄50克，番芫荽15克，烤面包10片，青蒜25克，黄油50克，红花粉5克，番芫荽5克，百里香5克，盐6克，胡椒粒5克。

工具或设备：汤锅、打蛋器。

制作过程：

① 把各种海鲜经初步加工取出净肉，加水上火煮熟，分放于10个汤盘内，鱼汤留用。

② 把葱头、青蒜切成丝，番茄切丁。蒜末及黄油调匀，抹在面包片上，入炉把蒜末烤香。

③ 用黄油把蒜末、葱丝、胡椒粒炒黄，放入青蒜、番茄、鱼汤及部分煮鱼之汤。沸后调入百里香、红花粉、盐，开透。

④ 把汤浇在海鲜上，放上面包片，撒上番芫荽末即成。

质量标准：色泽浅黄，鲜嫩味美。

（2）蟹肉周打汤（Crab Meat Chowders，法式，5人份）

原料：鱼清汤1500克，鲜奶油50克，面粉25克，红蟹肉300克，洋葱200克，饼干3块，干葱5克，黄油25克，白葡萄酒15克，杂椒粒（红、黄、绿）各少许。

工具或设备：汤锅、打蛋器。

制作过程：

① 将黄油把干葱炒香，放入面粉及鱼清汤煮15分钟。

② 加入白葡萄酒、洋葱、杂椒料及蟹肉再煮5分钟。

③ 最后放入鲜奶油煮2分钟，并将饼干放在汤面即可。

质量标准：色泽乳白，口味鲜香。

（三）特殊汤

特殊汤是要专门准备的汤类。

1. 苏格兰羊肉汤（Scotch Broth，英式，5人份）

原料：羊肉1000克，胡萝卜100克，芹菜100克，洋葱100克，大麦100克，白萝卜100克，青蒜100克，芫荽25克，盐6克，黑胡椒粉3克，冷水3500克。

工具或设备：汤锅、汤匙。

制作过程：

① 将羊肉带骨斩成 6 块，放入汤锅内，加水，用大火烧至沸腾，除去浮沫，加入大麦、黑胡椒粉和盐，煮 1 小时。

② 将胡萝卜、白萝卜、洋葱都切成丁，芹菜、青蒜切断，一起放入汤锅内，再煮 1 小时。

③ 从锅中捞出羊肉，去除羊骨、肥油，切成块，再放入汤锅中烧开，调味后盛入汤盘，撒上碎芫荽即成。

质量标准：肉质酥嫩，香鲜可口。

2. 甲鱼汤（Clear Turtle Soups，英式，5 人份）

原料：甲鱼 1 只，牛肉清汤 1000 克，胡萝卜 50 克，芹菜 50 克，洋葱 50 克，白萝卜 50 克，青蒜 50 克，香叶 2 片，雪莉酒 15 克，盐 6 克，黑胡椒粉 3 克，冷水适量。

工具或设备：汤锅、汤匙。

制作过程：

① 将胡萝卜、白萝卜、洋葱切片，青蒜、芹菜切段。

② 将甲鱼宰杀，用开水烫过，退沙洗净，汆水，放入汤锅，加入水、胡萝卜、白萝卜、洋葱、青蒜、芹菜、香叶等煮熟或蒸熟。

③ 将甲鱼的裙边和肉质拆下，切成块，加入牛肉清汤中，同时加入胡萝卜、白萝卜、洋葱等烧开，加入盐、黑胡椒粉、雪莉酒调味，最后装入汤盘或汤盅里即成。

质量标准：汤热而清，味道鲜醇。

3. 水果冷汤（Cold Fruits Soup，英式，5 人份）

原料：苹果 250 克，梨 250 克，草莓 250 克，香蕉 250 克，白糖 50 克，桂皮 5 克，盐 1 克，玉米粉 15 克，冷水适量。

工具或设备：汤锅、汤匙。

制作过程：

① 将苹果、梨、香蕉等去皮切块，草莓切半。

② 锅中放水加入白糖、桂皮、盐，烧开后放入梨块加热 10 分钟，再加入苹果、草莓、香蕉块，煮沸后加入玉米粉调剂稠度，冷却后放入冰箱。

质量标准：口味清凉，水果软糯。

（四）各国传统汤

各国传统汤类主要指各个国家传统的特色汤。

1. 罗宋汤（Russian Bosch，俄式，10 人份）

原料：卷心菜 1 个，胡萝卜 2 个，土豆 3 个，番茄 4 只，洋葱 2 个，西芹 2

根，牛肉 250 克，紫菜头 1 听，听装番茄酱 1 听，番茄沙司 1 瓶，胡椒粉适量，奶油 100 克，面粉 50 克，黄油 50 克，盐 6 克，糖 5 克，冷水适量。

工具或设备：炒锅、汤锅、汤匙。

制作过程：

① 先将牛肉洗净，切成小块。准备一个汤锅，放水，将牛肉冷水下锅，开大火煮沸，改用小火，用汤匙去浮沫，焖制 3 小时。

② 接着将蔬菜分别洗净，土豆、胡萝卜、番茄去皮，卷心菜切片，土豆切滚刀块，胡萝卜切片，番茄切小块，洋葱切丝，西芹切丁，紫菜头切片备用。

③ 在牛肉汤烧至 3 小时后，取一口大的炒锅，锅烧热后放入黄油，油烧热后先放入土豆块，煸炒到外面熟时放入其他蔬菜，再放入番茄酱和番茄沙司，倒入牛肉汤中，用小火熬制。

④ 将炒锅洗净，擦干，开小火把锅烤干后，把面粉放入锅内，反复炒至面粉发热，颜色微黄就趁热放入汤里，用大汤匙搅匀。熬制 20 分钟左右，放盐和糖调好口味，再放入胡椒粉即可。

质量标准：色泽红亮，口味酸辣。

2. 洋葱汤（French Onion Soup，法式，10 人份）

原料：洋葱 500 克，黄油 50 克，布朗高汤 1000 克，法式面包片 10 片，奶酪粉 50 克，盐 6 克，黑胡椒 1 克，油面酱 15 克。

工具或设备：平底炒锅、汤锅、汤匙、焗盅。

制作过程：

① 洋葱切小片，用厚质、至少 5 厘米深的平底不粘锅炒锅，用大火烧热，放入黄油融化后放入洋葱炒，炒到透明后转中火，然后每 5 分钟搅拌一下，洋葱要熬到红糖的颜色时撒一点盐调味（但是不要加到咸），这时可能每两三分钟就要翻一翻，必要的话火候要转中小火，继续熬到接近琥珀色，此时洋葱味甜无苦味。

② 用一只汤锅热布朗高汤，加入洋葱、黑胡椒和盐，加入油面酱搅拌均匀后，以小火炖 20 分钟。

③ 盛入焗盅里后，可以在汤里放上面包片，撒上奶粉，送入烤箱或焗炉内，直至面包上的奶酪粉融化上色即可。

质量标准：色泽棕黄，味道鲜香。

3. 酸辣冷汤（Cold Soup with Sour and Pepper，西班牙，5 人份）

原料：洋葱 2 个，大蒜头 2 瓣，黄瓜 1 条，青椒 4 个，番茄 5 个，面包 8 片，红椒粉 2 克，醋 50 克，盐 3 克，白胡椒粉 2 克，橄榄油 50 克，黄油 100 克，蒜汁、冷开水各适量。

工具或设备：汤锅、搅拌机。

制作过程：

① 将洋葱、青椒、番茄分别切碎，大蒜头切末，放入搅拌机中打碎，再加入盐、白胡椒粉、红椒粉，一边搅拌一边添加橄榄油，再加入醋及少量冷开水，倒入玻璃碗内，放入冰箱冷藏。

② 面包片烤黄，涂上黄油、蒜汁，配黄瓜片同时与冷汤共食。

质量标准：色泽淡红，酸辣宜人。

4. 通心粉蔬菜汤（Italian Macaroni and Vegetable Soup，意式，5人份）

原料：鸡清汤1500克，土豆150克，青豆100克，番茄50克，葱头50克，芹菜100克，蒜末25克，培根50克，洋白菜50克，胡萝卜50克，通心粉50克，黄油100克，盐6克，胡椒粉2克，奶酪粉50克，鼠尾草3克。

工具或设备：汤锅、打蛋器。

制作过程：

① 把洋白菜及培根切成丝，其他蔬菜料都切成丁。

② 用黄油把蒜末炒香，放入培根、洋白菜、胡萝卜、芹菜、番茄稍炒，冲入鸡清汤后放青豆。用微火把汤料煮烂后放入通心粉、盐、胡椒粉、鼠尾草调味，均匀地把所有汤料盛入汤盘内，撒上奶酪粉即可。

质量标准：色泽浅黄，汤鲜味美。

5. 黑豆汤（Black Bean Soup，美式，6人份）

原料：黑豆500克，咸猪脚爪3只，洋葱100克，芹菜2根，鸡蛋4个，芫荽少许，香叶1片，柠檬6片，黑胡椒粉少许，红醋25克，盐3克，冷水适量，鸡汤1000克。

工具或设备：汤锅、打蛋器。

制作过程：

① 将黑豆、咸猪脚爪洗净，放入大汤锅内，加香叶和切碎的洋葱、芹菜一起放入大汤锅，加水，用大火烧开，撇去浮沫，半开锅盖，再用小火煨3小时，使豆酥烂。然后将脚爪取出（另作他用）。锅内的汤用汤筛滤清，渣弃。

② 再将汤倒入锅内，加黑胡椒粉及盐调味，继续用小火保温。

③ 鸡蛋煮熟，去壳，切成碎块。芫荽切碎，加红醋搅拌，于临吃时加入汤锅内，起锅装汤盘。每盘边上放1片柠檬，汤上再撒一些切碎的芫荽嫩头。

质量标准：汤热，汁鲜，豆酥。

6. 大蒜胡萝卜汤（Leek and Carrot Soup，澳式，5人份）

原料：胡萝卜250克、芹菜150克、大蒜10瓣、芫荽25克、牛奶500克、面粉25克、白胡椒粉少许、盐3克、黄油150克、牛肉清汤1000克。

工具或设备：汤锅、打蛋器。

制作过程：

① 芹菜去叶，切成 3 厘米长的段；胡萝卜切片。

② 煎锅内放黄油，用中火烧热，把芹菜和大蒜放入煸炒 6 分钟左右，加入牛奶、白胡椒粉，精盐，加锅盖煮滚，放入胡萝卜煮约 10 分钟。

③ 连汤带蔬菜过筛擦成泥，弃去蔬菜渣，将汤仍放回原锅，用大火煮沸片刻，加面粉、黄油糊、牛肉清汤并调味搅匀，即可分盛入汤盘，汤面上撒上些芫荽，即成。

质量标准：奶白色，味香，汤浓肥鲜热。

思考题

1. 简述基础汤的概念、种类及其特点。

2. 如何制作常用基础汤？

3. 简述高汤的制作原理和制作程序。

4. 简述奶油汤的制作原理。

5. 简述清汤的制作原理。

6. 浓汤主要由几个部分组成？

第六章

西餐沙司制作工艺

本章内容：西餐沙司概述

西餐沙司及制作案例

教学时间：4 课时

训练目的：让学生了解西餐沙司的概念，掌握西餐沙司的分类方法，熟悉西餐沙司的生产工艺及西餐沙司等的特点。

教学方式：由教师讲述西餐沙司的相关知识。

教学要求：1. 让学生了解相关的概念。

2. 掌握西餐沙司的分类方法和生产工艺。

3. 熟悉各类西餐沙司的特点。

课前准备：准备原料，进行示范演示，掌握其特点。

第一节 西餐沙司概述

一、西餐沙司概述

沙司是英文"Sauce"的音译，在我国北方通常也音译为"少司"。它是指经厨师专门制作的菜点调味汁。许多烹饪原料在烹调过程中都会产生一些汁液，这是菜肴的原汁，不能算作沙司。

在西式厨房中，沙司制作是一项单独的工作，一般由资历较深、经验丰富的厨师专门制作。制作沙司的厨师不仅精通沙司制作，而且也应该通晓西餐菜点的制作过程。这种沙司与菜肴分开进行制作的方法是西餐烹调的一大特点。

二、西餐沙司的分类

沙司的种类很多，在一般情况下可以根据制作菜点的用途来进行分类，主要分为冷菜沙司、热菜沙司和点心沙司等。其中冷菜沙司主要用于调制西餐冷菜，热菜沙司主要用于调制热菜，点心沙司主要用于调制西点等。

三、西餐沙司的组成

（一）冷菜沙司

西餐冷菜沙司往往由植物油、白醋、盐、胡椒粉、辣酱油、番茄酱、辣椒汁等制作的调味汁，以及由它们制作的各种各样的沙拉酱及调味汁组成。

（二）点心沙司

用于制作点心的沙司往往由白糖、黄油、奶油、牛奶、巧克力、水果、蛋黄等制作而成。

（三）热菜沙司

西餐热菜沙司一般由原汤（及牛奶、黄油等）、稠化剂和调味料等三部分组成。

1. 原汤

原汤也称底汤（或基础汤），除了直接用于制作开胃汤之外，主要用于西餐沙司的制作。在制作过程中，不同的原料要跟相应的原汤相配，如牛肉菜肴要用牛肉原汤，鸡肉菜肴要用鸡肉原汤，鱼类菜肴要用鱼肉原汤等。

在制作沙司的过程中，根据不同的沙司种类变化，会使用牛奶、黄油等辅助原料，形成沙司的特色。

2. 稠化剂

通常稠化剂以面粉、玉米粉、土豆粉等配以油脂或水配制而成。在沙司制作过程中（尤其是制作热菜的沙司），由于受热，稠化剂中的淀粉成分发生糊化作用，使原汤或牛奶、黄油等变稠，从而使沙司达到一定的稠度，形成好的质感。

（1）油面酱（Roux）　通常又被称为油炒面粉（Stir-fried-flour），用料有面粉和油脂。面粉宜选用精白面粉，所用油脂有黄油、人造黄油、色拉油等，但以黄油炒制的为佳。面粉与油脂之间的比例有三种：第一，面粉与黄油的比例为1 ∶ 1。这种比例炒成的油面酱，适合西式快餐。第二，面粉与黄油的比例为1 ∶ 0.8，这种比例适合于中高档的开胃汤和比较浓稠的沙司。第三，面粉与黄油的比例为1 ∶ 0.5，适合于普通的沙司制作。油面酱的种类如表6-1所示。

表6-1　油面酱的种类

种类	炒制时间	制作品种
白色油面酱（White Roux）	黄油∶面粉＝1 ∶ 1 烹调时间较短（1 ~ 2分钟），当酱体产生小泡时，马上离火	牛奶白沙司（Bechamel Sauce）
黄色油面酱（Blond Roux）	黄油∶面粉＝1 ∶ 1 烹调时间稍长（2 ~ 3分钟），加热至面粉松散、呈淡淡的浅黄色即可	基本白沙司（Veloute Sauce）
褐色油面酱（Brown Roux）	黄油∶面粉＝4 ∶ 5 烹调时间较长（4 ~ 5分钟），加热至面粉松散、呈浅棕色即可	褐色沙司（Brown Sauce），即布朗沙司

制作时，将面粉过筛，把黄油放入厚底沙司锅，烧融，加上面粉熘匀，再用小火不停地翻搅面粉1 ~ 5分钟，炒好的油面酱不粘铲子（用木铲），呈松散、滑溜状。在制作过程中，应注意酱体升温不宜太高，而且制作浅色沙司或开胃汤时，如奶油沙司、奶油汤等，面粉的颜色应炒得浅些；制作深色沙司或开胃汤时，面粉的颜色应炒得深些。

（2）黄油面粉糊（Beurre Manie）　由等量的黄油和面粉搅拌而成。这种糊常用于制作沙司或开胃汤的最后阶段，当发现沙司或开胃汤的稠度不够理想时，可以使用少量黄油面粉糊，临时急用，增加稠度和光泽。

3. 调味料

西餐调味料种类较多，常见的有盐、胡椒、柠檬汁、番茄酱、辣酱油及各种调味用酒等。

四、西餐沙司的作用

沙司是西餐菜点的重要组成部分，尤其在菜肴中起到举足轻重的作用，主要表现在以下几个方面。

（一）增加菜点的色泽

各种各样的沙司由于制作中使用的原料不同，也使沙司有着不同的颜色，如褐色、红色、白色、黄色等。黄色以蛋黄酱、沙拉酱居多，白色多为水果酱沙司，红色一般为番茄沙司和炸素肉调味汁，茶褐色为西班牙风味和多米尼加风味的沙司。

（二）增加菜点的香味

西餐沙司使用的原料很多，其中有一类为香料，包括新鲜的香草和干制的香料，它们的巧妙运用能增加沙司的香气，从而赋予菜点以诱人的香味。另外，还有西餐烹调用酒的使用也能达到同样的效果。

（三）确定或增加菜点的口味

例如制作各种热菜的沙司都是由不同的基础汤汁制作的，这些汤汁都含有丰富的鲜味物质，同时还能把各种调味品溶于沙司中，使菜肴富有口味。而且大部分沙司都有一定稠度，能均匀地裹在菜肴的表层，这样就能使一些加热时间短、未能充分入味的原料同样富有滋味。一些沙司直接调制的菜其口味就主要由沙司来确定，一些单配的沙司也能给菜肴增加美味。

（四）美化菜点的造型

由于在制作沙司时使用了油脂，所以沙司色泽会显得鲜艳光亮。而且在装盘时沙司浇淋所形成的图案能够平衡它与主料的重心，从而彰显了主料的特点，增加了整体造型的流动感，因此，沙司能使菜肴的造型更加美观。

（五）改善菜点的口感

由于大部分沙司都有一定稠度，可以裹附在菜肴的表层，这就可以使菜肴内部的热量不易散失，还可防止菜肴水分散逸，最重要的是改善了菜点的口感。

五、沙司制作的关键步骤及注意事项

（一）关键步骤

（1）浓缩（Reduce）　以小火长时间浓缩沙司，使味道浓郁，稠度增加，更富有光泽。

（2）去渣（Deglazing）　以清汤或烹调用酒将粘于锅底的原料溶解，此过程使沙司更有风味。

（3）过滤（Straining）　调制出的沙司经过过滤后，才能显示出质地细腻的效果。

（4）调味（Seasoning）　细心、准确的调味能够使沙司增色无限。

（二）注意事项

① 严格按照配方制作沙司，不要随意添加配料和调味料。

② 制作过程中要及时以木匙或打蛋器搅拌，以免糊底。如已经糊底时，则必须换锅制作。

③ 沙司制作结束时，可以加入一些奶油、黄油来增加沙司的光泽。

④ 热菜沙司要及时保温，防止结皮；冷菜沙司要及时冷藏。

第二节　西餐沙司制作案例

一、西餐冷菜的沙司制作案例

一般情况下，西餐冷菜沙司与冷调味汁可以分为三类，即蛋黄酱沙司（Mayonnaise Sauce）、油醋沙司（Worcestershire Sauce）和特别沙司（Special Cold Sauce）。

（一）蛋黄酱沙司

"Mayonnaise"，直译为"蛋黄酱沙司"，但在中国却往往采用音译的方式，而且缘于地区的不同，它的名称译法也略有差别。在上海，人们称之为"色拉油沙司"；在北京、天津，人们称之为"马乃司沙司"；在哈尔滨称之为"麻奈沙司"；在广东、香港却呼其为"沙律汁"。此外，还有"沙拉酱""玛洋耐司"等叫法。下面介绍手工制法，如用量大可用打蛋机搅制。

原料：鸡蛋黄2个，橄榄油250克，芥末膏10克，柠檬汁35克，白胡椒粉2克，白醋5克，盐5克。

工具或设备：陶瓷碗、打蛋器、汤匙。

制作过程：

①把蛋黄放在陶瓷碗中，再放入盐、白胡椒粉和芥末膏；

②用打蛋器把蛋黄搅匀，一边慢慢加入橄榄油，一边用打蛋器不停地搅拌，使蛋黄与油融为一体；

③当搅至黏度大，搅拌吃力时，可加入一些白醋和柠檬汁，这时黏度降低，颜色变浅可继续加橄榄油，直到把油加完，搅匀即成。

质量标准：色泽浅黄或洁白，糊状有光泽，口味酸咸清香，口感绵软细腻。

知识链接

蛋黄酱沙司制作原理

制作蛋黄酱沙司主要利用了脂肪的乳化作用。油与水本身是不相溶的，但通过机械的搅拌可使其均匀分散形成乳油液，但静止后油和水就又分离，如果在乳液中加入乳化剂，就可以使乳液形成相对的稳定状态。

在制作蛋黄酱沙司时，我们用生蛋黄作乳化剂，因为鸡蛋黄本身就是乳化了的脂肪，其中又含有较高的卵磷脂，卵磷脂是一种天然的乳化剂，它的分子结构中既有亲水基又有疏水基。当我们在蛋黄内加油搅拌时，油就形成肉眼看不到的微小油滴，在这些小油滴的表层乳化剂中疏水基与其相对。当沙司很黏稠时，也就是油的比例过高时，就要加入部分水，使油和水的比例重新调整，才可继续加油。

一般存放于5～10℃的室温或0℃以上冷藏。

以蛋黄酱沙司为基础可以衍变出很多沙司，常见的有以下几种。

1. 鞑靼沙司（Tar Tar Sauce）

原料：蛋黄酱沙司250克，煮鸡蛋1只，酸黄瓜50克，番芫荽15克，洋葱25克，盐3克、胡椒粉2克、柠檬汁10克。

工具或设备：陶瓷碗、打蛋器。

制作过程：

把煮鸡蛋、酸黄瓜、洋葱切成小粒，番芫荽切末，然后把所有原料放在一起，搅匀即可。

质量标准：黄里带黑、味香而醇。

说明：用于佐配海鲜、水产品等菜肴。

2. 千岛汁（Thousand Islands Dressing）

原料：蛋黄酱沙司 500 克，番茄沙司 200 克，煮鸡蛋 1 只，酸黄瓜 35 克，洋葱 25 克，番芫荽 15 克，柠檬汁 15 克，胡椒粉 3 克，盐 6 克。

工具或设备：陶瓷碗、打蛋器。

制作过程：

把煮鸡蛋、酸黄瓜、洋葱切碎，番芫荽切末，然后把所有原料放在一起搅均匀即可。

质量标准：粉红色，香甜酸辣。

说明：用于佐配海鲜、水产品等菜肴。

3. 法国汁（French Dressing）

原料：蛋黄酱沙司 250 克，白醋 50 克，法国芥菜 15 克，葱末 15 克，蒜蓉 15 克，辣酱油 5 克，柠檬汁 15 克，盐 3 克，胡椒粉 2 克。

工具或设备：陶瓷碗、打蛋器。

制作过程：

把除蛋黄酱沙司以外的所有原料放在一起搅匀，然后逐渐加入蛋黄酱内，同时用打蛋器搅拌均匀即可。

质量标准：淡白色，味酸微辣。

说明：用于佐配蔬菜、肉类、海鲜、水产品等菜肴。

4. 山歌沙司（Tyrolienne Sauce）

原料：蛋黄酱 250 克，番茄沙司 150 克，辣酱油 15 克，白胡椒粉 3 克，柠檬汁 15 克。

工具或设备：陶瓷碗、打蛋器。

制作过程：

把蛋黄酱、番茄沙司及其他调料放入碗中，搅拌均匀即好。

质量标准：粉红色，味微酸辣。

说明：用于佐配海鲜、水产品等菜肴。

5. 奶酪汁（Cheese Dressing）

原料：蛋黄酱沙司 250 克，蓝奶酪 75 克，葱头末 50 克，蒜蓉 25 克，酸奶 50 克，白醋 15 克，芥末 25 克，纯净水 50 克。

工具或设备：陶瓷碗、打蛋器。

制作过程：

把蓝奶酪切碎，放入蛋黄酱内，搅拌均匀，再加入其他调料即可。

质量标准：色泽奶白，口味酸辣。

说明：用于佐配蔬菜类沙拉。

6. 鸡尾汁（Cocktail Sauce）

原料：蛋黄酱 250 克，辣椒汁 5 克，白兰地酒 15 毫升，番茄沙司 200 克，盐 5 克，白胡椒 2 克，李派林汁 15 克，柠檬汁 10 克。

工具或设备：陶瓷碗、打蛋器。

制作过程：

① 将番茄沙司加入蛋黄酱内搅拌均匀成粉红色。

② 加入辣椒汁、盐、白胡椒、白兰地酒、李派林汁、柠檬汁调味即可。白兰地酒要最后加入，以免酒味挥发。

质量标准：色泽粉红，口味香辣。

说明：用于佐配海鲜、水产类菜肴。

（二）油醋沙司或油醋汁

1. 油醋沙司（Worcestershire Sauce）

原料：橄榄油 250 克，白醋 50 克，葱头末 75 克，盐 6 克，胡椒粉 2 克，杂香草 5 克。

工具或设备：陶瓷碗、打蛋器。

制作过程：

把原料放在一起搅拌均匀即可。

质量标准：色泽淡黄，酸味宜人。

说明：用于佐配蔬菜类沙拉。

2. 红油醋汁（意大利油醋汁，Italian Vinaigrette Dressing）

原料：芥末 15 克，青椒 25 克，红圆椒 15 克，洋葱 15 克，橄榄油 150 克，红葡萄酒 15 克，红酒醋 10 克，白醋 5 克，牛膝草 3 克，盐 3 克，胡椒 2 克。

工具或设备：陶瓷碗、打蛋器。

制作过程：

① 将红葡萄酒用小火浓缩。

② 将青椒、红圆椒、洋葱切成碎粒。

③ 用橄榄油慢慢将芥末顺同一方向调开，加入红酒醋、白醋和浓缩的红葡萄酒。

④ 最后加入切好的碎粒和盐、胡椒、牛膝草即可。

质量标准：色泽鲜艳，口味酸辣。

说明：一般的红油醋汁任意菜式均可以用。

3. 白油醋汁（法国油醋汁，French Vinaigrette Dressing）

原料：芥末 15 克，青椒 15 克，红圆椒 10 克，洋葱 15 克，橄榄油 150 克，白葡萄酒 15 克，白酒醋 10 克，白醋 5 克，牛膝草 3 克，大蒜 5 克，盐 3 克，胡椒 2 克。

工具或设备：陶瓷碗、打蛋器。

制作过程：

① 将白葡萄酒用小火浓缩。

② 将青椒、红圆椒、洋葱、大蒜切成碎粒。

③ 用橄榄油将芥末顺同一方向慢慢调开，加入白酒醋、白醋和浓缩的白葡萄酒。

④ 加入切好的碎粒、盐、胡椒、牛膝草即可。

质量标准：色泽和谐，口味酸辣。

说明：一般油醋汁中醋和油的比例为 1：2。

4. 以油醋沙司为基础衍变的几种沙司

（1）渔夫沙司（Fisherman's Sauce）

原料：油醋沙司 150 克，熟蟹肉 15 克。

工具或设备：陶瓷碗、打蛋器。

制作过程：

把熟蟹肉切碎，放入油醋沙司内，搅拌均匀即可。

质量标准：色泽淡黄，酸味利口。

说明：用于佐配海鲜、水产品等菜肴。

（2）挪威沙司（Norway Sauce）

原料：油醋沙司 150 克，熟鸡蛋黄 15 克，鳀鱼 10 克。

工具或设备：陶瓷碗、打蛋器。

制作过程：

把熟鸡蛋黄和鳀鱼切碎，放入油醋沙司内，搅拌均匀即可。

质量标准：色泽淡黄，味道醇厚。

说明：用于佐配海鲜、水产品等菜肴。

（3）醋辣沙司（Ravigote Sauce）

原料：油醋沙司 150 克，酸黄瓜 15 克，水瓜纽 10 克。

工具或设备：陶瓷碗、打蛋器。

制作过程：

把酸黄瓜和水瓜纽切碎，放入油醋沙司内，搅拌均匀即可。

质量标准：色泽淡黄，口味咸酸。

说明：用于佐配各种蔬菜和肉食沙拉。

（三）特别沙司

特别沙司的制作都不尽相同，较为常见的有以下几种。

1. 金巴伦沙司（Cumberland Sauce）

原料：红加伦果酱 250 克，橙皮 5 克，柠檬皮 5 克，橙汁 50 克，柠檬汁 50 克，波尔多酒 75 克，英国芥末 3 克，红椒粉 2 克，盐 3 克。

工具或设备：陶瓷碗、打蛋器。

制作过程：

将橙皮、柠檬皮切成细丝，用清水煮沸，捞出晾凉，然后把煮过的橙皮、柠檬皮及其他辅料一起放入红加伦果酱内，搅拌均匀即可。

质量标准：色泽鲜艳，口味酸甜。

说明：用于佐配各种肉食。

2. 辣根沙司（Horseradish Sauce）

原料：辣根 150 克，白醋 15 克，盐 3 克，糖 15 克，纯净水 50 克。

工具或设备：陶瓷碗、打蛋器。

制作过程：

把辣根擦成细蓉，加上所有原料混合均匀即可。

质量标准：辛辣利口，酸甜解腻。

说明：用于佐配胶冻类和油腻较大的肉食。

3. 薄荷沙司（Mint Sauce）

原料：薄荷叶 10 克，白醋 150 克，纯净水 150 克，糖 50 克，盐 3 克，柠檬汁 5 克。

工具或设备：陶瓷碗、打蛋器。

制作过程：

把所有调料混合，上火煮透，加上切成碎末的薄荷叶和柠檬汁，然后晾凉即可。

质量标准：荷绿色，口味清凉。

说明：主要用于佐配烧烤羊肉一类菜肴。

4. 意大利汁（Italian Dressing）

原料：橄榄油 250 克，芥末 25 克，葱头末 15 克，蒜蓉 10 克，酸黄瓜 15 克，黑橄榄 15 克，番茜荽 5 克，红醋 25 克，葡萄酒 25 克，柠檬汁 10 克，黑胡椒 5 克，辣酱油 5 克，盐 3 克，糖 3 克，他拉根香草 1 克，阿里根奴 1 克，罗勒 1 克。

工具或设备：陶瓷碗、打蛋器。

制作过程：

① 把酸黄瓜、黑橄榄切成末，黑胡椒碾碎。

② 把除红醋外的调料放在一起，搅匀，然后逐渐加入橄榄油，边加油边搅拌，直到把油加完，最后倒入红醋搅匀即成。

质量标准：口味鲜香，色泽美观。

说明：主要用于各种蔬菜沙拉。

5. 核桃沙司（Walnut Sauce）

原料：熟核桃仁150克，冷鸡清汤150克，大蒜25克，香菜15克，干辣椒2只，盐5克，柠檬汁10克，胡椒粉1克。

工具或设备：陶瓷碗、打蛋器。

制作过程：

熟核桃仁剁碎，加上切碎的大蒜、香菜、干辣椒，用鸡清汤调拌均匀，再加上盐、胡椒粉、柠檬汁调味即可。

质量标准：酸甜解腻，清爽利口。

说明：用于佐配鸡、鱼、蔬菜等冷菜。

6. 恺撒汁（Caesar Dressing）

原料：鸡蛋黄3只，芥末15克，蒜末5克，银鱼柳10克，洋葱末5克，水瓜柳10克，辣椒汁10克，柠檬汁5克，橄榄油15克。

工具或设备：陶瓷碗、打蛋器。

制作过程：

① 将鸡蛋黄和芥末混合，加入切成泥状的银鱼柳，慢慢淋入橄榄油，边淋边用打蛋器将蛋液顺同一方向匀速搅打至涨发。

② 加入柠檬汁，将汁水稀释至适当厚度。

③ 加入蒜末、洋葱末、水瓜柳、辣椒汁，调味即可。

质量标准：酸辣鲜香，色泽鲜艳。

说明：恺撒汁与生菜拌好，放上巴美臣芝士片、烟肉片、面包丁，即成恺撒沙拉。

7. 沙巴央汁（Sabayon Sauce）

原料：鸡蛋黄3个，白糖10克，麦沙拉酒15克。

工具或设备：陶瓷碗、打蛋器。

制作过程：

将鸡蛋黄放入一盛器内，再将这一盛器放在另一个较大的装有温水的盛器中，加入白糖、麦沙拉酒，一边隔水加热，一边搅打，直至蛋黄涨发、起稠即可。

质量标准：色泽浅黄，口味甜鲜。

说明：沙巴央汁可做成咸汁（糖改盐，需将麦沙拉酒换成红葡萄酒）。

8. 牛油果汁（Avocado Sauce）

原料：牛油果2只，洋葱15克，尖椒5克，西芹10克，盐3克，胡椒2克。

工具或设备：陶瓷碗、打蛋器。

制作过程：

① 牛油果去皮、核，用粉碎机打成泥状，洋葱、尖椒、西芹均切成很细的末。

② 将牛油果泥与细末拌和，加入盐和胡椒调味即可。

质量标准：色泽淡绿，口味鲜辣。

说明：牛油果要选用质硬、色绿的，色黑的不能用。用于各种沙拉。

9. 金枪鱼小牛肉汁（Tuna Fish and Veal Sauce）

原料：小牛肉 50 克，西芹 15 克，胡萝卜 10 克，洋葱 10 克，金枪鱼（罐装）15 克，奶油 15 克，白葡萄酒 15 克，盐 3 克，胡椒 2 克，香叶 2 片，冷水适量。

工具或设备：陶瓷碗、打蛋器。

制作过程：

① 将小牛肉、西芹、胡萝卜、洋葱、香叶放入水中，加白葡萄酒，烧煮至牛肉酥软。

② 将煮好的牛肉取出，与蔬菜、金枪鱼、奶油一起放入粉碎机，加入盐、胡椒后粉碎成泥状即可。

质量标准：色泽浅褐，口味肥浓。

说明：也可以用金枪鱼、水瓜柳、白汁做成金枪鱼汁。常用于各种水产类菜肴。

10. 芥末汁（Mustard Sauce）

原料：法国芥末 15 克，蜂蜜 50 克。

工具或设备：陶瓷碗、打蛋器。

制作过程：将蜂蜜徐徐加入法国芥末内，顺同一方向搅拌均匀，直至厚度适宜。

质量标准：色泽浅黄，口味甜辣。

提示：如果太厚，也可以加入牛奶。用于各种肉类菜肴。

二、西餐热菜的沙司及制作案例

（一）白色沙司及其衍生的沙司

白色沙司主要由牛奶、清汤、油面酱及调味品等制作而成，色泽洁白，口味咸鲜。

1. 白汁（White Sauce）

原料：黄油 100 克，白色基础汤 1500 克，面粉 100 克，盐 3 克，白胡椒粉 1 克，香叶 1 片。

工具或设备：西餐灶、沙司锅、打蛋器。

制作过程：

① 用黄油将面粉炒香，先加入一半的白色基础汤，一边加一边用力搅拌均匀，至汤与面粉完全融为一体时，再加上其余的基础汤及香叶，用微火煮 20 分钟，

同时不断搅动，以免糊底。

② 最后放入盐、白胡椒粉调匀即可。

质量标准：色泽洁白，奶香浓郁。

说明：用于佐配鸡、鱼等菜肴。

2. 牛奶沙司（Bechamel Sauce）

原料：黄油 100 克，牛奶 1500 克，面粉 100 克，盐 3 克，白胡椒粉 1 克，珍珠洋葱 1 只，丁香 1 粒。

工具或设备：西餐灶、沙司锅、打蛋器。

制作过程：

① 用黄油将面粉炒香，先加入一半的牛奶，一边加，一边用力搅拌均匀，至汤与面粉完全融为一体时，再加上其余的牛奶，加上珍珠洋葱和丁香粒，用微火煮 20 分钟，同时不断搅动，以免糊底。

② 最后放入盐、白胡椒粉调匀，用筛过滤即可。

质量标准：色泽洁白，奶香浓郁。

说明：用于佐配鸡、鱼等菜肴。

3. 奶油沙司（Cream Sauce）

原料：黄油 100 克，牛奶 1500 克，面粉 100 克，盐 3 克，白胡椒粉 1 克，珍珠洋葱 1 只，丁香 1 粒，奶油 50 克。

工具或设备：西餐灶、沙司锅、打蛋器。

制作过程：

① 用黄油将面粉炒香，先加入一半的牛奶，一边加，一边用力搅拌均匀，至汤与面粉完全融为一体时，再加上其余的牛奶和奶油，加上珍珠洋葱和丁香粒，用微火煮 20 分钟，同时不断搅动，以免糊底。

② 最后放入盐、白胡椒粉调匀，用筛过滤即可。

质量标准：色泽洁白，奶香浓郁。

说明：用于佐配鸡、鱼等菜肴。

4. 以白汁、奶油沙司等为基础衍变的几种沙司

（1）鲜虾沙司（Prawn Sauce）

原料：白汁 500 克，对虾 2 只，白葡萄酒 15 克，奶油 25 克，开水适量。

工具或设备：西餐灶、沙司锅、打蛋器。

制作过程：

① 对虾入开水锅煮熟，剥去头、壳，剔去虾肠等，切成丁备用。

② 在用鱼基础汤制作的白汁中加入碎虾丁、白葡萄酒、奶油，煮透即可。

质量标准：色泽洁白，口味咸鲜。

说明：此沙司常用于煎比目鱼等水产、海鲜类菜肴。

（2）莳萝奶油沙司（Dill Cream Sauce）

原料：奶油沙司 500 克，对虾 2 只，莳萝 2 克，白葡萄酒 15 克，奶油 25 克。

工具或设备：西餐灶、沙司锅、打蛋器。

制作过程：

在奶油沙司中加入碎虾丁、白葡萄酒、奶油，莳萝，煮透即可。

质量标准：色泽洁白，口味咸鲜。

说明：此沙司常用于莳萝烩海鲜。

（3）龙虾油沙司（Lobster Cream Sauce）

原料：白汁 500 克，龙虾壳 1 只，白兰地酒 15 克，黄油 25 克，洋葱半个，芹菜 25 克，胡萝卜 15 克，香叶 1 片，迷迭香 2 克，奶油 15 克。

工具或设备：西餐灶、沙司锅、打蛋器。

制作过程：

① 把龙虾壳、切碎的洋葱、胡萝卜、芹菜、香叶、迷迭香、黄油放入烤箱烤上色，再加入少量水和白兰地，烤 30 分钟取出，将虾油过滤。

② 在用鱼基础汤制作的白汁里调入虾油，奶油煮透即可。

质量标准：色泽洁白，口味咸鲜。

说明：此沙司常用于煎肉扒类菜肴。

（4）苦艾酒沙司（Vermouth Sauce）

原料：奶油沙司 150 克，苦艾酒 50 克，柠檬汁 10 克，黄油 25 克，盐 3 克，胡椒粉 1 克，番芫荽 10 克。

工具或设备：西餐灶、沙司锅、打蛋器。

制作过程：

① 将奶油沙司、苦艾酒、柠檬汁、黄油放入沙司锅里烧沸煮透。

② 用盐、胡椒粉调味，撒上番芫荽末。

质量标准：白中透绿，柔滑鲜肥。

说明：适用于海鲜水产品类菜肴。

（5）奶油番芫荽沙司（Cream Sauce with Parsley）

原料：奶油沙司 150 克，干制番芫荽 10 克，鲜番芫荽 10 克，白葡萄酒 75 克，柠檬汁 15 克，黄油 25 克，盐 5 克，胡椒粉 2 克。

工具或设备：西餐灶、沙司锅、打蛋器。

制作过程：

① 将干制番芫荽放入白葡萄酒内泡 30 分钟，小火煮 15 分钟，过滤。

② 将奶油沙司、煮干制番芫荽的白葡萄酒、黄油放入沙司锅中烧沸。

③ 加入柠檬汁、盐、胡椒粉、鲜番芫荽末搅拌均匀。

质量标准：乳黄色，鲜香肥滑。

说明：适用于家禽、焗鱼、花菜、面制品等菜点。

（6）奶油蛋黄沙司 Cream Sauce with Egg Yellow）

原料：奶油沙司 500 克，黄油 15 克，柠檬汁 15 克，蛋黄 4 只。

工具或设备：西餐灶、沙司锅、打蛋器。

制作过程：

在奶油沙司内放入沙司锅内煮透，加入黄油、柠檬汁搅匀，再放入调稠的蛋黄即可。

质量标准：色泽洁白，口味咸鲜。

说明：此沙司常用于焗鱼、煮鱼、焗明虾、焗鸡面、焗花菜等。

（二）棕色沙司及其衍生的沙司

棕色沙司主要为布朗沙司（Brown Sauce），它是西餐中的经典调味汁，而且以它为基础还可以衍生出其他很多种沙司。

1. 布朗沙司

Brown Sauce，一般音译成"布浪沙司"或"布朗沙司"，也可直译为"棕色沙司"。

原料：布朗基础汤 5 千克，洋葱 250 克，胡萝卜 250 克，芹菜 250 克，番茄酱 250 克，红酒 50 克，雪莉酒 25 克，油面酱 75 克，盐 5 克，香叶 2 片，辣酱油 15 克，黄油 20 克。

工具或设备：西餐灶、沙司锅、打蛋器。

制作过程：

① 取洋葱、胡萝卜、芹菜，洗净切碎后，加 2 片香叶，用黄油炒香，在加入番茄酱炒至深红色，加入布朗基础汤，微火煮制 1 小时左右。

② 调入红酒、雪莉酒、辣酱油、盐，并用油面酱调剂稠度，最后用汤筛过滤即成。

质量标准：色呈棕褐，近似流体，口味浓香。

说明：用于佐配各类肉扒、家禽类菜肴。

2. 以布朗沙司为基础衍生的沙司

（1）烧汁（Gravy）

原料：布朗沙司 500 克，烤肉原汁 150 克。

工具或设备：西餐灶、沙司锅、打蛋器。

制作过程：

布朗沙司加上烤肉原汁在小火上熬煮，至成为浓稠的汁时过滤即成。

质量标准：滋味醇厚浓郁，热时呈半流体，冷却后呈固态。

说明：用于佐配烧烤类菜肴。

（2）蘑菇沙司（Mushroom Sauce）

原料：布朗沙司 250 克，洋葱末 15 克，香菇丁 25 克，草菇丁 25 克，白兰地酒 15 克，黄油 25 克。

工具或设备：西餐灶、沙司锅、打蛋器。

制作过程：

用黄油把洋葱末炒香，加入香菇丁、草菇丁稍炒，烹入白兰地酒，倒入布朗沙司，在火上煮透，并把汁熬浓即成。

质量标准：色泽棕褐，口味浓郁。

说明：用于佐配各类菜肴。

（3）巴黎沙司（Parisian Sauce）

原料：布朗沙司 250 克，黄油 25 克，碎香菜 15 克，柠檬汁 10 克，牛肉汁 50 克，红酒 25 克。

工具或设备：西餐灶、沙司锅、打蛋器。

制作过程：

将碎香菜、柠檬汁、牛肉汁、红酒和黄油一起放在布朗沙司内加热 15 分钟即成。

质量标准：色泽棕褐，口味浓郁。

说明：用于佐配各类菜肴。

（4）红酒沙司（Red Wine Sauce）

原料：布朗沙司 250 克，黄油 25 克，碎洋葱 15 克，大蒜末 10 克，牛肉汁 50 克，红酒 25 克。

工具或设备：西餐灶、沙司锅、打蛋器。

制作过程：

用黄油将洋葱碎、蒜末炒香，加入布朗沙司、红酒、牛肉汁等，小火加热 10 分钟，即成。

质量标准：色泽棕褐，口味浓郁。

说明：适用于红焖野味、烩羊肉等菜肴。

（5）魔鬼沙司（Devil's Sauce）

原料：布朗沙司 250 克，黄油 25 克，碎洋葱 15 克，杂香草 10 克，酸黄瓜 15 克，红辣椒粉 5 克，红酒 25 克，白醋 10 克，盐 3 克，胡椒粉 1 克。

工具或设备：西餐灶、沙司锅、打蛋器。

制作过程：

把洋葱碎和酸黄瓜、杂香草用红葡萄酒煮透，再倒入布朗沙司和红辣椒粉、白醋，煮透，调入盐、胡椒粉，最后用黄油调至一定浓度即成。

质量标准：色泽棕褐，口味浓郁。

说明：用于烧烤羊肉和野味等。

（6）黑胡椒沙司（Black Pepper Sauce）

原料：布朗沙司 250 克，黄油 25 克，碎洋葱 15 克，大蒜末 10 克，白兰地酒 15 克，红酒 25 克，黑胡椒碎 15 克。

工具或设备：西餐灶、沙司锅、打蛋器。

制作过程：

用黄油将洋葱碎、蒜末炒香，加入布朗沙司、红酒、白兰地酒等，小火加热至一定稠度，再撒入黑胡椒碎，即成。

质量标准：色泽棕褐，口味浓郁。

说明：适用于煎肉扒等菜肴。

（7）猎人沙司（Hunter's Sauce）

原料：布朗沙司 250 克，黄油 25 克，鲜蘑菇 50 克，干白葡萄酒 25 克，番芫荽 5 克，洋葱半个。

工具或设备：西餐灶、沙司锅、打蛋器。

制作过程：

把洋葱和鲜蘑切成丝，用黄油炒香，加入干白葡萄酒浓缩，然后加入布朗沙司，开透加入软黄油，撒上番芫荽即可。

质量标准：色泽棕褐，口味浓郁。

说明：适用于煎肉扒等菜肴。

（8）戴安娜沙司（Diane Sauce）

原料：布朗沙司 250 克，鲜奶油 25 克，黑菌丁 15 克，鸡蛋白丁 15 克。

工具或设备：西餐灶、沙司锅、打蛋器。

制作过程：

布朗沙司内加入鲜奶油煮透，再加入煮鸡蛋白丁和黑菌丁煮透即可。

质量标准：色泽棕褐，口味浓郁。

说明：适用于煎肉扒等菜肴。

（9）蜂蜜沙司（Honey Sauce）

原料：布朗沙司 250 克，白糖 15 克，蜂蜜 15 克，火腿片 15 克。

工具或设备：西餐灶、沙司锅、打蛋器。

制作过程：

用沙司锅把白糖炒成糖色，然后加入布朗沙司，调入蜂蜜并放入火腿片，在火上煮透。

质量标准：色泽棕褐，口味浓郁。

说明：适用于火腿类菜肴。

（10）橙橘沙司（Orange Sauce）

原料：布朗沙司 250 克，红葡萄酒 25 克，橘子汁 25 克，橘子肉 15 克，柠檬皮 5 克，橙子皮 5 克，橙子酒 25 克，红椒粉 2 克。

工具或设备：西餐灶、沙司锅、打蛋器。

制作过程：

布朗沙司内加入红葡萄酒、橘子汁、橘子肉、柠檬皮、橙子皮煮透，再调入橙子酒、红椒粉即可。

质量标准：色泽棕褐，口味浓郁。

说明：适用于家禽类菜肴。

（三）黄色沙司及其衍生的沙司

1. 咖喱沙司（Curry Sauce）

原料：咖喱粉 25 克，咖喱酱 250 克，姜黄粉 25 克，什锦水果（苹果、香蕉、菠萝等）300 克，鸡基础汤 3 千克，葱头 25 克，蒜 35 克，姜 50 克，青椒 50 克，土豆 1 千克，橄榄油 50 克，辣椒 1 只，香叶 2 片，丁香 1 粒，椰子奶 100 克，盐 3 克。

工具或设备：西餐灶、沙司锅、打蛋器。

制作过程：

①把各种蔬菜洗净，葱头、青椒切块，水果、土豆去皮切片，姜、蒜拍碎。

②用橄榄油把葱头、姜、蒜炒香，放入咖喱粉、咖喱酱、姜黄粉、丁香、香叶、辣椒炒透，再放入土豆、青椒、水果稍炒，放入鸡基础汤在微火上煮 1.5 小时，至蔬菜水果均已较烂，再用搅拌机把沙司打成泥，如浓度不够可用油炒面调剂稠度，加入盐、椰子奶调味，煮沸过筛即成。

质量标准：色泽黄绿、口味多样。

说明：常用于家禽类菜肴。以咖喱沙司为基础调制的沙司种类不多，最常见的是奶油咖喱沙司或咖喱沙司，在咖喱沙司内加入 1/3 的鲜奶油，用小火煮浓即成，常用来配水煮鱼。

2. 苹果沙司（Apple Sauce）

原料：苹果 300 克，白糖 100 克，豆蔻粉 1 克，冷水适量。

工具或设备：西餐灶、沙司锅、打蛋器。

制作过程：

将苹果去皮去籽，放入沙司锅内煮熟，捞出擦成泥，加白糖、豆蔻粉搅匀后，再放入锅内烧开。

质量标准：色泽米黄，口味浓郁。

说明：适用于烧烤猪排、猪腿及烧鹅、烧鸭等菜肴。

（四）番茄沙司及其衍生的沙司

1. 番茄沙司（Tomato Sauce）

原料：番茄 500 克，番茄酱 200 克，橄榄油 150 克，面粉 15 克，葱头 200 克，大蒜 50 克，糖 35 克，盐 3 克，胡椒粉 2 克，百里香 2 克，罗勒 3 克，冷水适量。

工具或设备：西餐灶、沙司锅、打蛋器。

制作过程：

① 把番茄洗净，在沸水内氽一下，去皮去蒂，用粉碎机打碎。

② 把葱头、大蒜切末用橄榄油炒香，加入番茄酱炒出红色，再下面粉炒透后加入鲜番茄汁，用打蛋器搅匀，随之加入百里香、罗勒、盐、糖、胡椒粉，其微火煮 30 分钟即可。

质量标准：色泽艳红，口味浓香。

说明：适用于各类菜肴。

2. 番茄沙司衍生的其他沙司

（1）杂香草沙司（Vanilla Sauce）

原料：番茄沙司 250 克，洋葱末 50 克，大蒜末 50 克，番茄酱 25 克，杂香草 3 克，红葡萄酒 15 克，黄油适量。

工具或设备：西餐灶、沙司锅、打蛋器。

制作过程：

用黄油把洋葱末、蒜末炒香，然后放入番茄酱、杂香草稍炒，烹入少量红葡萄酒，再加入番茄沙司调匀即成。

质量标准：色泽鲜艳，口味浓郁。

说明：适用于各类菜肴。

（2）普鲁旺沙司（Provence Sauce）

原料：番茄沙司 250 克，洋葱末 50 克，大蒜末 50 克，番芫荽末 5 克，橄榄丁 15 克，蘑菇丁 15 克，白葡萄酒 15 克。

工具或设备：西餐灶、沙司锅、打蛋器。

制作过程：

用白葡萄酒把洋葱末、大蒜末煮透，加入番茄沙司煮透，再撒上番芫荽末、橄榄丁、蘑菇丁搅匀，烧开即成。

质量标准：色泽鲜艳，口味咸鲜。

说明：适用于各类菜肴。

（3）西班牙沙司（Spanish Sauce）

原料：番茄沙司 250 克，洋葱丝 50 克，大蒜末 2 瓣，鲜蘑菇片 50 克，青椒丝 50 克，番茄丝 25 克，西式火腿丝 15 克，辣酱油 15 克，黄油 25 克，盐 5 克，胡椒粉 2 克。

工具或设备：西餐灶、沙司锅、打蛋器。

制作过程：

用黄油把洋葱丝、大蒜片、青椒丝、鲜蘑菇片等炒熟，加入番茄沙司开透，再撒上番茄丝、西式火腿丝，加上调味品烧开即成。

质量标准：色泽鲜艳，口味浓香。

说明：适用于各类菜肴。

（4）葡萄牙沙司（Portuguese Sauce）

原料：番茄沙司 250 克，洋葱丁 50 克，大蒜末 50 克，番芫荽末 5 克，黄油 25 克，番茄丁 50 克。

工具或设备：西餐灶、沙司锅、打蛋器。

制作过程：

用黄油把洋葱丁、大蒜末煮透，加入番茄沙司烧透，再撒上番芫荽末、番茄丁搅匀，烧开即成。

质量标准：色泽鲜艳，口味咸鲜。

说明：适用于各类菜肴。

（5）美国沙司（American Sauce）

原料：番茄沙司 250 克，洋葱末 50 克，芹菜末 50 克，胡萝卜末 50 克，黄油 25 克，番茄丁 50 克，香叶 1 片。

工具或设备：西餐灶、沙司锅、打蛋器。

制作过程：

用黄油把洋葱末、芹菜末、胡萝卜末、香叶炒香，加入番茄沙司烧透，再撒上番茄丁搅匀，烧开即成。

质量标准：色泽鲜艳，口味咸鲜。

说明：适用于红烩类菜肴。

（五）黄油沙司及其衍生的沙司

黄油沙司是指以黄油为主料制作的沙司，主要用于特定的菜肴，多数为半固态、固体沙司，但因都是配热菜用的，所以也划为热菜沙司类，常见的有如下几种。

1. 荷兰沙司（Hollandaise Sauce）

原料：蛋黄 5 个，黄油 1000 克，白葡萄酒 500 克，香叶 3 片，黑胡椒粒 1 克，洋葱末 50 克，红酒醋 50 克，柠檬半个，盐 3 克，胡椒粉 1 克，辣酱油 15 克。

工具或设备：西餐灶、沙司锅、打蛋器。

制作过程：

① 把红酒醋、胡椒粉、柠檬、洋葱末放在沙司锅内煮成浓汁过滤。

② 将蛋黄放入沙司锅内，再把沙司锅置于 50～60℃ 的热水内加入白葡萄酒，逐渐加入温热的黄油，并不断搅动，使之融为一体。调入盐、辣酱油、香叶、黑胡椒粒及红醋酒，煮成的浓汁，搅匀，置于温热处保存即可。

质量标准：色泽浅黄、清香细腻。

2. 以荷兰沙司为基础衍生的沙司

（1）马耳他沙司（Maltaise Sauce）

原料：荷兰沙司 250 克，橙汁 50 克，橙皮丝 25 克。

工具或设备：西餐灶、沙司锅、打蛋器。

制作过程：

在荷兰沙司内加入橙汁、橙皮丝，搅匀即可。

质量标准：色泽浅黄，橙香细腻。

说明：此沙司常用于配芦笋。

（2）莫司林沙司（Mousseline Sauce）

原料：荷兰沙司 250 克，鲜奶油 50 克。

工具或设备：西餐灶、沙司锅、打蛋器。

制作过程：

把奶油打发加入荷兰沙司，搅匀即可。

质量标准：色泽浅黄，奶香细腻。

说明：此沙司主要用于焗制菜肴。

（3）班尼士沙司（Bearnaise Sauce）

原料：荷兰沙司 250 克，他拉根香草 10 克，白葡萄酒 25 克，番茄末 50 克。

工具或设备：西餐灶、沙司锅、打蛋器。

制作过程：

把他拉根香草切碎，用白葡萄酒煮软，倒入荷兰沙司内，再加上番茄末搅匀即可。

质量标准：色泽浅黄，清香细腻。

说明：此沙司主要用于焗制菜肴。

3. 巴黎黄油（Cate De Paris Butter）

原料：黄油 500 克，法国芥末 10 克，洋葱末 100 克，小葱 25 克，水瓜纽 15 克，牛膝草 15 克，莳萝 5 克，他拉根香草 10 克，银鱼柳 8 条，蒜 3 粒，白兰地 25 克，马德拉酒 25 克，辣酱油 25 克，咖喱粉 5 克，红椒粉 3 克，柠檬皮 3 克，橙皮 3 克，橙汁 50 克，盐 6 克，鸡蛋黄 4 个。

工具或设备：西餐灶、沙司锅、打蛋器。

制作过程：

① 把黄油放在温暖处化软，打成膨松的奶油状。再把除鸡蛋黄外的所有辅料用搅拌机打碎，放入黄油中搅拌均匀，再放入鸡蛋黄搅匀。

② 把黄油装入裱花袋，挤成黄油花，也可用油纸卷成卷放入冰箱中冷藏，随用随取。

质量标准：色泽金黄，口感细腻。

说明：此沙司常用于焗牛排。

4. 蜗牛黄油（Snail Butter）

原料：黄油 750 克，番茄酱 50 克，洋葱 75 克，蒜蓉 25 克，银鱼柳 25 克，他拉根香草 15 克，牛膝草 6 克，白兰地 50 克，柠檬汁 50 克，红椒粉 50 克，水瓜纽 15 克，咖喱粉 10 克，盐 10 克，胡椒粉 2 克，辣酱油 15 克，鸡蛋黄 6 个。

工具或设备：西餐灶、沙司锅、打蛋器。

制作过程：

① 把黄油放在温暖处软化，打成膨松的奶油状。再把除鸡蛋黄外的所有辅料用搅拌机打碎，放入黄油中搅拌均匀，再放入鸡蛋黄搅匀。

② 把黄油装入裱花袋，挤成黄油花，也可用油纸卷成卷放入冰箱中冷藏，随用随取。

质量标准：色泽金黄，口感细腻。

说明：此沙司主要用于焗蜗牛。

5. 柠檬黄油（Lemon Butter）

原料：黄油 500 克，番芫荽 50 克，柠檬汁 25 克，辣酱油 15 克，盐 3 克，胡椒粉 2 克。

工具或设备：西餐灶、沙司锅、打蛋器。

制作过程：

① 把黄油化软打成奶油状，加入柠檬汁、辣酱油、盐、番芫荽末、胡椒粉搅匀。

② 把黄油放在油纸上，卷成卷放在冰箱冷藏，随取随用。

质量标准：色泽金黄，口感细腻。

说明：此沙司适用于牛扒。

三、西餐点心的沙司及制作案例

用于西餐点心的专门沙司较少，而且它们往往与点心的馅心和装饰物混为一体，这里介绍几例作为参考。

1. 蛋黄格司沙司（又名忌林沙司，Custard Sauce）

原料：牛奶 500 克，鸡蛋黄 3 只，白糖 100 克，面粉 100 克，香兰素 0.5 克。

工具或设备：西餐灶、沙司锅、打蛋器。

制作过程：

① 将蛋黄、白糖放入沙司锅搅拌，至起泡后加面粉拌匀。

② 把烧沸的牛奶冲入沙司锅内，边冲边搅，以防起疙瘩。

③ 用微火加热，加入香兰素拌和即成。

质量标准：色泽浅黄，味香嫩滑。

说明：此沙司适用于制蛋糕、布丁。

2. 巧克力沙司（Chocolate Sauce）

原料：无糖黑巧克力 150 克，浓奶油 150 毫升，牛奶 125 毫升。

工具或设备：西餐灶、沙司锅、打蛋器。

制作过程：

将无糖黑巧克力磨碎，与浓奶油和牛奶混合后放入碗中，一边用文火隔水蒸，一边不断搅拌即成。

质量标准：色泽黑亮，浓郁香甜。

说明：此沙司适用于佐配蛋糕、布丁等。

3. 焦糖沙司（Caramel Sauce）

原料：细砂糖 150 克，水 125 毫升。

工具或设备：西餐灶、沙司锅、打蛋器。

制作过程：

将细砂糖加水，用打蛋器不断搅拌，加热煮至浓稠状、颜色为棕色即成。

质量标准：色泽油棕，浓郁香甜。

说明：此沙司适用于佐配泡夫、布丁等。

思考题

1. 怎样理解西餐沙司的概念？

2. 西餐沙司怎样分类？

3. 西餐沙司由哪些原料或部分组成？

4. 西餐沙司的作用有哪些？

5. 简述蛋黄酱的制作过程。

6. 简述布朗沙司的制作过程。

7. 简述奶油沙司的制作过程。

8. 简述巧克力沙司的制作过程。

第七章

西餐冷菜制作工艺

本章内容： 冷菜概述及分类

开胃菜的概述、分类及制作案例

沙拉的概述、分类及制作案例

其他类冷菜的制作案例

教学时间： 6课时

训练目的： 让学生了解西餐冷菜的概念，掌握西餐冷菜的分类方法，熟悉西餐冷菜的生产工艺及相关品种的特点。

教学方式： 由教师讲述西餐冷菜的相关知识，运用恰当的方法阐述各类西餐冷菜的特点。

教学要求： 1. 让学生了解相关的概念。

2. 掌握西餐冷菜的分类方法。

3. 熟悉各类西餐冷菜的特点。

4. 掌握西餐冷菜的制作方法。

课前准备： 准备一些原料，进行示范演示，掌握其特点。

第一节 冷菜概述及分类

冷菜是西餐菜肴的重要组成部分之一，它的概念有广义和狭义之分。广义上，冷菜是指经过所有热菜冷吃或生冷食用的所有西式菜肴，包括开胃菜、沙拉、冷肉类。狭义上，冷菜是指在宴席上主要起开胃作用的一些沙拉、冷肉类等西式菜肴。一般在西式宴席中，冷菜是第一道菜，能起到开胃的作用，甚至在西方一些国家，冷菜还可作为一餐的主食。同时，在西方，为庆祝或纪念一些活动还常常举办一些以冷菜为主的冷餐会、鸡尾酒会等。冷菜在西方餐饮中的位置越来越重要。

一、冷菜的特点

冷菜具有味美爽口、清凉不腻、制法精细、点缀漂亮、种类繁多、营养丰富的特点。

冷菜制作在西餐中是一种专门的烹调技术，花样繁多，讲究拼摆艺术，在夏季及气候炎热的地带，一些制作精细的冷菜，能使人有清凉爽快的感觉，并能刺激食欲。

属于冷菜类的有沙拉、开胃小吃、各种冷肉类等，往往选用蔬菜、鱼、虾、鸡、鸭、肉、野禽等食材和各种食品做成的，含有很高的营养价值，其中火腿、奶酪、鱼子、烹制的鱼类及家禽、野禽等都含有大量的蛋白质，而各种沙拉和冷菜的配菜，如鲜番茄、生菜、草莓和其他新鲜的蔬菜水果等又是维生素、矿物质和有机酸的主要来源。

冷菜在加工过程中，主要有以下几方面的特点。

（一）烹调上的特点

冷菜要比一般热菜的口味稍重一些，并具有一定的刺激性，这样有利于刺激人的味蕾，增进食欲。调味上主要突出酸、辣、咸、甜、烟熏味等。有些海鲜是生吃的，如红鱼子、黑鱼子、牡蛎、鲑鱼、鲟鱼、鲱鱼等，还有部分火腿和香肠也是生吃的。

（二）加工上的特点

切配精细，布局整齐，荤素搭配适当，色调美观大方。一般热菜是先切配，后烹调，而冷菜则是先烹调，后切配。切配时要根据原料的性质灵活运用，落刀的轻重缓急要有分寸，刀工的速度也要慢一点。

（三）装盘的特点

摆正主料和辅料的关系，不要喧宾夺主。上宴会的冷菜还可以配以用蔬菜做成的花等作为点缀品，但不可将菜肴装出盘沿，或者把卤汁溅在边上；另外，根据冷菜的具体特点配用适当的盛器。

（四）制作时间上的特点

冷菜制作一般不同于热菜，热菜要求现场制作，以供客人趁热食用。而各种冷菜一般都是提前制作，以冷却后方可供客人食用；其供应迅速，携带方便，也可作为人们快餐或旅游野餐时食用。

二、冷菜的准备及注意事项

（一）冷菜的准备

在西式冷菜制作过程中，往往事先要将大量的生、熟原料准备好，以便于冷菜的制作，在操作实践中，一般是新鲜蔬菜、素沙拉及冷肉的制品尤为重要。

新鲜蔬菜和素沙拉的加工准备。素沙拉用蔬菜加工居多，要先把土豆、胡萝卜、紫菜头等整个洗干净，带皮煮熟，等冷却后剥去皮，切开分别放在盘或盆内，置于 –2 ～ 0℃的冰箱内存放备用。

生蔬菜的加工应在专设的生菜加工间。把胡萝卜、葱头洗净，生菜、番茄、黄瓜等新鲜的原料洗净，芹菜先剥去筋，洗净，在 2 ～ 4℃的阴凉处存放，制作前再用开水进行消毒处理，以确保卫生无污染。根据制作的需要，加工成丝、片、丁等形状备用。

冷菜加工间对所用的冷肉类成品或半成品，都要在使用前做好加工准备，出售时只是切配和艺术加工的过程。因此，要求对每天所用的各种煮、烤、熏制等的火腿、肠类在使用前用干净的干毛巾擦干净，解除扎绳，剥去外皮（如冷鸡卷沙拉）分类放在盘内，火腿则要剥去皮，去掉肥膘，切去熏黑的部分，切成两半或四块，置于0℃左右的冰箱内存放备用。

对于存放在冰箱内的熏制鱼类食品，如鳇鱼、鲈鱼等使用前要进行初步加工处理，以去掉头、皮、骨等备用。

冷菜制作室内还需注意，当制作的各种食品冷却后，应及时放入冷度适宜的冰箱内冷藏，在冷藏保管时要达到凉而不冻，以保证冷菜的品质不受影响。

一般情况下，素沙拉和冷肉类原料在冷藏时要注意以下事项。

① 新鲜的蔬菜应在 0 ~ 4℃的环境中存放；拌好待用的素沙拉应在 2 ~ 6℃的环境中存放；配制好等待出售的各种沙拉应在 8 ~ 10℃的环境中存放，并且存放时间不得超过 2 小时。

② 煮、烤、熏制的各种肉类食品待冷却后一般要在 0℃左右的环境中存放，如冷却过度，会使冷肉类食品因结冰导致肉内结合水减少，在食用时又因解冻使冷肉渗出过多的水分，进而使得肉的质感松软粗糙，极大程度上影响了冷肉自身的味道。如存放环境温度过高，则容易使得肉内微生物大量迅速的繁殖，导致其迅速腐烂变质，进一步缩短了存放的时间。

（二）冷菜制作的注意事项

1. 卫生方面

卫生安全是食品生产的首要问题，尤其是冷菜制作更要注重卫生。因为冷菜具有不再高温烹调，而是直接入口的特点，所以从制作到拼摆、装盘的每一个环节都必须注意清洁卫生，严防有害物质的污染。

（1）原料卫生　冷菜的选料一般比热菜讲究，各种蔬菜、海鲜、禽类、肉类等均要求质地新鲜，外形完好。对于生食的原料还要进行消毒。

（2）用具卫生　在冷菜制作过程中，凡接触冷菜的所有用具、用器，都要特别小心。尤其是刀、砧板、盛器要消毒，要生熟分开。抹布洗净后要用碱水煮，手要反复用消毒水、清水洗净。

（3）环境卫生　主要指冷菜间和冰箱的卫生。冷菜间要清洁，无蝇、无臭虫、无蟑螂和蜘蛛网等，要装灭蝇灯及紫外线消毒灯。冰箱要清洁无异味。

（4）装盘卫生　餐具要高温消毒，装盘过程中尽量避免用手接触食品原料。不是立即食用的，装盘后要用保鲜膜封好后放入冰箱。

2. 调味方面

冷菜多数作为开胃菜，因此在味上要比热菜重一些。要呈现比较突出的酸、甜、苦、辛辣、咸或烟熏等富有刺激性的味道。口感上侧重脆、生，达到爽口开胃、刺激食欲的效果。

3. 刀工方面

冷菜的刀工基本要求是光洁和整齐划一。要求切配精细、拼摆整齐、造型美观、色调和谐，给人以美的享受。如动物性原料下刀要轻、要慢。多用锯切法，以保证刀面光洁、成形完整和形状规格一致。

4. 装盘方面

冷菜的装盘要求造型美观大方，色调高雅和谐，主次分明。可适当点缀，但不宜繁杂。注意盘边卫生，不可有油渍、水渍。成品要有美感。制作好的冷菜要晾至 5 ～ 8℃，切配后立即食用，食用时的温度以 10 ～ 12℃为宜。

三、冷菜的拼摆及注意事项

（一）冷菜的拼摆

冷菜拼摆就是我们常说的冷菜拼盘，又称冷盘、凉盘。所谓拼摆就是将烹制晾凉的熟原料食品，经过设计、构思、精心配制，切配造型而成的艺术性较高的菜肴。同时，拼摆制作水平的高低，是衡量烹调技艺的重要标准，因此，在拼摆制作中要靠西餐厨师的智慧、经验、技巧等，进行巧妙的构思，精心的搭配。一个出色的西餐厨师，可以根据不同的宴会、不同的原料、不同的季节，拼制出各种不同的冷盘，给宴会带来美的享受，因此，冷菜拼摆在宴会中占有非常重要的地位。

冷菜大都在第一道或第二道菜使用，因此，在制作冷菜拼摆时应特别做到菜的质量高，味道好，装饰美观，尤其是供隆重的晚会和宴会用的冷菜。为了使冷菜装饰美观，冷菜的配菜常用颜色鲜艳的原材料，如鲜番茄、红萝卜、胡萝卜、生菜、芹菜、豌豆等作为冷菜的装饰品。配制冷菜时为了更好地衬托拼摆的艺术性，使用器皿时应选择图案花纹新颖、式样美观的各种形状的陶瓷器皿、银制器皿和精制的玻璃器皿，以丰富冷菜的色彩，增加美观性，达到色、香、味、形、器俱佳的完美效果。

冷菜在加工处理上与一般菜肴不同，一般菜肴是先切配后烹调，操作对象是生料，而冷菜则是先烹调后切配，操作对象是熟料，而生料的切配是原料的加工过程，熟料的切配是成品装配过程。因此，拼盘的要求比较严格，切配既要精细，又要目测手量尺寸，成片一律，切块相同，长短适度，厚薄均匀，无论西式冷菜拼什么，必须根据原料的自然形态，加工处理成片、条、丝、段等不同的形态，考虑如何拼摆使用。

制作冷菜拼摆的第一个步骤往往是设计与烹调定名，根据名称确定原料和表现手法，同时考虑宴会场合、客人身份、标准高低、季节特点、民族习惯、宗教信仰等来设计图案，重点要注意避免宾客忌讳的形象及食品。

制作冷菜拼摆的第二个步骤是画一个草图，考虑原料的选择是否能发挥出设计效果，要使用拼摆既能体现布局适当、色调和谐、生动逼真、形态优美的特点，又能口味搭配得当，营养丰富，符合卫生要求。在设计过程中应注意不能单纯追求形式美，忽视花色造型的特色，要使两者兼顾，达到色、香、味、形、器俱佳的目的。

制作冷菜拼摆的第三个步骤是烹调与技法，烹制也是为装盘做准备的工作，而拼摆原料的烹制则有更高的要求，一般要尽量保持原料的形态完整，要使原料颜色符合拼摆的要求，尽量保持原料的本色，用色素时要严格执行相关法规的标准，除衬托点缀的特殊情况，不用生料装盘。冷菜原料的烹制一般用烤、煎、熏、拌、焖、泡等技法，同时还可用些罐头食品和熟食品等，如火腿、烤肠、鱼子、奶酪等。在口味上尽量达到干、香、脆、嫩、无汁、少腻、香鲜、爽口等。

制作冷菜拼摆的第四个步骤是装盘与拼配。器皿选择应该根据拼盘名称、色泽、形态大小、成品数量为准，美观适宜，原料和盛器的色泽要协调，讲究造型的拼盘盛器要大些，器皿过小，虽然丰富实惠，却显得臃肿笨拙，过大会显得干瘪单薄。在正式装盘时，一般要先用小的原料或素沙拉垫底。垫底是为了便于掌握形态，底子垫的好，形态就逼真美观。

（二）冷菜拼摆的注意事项

① 做到拼摆前就要对整个图案有构思，更胸有成竹。

② 拼摆前对事先制成的成品质量进行把关，检查冷菜的口味，确保拼摆原料的质量。

③ 做好切配加工所需的各种设备、用具的消毒工作，从源头上制止病源微生物的侵入。

④ 在拼摆时要按照宴会或个体菜肴的主题需要，对冷菜花色、荤、素等进行搭配，做到突出主题，按需拼摆。

⑤ 切配加工过程中，做到粗细有致，均匀有度，拼摆装饰美观大方，富有一定的艺术性。

总之，冷菜拼摆不但要兼顾色、香、味、形、器及营养等方面的配合，而且还要具备娴熟的切配、烹调技术和审美观点、营养卫生等方面的技能和知识，这样才能制出理想的拼盘来。

四、冷菜的分类及举例

（一）冷菜原料及调料的分类

要做好西餐中冷菜的烹调工作，首先应该做好原料的选用工作，生制原料中的肉类、鱼类、鸡类等，有肥有瘦、有老有嫩，哪些部位适用于煎、炸、烧，哪些部位适用于煮、烩、焖、烤等，都应加以选择；熟制原料中，哪些宴会适合选用哪种熟制原料，哪些季节适合选用哪种熟制原料等因素都会影响到熟制原料的选择。所以，掌握冷菜原料及调料的分类就是做好菜肴的前提，只有这样才能达到合理使用。

1. 生制原料分类

猪的部位可选通脊、里脊、后腿、前腿、前肘、奶脯、血脖、头、尾、前蹄、后蹄等多个部位；牛的部位可选里脊、外脊、上脑、米龙、和尚头、黄瓜肉、肋条、前腿、胸口、后腱子、前腱子、脖肉、头、尾等多个部位；羊的部位可选后腿、前腿、前腱子、后腱子、上脑、肋扇、头、尾、脖肉等多个部位；贝壳类可选用蛤蜊、牡蛎、虾仁、蟹肉、明虾和龙虾等多种原料；素沙拉类可选用什锦沙拉、土豆、番茄、黄瓜、洋葱及各种豆类沙拉等；水果沙拉类可选用苹果、香蕉、文旦、橘子和梨沙拉等；蔬菜可选生菜、紫菜头、土豆、芹菜、胡萝卜、西蓝花、卷心菜、洋葱、百合、青红辣椒等。

2. 熟制原料分类

烟熏类原料可选用烟鲳鱼、烟鲑鱼、烟黄鱼、烟鳗鱼、烟猪扒、烟牛舌、培根及各种烟肠等多种原料；肠子类原料可选用熟制的血肠、茶肠、乳酪肠、鸡卷、太林鸭和野味等多种原料。熟制塞肉类可选用黄瓜塞肉、青椒塞肉、洋葱塞肉、茄子塞肉、蘑菇塞肉及番茄、鸡蛋、百合等；酸果类原料可选用熟制的酸果鱼块、酸烩虾球、咖喱鱼条、酸烩蘑菇、台伏尔蟹肉和酸烩菜条等；开面类原料可选用咖喱鸡饺、沙生治罗尔、忌司得仔、炸什锦哈斗、明治鸡桂仔等；罐头类可选用沙丁鱼、大马哈鱼、鲱鱼卷、金枪鱼、芦笋、百合、鹅肝、蟹肉、鱼子、红辣椒、鲍鱼、黑蘑菇、甜酸葱头、橄榄等。

3. 冷菜调料分类

酸味调味料可选用醋、柠檬、酸豆、酸黄瓜、酸菜、番茄沙司及各种酸果等；甜味调味料可选用糖、果酱及各种甜味水果等；咸味调味原料可选用咸鲑鱼、咸鲱鱼、红鱼子、黑鱼子、咸橄榄、咸牛肉、咸牛舌及咸猪手等；辣味调味原料可选用辣椒、胡椒、辣根、大蒜头、芥末粉、咖喱及辣酱油等；各种调味沙司可选用色拉油沙司、醋沙司、千岛沙司、太罗利洋沙司、川里沙司、番茄沙司、辣根沙司等。

（二）冷菜的分类

① 按原料性质分，可分为蔬菜冷菜、荤菜冷菜。

② 按盛装的器皿分，可分杯装冷菜、盘装冷菜、盆装冷菜。

③ 按加工方法分，可分热制冷吃类冷菜、冷制冷吃类冷菜、生吃冷菜。

④ 按制作过程分，可分开那批开胃菜、鸡尾杯类开胃菜、鱼子酱开胃菜、肝批类开胃菜、各种沙拉、胶冻类冷菜、冷肉类冷菜、蔬菜类冷菜、泥酱类冷菜及其他类冷菜。

（三）宴会冷菜的举例

冷餐宴会是一种大型宴会，一般都在晚饭以后举行，宴会中通常以各种冷菜为主。在餐厅的一侧，布置着大型长台，台上摆设着各种各样的冷菜，如整条的鱼、整只的家禽、肉类、野味、生菜、冰架、糖花篮、水果、点心等。当客人入席时，厨师就在现场开刀，让客人自己选择喜欢的食品，然后端到周围的台上去吃。这种宴会时间较长，食品数量也多。下面是宴会冷菜种类的举例。

各种小吃　Assorted Crouton, Almond, Walnuts, Chip

各种沙拉　Combination Salad

水果沙拉　Fruits Salad Macedoine Salad Fresh Fruits

奶油冻鸡　Chaudfroid Chicken

明虾全力　Prawn in Jelly Macedoine

巴黎式龙虾　Lobster Parisian

冷金枪鱼　Cold Tumry Fish Tyrulienne

冷鲟鱼　Sturgeon Moscovite

冷鸡卷　Galantine of Capon

大马哈鱼　Salmon Mayonnaise

羊马鞍　Saddle of Lamb

烤奶猪　Suckling Pig

焗火腿　Baked Ham Virginia

烤火鸡　Roast Stuffed Turkey

烤兔子　Jugged Hare

烧牛肉　Roast Sirloin of Beef

烧獐肉　Roast Venison

红酒山鸡　Pheasant Malaga Wine

第二节　开胃菜的概述、分类及制作案例

一、开那批开胃菜

（一）概念

"开那批"是英文 Canape 的译音，是以脆面包、脆饼干等为底托，上面放有各种少量的或小块冷肉、冷鱼、鸡蛋片、酸黄瓜、鹅肝酱或鱼子酱等的冷菜形式。

开那批的主要特点是：食用时不用刀叉，也不用牙签，直接用手拿取而入口。

因此，它同时具有分量少、装饰精致的特点。

（二）适用范围

开那批的适用范围较为广泛，禽类、肝类、肉类、野味类、鱼虾类、蔬菜等可制作，在制作过程中，为了使其口感较好，一般蔬菜类选用一些粗纤维少、质地易碎、汁少味浓的蔬菜；肉类原料往往使用质地鲜嫩的部位，可以使制作出的菜肴口感细腻、味道鲜美。

（三）制作案例

1. 熏三文鱼开那批（Smoked Salmon Canape）

原料：白吐司面包片6片，熏三文鱼片120克，鲜柠檬条24条，由奶油、奶酪和调味品搅拌而成的调味酱50克。

工具或设备：锯齿刀、西餐餐刀。

制作过程：

① 将白吐司面包片烤成金黄色，分别切除四边，每片平均分成4块，成三角形或方形等。

② 在每块面包上，均匀涂上调味酱，然后摆上熏三文鱼片，装饰2根柠檬条。

质量标准：大小均匀，形状美观。

2. 樱桃番茄开那批（Cherry Tomato Canape）

原料：白吐司面包片4片，樱桃番茄8个，鲜柠檬条16条，由奶油、青豆泥、盐和胡椒粉搅拌而成的调味酱50克。

工具或设备：锯齿刀、西餐餐刀。

制作过程：

① 将白吐司面包片烤成金黄色，分别切除四边，每片平均分成4块，成三角形或方形等。

② 在每块面包上，均匀涂上调味酱，然后摆上半个樱桃番茄，以柠檬条装饰。

质量标准：色泽均匀，形状美观。

3. 明虾开那批（Prawn Canape）

原料：白吐司面包片4片，明虾8只，香菜16朵，蛋黄酱50克。

工具或设备：锯齿刀、西餐餐刀。

制作过程：

① 将明虾去头、去沙肠，用香料煮熟冷却，剥壳备用。

② 将白吐司面包片烤成金黄色，分别切除四边，每片平均分成4块，成方形。

③ 在每块面包上均匀涂上蛋黄酱，然后摆上1只明虾肉，以香菜装饰。

质量标准：色泽和谐，大小相等。

二、鸡尾杯类开胃菜

（一）概念

鸡尾杯类开胃菜是指以海鲜或水果为主要原料，配以酸味或浓味的调味酱而制成的开胃菜，通常盛在玻璃杯里，用柠檬角装饰，类似于鸡尾酒，故名。一般用于正式餐前的开胃小吃，也可用于鸡尾酒会。

（二）适用范围

鸡尾杯类开胃菜用途较广，有各类海鲜类、禽类、肉类、蔬菜类、水果类等制成的各种冷制食品或热制冷食的品种，在各类正式宴会前、冷餐会、鸡尾酒会等场合用的较多，并深受人们的欢迎。

鸡尾杯类开胃菜在原料的选择上也较多，常见的品种有以下几种。

（1）海鲜类　大虾、蟹肉、熟制的龙虾、海鲜罐头及鱼子酱等。

（2）禽类　热制冷食的烤鸡、烤鸭、烤火鸡、酱制禽类及肝类等。

（3）肉类　热制冷食烤猪肉、牛肉、羊肉等。

（4）鱼类　各种煮鱼、熏鱼、烤鱼及鱼罐头类等。

（5）乳制品　各种黄油、奶油等。

（6）肉制品　各种香肠、火腿、烤肠等。

（7）蔬菜类　黄瓜、番茄、生菜、洋葱、蘑菇等。

（8）水果类　苹果、梨、香蕉、橙子、芒果等。

（9）其他类　各种酸菜、泡菜、酸黄瓜等。

（三）制作案例

一般情况下鸡尾杯类开胃菜在制作方法上有两步，一是把热制冷食或冷食的食品简单加工；二是将加工好的食品装入鸡尾杯等容器中，并进行适当点缀，放上小餐叉或牙签即可。

1. 大虾杯（Prawn Cocktail）

原料：大虾250克，番茄沙司20克，色拉油沙司40克，浓奶油20克，柠檬汁20克，生菜叶50克，盐3克，胡椒粉1克。

工具或设备：鸡尾酒杯、餐匙、餐叉。

制作过程：

① 把大虾去掉头、皮，挑净沙肠，以水洗净切成小块状，放到沸水锅里，加入少许盐煮熟后捞出晾凉备用。

② 把生菜取叶洗净放入鸡尾杯中备用。

③ 把番茄沙司、色拉油沙司、奶油及柠檬汁放入沙司锅里拌匀，并用盐和胡椒粉调好味，放入煮好的虾肉，拌好后堆放在生菜叶上即可。

质量标准：色泽粉红，虾肉嫩滑。

2. 瓤鸡蛋花（Stuffed Eggs with Yolk）

原料：生鸡蛋 20 个，色拉油沙司 80 克，奶油 80 克，樱桃 100 克，盐 3 克，胡椒粉 1 克。

工具或设备：鸡尾酒杯、餐匙、餐叉。

制作过程：

① 把鸡蛋煮熟，去皮在鸡蛋上部 1/3 处用刀以锯齿状切开，并取出蛋黄备用。

② 把取出蛋黄的蛋白底端用刀削平，并放入鸡尾杯内备用。

③ 把蛋黄捏碎用箩过成泥状，加入盐、奶油、色拉油沙司、胡椒粉拌匀，再用花嘴将其挤入杯中的蛋白内，上面放上一粒樱桃即可。

质量标准：黄白相间，奶香浓郁。

三、鱼子酱开胃菜

（一）概念

通常使用腌制过或制成罐头的黑鱼子、红鱼子，将鱼子放入一个小型玻璃器皿或银器中，再放在装有碎冰的大盘中，另配洋葱末和柠檬汁作为调味品。

黑鱼子酱就是鲟鱼所产的卵，经过精心筛选，轻微盐渍之后的经冷藏而制成的产品。鱼子酱是俄罗斯最负盛名的美食，也是俄罗斯人新年餐桌必不可少的美味。伊朗和俄罗斯境内的里海生产的三种鲟鱼就能够供应全世界 95% 的鱼子酱。黑鱼子酱目前由于数量稀少，也仅有鲟鱼才产，所以其价格极其昂贵，一直以来，鱼子酱素有"黑黄金"之称。

所谓红鱼子酱，其实就是鲑鱼卵，其中以大马哈鱼的鱼卵为上品。

鱼子酱食用时，为了避免高温烹调影响品质，鱼子酱一般生吃。尤其值得注意的是，鱼子酱切忌与气味浓重的辅料搭配食用。

（二）适用范围

鱼子酱一般适合低温食用，可以把瓶子放在碎冰里或者把鱼子酱倒在冰镇过的盘子里。至于配酒，如用于配香槟，则适合选酸味偏重、香味清爽的鱼子酱，太香浓的味道会掩盖鱼子酱本身的味道。最适合跟鱼子酱相配的是俄罗斯原产的、冰冻到接近零度的伏特加。鱼子酱过去通常只有皇宫贵族享用，只能是有限的少部分人群享受到。如今，鱼子酱多用于高档的冷餐会或高档的酒会。

（三）制作案例

1. 黑鱼子酱（Black Caviar）

原料：黑鱼子 50 克，洋葱 25 克，柠檬 15 克，生菜叶 20 克。

工具或设备：玻璃盘、角匙。

制作过程：把鱼子装入小盘，撒上洋葱碎，将柠檬角摆在盘边，点缀上生菜叶即可。

质量标准：黑色黏稠，鲜香醇美。

2. 红鱼子酱（Red Caviar）

原料：红鱼子 75 克，洋葱 25 克，香桃 15 克，生菜叶 20 克。

工具或设备：玻璃盘、角匙。

制作过程：把鱼子装入小盘，撒上洋葱碎，将香桃角摆在盘边，点缀上生菜叶即可。

质量标准：红色黏稠，鲜香醇美。

四、批类开胃菜

（一）概念

"批"是英文 Pie 的译音，法国文字又可译为 Pate，在我国很多菜单中又被译作帕地，是指各种用模具制成的冷菜。批类开胃菜主要有 3 种：一种是以各种熟制后的肉类、肝脏，经绞碎，放入奶油、白兰地酒或葡萄酒、香料和调味品搅成泥状，入模冷冻成型后切片的，如鹅肝酱；另一种是以各种生的肉类、肝脏经绞碎、调味（或加入一部分蔬菜丁或未绞碎的肝脏小丁）装模烤熟，冷却后切片，如野味批；还有一种是以熟制的海鲜、肉类、调色蔬菜，加入明胶汁、调味品，入模冷却凝固后切片，如鱼冻、全力等。

（二）适用范围

批类开胃冷菜在原材料选择的范围上较广，一般情况下，禽类、肉类、鱼虾类、蔬菜类及动物内脏内均都可以用于这一类菜肴的制作。在制作过程中，由于考虑到热制作冷吃的需要，往往要选择一些质地较嫩的部位。批类开胃冷菜适用的范围极广，既可用于正规的宴会，也可用于一般的家庭制作，一般用于大型冷餐会、酒会的较多，深受人们的喜爱。

（三）制作案例

1. 鹅肝全力（Goose Liver Gelatine）

原料：鹅肝 120 克，牛肉 200 克，洋葱 50 克，胡萝卜 10 克，芹菜 10 克，鸡蛋 1 个，全力粉 20 克（或食用明胶 30 克），玉桂粉 10 克，鲜奶油 20 克，白兰地酒 15 克，盐 3 克，胡椒粉 1 克，黄油 35 克。

工具或设备：模具、西餐刀、平底锅、玻璃盅、粉碎机。

制作过程：

① 取平底锅，把洗净的牛肉放入；洋葱 30 克去皮切丝，胡萝卜洗净切片，芹菜洗净切成小段，将以上各料放入锅内；鸡蛋取蛋清放入锅内，搅拌均匀，加入冷水 600 毫升，上炉用中火烧沸。等沸后立即改用小火烧 2 小时，取出用纱布过滤去掉杂物。同时，把全力粉或食用明胶放入牛肉汤里溶化，加入盐、胡椒粉、玉桂粉等调好口味待用。

② 将鹅肝去掉血丝和筋络，用清水洗净；平底锅上炉加油烧热，洋葱 20 克切末放入炒香，放入鹅肝一起炒熟，加入盐、胡椒粉，取出放入粉碎机内粉碎，然后过筛成泥状，再加入鲜奶油搅匀，装入裱花袋待用。

③ 取玻璃盅 2 只，把牛肉汤（1/4）倒入其中，放入冰箱，冻结后取出。将鹅肝酱裱入玻璃盅中成形，再将余下的牛肉汤倒入，浸没鹅肝酱，放入冰箱再冻结。上桌时将制好的鹅肝全部覆盖在菜中间即可。

质量标准：鹅肝灰色，牛肉呈褐色相间分布，口感细腻。

2. 鹅肝批（Goose Liver Pie）

原料：鹅肝 1500 克，肥膘 500 克，全力汁 100 克，鲜牛奶 1000 克，黑菌丁 50 克，盐 5 克，白兰地 50 克，胡椒粉 5 克，杂香草 15 克。

工具或设备：模具、西餐刀、烤箱。

制作过程：

① 把鹅肝用刀去掉血筋，用鲜牛奶腌渍 3 小时。从牛奶中取出鹅肝，用盐、胡椒粉、白兰地酒、杂香草腌渍入味。

② 把腌渍过的鹅肝 1/2 粉碎成馅，1/2 切小丁状，然后混合均匀。把肥膘切成薄片，贴在模具边上，先放上 1/2 鹅肝酱，再放上黑菌丁，然后再放上余下的 1/2 鹅肝酱，表面再贴上肥膘，放入 200℃烤箱，隔水烤 50 分钟左右取出。

③ 放入冰箱中冷却后切片装盘，再浇上白兰地酒、全力汁，入冰箱冻结后即可食用。

质量标准：鹅肝棕色，黑菌呈黑色相间其内，汁液呈现粉红色，肥润软嫩。

3. 小牛肉火腿批（Veal and Ham Pie）

原料：小牛肉 800 克，烟熏火腿 650 克，肉批面团 300 克，全力汁 500 克，冬葱末 100 克，盐 10 克，胡椒粉 2 克，黄油 50 克，白兰地酒 50 克，蛋液 10 克，生菜叶 15 克。

工具或设备：模具、西餐刀、烤箱。

制作过程：

① 把小牛肉切成薄片，加入盐、胡椒粉、白兰地酒腌渍入味备用。

② 在长方形模具中刷一层油，再把 3/4 面团擀成薄片，放入模具中。

③ 把火腿切成片，与小牛肉片相间叠放在模具内，同时把冬葱末炒香放入火腿与小牛肉之间；把余下的面团也擀成薄片盖在火腿上，并随意捏些图案，再刷上一层蛋液，放入 175℃的烤箱中烤至成熟上色取出。

④ 等肉批冷却后在上面扎一个孔，把全力汁灌入，放进冰箱内冷却。

⑤ 上菜时把肉批扣出，切成厚片装盘，边上配上些生菜叶即可。

质量标准：外皮金黄，肉色棕褐色，浓香微咸。

4. 猪肉批（Pork Pie）

原料：猪通脊肉 1500 克，肥膘 500 克，白蘑菇丁 80 克，鸡蛋 3 个，鲜奶油 100 克，白兰地酒 30 克，盐 5 克，葱头末 35 克，蒜末 15 克，豆蔻粉 1 克，胡椒粉 1 克，黄油 15 克。

工具或设备：模具、西餐刀、烤箱。

制作过程：

① 把猪通脊肉和肥膘粉碎成细肉酱，逐渐加入盐、葱头末、蒜末、豆蔻粉、胡椒粉等调料及鸡蛋、鲜奶油和白兰地酒，搅打至细腻有劲，再放入白蘑菇丁搅匀备用。

② 在模具内抹上一层黄油，放入肉酱，用 180℃炉温隔水烤 1 小时左右。取出冷却，切成片状即可食用。

质量标准：浅褐色，软嫩肥润。

5. 海鲜批（Seafood Pie）

原料：净鱼肉 500 克，鲜贝 200 克，虾肉 200 克，鲜奶油 400 克，蛋清 50 克，菠菜泥 50 克，盐 10 克，胡椒粉 3 克，虾脑油 20 克，黄油 50 克，茴香酒适量。

工具或设备：模具、西餐刀、烤箱。

制作过程：

① 把各种海鲜粉碎成馅状，过箩取出筋络，加入鸡蛋清、盐、胡椒粉、茴香酒等用力搅打起劲，然后慢慢加入奶油，搅打至洁白细腻。

② 将搅打好的肉馅分成 3 份；1 份放上菠菜泥，1 份放上虾脑油，搅拌均匀，使海鲜馅成绿、黄、白三种不同的颜色。

③ 把黄油抹在模具四周，然后相间放上三种不同颜色的海鲜馅，盖上锡纸放在烤盘内，烤盘内倒上温水，用 150～170℃的炉温烤 80 分钟取出。待冷却

后放冰箱内保存。

④ 食用时切成厚片，配上时令蔬菜即可。

质量标准：黄、绿、白三色相间，软嫩细腻。

6. 野味批（Game Pie）

原料：各种熟野味肉 500 克，熟猪肉 150 克，火腿 150 克，肉批面团 300 克，全力汁 500 克，盐 5 克，白兰地酒 20 克，胡椒粉少量，辣根沙司 1 盅，鸡蛋液和生菜叶各适量。

工具或设备：模具、西餐刀、烤箱。

制作过程：

① 把各种肉类都切成细长条，撒上盐、胡椒粉、白兰地酒腌渍入味待用。

② 把 3/4 肉批面团擀成薄片，放入刷好油的长方形模具内再交替码上各种肉类。

③ 把余下的面批擀成薄片盖在肉上，捏上花边，刷上鸡蛋液，放入 175℃的烤箱内烤至成熟上色。

④ 出炉后在肉批面皮上部扎一小孔，凉后冷藏，等冷却后灌入全力汁，再放入冰箱内冷藏。食用时切成厚片装盘，周围配上生菜叶，配上 1 盅辣根沙司即可。

质量标准：色呈金黄，浓香微咸。

第三节　沙拉的概述、分类及制作案例

一、沙拉的概述

沙拉，通常指西餐中用于开胃佐食的凉拌菜。沙拉原是英语 Salad 的译音，在我国通常又被称为"色拉""沙律"，我国北方通常习惯称为"沙拉"，我国南方尤其是广州香港一带通常习惯称为"沙律"，而在我国东部地区尤其在上海为中心的地区则通常习惯称为"沙拉"。

沙拉一般是用各种可以直接入口的生料或经熟制冷食的原料加工成较小的形状，再浇上调味汁或各种冷沙司及调味品拌制而成。沙拉的适用范围很广，可用于各种水果，蔬菜、禽蛋、肉类、海鲜等的制作，并且沙拉都具有外形美观、色泽鲜艳、鲜嫩可口、清爽开胃的特点。

在制作沙拉时，根据我国对沙拉口味的需求，往往要注意以下几个方面。

① 制作蔬菜沙拉时，叶菜一般要用手撕，以保证蔬菜的新鲜，并注意沥干水分，以保证沙拉酱的均匀拌制。

② 制作水果沙拉时，可在沙拉酱中加入少许酸奶，使得味道更纯美，并具

有奶香味。

③ 制作肉类沙拉时，可直接选用一些含有胡椒，蒜、葱、芥末等原料的沙拉酱，也可在色拉油沙司中加入以上具有辛辣味的原料。

④ 制作海鲜类沙拉时，可在沙拉酱中加入一些柠檬汁、白兰地酒、白葡萄酒等，这样既可保持蔬菜的原来色彩，也可使沙拉的味道更鲜美。

二、沙拉的分类

沙拉种类繁多，一般情况下，根据不同的分类方法又可分为多种。

（一）按照不同的国家分

西方各国均有代表性的沙拉，并深受世界人民的欢迎。如美国的华尔道夫沙拉（Waldorf Salad）、法国的法国沙拉（French Salad）、鸡肉沙拉（Chicken Salad）、英国的番茄盅（Stuffed Tomato）等。

（二）按照调味的方式分类

按调味方式的不同可分清沙拉、奶香味沙拉和辛辣味沙拉。

1. 清沙拉

清沙拉主要指由单纯的原料经简单刀工处理后即可供客人食用的，往往一般不配沙司。如生菜沙拉，即以干净的生菜切成丝后装盘即可。

2. 奶香味类沙拉

奶香味类沙拉主要指在制作沙拉过程中加入了鲜奶油，使得奶香浓郁，并伴有一定的甜味，深受喜欢甜食的人群青睐。如鸡肉苹果沙拉（Cold Chicken and Apple Salad），即在色拉油沙司中加入了鲜奶油。

3. 辛辣味沙拉

香辣味沙拉主要指沙拉在制作过程中，加入了蒜、葱、芥末等具有辛辣味的原料，如法国汁，调味汁中含有蒜、葱等，辛辣味较为浓郁。往往用于肉类沙拉，如白豆火腿沙拉（White Beans and Ham Salad）。

（三）按照原料的性质分

按照原料的性质分，可分为素沙拉、禽蛋肉沙拉、鱼虾沙拉和其他类沙拉。这一种分类方法简明易懂，也是当前使用较为普及的一种分类方法。

（1）素沙拉 泛指一切由蔬菜水果制作而成的沙拉，如法式生菜（French Salad）、蔬菜沙拉（Vegetable Salad）等。

（2）禽蛋肉沙拉 指由禽肉、各种蛋品和各类肉类中的一种或几种制作而成的沙拉,如鸡蛋沙拉(Egg Salad)、猪脚沙拉(Pig Trotter Salad)等。

(3)鱼虾沙拉 主要指由各类海产、淡水产鱼类、虾类及其他类的一种或几种制作而成的沙拉,如明虾沙拉(Prawn Salad)、虾蟹杯(Prawn and Crab Cocktail)等。

(4)其他类沙拉 主要指由以上几种原料中的几种混合制作而成的沙拉,如厨师沙拉(Chef's Salad)等。

三、制作案例

(一)素沙拉

1. 丹麦式苹果沙拉(Danish Style Apple and Green Bean Salad)

原料:脆苹果2个,青豆300克,熟鸡蛋2个,蛋黄酱35克,盐2克,胡椒粉1克。

工具或设备:玻璃碗、餐匙。

制作过程:

① 新鲜青豆用开水略煮,用凉水冲凉后沥干水分。苹果去皮、核,切成1厘米见方的丁,放淡盐水中略泡,沥水后,用干净的布吸净水分。

② 青豆与苹果加适量盐拌匀后,再用蛋黄酱拌和,盛于盘中,熟鸡蛋剥壳切圆形薄片,在沙拉上面摆成十字形,在沿蛋片的十字形撒上胡椒粉即可。

质量标准:酸甜带辣,脆嫩爽口。

2. 法式生菜(French Salad)

原料:卷心菜丝200克,青生菜丝100克,芹菜丝50克,煮鸡蛋10片,红菜头丝100克,生番茄10片,法汁50克,盐3克,胡椒粉1克。

工具或设备:玻璃碗、餐匙。

制作过程:

① 卷心菜、生菜、芹菜、红菜头洗净,切成丝,堆放在一起,分别装入盘内备用。

② 上桌前浇上法汁,撒上盐、胡椒粉,每盘上面放一片煮鸡蛋,两边放番茄片即可。

质量标准:色泽鲜艳,清脆爽滑。

3. 什锦生菜(Assorted Salad)

原料:番茄300克,黄瓜300克,青、红椒200克,红菜头150克,煮鸡蛋2个,法汁150克,蛋黄酱50毫升。

工具或设备:玻璃碗、餐匙。

制作过程：

将上述番茄、黄瓜、青椒、红椒、红菜头分别切成片，装在盆内，刀工、拼摆要整齐，色彩搭配要协调。上席时再浇上法汁，或配沙司盅上桌。

质量标准：色彩丰富，口味略酸。

4. 蔬菜沙拉（Vegetable Salad）

原料：熟土豆 750 克，熟胡萝卜 250 克，青豆 200 克，熟蘑菇片 200 片，洋葱末 25 克，盐 3 克，胡椒粉 1 克，辣酱油 5 克，鲜奶油 15 克，蛋黄酱 50 克。

工具或设备：玻璃碗、餐匙。

制作过程：

① 将土豆去皮切成小丁，胡萝卜切丁与青豆蘑菇、洋葱末一起放盛器内。

② 加入各种调料拌匀，尝好口味即可装盆，也可用生菜垫底装盆。

质量标准：味鲜爽口，色彩自然。

（二）禽蛋肉沙拉

1. 冷鸡卷沙拉（Gelatine of Chicken Salad）

原料：光鸡 1 只，猪肉或鸡肉泥 300 克，什锦蔬菜沙拉 250 克，方面包 2 片，玉米粉 50 克，鸡蛋清 1 个，生菜叶和香叶数片，白葡萄酒或黄酒 80 克，淡奶油 4 汤匙，盐 10 克，胡椒粉 5 克。

工具或设备：沙拉盘、餐匙。

制作过程：

① 将鸡洗净，整鸡出骨后平放在案板上，撒少许盐、胡椒粉、黄酒、香叶腌渍。

② 把肉泥放在盛器内，加上各种调料及浸泡过的面包、玉米粉、鸡蛋清，拌上劲，捏成椭圆形放鸡肉上，用刀抹平整，然后将鸡肉卷成圆筒形。

③ 用干净的一块白布将鸡卷包起并用线绳扎紧，放入沸水中用微火煮约 1 小时（也可放入蒸笼蒸熟），熟后取出冷却，冷后更换一块口布包好放进冰箱冷藏待用。

④ 上菜时，把洗净的生菜铺在盘里，上放蔬菜沙拉，旁边放上切成 1 厘米厚的卷筒鸡（每客 2 ~ 3 片）便可。

质量标准：鸡卷呈圆筒形，质地细嫩紧实。

2. 鸡沙拉（Chicken Salad）

原料：熟鸡肉 400 克，土豆沙拉 750 克，生菜数片，番茄 2 个，蛋黄酱 50 克，盐 3 克，胡椒粉 2 克，辣酱油 5 克。

工具或设备：沙拉盘、餐匙。

制作过程：

① 将鸡肉批成大片，加盐、胡椒粉、辣酱油调味。生菜叶先垫盆底，放上

土豆沙拉，把鸡片一片一片地铺在沙拉上。

② 在鸡片上用蛋黄酱裱成网状，盆边用番茄装饰即可。

质量标准：色彩鲜艳，肥滑细嫩。

3. 猪蹄沙拉（Pig Trotter Salad）

原料：猪蹄 2 只，洋葱 75 克，番茄 1 个，酸黄瓜 50 克，生菜数片，嫩芹菜茎 50 克，大蒜泥 5 克，辣酱油 5 克，盐 3 克，胡椒粉 1 克，法汁 75 克，蔬菜香料 150 克。

工具或设备：沙拉盘、餐匙。

制作过程：

① 将猪蹄细毛和杂质刮净，放入沸水锅里煮数分钟，再放冷水里清洗一遍，顺长一切两片。

② 锅里放清水、蔬菜、香料、猪蹄，用旺火煮沸后转小火将猪蹄煮酥烂后捞出，并趁热去除骨头，平摊在盆里，待冷却后与洋葱、嫩芹菜茎、酸黄瓜、番茄（用开水烫一下去皮去籽）同放入盛器内，加调料拌匀便成，装盘时生菜叶垫底。

质量标准：色泽鲜艳，爽口不腻。

（三）鱼虾沙拉

1. 虾仁沙拉（Shrimps Salad）

原料：熟虾仁 300 克，素沙拉 400 克，生菜数片，草莓 50 克，蛋黄酱 200 克，白葡萄酒 10 克，盐 3 克，胡椒粉 1 克，柠檬汁 2 克。

工具或设备：沙拉盘、餐匙。

制作过程：

① 用一半虾仁与素沙拉放上各种调料拌匀，堆放在盘子中间。

② 剩余的虾仁分别撒在沙拉面上，再裱上蛋黄酱，四周放上生菜叶和草莓作装饰。

质量标准：色彩鲜艳，鲜嫩爽滑。

2. 明虾沙拉（Prawns Salad）

原料：明虾 15 只约 1500 克，土豆沙拉 1000 克，生菜叶数片，蛋黄酱 100 克，蔬菜香料 150 克，白葡萄酒 15 克，柠檬汁 3 克，盐 3 克，胡椒粉 1 克。

工具或设备：沙拉盘、餐匙。

制作过程：

① 明虾洗净，将适量清水加蔬菜香料、柠檬汁、白葡萄酒、盐，上火煮开后放入明虾氽熟。

② 待冷却后剥去虾壳和头，尾保留，在虾背上划一刀，去掉虾肠，批成厚片。

③ 把零星的碎虾肉拌入土豆沙拉内，先把生菜垫底，土豆沙拉放上面，要堆放饱满，

再铺满虾片，并用蛋黄酱裱成网状，再撒上胡椒粉。如需要也可配些番茄块作点缀。

质量标准：色调清淡，嫩滑爽口。

3. 咖喱海味沙拉（Curried Seafood Salad）

原料：长粒稻米 100 克，对虾 500 克，扇贝肉 500 克，黄油 60 克，芹菜碎 30 克，芫荽末 24 克，青葱末 15 克，红辣椒碎 1 个，80 克油醋汁，姜葱粉 20 克，咖啡粉 100 克，柠檬汁 50 克，糖 15 克，盐 3 克，胡椒粉 1 克，干白葡萄酒 5 克。

工具或设备：沙拉盘、餐匙。

制作过程：

① 把米淘净沥干水分，放入加有盐的开水中，不加盖地煮 12 分钟，直至米软熟，沥去多余的水分，放置盘中铺开至米饭干燥冷却。

② 将对虾煮熟，去壳去虾肠，一切两段。

③ 锅中放黄油加热，加扇贝肉小火煎炒 3 ~ 5 分钟至熟，冷却。

④ 把米饭放大碗中，加对虾、扇贝、芹菜、芫荽、青葱、红椒等轻轻拌和。油醋汁等所有调料拌匀后，浇到米饭海鲜上，进冰箱冷却备用，供 6 ~ 8 客。

质量标准：色泽鲜明，呈碗形倒扣盘中，味鲜爽口，营养丰富。

（四）其他类沙拉

1. 厨师沙拉（Chef's Salad）

原料：咸牛舌 25 克，熟鸡脯肉 25 克，火腿 25 克，奶酪 15 克，熟鸡蛋 1 个，芦笋 4 条，番茄半个，生菜数片，法汁 75 克。

工具或设备：沙拉盘、餐匙。

制作过程：

① 将生菜切成粗丝，堆放在沙拉斗内或盆子中间，把牛舌，鸡肉、火腿、奶酪均切成约 7 厘米长的粗条，与芦笋分别竖放在生菜丝的周围。

② 把熟鸡蛋去壳，与番茄均切成西瓜块形，间隔放在各种物料的旁边，出菜时伴随一盅法汁即可。

质量标准：色彩鲜艳，香酸爽口。

2. 白豆火腿沙拉（White Beans Ham Salad）

原料：干白豆 250 克，熟火腿 100 克，青椒 1 只，洋葱末 20 克，生菜数片，法汁 100 克。

工具或设备：沙拉盘、餐匙。

制作过程：

① 干白豆用冷水浸泡 12 小时后，放入足够的清水中，用锅煮酥烂。（煮的过程中须换两次水，使白豆干净洁白）沥去水分后，趁热用一半法汁调味。

② 熟火腿切成 2 厘米见方的丁，青椒去籽后切成约 3.5 厘米长的细丝，用

开水略烫一下，沥干水分，洋葱末放水中泡一下，用纱布挤干。

③ 把上述各种物料放在盛器内，加剩余的法汁拌匀，盛放在铺有生菜的盆上即可。

质量标准：色泽鲜艳，口感酥烂。

3. 通心粉沙拉（Macaroni Salad）

原料：通心粉 100 克，熟火腿 75 克，熟鸡蛋 1 个，小洋葱 1 只，酸黄瓜末 2 汤匙，蛋黄酱 100 克，白葡萄酒 10 克，盐 3 克，胡椒粉 1 克，生菜叶数片，法汁适量。

工具或设备：沙拉盘、餐匙。

制作过程：

① 通心粉用开水煮熟（不宜煮烂），用冷水冲凉后，沥干水分，洋葱切丝，用盐腌渍一下，挤干水分备用，将蛋白、蛋黄切成末。

② 将酸黄瓜末、蛋白末、洋葱丝等与通心粉、盐、胡椒粉、蛋黄酱、法汁一起拌匀后，放入垫有生菜叶的碗中，撒上蛋黄末。

③ 把火腿切成宽条，用白葡萄酒调味后，堆放于通心粉之上即可。

质量标准：色泽鲜艳，可口滑糯。

4. 什锦冷盘（Assorted Cold Meat with Salad）

原料：烹制成熟的海鲜、肉类、禽类以及各种香肠等均可作为主料，各种应时蔬菜、生菜和蔬菜沙拉、法汁、蛋黄酱各适量。

工具或设备：沙拉盘、餐匙。

制作过程：

① 将各种熟制的主料与蛋黄酱、法汁拌匀后，分别切片装盆，要求刀工整齐，厚薄均匀，拼摆要整齐并有一定的造型。

② 用各种应时蔬菜、蔬菜沙拉及生菜作陪衬、装饰，主料与配料的数量应根据就餐者人数而定。

质量标准：色泽鲜艳，细嫩鲜美。

5. 鸡肉苹果沙拉（Cold Chicken Waldorf Salad）

原料：熟鸡脯肉 250 克，脆苹果 500 克，熟土豆 250 克，嫩西芹 5 根，核桃仁 50 克，生菜叶数片，鲜橙 1 个，蛋黄酱 150 克，鲜奶油 100 克，盐 3 克，胡椒粉 1 克。

工具或设备：沙拉盘、餐匙。

制作过程：

① 把鸡脯肉切 3 厘米长的粗细丝，土豆去皮，苹果去核，和西芹同样切成粗细的丝。

② 核桃仁用开水烫一下，剥去皮切片，鲜奶油打发，再将切好的各种原料

集中一起放在大玻璃盅中（留一部分核桃仁），然后加入蛋黄酱、鲜奶油、盐、胡椒粉一起轻轻拌匀即可装盆。

③ 装盆时生菜叶垫底，用鲜橙肉围边装饰，部分核桃仁撒在沙拉上面即可。

质量标准：色泽素雅，脆嫩滑爽。

第四节　其他类冷菜的制作案例

一、胶冻类

（一）概念

胶冻类冷菜是指用动物凝胶把加工成熟的动植物原料制作成透明的胶冻状菜肴，它的制作原理主要是利用蛋白质的凝胶作用。胶质是从肉皮、鱼皮等原料中提取的明胶，明胶能溶解于水，形成一种稳定的胶体。一般情况下，胶体分为连续相和分散相，在胶冻中蛋白质属于连续相，其分子结成长链，形成一种网状结构，水分子是分散相，分散在蛋白质颗粒之间，冷却后可以牢固地保持在蛋白质的网状结构中，从而形成一种胶冻状态。

（二）适用范围

胶冻类冷菜在西式宴席或在便餐中用途极广，主要适用于鸡、鱼、虾类等含胶原蛋白丰富的热制冷食的冷菜，往往在正式宴会前、冷餐会上或鸡尾酒会上使用较多。

胶冻类冷菜备受人们的欢迎，在制作中主要是以下几个制作步骤。

① 把富含胶原蛋白的原料用水煮熟；

② 用煮的汤汁经调味后制作成胶冻汁；

③ 把胶冻类冷菜的主辅料切配成形并拼摆成形，然后浇上胶冻汁，装入容器中放进冰箱中冷却成冻状；

④ 出菜时，取出并配上一些装饰料即可。

（三）制作案例

1. 鳜鱼冻（Cold Mandarin Gelatine）

原料：鳜鱼1条（1000克左右），虾仁100克，全力粉125克，鱼汤1200克，方面包1片，鸡蛋2个，黄油150克，蔬菜香料150克，蛋黄酱200克，白葡萄酒50克，盐3克，胡椒粉1克，糖色少许，色拉油沙司适量。

工具或设备：沙拉盘、餐匙。

制作过程：

① 将鳜鱼刮鳞洗净，去掉内脏和鱼鳃，不要剖腹，保持鱼外形完整，用盐、蔬菜香料腌渍 60 分钟。

② 将鱼用开水烫一烫，去掉黏液和腥味，另外将虾仁斩成蓉，加盐、胡椒粉、泡软的面包、鸡蛋制成馅心，并塞入鳜鱼肚内。

③ 将鳜鱼用白布包好，用线绳捆成鱼游水的形状，放入蒸笼蒸约 20 分钟至熟，取出冷却。

④ 鱼汤内加 100 克全力粉和 2 个蛋白拌匀，用文火煮开澄清，再用布过清，并使之冷却。另将 25 克全力粉用少许冷水化后煮开，稍冷后徐徐拌入蛋黄酱内，这是将冷透的鳜鱼放在盆内呈游水状，再把色拉油沙司浇没鱼全身，然后放进冰箱冷却。

⑤ 将黄油搅软加少许糖色，使之成巧克力色，再放入裱花袋中，在鱼头上裱成鼻、眼、口，鱼的两侧鱼鳞也裱出来。

⑥ 将鱼放在银盆内，竖立平稳，将做法 4 中的汤汁呈瓦状浇在鱼的周围，使之成为波浪形。此菜适合于宴会。

质量标准：整鱼上桌，栩栩如生，肉质细嫩。

2. 明虾冻（Prawns in Jelly）

原料：明虾 4 只（每只约 100 克），全力汁 400 克，番茄 1 个，熟鸡蛋 1 个，生菜数片，鸡清汤 300 克，蔬菜香料 50 克，白葡萄酒 15 克，柠檬汁 10 克，盐 3 克，胡椒粉 1 克，柠檬片适量。

工具或设备：沙拉盘、餐匙。

制作过程：

① 将明虾洗净，用蔬菜香料、白葡萄酒、柠檬汁等加水煮熟，冷后剥壳，明虾肉切成片待用。

② 鸡清汤调味后加入一定比例的全力汁煮溶化、冷却，先在小模具内浇一层全力汁、凝结后放入数片明虾片，再浇些全力汁，接着放一片番茄（去皮去籽）、一片蛋片、全力汁的顺序，依次交替，最后将全力汁灌满模具，放入冰箱冻结。

③ 上席是将模具在热水中略加热，倒扣出装盆，周围用生菜，柠檬片装饰。

质量标准：色泽透明，微咸略酸。

3. 鱼冻现代式（Fish Gelatine in Morden Style）

原料：整鳟鱼 1 条，全力汁 750 克，小番茄 2 个，瓤鸡蛋 6 个，生菜叶数片，柠檬 2 个，葱头 15 克，胡萝卜 15 克，芹菜 15 克，香叶 2 片，盐 5 克，尼莫利沙司 50 克，胡椒粉和白兰地酒各适量。

工具或设备：沙拉盘、餐匙。

制作过程：

① 把鱼剔出净肉，鱼头去鳃和尾部一起用沸水汆一下，滤净水分。

② 把净鱼肉片成片，加盐、胡椒粉、柠檬汁、葱头、芹菜、胡萝卜等稍腌，再放入水中加葱头、胡萝卜、芹菜、香叶、白兰地酒煮熟。

③ 把生菜叶垫在盘底，头尾放在两端，中间放瓤鸡蛋，鱼片放在鸡蛋两侧，鸡蛋上放番茄片，柠檬切角点缀在四周。然后均匀地浇上全力汁，入冰箱冷藏，使其冻结。出菜时配 1 盅尼莫利沙司。

质量标准：鲜艳透明，微咸偏酸。

4. 龙虾冻（Lobster Gelatine）

原料：龙虾 1 只，全力汁 750 克，蛋黄酱 150 克，黑鱼子 100 克，红鱼子 100 克，煮鸡蛋 4 个，生菜叶数片，盐 5 克，胡椒粉 3 克，香叶 1 片，白醋 5 克，胡萝卜 15 克，葱头 15 克，芹菜 15 克。

工具或设备：沙拉盘、餐匙。

制作过程：

① 把龙虾洗净，放在锅内，加水、胡萝卜、葱头、芹菜、胡椒粉、盐、白醋、香叶煮熟，并在原汤内泡凉，再剥去龙虾外皮，将虾肉取出。

② 把虾肉切成圆片，入冰箱凉透。把 100 克全力汁加入蛋黄酱搅匀，浇在虾片上再入冰箱，使其冻结。

③ 在冻结后的虾上点缀美丽的图案，把一层全力汁放在虾壳上，再入冰箱冻结，反复数次。

④ 把剩余的全力汁放在盘底，冻结后再把龙虾放在上面，周围配上红鱼子和黑鱼子、煮鸡蛋、生菜叶等即可。

质量标准：鲜艳晶莹，虾肉鲜嫩。

5. 柠檬鸡蛋咖喱冻（Chicken in Jelly with Eggs）

原料：柠檬 50 克，鸡蛋 200 克，咖喱粉 80 克，砂糖 90 克，樱桃酒 100 克。

工具或设备：沙拉盘、餐匙、模具。

制作过程：

① 将柠檬挤汁；把鸡蛋的蛋黄、蛋清分开，用开水将咖喱粉溶化调匀；将柠檬汁、蛋黄、砂糖放在一起拌匀；蛋清用打蛋器打成泡沫状备用。

② 把泡沫状蛋清缓缓倒入咖喱液内，再倒入樱桃酒、蛋黄糖汁调匀，倒入咖喱模具内，放入冰箱内冷藏至凝固即可食用。

质量标准：酸甜香郁，鲜艳晶莹。

6. 鸡冻（Chicken in Jelly）

原料：净鸡 1 只，全力汁 750 克，鲜黄瓜 100 克，豌豆 100 克，胡萝卜 25 克，葱头 25 克，芹菜 25 克，盐 15 克，香叶 2 片，生菜叶和辣根沙司适量。

工具或设备：沙拉盘、餐匙、模具。

制作过程：

① 把整鸡洗净加水、胡萝卜、芹菜、葱头、香叶煮熟。晾凉后去骨，把鸡肉切成片备用。把黄瓜、胡萝卜切成花片。

② 在花模子底部浇上，冷凝后贴上胡萝卜、黄瓜片，放上鸡肉片及豌豆，再浇上全力汁，撒上盐，放入冰箱冻结。把鸡冻扣在盘内，周围配上生菜叶，单跟 1 盅辣根沙司即可。

质量标准：晶莹透明，鸡肉软嫩。

7. 束法鸡（Cold Chicken a La Su-fa）

原料：净鸡 1 只，鸡肝泥 500 克，奶油沙司 500 克，胡萝卜、葱头、芹菜各 50 克，盐 10 克，香叶 2 片，柠檬汁 10 克，全力汁 100 克，生菜叶和番茄各适量。

工具或设备：沙拉盘、餐匙。

制作过程：

① 把净鸡捆扎整齐，加水、葱头、胡萝卜、芹菜、香叶、盐煮熟，冷却。

② 把鸡脯肉片下，去除胸骨，鸡胸肉填上鸡肝泥备用。

③ 在奶油沙司内加上柠檬汁、全力汁搅拌均匀，当凉至 30℃左右时均匀地浇挂在鸡上，放入冷藏室冷透，然后在鸡胸部点缀上美丽的图案，再浇挂上一层全力汁，放入冷藏室冷透再修去盘内留下的多余的沙司和全力汁，然后用生菜叶、番茄等装饰点缀即可。

质量标准：色泽洁白，图案美观。

8. 苹果冻（Apple Gelatine）

原料：苹果 200 克，麦淀粉 20 克，鸡蛋 50 克，砂糖 75 克，柠檬汁 15 克，盐 3 克。

工具或设备：沙拉盘、餐匙、模具。

制作过程：

① 将苹果削皮去核，刮制成泥状；鸡蛋打开取蛋白，打发至起泡，缓缓地加入砂糖、麦淀粉调匀，放入盘内，放进冰箱冷藏成蛋白冻备用。

② 把盐、砂糖、麦淀粉放在一起拌匀，再加入苹果泥，用适量清水调匀，放入蒸锅用大火蒸至凝结时，浇上柠檬汁，食用时配上蛋白冻即可。

质量标准：酸甜爽口，色泽美观。

二、冷肉类

（一）概念

冷肉类冷菜主要指一些经过热加工后冷食的烧、烤、焖、腌制类的肉食及其制品。一般情况下，西餐中的冷肉类冷菜可按照其加工的来源渠道分为两种：一种是在厨房里由厨师加工制作的冷菜，主要是烤、焖、烧的畜肉、禽肉等，其制作方法往往与热菜的制法相同；另一种则是由食品加工厂加工的肉类成品，常见的有各种火腿、肉肠、腌肉或熏肉等，这些经过简单切配即可直接食用。

（二）适用范围

冷肉类冷菜一般适用于各种含蛋白质较高的禽类、畜类、水产品及各种蛋品类，多用于大型宴会及各类冷餐会。

（三）制作案例

1. 火腿模司（Ham Mousse）

原料：熟火腿 500 克，鸡汁 150 克，清全力水 100 克，打发奶油 200 克，盐 3 克，胡椒粉 2 克，芥末粉 1 克，白兰地酒 15 克，马德拉酒 15 克。

工具或设备：沙拉盘、餐匙、模具。

制作过程：

① 先把模具刷上少许全力水。

② 将火腿搅打成碎蓉状，放置冰柜中冷却。火腿冷透后取出，加鸡汁、全力水、盐、胡椒粉、芥末粉，慢慢搅拌均匀，最后加入打发奶油、白兰地与马德拉酒。

③ 立即将混合后的原料放入模具中，进冰箱冷却。

④ 上桌前将其反扣于盘中即可，如是大型模具，扣出后可改刀装盘，可用生菜、芫荽等装饰。

质量标准：色泽美观，口感肥滑。

2. 鸡肉卷（Gelatine of Chicken）

原料：净鸡 1 只（500 克），鸡蛋 1 个，全力汁 150 克，白葡萄酒 15 克，鼠尾草 4 克，盐 5 克，胡椒粉 2 克，葱头、胡萝卜、芹菜各 25 克，香叶 1 片，色拉油沙司 1 盅。

工具或设备：沙拉盘、餐匙、模具。

制作过程：

① 把整鸡去骨，鸡肉平放于板上，将其筋剁断，然后撒上盐、胡椒粉和少量白葡萄酒腌渍入味。

② 把肉馅加入盐、胡椒粉、白葡萄酒、鼠尾草、鸡蛋搅拌均匀，平铺在鸡卷上，然后把鸡肉卷成圆筒形，用口布包紧并用线绳捆好。

③ 把鸡肉卷放入锅中，加水、胡萝卜、葱头、芹菜、香叶煮熟，取出冷却。

④ 把鸡肉卷切成片码放在盘中，再把冻结的全力汁切成小丁，撒在盘子四周，出菜时单配一个色拉油沙司即可。

质量标准：色泽浅黄，浓香微咸。

3. 填馅鸡（Cold Stuffed Chicken）

原料：整鸡 1 只，蛋清 150 克，牛奶 200 克，豌豆 100 克，胡萝卜 135 克，盐 10 克，胡椒粉 2 克，豆蔻粉 2 克，鼠尾草 3 克，葱头 35 克，芹菜 35 各，香叶 2 片。

工具或设备：沙拉盘、餐匙、模具。

制作过程：

① 把整鸡皮从颈部小心脱下，去除内脏，把鸡净肉剔下洗净。

② 把鸡肉粉碎成肉馅，加入蛋清、盐、胡椒粉、豆蔻粉、鼠尾草、牛奶搅打成馅，再放入豌豆、胡萝卜丁拌匀，填入鸡皮内，用线缝好，再用白布包紧。

③ 把鸡放在锅中加水、香叶、胡椒粉、葱头、胡萝卜、芹菜上火煮熟取出备用。

④ 待鸡凉透后解开布包，抽取缝线，切片装盘。

质量标准：色泽浅黄，鲜香微咸。

三、时蔬类、腌菜类、泡菜类

（一）概念

时蔬类即指以生的蔬菜为主要原料制作而成的直接食用的一类冷菜。时蔬类冷菜一般具有开胃、帮助消化及增进食欲的作用，在习惯上也可分水果和绿叶蔬菜两大类。

腌菜类指新鲜的蔬菜或水果用水洗净后，加入各种调料并发酵一定时间制作而成的具有特殊风味的冷菜。腌菜类具有味酸、香而脆辣的风味，并有解腻的作用。

泡菜类是指把新鲜的蔬菜或水果加入各种调料，在短期内进行泡制而取出食用的冷菜。泡菜具有味酸、甜、咸而鲜脆的特点，吃起来较为爽口。

（二）适用范围

时蔬类一般选择各个季节的新鲜蔬菜和水果作为冷菜，多用于一般宴会和冷餐会中，其在制作上要求刀法整齐，色泽美观，口味要求突出酸、甜、香、辣味等。操作时要严格遵守卫生要求，并应现做现吃。时蔬类冷菜在西餐中由于各地区的生活习惯不同，制作的口味也不一样。英国、法国、德国、意大利、俄罗斯等欧洲国家，选料一般以季节性时蔬为主，口味突出酸、辣、咸、香等。

而美洲等国家则以季节性的水果为主，口味是咸里略带甜味。

腌菜类一般选用一些质地细嫩、水分含量较多的新鲜蔬菜或水果，适用于各种冷餐会、鸡尾酒会或正常冷菜的配菜。有时腌菜类也可作为制作酸菜汤或酸菜沙拉的主要原料。

泡菜类一般选用新鲜的叶菜类为主，也有少数选用新鲜水果。多用于制作各种冷餐会或鸡尾酒会上的小吃，也常常作为宴会中的开胃小吃，增加食欲。

（三）制作案例

1. 时蔬类

（1）什锦生菜（Assorted Vegetable）

原料：生番茄片 300 克，生黄瓜片 300 克，青生菜 150 克，熟四季豆 200 克，红菜头片 150 克，煮鸡蛋片 4 片，油醋汁 150 克。

工具或设备：沙拉盘、餐叉。

制作过程：

① 上述生菜原料分别装在半月形菜盘内，摆放时尽量要整齐划一。

② 上席时根据客人的需要浇上油醋汁或用沙司盅盛放配上即可。

质量标准：颜色鲜艳，酸甜可口。

（2）法式生菜（French Salad）

原料：卷心菜 150 克，青生菜 100 克，芹菜 35 克，煮鸡蛋 1 个，红菜头 75 克，番茄 75 克，油醋汁 100 克，盐 10 克，胡椒粉 6 克。

工具或设备：沙拉盘、餐叉。

制作过程：

① 将卷心菜、青生菜、芹菜、红菜头切成丝；熟鸡蛋、番茄切成片。

② 把卷心菜丝、青生菜丝和芹菜丝放在一起，加入盐、胡椒粉和油醋汁拌匀后，分别装入生菜盘中，每盘上面放一片煮鸡蛋，两边放番茄片和红菜头丝即可。

质量标准：色泽鲜艳，口味酸甜。

（3）咖喱油菜花（Cauliflower in Curry）

原料：净菜花 500 克，咖喱粉 25 克，玉米油 75 克，葱头末 50 克，姜末 15 克，大蒜末 10 克，香叶 1 片，干辣椒 1 个，盐 15 克，生菜油、清汤各适量。

工具或设备：平底锅、沙拉盘、餐叉。

制作过程：

① 菜花拆成小朵，用水煮熟，滤净水分，加盐拌匀入味。

② 用生菜油把葱头末、姜末、香叶、干辣椒炒香，放入咖喱粉炒香，加入清汤在微火上煮至汁浓，把咖喱油过箩浇在菜花上，搅拌均匀。

③ 出菜时把菜花码在碗中，再扣在盘子上，周围用生菜适当点缀即可。

质量标准：色泽金黄，脆嫩可口。

（4）加利福尼亚沙拉（California Salad）

原料：苹果 50 克，橘子 50 克，生梨 50 克，柚子 50 克，香蕉 50 克，鲜奶油 150 克。

工具或设备：沙拉盘、餐匙。

制作过程：

① 将各种水果均切成 7 ~ 8 厘米长、2 ~ 3 厘米宽的片，放在一起拌匀。

② 上席时，装圆盘内，配上鲜奶油作调味。

质量标准：色泽鲜艳，甜滑开胃。

2. 腌菜类

（1）腌番茄（Salted Tomatoes）

原料：樱桃番茄 750 克，芹菜 35 克，茴香 35 克，干辣椒 5 克，香叶 5 片，大蒜 50 克，鲜青椒 25 克，凉开水 1200 克，盐 35 克，砂糖 25 克，胡椒粒 5 克，辣根 10 克。

工具或设备：沙拉盘、餐匙。

制作过程：

① 将樱桃番茄洗净；茴香去掉老叶洗净，切成 3 厘米的段；青椒洗净；芹菜洗净，去老叶和须子，切段；大蒜洗净，在中间用刀一切两开；辣根洗净切成片。

② 将以上各料装入到腌渍用的缸中，并要一层番茄、一层腌料（芹菜、茴香、辣根、胡椒粒、干辣椒、香叶等）的码起来。

③ 将盐、砂糖放入锅内，用凉开水冲开，再倒入盛有番茄的缸中，盖上木盖，放在温度为 35℃的室内发酵 3 天左右。

④ 等到番茄缸中散发出香味时，即可用漏勺取出，放在温度为 0℃左右的冷藏室内，随用随取。如用冷水发酵，则要 4 天左右。

质量标准：色泽鲜艳，味酸香而辣。

（2）腌酸白菜（Salted Cabbage）

原料：白菜 1000 克，精盐 100 克，香叶 10 片，胡椒粒 5 克，干辣椒 10 克，苹果 250，胡萝卜 250 克。

工具或设备：沙拉盘、餐匙。

制作过程：

① 将白菜去掉老叶，老根洗净，切成 1 厘米左右的粗丝；苹果洗净，一切 4 瓣；胡萝卜去皮，洗净，切成与白菜一样粗的丝。

② 将精盐撒在白菜和胡萝卜丝上，调和揉搓，搅拌均匀，然后一层菜、一

层苹果码入缸内，共码四层，调料也同时分层撒入，用木棍把白菜按实，缸里盖上盖，并压上重物，缸口上再盖一个木盖，放在温度为35℃的地方发酵3～4天即可。

质量标准：味酸香而脆，色泽鲜艳。

（3）腌酸黄瓜（Salted Cucumber）

原料：小黄瓜500克，芹菜35克，茴香35克，青椒15克，开水1000克，辣根25克，干辣椒10克，香叶5片，胡椒粒10克，大蒜20克，盐50克。

工具或设备：沙拉盘、餐匙。

制作过程：

① 把黄瓜洗净，控去水分；茴香去老叶，洗净，切成6厘米长的段；青椒整个洗净；芹菜去老叶，洗净切段；大蒜洗净，在中间用刀一切两开；辣根洗净，切成片。

② 将黄瓜、青椒、芹菜、调料各分为3份，分层装入缸中，码放的次序是：先码黄瓜，再码青椒、芹菜，后加调料。

③ 将盐放入锅内，用开水冲开，待盐水水温降到60～70℃时，倒入缸内，在黄瓜上加木盖，压上重物，缸口盖上大木盖，放在温度为35℃左右的地方发酵3天左右，待散发出香味时，取出放在温度为0℃左右的冷藏室内保存，随用随取。

质量标准：质地脆嫩，口味偏酸。

3. 泡菜类

（1）泡菜（Sweet and Sour Cabbage）

原料：圆白菜1000克，菜花350克，鲜黄瓜250克，青、红柿子椒250克，芹菜250克，胡萝卜250克，干辣椒10克，丁香20粒，胡椒20粒，香叶2片，白醋100克，砂糖600克，盐25克，咖喱粉3克。

工具或设备：沙拉盘、餐匙。

制作过程：

① 把各种菜择好洗净，圆白菜切成小块，胡萝卜切成片，黄瓜切成小条，菜花切成小朵，芹菜切小段，柿子椒切片，用开水先把菜花用开水焯一下，然后马上把所有的菜一起焯下，再用冷水浸凉沥干水分，装入泡菜坛内。

② 把丁香、香叶、干辣椒加水2500克煮开，约煮15分钟后加糖、盐、白醋、咖喱粉，调好口味即成泡菜汁，凉后倒入到泡菜坛内，上面压一个重物，约泡24小时即可食用，将其存放在1～5℃的地方。

质量标准：色黄，口感甜、酸、脆，解腻。

（2）泡菜花（Cauliflower in Sour and Sweet Juice）

原料：菜花1000克，白醋50克，砂糖200克，丁香10粒，香叶2片，香桃片适量。

工具或设备：沙拉盘、餐匙。

制作过程：

① 把菜花洗净切成小朵，用开水焯一下，捞出后用冷水浸凉，沥干水分，装入坛内。

② 锅内放水 1500 克，放入丁香、香叶煮开加糖，再煮 5 分钟的放入白醋、香桃片煮 5 分钟，凉后倒在装有菜花的坛内压实，泡 12 小时后即可食用。

质量标准：酸甜清脆，开胃解腻。

（3）红白菜（Cabbage Sour and Sweet Juice）

原料：白帮白菜 1500 克，砂糖 150 克，盐 50 克，白醋 50 克，香叶 2 片，干辣椒 2 个，红菜头 500 克，胡椒 10 粒。

工具或设备：沙拉盘、餐匙。

制作过程：

① 将红菜头去皮，洗净，用刀切成碎末，放入锅内，加水烧开，煮 10 分钟左右，将砂糖、白醋、盐、香叶、胡椒粒、干辣椒放入，再稍开片刻，关火待用。

② 将白菜去掉老叶帮洗净，切成细丝，把盐撒入，用手揉匀，腌 1 ~ 2 小时，再用手把白菜水分挤出，放入瓦缸。把煮好的红菜头汤过箩，加入瓦缸内，用手勺把白菜与汤拌匀，上盖盘子，盘子上再加重物压住，腌 12 小时就可食用。

质量标准：色泽鲜艳，味咸酸甜。

四、泥酱类

（一）概念

泥酱类即指在西餐中用动物内脏或新鲜的蔬菜、水果，经过粉碎加工后制作成的泥状的辅助食品。一般在冷菜的制作中或开胃小吃的制作中较为多见。

（二）适用范围

泥酱类多适用于冷餐会、鸡尾酒会等大型自助餐中，制作而成后可单独成为一道冷菜，也可用于辅助其他食物供人们食用。通常情况下，泥类多选择一些动物的内脏加入各种调味料制作成专门的冷菜；而酱类则多选择新鲜的水果粉碎后加入调料制作成，可辅助其他食物，也可作为调配料，在西餐中应用较多。尤其是在西式早餐中应用极其广泛。

（三）制作案例

1. 葱汁肝泥（Minced Beef Liver）

原料：牛肝750克，猪肥膘200克，芹菜50克，葱头400克，胡萝卜65克，黄油50克，鸡清汤300克，辣酱油25克，肉蔻粉1/4个，奶油65克，熟猪油50克，玉米油125克，香叶1片，胡椒粉30克，盐10克。

工具或设备：焖锅、沙拉盘、餐匙。

制作过程：

① 将牛肝去膜、去筋，切成方块，用开水稍汆，捞出用水洗净。把猪肥肉切成小丁；胡萝卜、葱头、芹菜洗净，切成小片。

② 往焖锅内放入熟猪油加热，将猪肥肉丁和切成片的胡萝卜、芹菜、葱头、香叶放入炒3分钟，再加入牛肝、胡椒粉、盐炒片刻，加鸡清汤焖4～5分钟，然后将焖熟的牛肝取出粉碎，并将粉碎好的牛肝放入锅内上火，加入黄油、鸡清汤、肉蔻粉，奶油、辣酱油拌匀成泥状，待肝泥开起，即离火冷却。

③ 把剩下的葱头切成小丁，用玉米油半炸半炒，炒至深黄色而香脆时即可。

④ 上菜时，将肝泥装盘，用刀抹光滑，而后压上花纹，浇上炸好的葱丁即成。

质量标准：色泽灰红，味香微咸。

2. 茄泥（Minced Eggplant）

原料：茄子250克，葱头50克，番茄50克，玉米油50克，香叶1片，番茄酱15克，蒜3克，胡椒粉5克，盐5克，砂糖3克，干辣椒1个。

工具或设备：平底锅、沙拉盘、餐匙。

制作过程：

① 把茄子洗净，整个放入烤炉，烤熟取出，用刀去掉蒂及皮，剁烂备用。

② 把番茄去皮，剁碎备用。把葱头去皮洗净，切成末。往锅中注入玉米油，下入葱头末炒黄，再下入香叶、干辣椒、番茄酱，移至微火上烤至油呈红色时，立即将茄泥与番茄下锅，并放入胡椒粉、盐、砂糖，再经约30分钟，待茄子水分已尽时，将大蒜拍碎放入搅匀，稍待片刻后即成。

质量标准：色泽酱色，细腻爽滑。

3. 大虾泥（Minced Prawns）

原料：大虾500克，黄油35克，奶酪75克，奶油50克，葱头75克，胡萝卜10克，芹菜10克，香叶1片，鸡清汤150克，生菜叶10克，胡椒粉5克，盐8克，肉蔻粉1克。

工具或设备：沙拉盘、餐匙。

制作过程：

① 将大虾去皮及虾肠洗净，每只切成3～4块。把胡萝卜、葱头去皮，芹

菜摘好洗净，均切成片备用。

② 将黄油放入锅中烧热，下入葱头、胡萝卜、芹菜、香叶，煸炒搅拌出香味后，将大虾块放入再煸炒片刻，立即放入鸡清汤，盖上锅盖，继续在火上焖5～6分钟即可。

③ 将奶酪切成块，同焖熟的大虾一起用粉碎机粉碎，制成虾泥。然后将虾泥放入另一锅内，加入鸡清汤、奶油、盐、胡椒粉、肉蔻粉调好味，在火上烧4～5分钟。将黄油上火化开，将其中一半放入虾泥内搅匀，用冷水拔凉。将其余的黄油晾凉，搅拌成浆糊状待用。

④ 将油纸铺开，把化好的黄油糊用刀均匀地抹于纸面上，再将虾泥做成圆形的条，放置于抹黄油的纸面上，把油纸卷成直径为3厘米长的圆形条，置于冰箱中使之凝固。

⑤ 上席时，将油纸剥开，用消过毒的刀把大虾泥切成约5毫米厚的圆片，叠放于盘中，再用生菜叶围边即可。

质量标准：颜色深黄，口味鲜香。

4. 法式鹅肝酱（French Goose Liver Terrine）

原料：鲜鹅肝1000克，鸡油1000克，猪肥膘薄片（60厘米×40厘米），鸡蛋3个，马德拉酒20克，白兰地10克，味精15克，盐15克，硝水3克，豆蔻粉1克，甘草粉1克，香叶4片，百里香3克，白胡椒粉10克。

工具或设备：焖锅、沙拉盘、餐匙。

制作过程：

① 先将鹅肝去筋膜，用粉碎反复打烂后过筛，再倒入粉碎机内。

② 加入鸡蛋和各种调料搅拌，边搅拌边徐徐加入鸡油，至鸡油加完为止。

③ 取一个长方形模具，先在四周垫入猪肥膘，再倒入鹅肝酱，并用肥膘把上面封闭，顶部撒少许百里香，放上香叶，用盖子盖好。

④ 将模具放入90～100℃水中，微火煮2小时，取出冷却，凉后进冰箱冷藏。

⑤ 出菜前扣出切片装盆，并做装饰点缀。

质量标准：色泽暗红，肥滑细腻。

5. 苹果酱（Apple Paste）

原料：苹果500克，水500克，砂糖500克。

工具或设备：焖锅、沙拉盘、餐匙。

制作过程：

① 将苹果洗净削去皮，一切4半，去掉核，然后用刀切成小薄片。

② 把苹果片装入锅里，水煮，待煮烂后，过粗箩筛成泥。

③ 往苹果泥中放入砂糖用小火烧，等到水分蒸发掉，糖汁发黏时即可。晾凉后装入瓦缸内，以1～5℃保存，随用随取。

质量标准：微黄光亮，甜酸适口

6. 杨梅酱（Myrica Paste）

原料：杨梅550克，砂糖500克。

工具或设备：焖锅、沙拉盘、餐匙。

制作过程：

① 杨梅择去蒂、枝等，用清水洗净沥干水分，放入锅内，加入糖上火烧开，移至小火边烧边搅，注意不要糊底。

② 烧约1.5小时后，等杨梅水分去掉一半左右，糖开始起黏时取出晾凉，放入玻璃容器中保存，随用随取。

质量标准：色泽红亮，酸甜鲜美。

五、混合类

（一）概念

混合类冷菜泛指不属于以上范畴的一切其他冷菜。往往在西餐中应用也较多，其中有部分是制成品，也有部分是非制成品。

（二）适用范围

一般情况下，混合类冷菜多应用于各类冷菜的配菜，也有部分适用于冷餐、酒会及宴会。

（三）制作案例

1. 冷茶肠

原料：茶肠80克，泡菜25克，煮红菜头丁25克，生菜叶少许。

工具或设备：沙拉盘、餐匙。

制作过程：

① 把茶肠用冷餐刀切成椭圆形片，以6～8片为宜。

② 将切好的茶肠片斜码成波浪形，也可摆成其他形状。周围配上煮红菜头丁、泡菜和生菜叶即可。

质量标准：美观大方，口味鲜美。

2. 奶酪（Cheese）

原料：奶酪70克，生菜叶或芹菜少许。

工具或设备：沙拉盘、餐匙。

制作过程：

① 将奶酪去皮切成薄片，以 5～6 片为宜。

② 把奶酪片码放成一定的形状摆放在盘中央，周围点缀上生菜叶或芹菜即可。

质量标准：香味浓郁，营养丰富。

3. 冷火腿

原料：火腿 1500 克，煮红菜头丁 250 克，酸黄瓜 100 克，生菜叶少许。

工具或设备：沙拉盘、餐匙。

制作过程：

① 将火腿剥去包装纸，用冷餐刀或切片机切成薄片。

② 把火腿片放在盘子中央，码放成各种图形，周围配上煮红菜头丁、酸黄瓜，用生菜点缀即可。

质量标准：色泽和谐，咸鲜适口。

思考题

1. 简述西式冷菜的概念及其区别。

2. 冷菜在西餐有何作用？它与中餐冷菜有何不同？

3. 在西餐中，冷菜是如何分类的？

4. 开胃菜有哪几类？并举例说明它们的不同点及适用范围。

5. 制作沙拉时通常要注意哪些事项？

6. 沙拉如何分类？每一类有哪些显著特点？

7. 简述胶冻类冷菜制作的原理。适合于哪些原料的制作？

8. 简述冷肉类冷菜制作的原理。

9. 简述腌制类、泡菜类冷菜的制作原理。它们之前有何共同点和区别？

10. 泥酱类冷菜在生产过程中需要共同注意的问题是什么？

11. 生食沙拉有哪些特点？对原料有什么要求？在菜单中起什么样的作用？

12. 用于熟蔬菜沙拉的原料有哪些？其成熟加工有哪些要求？

13. 什锦冷盘在装盆方面有什么要求？它有哪些常用的装盆方法？

14. 全力汁是怎样制成的？制作过程中应掌握哪些要领？

第八章

西餐烹调工艺

本章内容：西餐烹制与热传递

西餐肉类菜肴烹调程度测试

西餐调味概述

教学时间：8课时

训练目的：让学生了解西餐烹制与热传递的方法，掌握西餐肉类菜肴烹调程度测试方法，熟悉西餐调味方法。

教学方式：由教师讲述西餐烹调工艺的相关知识，运用恰当的方法阐述各类西餐烹调工艺的特点。

教学要求：1. 让学生了解相关的概念。

2. 掌握烹制与热传递的方法。

3. 熟悉西餐肉类菜肴烹调程度测试方法。

4. 掌握西餐调味方法。

课前准备：准备一些原料，进行示范演示，掌握其特点。

西餐烹调工艺主要分为烹制与调味两个部分。前者研究西餐中的烹法，后者阐述西餐中的调味，两者之间在很多情况下是相互交融、相互配合、相互联系的。但为了阐述方便，特将其分开介绍。

第一节 西餐烹制与热传递

在西餐菜肴烹制过程中，热传递的方式多种多样，近现代食品科学家们根据使食物成熟时的能量传递方式来划分（表8-1），其中在国内外都有影响的一种分类方法是英国食品化学家福克斯（B.A.Fox）提出的。

表 8-1 食物热处理技术分类

方　法	举　例	说　明	传热方法
干热法	烘和烤	在烘箱或其他密闭容器中烘烤	热空气和反射的辐射热
	在烤架上炙烤或直接灼热	直接加热	辐射和对流
湿热法	煮沸	在沸水中煮	传导
	水蒸气	直接用水蒸气蒸（或在水气加热的容器中）	传导（或对流）
	加压烹调	在压力下用水蒸气蒸	传导
	炖和煨	在低于沸点的水中煮	传导
热油法	油炸	食物全部或部分浸入热油中	传导
	煎	在浅油中加热	传导
	炒	加少油中翻拌加热	传导
微波法	—	食物在烘箱中经受微波辐射	食物中产生热

一、干热法

干热法（Dry-heat Cooking Method）的热源多为明火炉灶、铁板或烤箱，传热方式主要是辐射和传导，如果食物原料在某些特殊热源设备中加热，也有对流的现象。干热法主要有烤、炙烤、铁扒等。

（一）烤

1. 概念

烤（Roast）是指将食物原料放入烤炉内，借助周围的热辐射和热空气对流使之成熟的方法。为了使之加热均匀、上色一致，常常采用边烤边旋转的方式。传统的制作方法是将铁钎叉入原料内，用明火将原料翻转烤熟；现代的制作方法大多数是在旋转烤箱或具备内部旋件的烤箱中完成。制作时把腌渍过的原料穿插在不锈钢制的钢钎上（或挂钩上），再把钢钎悬挂在烤箱中的旋转架上，烤箱启动后，旋转架会有规律地旋转，以使被烤的原料能够从四周均匀受热，直至烤熟。目前此种"烤"法又有所发展，往往采用对流式烤箱，这种烤箱内部装有一个或多个小型风扇，风扇启动时能使烤箱内热气流不停地流转，从而保证了被烤原料受热均匀。由于烤制过程中原料发生了美拉德反应、焦糖化反应等，成品具有诱人的色泽和迷人的香味，而且更加突出了原料的本味。

2. 特点

封闭式烤法加热均匀，可使菜肴色泽焦黄，并有外香里嫩的特点。

3. 适用范围

封闭式烤法适宜制作体积较大的肉类、禽类原料，如嫩鸡、外脊肉和羊腿等。

4. 制作关键

① 烤的温度范围在 140 ~ 240℃。

② 烤制不易成熟的原料要先用较高的炉温烤，当原料表面结壳后，再降低炉温烤。

③ 烤制易成熟的原料时，可一直用较高的炉温。

④ 如原料已上色，而原料还没有成熟，就要盖上锡纸再烤。

⑤ 烤制过程中要不断往原料上刷油或淋烤原汁。

5. 菜肴案例

（1）法式香草烤鸡腿（Roast Chicken Legs with Spices，法式，1 人份）

原料：鸡腿 1 只，百里香 1 克，迷迭香 1 克，黑胡椒碎 1 克，香叶 1 片，蒜片 5 克，西蓝花 25 克，鸡菇 25 克，胡萝卜 15 克，盐 3 克，白兰地 15 克，牛肉高汤 50 克，意大利香醋 3 克。

工具或设备：烤箱、厨师刀。

制作过程：

① 鸡腿洗净，晾干水分。用百里香、迷迭香、黑胡椒碎、香叶、蒜片、盐和白兰地腌制 2 小时。

② 西蓝花、鸡菇、胡萝卜切小块，在加了少许盐的沸水中余熟，捞出，沥

干水分。

③ 腌制好的鸡腿放入烤箱中，以 250℃烘烤至熟，表皮成美丽的金黄色。测试鸡腿是否熟透，可用小刀或者筷子穿透鸡肉，若无血水，则已熟透。

④ 净锅上灶，掺入适量牛肉高汤和意大利香醋，烧至适合的浓稠度，即可关火。

⑤ 取一盘，先放熟菜，然后将鸡腿置于蔬菜之上，最后浇汁即可。

质量标准：色泽金黄，外酥里嫩。

（2）芥香烧羊肉（Rack of Lamb with Mustard and Herbs，法式，4人份）

原料：羊排910克，黑胡椒粉1克，蒜蓉5克，黄油15克，芥辣15克，番芫荽碎15克，面包糠15克，西蓝花15克，橄榄形胡萝卜15克，橄榄形白萝卜15克，盐适量。

工具或设备：烤箱、厨师刀。

制作过程：

① 羊排洗净，去掉多余脂肪。将蒜蓉、盐及黑胡椒粉混合涂擦于羊排表面，腌渍15分钟。

② 将羊排置于205℃烤箱中烤10分钟，然后在160℃烤箱中，再烤25分钟。

③ 再将黄油、番芫荽碎、面包糠、芥辣等混合涂于羊排表面，放回烤箱至表面呈金黄色。

④ 取出放置片刻，切除骨头，配上西蓝花、橄榄形胡萝卜、橄榄形白萝卜等，切片即成。

质量标准：外酥里嫩，香味浓郁。

（二）炙烤

1. 概念

炙烤（Broil），是以红外线辐射热源，由上往下以高温快速烹制的一种方法。制作时，它需要使用壁炉（顶火烤炉或焗炉），原料在炉中可以通过调节炉架高度来控制烤制温度。在加热过程中，由于其火力集中，热力直接烘至原料表面，容易产生诱人的色泽与香味，所以在西餐中有很多这样烹制的菜肴。制作时在菜肴的表面浇上沙司或撒上奶酪（芝士）末和面包屑，烤至其颜色金黄、香味四溢时即成。如焗法国洋葱汤、芝士焗龙虾、芝士焗意粉、焗雪山冰激凌、焗葡国鸡等菜肴的制作，甚至连甜品及吐司等点心的加工也常采用此法。在广州、香港一带的习惯称为"焗"。

2. 特点

由于炙烤的菜肴表层常常覆盖有浓沙司，可使主料质地鲜嫩，同时具有气味芳香、口味浓郁的特点。

3. 适用范围

炙烤的烹调方法适宜制作质地鲜嫩的原料，如鱼虾、嫩肉、蔬菜、鲜蘑等。

4. 制作关键

（1）炙烤的温度相对较高，一般为180～300℃，可移动活动烤盘调节温度。

（2）烤斗的底层要浇上一层较稀的沙司。

（3）上面的沙司要稠一些，要浇得厚薄均匀且平整。

5. 菜肴案例

（1）焗蜗牛（Broiled Snails，法式，1人份）

原料：蜗牛6个，蜗牛黄油20克，葱末、蒜末各5克，葱头25克，胡萝卜25克，芹菜20克，白兰地15克，盐3克，胡椒粉1克。

工具或设备：焗炉、竹扦。

制作过程：

① 把葱头、胡萝卜、芹菜任意切碎加水煮沸，放入蜗牛稍煮，捞出。

② 用竹扦把蜗牛肉挑出，去掉尾部，用煮蜗牛的原汁洗净。

③ 用黄油把葱蒜末炒香，蜗牛肉稍炒，烹入白兰地，调入盐、胡椒粉炒匀。待蜗牛肉凉后用镊子放入原壳内，在蜗牛开口处塞上蜗牛黄油放在盘中，入炉炙烤上色即成。

质量标准：色泽金黄，口味浓香。

（2）希腊焗羊肉（Baked Lamb Greek Style，希腊式，4人份）

原料：羊肉碎450克，洋葱半个，蒜头2粒，黄油35克，番茄酱25克，面粉15克，牛肉清汤200克，番茄4个，茄子200克，玉米油50克，盐3克，胡椒粉1克，奶酪粉30克，白汁250毫升，番芫荽1克。

工具或设备：焗炉、厨师刀。

制作过程：

① 将洋葱、蒜头洗净，切成小粒，茄子切片，拍上干面粉，用玉米油煎至两面金黄；番茄切成片。

② 黄油烧化，放入洋葱及蒜头炒至微黄，放入番茄酱、羊肉碎炒5分钟，用盐和胡椒粉调味，然后加入牛肉清汤，用小火焖15分钟收汁。最后将肉糜放入焗盅内，上面排放番茄片及茄子片，淋上白汁，撒上奶酪粉，放入焗炉内，至表面金黄，以番芫荽作装饰。

质量标准：色泽金黄，奶香浓郁。

（三）铁扒

1. 概念

铁扒（Grill）是加工成形的原料，经腌渍调味后，放在扒炉上，扒成带有网状的焦纹，并达到规定火候的烹调方法。此法烹制时热源由下而上，成品具有漂亮的网状花纹、浓郁的焦香味及鲜嫩多汁的口感，深受欧美人的青睐。传统的制作是采用铁扒炉，该炉上有若干铁条排列在一起，每根铁条直径2厘米，铁条间隙有1.5～2厘米宽。扒炉的燃料常用木炭和煤气，烹制时，先在铁条上喷上或刷上食用油，然后将用盐、胡椒粉、香料、食用油等腌渍过的鸡扒、牛扒、猪扒、鱼扒或海鲜等原料，放在扒炉铁条上，先扒原料的一面，待其上色快熟时再扒原料的另一面。制作时，常用移动原料的方法控制火候。铁扒的传热介质是空气和金属，传热形式是热辐射与传导。

2. 特点

由于铁扒的烹调方法是用明火烤炙，温度高，能使原料表层迅速炭化，而原料内部水分流失少，所以这种烹调方法制作的菜肴都带有明显的焦香味，并有鲜嫩多汁的特点。

3. 适用范围

由于铁扒是一种温度高、时间短的烹调方法，所以适宜制作质地鲜嫩的原料，如牛外脊、鱼虾、笋鸡等。

4. 制作关键

① 铁扒的温度范围一般为180～200℃。

② 扒制较厚的原料要先用较高的温度扒上色，再降低温度扒制。

③ 根据原料的厚度和客人要求，掌握火候扒制的时间，一般在5～10分钟。

④ 金属扒板、扒条上要保持清洁，制作菜肴时要刷油。

5. 菜肴案例

（1）黑椒牛排（Sirloin Steaks with Black Pepper Sauce，法式，4人份）

原料：西冷牛排4块（计910克），黑胡椒碎15克，玉米油15克，黄油100克，蒜头4粒，洋葱半个，干葱2粒，西芹半根，面粉半汤匙，牛肉清汤250毫升。

工具或设备：扒炉、平铲、搅拌机。

制作过程：

① 将黑胡椒碎压在牛排表面，刷上少量玉米油，放置1小时。洋葱、蒜头、干葱切成小粒备用。

② 黄油放入平底锅煮融，放入蒜蓉、洋葱、干葱、西芹炒制，放入面粉及黑胡椒碎，慢火炒2～3分钟，然后加入牛肉清汤，烧沸后用慢火煮45分钟。最后放调味汁于搅拌机中打匀，回锅烧沸并调剂稠度，成黑椒汁。

③ 放60克黄油于扒炉，放入牛排煎至适合生熟程度。将西冷牛排放于盘中，淋上黑椒汁，配上蔬菜即可。

质量标准：外酥内嫩，味汁浓郁。

（2）铁扒大虾时蔬（Grill Prawns and Fresh Vegetables，美式，1人份）

原料：大虾 200 克，白葡萄酒 15 克，黑胡椒 2 克，洋葱半个，盐 3 克，各种蔬菜各 25 克，玉米油适量。

工具或设备：扒炉、平铲。

制作过程：

① 洋葱切成条状，大虾用白葡萄酒、盐、黑胡椒和洋葱腌 30 分钟。

② 用铁板或者炒锅稍放些油，煎烤虾和蔬菜，最后装盘即可。

质量标准：外酥内嫩，营养丰富。

二、湿热法

湿热法（Moist-heat Cooking Method）的基本特征是利用水或水蒸气作为热载体或传热介质，不管采用何种形式的热源设备，食物原料均不直接接触热源，因此，传导几乎是唯一的传热方式。

湿热法又因热载体水分子的状态分为液相湿热法和蒸气相湿热法。液相的湿热法主要有氽、煮、烩、焖；蒸气相的湿热法主要是蒸等。此外，液相的湿热法主要在常压下进行，但如果采用加压设备（如高压锅等），也可以在加压的条件下进行，如加压蒸煮。

（一）氽

1. 概念

氽（Poach）是把食物原料浸入水或基础汤中，用低于沸点的温度（一般保持在 75 ~ 90℃之间）将原料加工成熟的烹调方法，其传热介质是水，传热形式是对流传导。

2. 特点

由于氽使用的温度较低，所以这种烹调方法对原料的组织及营养素破坏很小，使菜肴保持较多的水分，质地鲜嫩，并具有口味清淡、原汁原味的特点。

3. 适用范围

氽适宜制作质地鲜嫩、粗纤维少、水分充足的原料，如鸡蛋、鱼虾、嫩鸡等。

4. 制作关键

① 根据不同的原料，将水或汤加热到 100℃，然后降低到 70 ~ 90℃。一般情况下，原料质地越嫩体积越小，使用的温度越低。

② 水或基础汤的用量要适当，以刚刚浸没原料为宜。

③ 烹调过程中要始终保持火候均匀一致，以使原料在相同的时间内同时成熟。

④ 烹调过程中可加盖保温，但要适当打开锅盖，以使原料中的不良气味挥发出去。如煮鱼时，适时加盖、揭盖，会增加鲜味，并去掉鱼的腥味。

5. 菜肴案例

（1）啤酒氽生蚝（Oysters in Beer，美式，2 人份）

原料：生蚝 400 克，黄油 30 克，干葱 6 粒，啤酒 200 毫升，鲜奶油 250 毫升，白醋半汤匙，柠檬 1/4 只，葱碎 1 汤匙，盐 3 克，玉米笋 25 克，橄榄形胡萝卜 25 克，四季豆斜段 25 克。

工具或设备：煮锅、平底锅、平铲。

制作过程：

① 生蚝洗净，放入加了白醋的水中氽熟，取出隔水保温备用。

② 将黄油放入锅中，化开后加入干葱炒香，加入柠檬汁，注入啤酒及适量氽蚝汤汁，煮成浓汁，最后加入鲜奶油，调好味道及浓度。

③ 淋汁于蚝表面，撒上葱碎，配上煮熟的玉米笋、橄榄形胡萝卜、四季豆斜段即成。

质量标准：色泽乳白，肉嫩鲜香。

（2）氽鱼荷兰沙司（Poached Fillet of Mandarin Fish with Holland Sauce，法式，2 人份）

原料：新鲜鳜鱼肉 300 克，荷兰沙司 150 克，盐 3 克，胡椒粉 1 克，煮土豆 200 克，番芫荽末 15 克。

工具或设备：煮锅、漏铲。

制作过程：

① 把鱼肉加成 6 块，放入鱼骨清汤内，加盐、胡椒粉，氽熟，捞起后装盘。

② 在盘边配上煮土豆，上面撒些番芫荽末点缀，中间放上鱼块，浇上荷兰沙司即可。

质量标准：鱼肉鲜香，沙司淡黄。

（二）煮

1. 概念

煮（Boil）是把食物原料浸入水或基础汤中，以保持微沸的状态将原料加工成熟的烹调方法，其传热介质是水，传热形式是对流传导。

2. 特点

由于煮的菜肴用水或基础汤加热，所以成品菜肴具有清淡爽口的特点，同时也充分保留了原料本身的鲜美滋味。

3. 适用范围

一般的蔬菜、禽肉类原料都可以用煮的方法加工制作。

4. 制作关键

① 煮制的温度始终保持在 100℃左右。

② 水与基础汤的用量比众略多些，使原料完全浸没。

③ 要及时除去汤中的浮沫。

④ 煮制过程中，一般不要加锅盖煮制。

5. 菜肴案例

（1）芦笋奶油沙司（Asparagus with Bechamel Sauce，法式，10 人份）

原料：罐装芦笋 30 根，鸡蛋 10 只，奶油沙司 150 克，鸡汤 750 克，盐 3 克。

工具或设备：汤锅、漏勺。

制作过程：

① 将鸡汤放入汤锅，加盐，用大火烧沸，加芦笋，稍沸即端锅离火，保温。

② 将鸡蛋去壳，整只在开水锅众熟，成水波蛋。

③ 装盘时，芦笋沥干水分，三根一组排放在盘中，上面放水波蛋 1 个，浇上奶油沙司即可。

质量标准：鲜嫩爽滑，色泽美观。

（2）咸猪脚酸菜（Boiled Pig's Trotter with Sauerkraut，德式，10 人份）

原料：咸猪脚 10 只，土豆 500 克，卷心菜 100 克，酸菜 250 克，香叶 2 片。

工具或设备：汤锅、漏勺。

制作过程：

① 咸猪脚洗净，刮净细毛，放入开水锅众一下后捞出，每只斩成两段脚圈、脚爪。然后放入煮锅，加适量清水至淹没猪脚，再加香叶和卷心菜，用小火煮至酥而不烂。

② 土豆煮熟，酸菜焖熟，装盘时每盘边上放少量，每份脚圈和脚爪各一段，浇上一些汤汁。

质量标准：口味咸鲜，油而不腻。

（三）烩

1. 概念

烩（Stew）是把加成形的原料，放入用相应原汁调成的浓沙司内，加热至成熟的烹调方法。烩的传热介质是水，传热方式是对流与传导。由于烹调中使用的沙司不同，烩又可分为红烩（加番茄酱）、白烩（用牛奶）、黄烩（白烩中加入蛋黄糊）等不同类型。

2. 特点

由于烩制菜肴使用原汁和不同色泽的浓沙司，所以一般具有原汁原味、色泽美观的特点。

3．适用范围

由于烩制菜肴加热时间较长，并且经初步热加工，所以适宜制作的原料很广泛。各种动物性原料、植物性原料、质地较嫩的原料和较老的原料都可以制作。

4．制作关键

① 沙司用量不宜多，以刚好覆盖原料为宜。

② 烩制的菜肴大部分要经过初步热加工。

③ 烩制的过程中要加盖。

5．菜肴案例

（1）红烩牛尾（Stewed Ox-tail，英式，8人份）

原料：牛尾1500克，番茄250克，培根200克，胡萝卜150克，白萝卜150克，芹菜100克，面粉50克，香叶2片，百里香2克，白胡椒粉2克，盐5克，红葡萄酒100克，玉米油250克，番茄酱100克，牛肉汤2000克，油面酱25克，青蒜50克。

工具或设备：汤锅、漏勺、平底锅、漏铲。

制作过程：

① 先将牛尾在炉火上烧去未拔净的牛毛，用刀在骨节间斩成段，放入沸水中煮5分钟，取出牛尾洗去油腻，沥干，然后撒上盐、白胡椒粉，蘸上面粉。

② 锅中放入玉米油烧热，放入牛尾煎黄。

③ 把粗大的牛尾先放入大汤锅内，加适量水，盖紧锅盖，用大火煮1小时，再放入小的牛尾再继续用中火煮5小时，至牛尾酥熟。

④ 取出牛尾和洗净切成段的胡萝卜、白萝卜、芹菜、青蒜、切成块的番茄、培根、香叶、百里香、盐、番茄酱、红葡萄酒、适量牛肉汤和油面酱共同烩制。

质量标准：色泽红艳，味香肥浓。

（2）奶油烩鸡（Stewed Chicken with Bechamel Sauce，法式，10人份）

原料：仔鸡2500克，香叶2片，玉米油150克，黄油50克，鲜奶油50克，油面酱25克，盐5克，胡椒粒5粒，牛奶500克，蔬菜香料适量，清水适量。

工具或设备：汤锅、平底锅、漏铲。

制作过程：

① 将鸡洗净，斩去头、脚、脊骨，带骨斩成每块50克左右的块，盛入盘内，撒上盐和胡椒粉。

② 烧热煎锅，加玉米油后，将鸡块放入锅内使两面煎成嫩黄色，再放入厚底汤锅内，加蔬菜香料、香叶、胡椒粒、清水，用大火烧热，撇去浮沫，转用小火烩约30分钟。

③ 捞出鸡块，将原汤用洁净纱布滤清后倒回原锅，用大火煮沸，加牛奶和油面酱慢慢搅匀成薄的奶油沙司，再用洁净纱布滤清一次，加鲜奶油、熟鸡块

烧滚后，再放些黄油，即可装盘。

④ 盘边可放各种配料。

质量标准：色泽奶白，味鲜滑糯。

（四）焖

1. 概念

焖（Braise）是把加工成形的原料，经初步热加工，再放入水或基础汤，使之成熟的烹调方法。焖以水为传热介质，传热方式主要为对流和传导。

2. 特点

由于焖制菜肴加热时间长，所以一般具有软烂、味浓、原汁、原味的特点。

3. 适用范围

焖制的烹制方法适用范围广泛，主要适宜制作结缔组织较多的原料，焖制时间可根据原料的不同质地采用不同的加热时间。

4. 制作关键

① 焖制前要用油进行初步熟制处理。

② 基础汤用量要适当。

③ 焖制后再用原料调制沙司。

5. 菜肴案例

（1）时鲜式红焖牛肉（Braised Beef a La Mode，法式，10人份）

原料：牛腿肉 1500 克，胡萝卜 2 根，猪肥膘 100 克，香叶 1 片，洋葱 1 个，芹菜 50 克，番茄酱 100 克，油面酱 25 克，红葡萄酒 50 克，辣酱油 15 克，盐 5 克，胡椒粉 1 克，黄油 50 克，炒面条 500 克，青豆 250 克，清水适量。

工具或设备：焖锅、平底锅、锅铲、钢钎。

制作过程：

① 牛肉洗净，用钢钎顺着牛肉的直纹穿几个洞，将胡萝卜和肥膘切成 0.5 厘米粗的条，分别插进肉洞。

② 在牛肉的四面撒上盐和胡椒粉，下锅用黄油四面煎黄，取出后放入厚底焖锅。

③ 烧热平底锅，放入黄油，将胡萝卜、芹菜、洋葱、香叶炒黄炒香，再放入番茄酱炒透，倒入牛肉焖锅内。

④ 焖锅内加上红葡萄酒、辣酱油、适量清水，烧沸后用小火烧 2～3 小时，随时注意将牛肉翻身，防止焖焦。

⑤ 牛肉焖酥后，切成厚片装盘，原汁用油面酱收稠浓度，浇在牛肉上，盘边配上炒面条、青豆等。

质量标准：肉质酥烂，口味浓郁。

（2）意式红焖猪排（Braised Pork Chop Milan Style，意式，10人份）

原料：去皮猪排1条1500克，胡萝卜25克，洋葱25克，芹菜25克，香叶1片，盐15克，胡椒粉1克，黄油100克，番茄酱50克，辣酱油25克，白葡萄酒50克，牛肉清汤500克。

工具或设备：焖锅、平底锅、锅铲。

制作过程：

① 将猪排斩去背脊骨，洗净，斩成两大段，撒上盐和胡椒粉备用。

② 烧热平底锅，放入黄油，煎猪排上色后，放入焖锅。

③ 在原平底锅内放入胡萝卜、洋葱、芹菜和香叶炒黄，再加上番茄酱炒透至呈枣红色，倒入焖锅，再加上辣酱油、白葡萄酒、牛肉清汤，先用大火烧开，再用小火焖1.5小时。

④ 装盘时，将猪排带肋骨切成厚片，每份两块，浇上锅内滤清原汁，配上蔬菜即可。

质量标准：色泽鲜艳，味道醇厚。

（五）蒸

1. 概念

蒸（Steam）是把加工成形的原料经调味后，放入容器内，用蒸汽加热，使菜肴成熟的烹调方法。蒸以水为传热介质，其传热形式是对流换热。

2. 特点

由于蒸的菜肴用油少，同时又是在封闭的容器内加热，所以蒸制的菜肴一般具有味道清淡，保持原汁原味和原料造型的特点。

3. 适用范围

蒸宜制作质地鲜嫩、水分充足的原料，如鱼、虾、布丁等。

4. 制作关键

① 原料在蒸制前要先进行调味。

② 在加热过程中要把蒸锅或蒸箱盖严，不要跑气。

③ 蒸制时要根据不同的原料掌握火候，菜肴以刚好成熟为准。

④ 取菜时要小心，以防蒸汽烫伤。

5. 菜肴案例

（1）鱼肉蒸蛋（Custard of Fish，智利，6人份）

原料：鱼肉300克，鸡蛋5个，橄榄50克，洋葱半个，香叶1片，胡椒5粒，白胡椒粉1克，盐5克，辣酱油10克，奶油沙司150克，清水适量。

工具或设备：蒸锅、蒸碗、汤锅、汤匙。

制作过程：

① 将洋葱切碎，把胡椒粒、香叶、洋葱、盐和适量水放入汤锅烧开，放入净鱼肉，转中火烧5分钟取出。

② 鱼肉放入粗筛，用汤匙背压成鱼糜，加上盐、白胡椒粉和鸡蛋液，搅拌均匀后放入蒸碗。

③ 将蒸碗放入蒸锅内，用旺火蒸10分钟。

④ 装盘时，浇上奶油沙司，再加上适量辣酱油和切碎的橄榄。

质量标准：白里带黄，热嫩滑鲜。

（2）蒸鲳鱼卷（Steamed Pomfret Roll，新加坡，4人份）

原料：鲳鱼1条（500克以上），熟火腿100克，芫荽15克，生姜5克，洋葱4个，白胡椒粉2克，盐3克，白葡萄酒15克。

工具或设备：蒸锅、厨刀。

制作过程：

① 取鱼肉，批成长5厘米的片，用刀背轻轻拍松，撒上盐、白胡椒粉和白葡萄酒腌渍片刻。

② 鱼片上放上火腿丝、姜丝、洋葱丝然后卷起，两头都露出一些丝，然后排在盘中，上蒸锅蒸7分钟，四周围撒上洋葱末和芫荽末上席。

质量标准：色泽和谐，味道咸鲜。

（六）加压蒸煮

1. 概念

加压蒸煮（Pressure Cooking）是把加工成形的原料经调味后，放入有一定压力的容器内，用水或蒸汽加热，使菜肴成熟的烹调方法。

加压蒸煮的传热形式是对流换热，由于在加热过程中要有一定压力，所以温度可略高于沸点。

2. 特点

由于加压蒸煮的菜肴在封闭的容器内加热，所以蒸制的菜肴一般比较酥烂，同时可以保持食材原汁原味。

3. 适用范围

加压蒸煮宜制作质地老韧的原料。

4. 制作关键

① 一般情况下，原料在加压蒸煮前要先进行调味。

② 在加热过程中要把高压锅盖严。

③ 加压蒸煮时要根据不同的原料掌握火候，菜肴刚好成熟为准。

④ 加压蒸煮也可作为初步熟处理的方法。

5. 菜肴案例

（1）焗丁香火腿（Baked Clove York Ham，美式，10 人份）

原料：整火腿 1 只（5000 克），波本威士忌酒 300 克，焦糖 500 克，丁香粒 30 粒，橙子 2 只，芫荽 50 克，芥末 25 克，水适量。

工具或设备：高压锅、烤箱、厨刀、匙汤。

制作过程：

① 将整只火腿洗净，放入高压锅内，加上适量水，加压蒸煮，烧开喷汽后，改小火继续蒸煮 30 分钟。

② 取出火腿待晾凉后放入烤盘，在火腿表面用锋利的厨刀割去火腿外皮，并用刀在火腿上划出相距各 3 厘米的方格形刀痕，刀痕深度在 1.5 厘米左右。

③ 将烤盘放入烤箱中，开大火烤 3 分钟，取出烤盘，用刷子将 200 克波本威士忌，涂遍火腿四周。在余下的威士忌酒内加入焦糖和芥末调和，再刷于火腿上，并渗入刀痕内。在每个横直刀纹相交处，各按上一整颗丁香粒，镶嵌成图案形状，再把滴在烤盘底上的汁液用匙舀在火腿上。

④ 将烤盘移入关掉火的热烤箱中，用余热烤 20 分钟，使糖浆融化。

⑤ 将烤好的火腿，盛入大银盘中，旁边放一只剖成两半的锯齿形橙子。将另一只橙子剥皮，掰开瓤放在火腿上，再放上芫荽即可。

质量标准：色泽鲜艳，香味醇厚。

（2）煮牛仔脚筒（Boiled Shin of Veal，意式，10 人份）

原料：牛仔脚筒 2500 克，番茄 500 克，土豆 1000 克，芹菜 250 克，胡萝卜 250 克，洋葱 250 克，大蒜 5 瓣，青豆 200 克，芫荽 50 克，香叶 3 片，番茄酱 100 克，面粉 15 克，白兰地酒 200 克，胡椒粉 2 克，盐 5 克，橄榄油 200 克，牛肉汤 500 克，水适量。

工具或设备：高压锅、煮锅。

制作过程：

① 将牛仔脚筒带骨锯，成 20 段。洋葱、胡萝卜、番茄切片，土豆切块，芹菜切段，大蒜、芫荽切末。

② 牛仔脚筒放入高压锅内，加水，加压蒸煮，至八成熟。

③ 煮锅内放入橄榄油，烧热后将取出的牛仔脚筒两面煎黄，然后加土豆、芹菜、胡萝卜、洋葱、香叶等炒黄，再喷入白兰地酒，加牛肉汤，大火烧开，保持中火加热 10 分钟。

④ 再加上番茄、番茄酱、胡椒粉、盐、面粉、青豆、大蒜，再次烧开。

⑤ 装盘时，每盘两段牛仔脚筒，盘边配上土豆等蔬菜，浇原汁，撒上芫荽末即可。

质量标准：色泽艳丽，荤素搭配。

三、油热法

（一）炒

1. 概念

炒（Saute）是把经过刀工处理的小体积原料用少量的油和较高的温度，在短时间内把原料加热成熟的烹调方法。

2. 特点

由于炒制的菜肴加热时间短，温度高，而且在炒制过程中一般不加过多的汤汁，所以炒制的菜肴都具有脆嫩鲜香的特点。

3. 适用范围

炒的烹调方法适宜制作质地鲜嫩的原料，如里脊肉、外脊肉、鸡肉及一些蔬菜和部分熟料，如面条、米饭等。

4. 制作关键

① 炒的温度范围在 150 ~ 195℃。

② 炒制的原料形状要小，而且大小、厚薄要均匀一致。

③ 炒制的菜肴加热时间短，翻炒频率要快。

5. 菜肴案例

（1）炒蘑菇片（Champignon a La Bourgeoise，法式，5 人份）

原料：鲜蘑菇 500 克，芫荽 5 克，大蒜头 50 克，布朗沙司 50 克，胡椒粉 2 克，盐 3 克，黄油 25 克。

工具或设备：平底锅、漏铲。

制作过程：

① 鲜蘑菇洗净切片，大蒜切碎，芫荽切末。

② 平底锅烧热，加上黄油，再放入大蒜头炒香，随即将蘑菇放入，炒到熟透时，加盐、胡椒粉、布朗沙司，再略炒一下，起锅装盘，撒上芫荽末即成。

质量标准：鲜香嫩肥，色泽美观。

（2）俄式牛肉丝（Saute Shreded Beefs，俄式，2 人份）

原料：牛里脊肉 120 克，酸奶油 10 克，红葡萄酒 50 克，红椒粉 2 克，布朗沙司 100 克，盐 2 克，胡椒粉 1 克，番茄酱 15 克，洋葱半个，青、红椒各 1 只，酸黄瓜 1 根，蘑菇 2 只，黄油、炒饭各 50 克。

工具或设备：平底锅、漏铲。

制作过程：

① 把牛里脊肉、洋葱、青椒、红椒、酸黄瓜均切成丝，鲜蘑切片。

② 黄油炒洋葱，出香后放番茄酱炒透，随之放入青、红椒丝稍炒，放入牛肉丝，

调入酸奶油、红葡萄酒、红椒粉、盐、胡椒粉、布朗沙司热透。

③在盘边配上米饭，倒上肉丝即可。

质量标准：色泽浅红，口味浓香。

（3）意大利鸡肝味饭（Italian Chicken Liver Risotto，意式，6人份）

原料：鸡肝500克，大米500克，洋葱100克，盐3克，橄榄油100克，奶酪粉50克，黄油100克，鸡清汤1000克。

工具或设备：平底锅、煮锅、漏铲。

制作过程：

①将大米淘洗后，放入煮锅，加入鸡清汤，煮八成熟。

②洋葱切碎，鸡肝切块。

③将平底锅烧热，放入橄榄油，加入洋葱炒香，再放入鸡肝炒熟，加盐调味。

④将平底锅内的洋葱、鸡肝倒入煮锅，与米饭拌和，加适量鸡汤和黄油，用小火焖至米饭软熟。

⑤把饭盛出装盘，撒上奶酪粉。

质量标准：味道鲜美，软熟香糯。

（4）意大利炒面（Saute Macaroni in Italian Style，意式，2人份）

原料：通心粉50克，西式火腿25克，青椒1个，蘑菇3只，洋葱半个，布朗沙司150克，奶酪粉10克，盐2克，胡椒粉1克，橄榄油100克。

工具或设备：平底锅、煮锅、漏铲、漏勺。

制作过程：

①将水放入煮锅，烧开后加入通心粉，煮10分钟，捞出晾凉。

②西式火腿、洋葱、青椒切丝，蘑菇切片。

③将平底锅烧热，放入橄榄油，加入洋葱炒香，再放入其他配料炒熟，加盐、胡椒粉、布朗沙司调味。

④将通心粉用少量油炒热，装盘，浇上炒好的配料，撒上奶酪粉即成。

质量标准：味道鲜美，色泽鲜艳。

（二）煎

1. 概念

煎（Pan-fry）是把加工成形的原料，经腌渍入味后，再用少量油加热至规定火候的烹调方法。煎的传热介质是油和金属，传热形式主要是传导。常用的煎法有以下三种。

①原料煎制前什么辅料也不蘸，直接放入油中加热。

②把原料蘸上一层面粉或面包粉，再放入油中煎制。

③把原料蘸上一层面粉再裹上鸡蛋液，然后放入油中煎制。

2. 特点

直接煎和蘸面粉（面包粉）煎制的方法可使原料表层结壳，内部失水少，因此具有外焦里嫩的特点。裹鸡蛋液煎制的方法能使原料保留充分的水分，具有鲜香内嫩的特点。

3. 适用范围

由于煎的方法是用较高的油温，使原料在短时间内成熟，所以适宜选用质地鲜嫩的原料，如里脊、外脊、鱼虾等。

4. 制作关键

① 煎的温度范围在 120 ～ 170℃ 之间，通常最高不超过 195℃，最低不低于 95℃。

② 使用的油不宜多，最多只能浸没原料的一半。

③ 煎制形状薄、易成熟的原料应用较高的油温；煎制形状厚、不易成熟的原料应用较低的油温。

④ 煎制菜肴的开始阶段，应用较高的油温，然后用较低的油温使温度逐渐向原料内部渗透。

⑤ 煎制裹鸡蛋液的原料用较低的油温。

⑥ 在煎制的过程中要适当翻转原料，以使其均匀受热；在翻转过程中，不要碰损原料表面，以防原料水分流失。

5. 菜肴案例

（1）煎法式小块牛排（Fried Fillet Mignon in French Style，法式，10 人份）

原料：牛里脊中段 1250 克，土豆泥丸子 750 克，时令蔬菜 750 克，蘑菇沙司 25 克，玉米油 250 克，雪莉酒 50 克，黄油 100 克，辣酱油 25 克，盐 5 克，红汁沙司 25 克，胡椒粉 2 克。

工具或设备：拍刀、平底锅、漏铲。

制作过程：

① 牛里脊中段切成 5 厘米大小的块，用拍刀拍平，平摊在盘内，两面撒上盐和胡椒粉备用。

② 平底锅用中火烧热，加玉米油，然后将牛排放入锅内，两面煎黄，七八成熟，滗出玉米油，加上黄油、雪莉酒、辣酱油、红汁沙司颠翻几下即可。

③ 将时令蔬菜炒熟，土豆丸子炸熟。

④ 装盘时每盘装牛排 2 块，上面浇上原汁沙司，盘边配上时令蔬菜、炸土豆丸子。上席时，盘上面可加盖玻璃罩，蘑菇沙司用沙司斗装好拌上。

质量标准：色泽褐黄，肉味鲜嫩。

（2）纽堡明虾（Prawn Newberg，美式，10 人份）

原料：鲜明虾 20 只，蘑菇 100 克，吐司 10 块，红辣椒 15 克，奶油沙司 400 克，白葡萄酒 50 克，黄油 100 克，盐 5 克，胡椒粉 2 克。

工具或设备：煮锅、平底锅、漏铲。

制作过程：

① 将明虾洗净，放入煮锅用开水煮熟，捞起晾凉，去壳，挑去沙肠，虾肉切成 3 厘米长的段备用。

② 红辣椒切片，蘑菇切片。红辣椒入开水锅内氽熟后捞出，稍冷后，与蘑菇片、明虾段一起放入平底锅煎制，然后加入盐、胡椒粉和白葡萄酒，用中火略焖，再加入奶油沙司烧开，即可装盘。每盘装 2 只明虾，吐司斜角切块，每盘放 2 块。

质量标准：色泽乳白，鲜嫩味美。

（3）煎土豆泥饼（Mashed Brown Potatoes，法式，10 人份）

原料：土豆 1000 克，洋葱 150 克，胡椒粉 1.5 克，盐 3 克，黄油 150 克。

工具或设备：煮锅、平底锅、锅铲。

制作过程：

① 土豆洗净放入煮锅煮熟，捞出，趁热碾成细泥，放入盛器。

② 洋葱切碎，放入平底锅，用黄油炒黄，放入盛器与土豆泥、盐和胡椒粉拌匀，再用锅铲揿平，压成一只圆形饼。

③ 平底锅烧热，放入黄油，将土豆饼两面煎黄，取出，切成 10 块，装盘。

质量标准：色泽金黄，外酥里糯。

（4）鱼饼（Fish Cake，荷兰，10 人份）

原料：鱼肉 1000 克，鸡蛋 3 个，面包 200 克，面包粉 150 克，胡椒粉 2 克，芫荽 25 克，肉桂粉 1 克，牛奶 250 克，盐 3 克，黄油 150 克。

工具或设备：搅拌机、平底锅、锅铲。

制作过程：

① 鱼肉煮至熟嫩后，去刺去骨。取新鲜面包，用牛奶浸泡后挤干。鸡蛋打散，芫荽切碎。

② 鱼肉和面包一起绞碎，放在碗里，加鸡蛋、碎芫荽、盐、胡椒粉、肉桂粉拌匀，做成 20 只椭圆形的圆饼。

③ 圆饼两面拍上面包粉，放入平底锅，加黄油，用中火煎透煎黄即成。每盘 2 只。

质量标准：色泽金黄，香松肥嫩。

（5）芥末煎牛腰（Pan-fried ox-kidney with Mustard Sauce，法式，10 人份）

原料：牛腰 500 克，烤面包片 10 片，番茄丁 100 克，黄油 50 克，奶油 25 克，芥末 25 克，白兰地 30 克，胡椒粉 2 克，盐 2 克，牛肉汤 50 克，芫荽末 25 克。

工具或设备：平底锅、锅铲。

制作过程：

① 将牛腰洗净，用刀顺其自然结构切成若干块，去膜去内筋，撒上盐、胡椒粉备用。

② 平底锅烧热，放入黄油，待油热后放入加工好的牛腰，煎至五成熟后取出，控去油和血水，备用。

③ 煎锅倒掉煎油后放入少量黄油，加入芥末和已煎好的牛腰，烹入白兰地酒，再加入牛肉汤、奶油煮开，放入盐调味，煮浓后离火。

④ 将牛腰取出放入盘中，然后浇入锅中的沙司，撒上香菜末和番茄丁，在盘子中放上烤好的面包片，即可。

质量标准：色泽棕红，浓香微咸。

（6）比吉达猪排（Piccata Chop in Italian Style，意式，10 人份）

原料：猪通脊肉 1500 克，鸡蛋 5 个，奶酪粉 50 克，面粉 50 克，盐 2 克，胡椒粉 2 克，百里香 1 克，炒意大利面条 500 克，色拉油适量。

工具或设备：平底锅、锅铲。

制作过程：

① 把通脊肉切 20 片，用拍刀拍薄，撒上盐、胡椒粉。

② 把奶酪粉、百里香和鸡蛋液混合均匀。

③ 把猪排蘸一层面粉，再蘸上混合鸡蛋液，用少量油，微火煎熟。

④ 盘边配上炒面条，再放上煎猪排即成。

质量标准：色泽金黄，鲜香软嫩。

（三）油炸

1. 概念

炸（Deep-fry）是把加工成形的原料，经调味，并裹上粉或糊后，放入油中，浸没原料，加热至成熟上色的烹调方法。炸的传热介质是油，传热形式是对流与传导。常用的炸法有以下两种。

① 在原料表层蘸匀面粉，裹上鸡蛋液，再裹上面包粉，然后进行炸制。

② 在原料表层裹上面糊，然后进行炸制。

2. 特点

由于炸制的菜肴是在短时间内，用较高的温度加热成熟的、原料表层可结成硬壳，原料内部水分充足。所以菜肴具有外焦里嫩或香脆的特点，并有明显的脂香气。

3. 适应范围

由于炸制菜肴要求原料在短时间内成熟，所以适宜制作粗纤维少、水分充足、质地细嫩、易成熟的原料，如鱼虾类、肉类、嫩肉等。

4. 制作关键

① 炸制的温度一般在 160 ~ 175℃之间，最高不超过 195℃，最低为 145℃。

② 炸制菜肴不宜选用燃点较低的黄油或橄榄油。

③ 炸制体积大、不易成熟的原料，要用较低的油温，以便热能逐渐向原料内部渗透，使其成熟。

④ 炸制有面糊的菜肴也应用较低的油温，以使面糊膨胀，热能逐渐向内部传导，使原料熟透。

⑤ 炸制体积小、易成熟的原料，油温要稍高些，以便原料快速成熟。

⑥ 炸油一定要经常过滤，去除杂质，定期更换。

5. 菜肴案例

（1）炸出骨板鱼（Deep-fried Sole，美式，5 人份）

原料：板鱼 750 克，鸡蛋 1 个，面粉 50 克，面包糠 75 克，蔬菜适量，柠檬 50 克，辣酱油 15 克，白胡椒粉 2 克，鞑靼沙司 50 克，雪莉酒 50 克，盐 3 克，黄油 75 克，玉米油 150 克。

工具或设备：油炸炉。

制作过程：

① 板鱼洗净，去头尾，去皮拆骨，将厚薄不匀的地方修补平整，取下肉，切成 5 块，并分别用刀排一排后，放在盘中。然后在鱼体上挤上柠檬汁，撒上盐、白胡椒粉，淋上雪莉酒、辣酱油等。

② 将每块鱼裹上面粉，拖上鸡蛋液，最后蘸上面包糠。

③ 将鱼坯放入油炸炉，以 165℃炸制 3 分钟即可。

④ 鱼块装盘，淋上融化的黄油，配上蔬菜和鞑靼沙司。

质量标准：色泽金黄，鱼肉鲜嫩。

（2）黄油鸡卷（Chicken a La Kiev，俄式，1 人份）

原料：净鸡脯肉 75 克，鲜面包糠 50 克，鸡蛋 1 个，面粉 15 克，白面包 1 个，炸土豆丝 50 克，煮胡萝卜 35 克，青豆 35 克，玉米油 250 克，黄油 25 克，盐 1 克，胡椒粉 1 克。

工具或设备：油炸炉、拍刀、厨刀。

制作过程：

① 将黄油捏成橄榄形，放入冰箱稍冻，蘸上面粉备用。

② 将面包切去四边，斜切成坡形，片去中央的一条面包，形成沟槽，制成面包托。

③ 将鸡脯肉用刀拍平，剁断粗纤维，然后将橄榄状黄油放在鸡脯肉上，左手按住黄油，右手用力将鸡脯卷起，包严成橄榄状。

④ 鸡卷上撒盐、胡椒粉，滚上面粉，刷上蛋液蘸上面包糠，用手按实。

⑤ 把油炸炉加热至 140～150℃，放入鸡卷及面包托，当面包托炸成金黄色时捞出。鸡卷则要不断转动，并随时往上浇油，使之均匀受热，使油温保持在 150℃左右炸至金黄色，油中水泡将尽时，将鸡卷捞出，用餐巾纸吸干油脂。

⑥ 盘子内放上配菜，摆上面包托，把鸡卷放于面包托上，骨把用纸花装饰即成。

质量标准：色泽金黄，形似橄榄。

（3）酥炸香蕉（Deep-fried Banana Fritters，西班牙，4 人份）

原料：香蕉 8 根，鸡蛋 3 个，白糖 35 克，糖粉 50 克，面粉 125 克，牛奶 100 克，白兰地酒 50 克，精盐 1 克，黄油 15 克，玉米油 250 克。

工具或设备：油炸炉、厨刀。

制作过程：

① 将面粉和盐混在一起，放在碗里，加上鸡蛋液、黄油和牛奶拌匀，放置 1 小时后，加入 1 个蛋清打成的发蛋，成牛奶糊。

② 白糖放入白兰地酒中搅溶，将去皮的香蕉一剖两半，切成块浸入，保持 30 分钟。

③ 将香蕉蘸上干面粉，拖上牛奶糊，放入油炸炉以 165℃炸制 3 分钟即可。

④ 装盘时撒上糖粉，趁热上桌。

质量标准：色泽金黄，香甜软糯。

（4）炸火腿奶酪猪排（Deep-fried Pork Chop with Ham and Cheese，意式，1 人份）

原料：净猪大排肉 75 克，奶酪 10 克，火腿 10 克，面包糠 35 克，鸡蛋液 50 克，面粉 25 克，玉米油 250 克，盐 3 克，胡椒粉 1 克，土豆泥 75 克，番芫荽 5 克。

工具或设备：油炸炉、厨刀。

制作过程：

① 把猪大排肉用拍刀拍开，稍剁，抹平。

② 将奶酪与火腿切成薄片，放在猪排中央，再把猪排用刀从两侧挑起，把奶酪与火腿包好成方形。

③ 在猪排上撒盐、胡椒粉，蘸上一层面粉，刷上一层鸡蛋液，蘸上面包糠。

④ 把净油加热至 165℃，放入猪排，炸至金黄色成熟时捞出。装盘时，在盘边放上土豆泥，用刀压出花纹、放上猪排，撒上番芫荽即可。

质量标准：色泽金黄，外焦里嫩。

四、微波法

1.概念

微波炉，顾名思义是用微波来加热，用的频率是 24.5 亿赫左右的超短波，它由磁控管产生，经微波炉金属器壁多次反射后，被炉中的食物吸收。

2. 特点

食物能吸收微波是因为食物中含有水分，水分子为极性分子，一端为正极，一端为负极，而微波是电磁波，有正半周与负半周。24.5亿赫即表示该微波在1秒钟内变换正负极达24.5亿次，每换1次，水分子即跟随反转1次；由于水分子一直振动，摩擦生热，热被食物分子吸收，食物就会变热、变熟。所以，利用微波加热的菜肴能保持菜肴本色、清淡平和。

3. 适用范围

适合制作质地鲜嫩、富含水分的原料，如鱼、虾、里脊、蔬菜等。

4. 制作关键

① 并不是任何容器都适合装食物放进微波炉内加热的，如金属容器就不能。这是因为金属会反射微波，使食物中的水分子无法吸收，且会发出刺耳的声音并产生火花，特别是较尖锐的金属制品（如叉子）。

② 微波容器必须能让微波穿透，进入食物，又能耐高温，不致燃烧或分泌出毒素，所以纸木餐具易燃烧、漆器有毒、某些塑胶有毒等都不适合，而瓷器、陶器、耐热玻璃、聚丙烯、聚乙烯及微波炉适用的保鲜纸都可以使用。

③ 使用微波炉加热脂肪含量高的食物（如肥猪肉）时，最好在容器上方加个可用于微波的盖子，以免油脂因热力喷出微波炉内部，难以清理。

知识链接

使用微波来烹饪食物的方法是首先由珀西·斯潘塞（Percy Spencer）想到的，他过去为美国雷声公司建造雷达设备的磁电管，一天他在一个启动的雷达设备上工作时，突然发觉自己放在口袋里的巧克力融化了。经过思索和研究，发现他的巧克力是被微波所融化。

---

5. 菜肴案例

（1）卷筒鱼奶油沙司（Fish Roll with Cream Sauce，法式，5人份）

原料：鱼肉750克，虾仁100克，鸡蛋1个，肥膘50克，白胡椒粉1克，柠檬汁15克，面包50克，白葡萄酒25克，奶油沙司150克，盐2克，时令蔬菜适量，冷水适量。

工具或设备：微波炉，厨刀。

制作过程：

① 将鱼肉批成薄片（9厘米×6厘米），再把修下来的鱼肉和虾仁、肥膘一起绞成蓉。面包用冷水泡软，挤干水分，与虾仁等搅匀，加上盐、白胡椒粉、柠檬汁、鸡蛋液，白葡萄酒拌成馅心。

②将鱼片平摊在盘中，放上馅心，卷成6厘米长，直径3厘米粗的鱼卷。

③把鱼卷连盘放入微波炉，用大火加热8分钟，取出后趁热装盘，每盘两只，浇上奶油沙司，配上时令蔬菜即可。

质量标准：色泽洁白，鱼卷鲜嫩。

（2）白葡萄酒煮龙虾（Braised Lobster with Wine，意式，2人份）

原料：白葡萄酒250毫升，龙虾1只（500克），番茄1个，洋葱半个，大蒜头3瓣，芫荽50克，阿里根奴2克，干红辣椒1根，盐2克，橄榄油75克。

工具或设备：微波炉、平底锅、厨刀。

制作过程：

①将龙虾对半剖开，弃去虾肠，用剪刀剪下虾钳，虾的触须剪去不要。

②将洋葱、芫荽、大蒜头、番茄（去皮去籽后）切碎。干辣椒、阿里根奴切细。

③把平底锅烧热，放入橄榄油，将龙虾和虾钳放入煎黄，取出放入微波炉容器。原锅放入洋葱碎、大蒜碎翻炒，然后倒入微波炉容器，加番茄、芫荽、阿里根奴、干辣椒、盐和白葡萄酒，最后送入微波炉，用大火加热8分钟。

④装盘时，每盘各半只龙虾，浇上原汁即成。

质量标准：虾肉白嫩、酒香味醇。

五、其他烹法

在西餐发展的过程中，烹调方法也在变化，除了以上介绍的烹法之外，还有一些特别的烹饪手段，如分子烹法等。

（一）分子烹法的概念

所谓的分子烹法就是用科学的方式去理解食材分子的物理或化学变化和原理，然后运用所得的经验和数据，把食物进行再创造，刺激味蕾和影响心理，从而能够欣赏食物最高境界的一类烹饪方法。此方法有别于传统的烹饪，它是从烹饪原料的分子层面来创新，主要是创造不同于人们习惯的新风味、新食材、新食品，在整个制作过程中还追求艺术烹饪、新概念烹饪。分子烹饪的产品给人以奇妙的口感冲击力、视觉冲击力、气味冲击力、触觉冲击力和造型冲击力，可谓标新立异。

分子烹饪的学说最早由法国科学家 Herve This 与匈牙利物理学家 Nicholas Kurti 于20世纪80年代提出。之后，西班牙主厨 Ferran Adrià 最早使用了"分子料理"（Molecular Cuisine）来创作新菜品，是目前全球最著名的分子烹饪大师。

分子烹法从诞生到今天只有30多年的时间。但是，它们发展的速度却并没有停下，近几年世界最佳的50家餐厅中居然前三位都是以分子烹法料理的餐厅，也都是在世界享有盛誉的米其林三星餐厅，在我国也有类以分子烹法料理的酒店。因此，研究分子烹法已然形成趋势。

（二）分子烹法的原理

分子烹法的原理是利用物质的胶凝作用、乳化作用、增稠作用、升华作用、水化作用、发泡作用、抗氧化作用、交联反应、脱水反应、异构化反应等，使食材的物理和化学性质及形态发生变化，从而改变物质原有的质感、口感，产生奇妙的新风味。分子烹饪的实质是维持烹饪原料的分子空间构象的各种化学键（例如氢键、疏水键、二硫键等）受特殊因素（如超低温、真空、加热、机械作用等）影响而发生变化，失去原有的空间结构，引起烹饪原料的理化性质改变，生成新的空间构象和形态。分子烹饪有时也有少量的羰氨反应、焦糖化反应，会发生分子内化学键（例如共价键）断裂，形成新的化学键。

其实要理解分子烹法，中国古老的棉花糖就是最好的例证。将原本属于颗粒状固态物体的蔗糖通过离心力制作成极其纤细的糖丝，看上去就像是一大团绵软而雪白的棉花。这个我们从小喜爱，并且司空见惯的食物如若仔细追究起来，分子烹法会这样解释：“蔗糖晶体的分子原本有着非常整齐的排列方式，一旦进入棉花糖制作机，机器中心温度很高的加热腔释放出来的热量会打破晶体的排列，从而使晶体变成糖浆。而加热腔中有一些比颗粒蔗糖尺寸还小的孔，当糖在加热腔中高速旋转的时候，离心力将糖浆从小孔中喷射到周围。由于液态物质遇冷凝固的速度和它的体积有关，体积越小凝固越快。因此从小孔中喷射出来的糖浆就凝固成糖丝，不会黏连在一起。这样就形成了型美质异、令人惊奇的棉花糖。

（三）分子烹法的分类

目前分子烹饪中比较流行的烹法有真空低温烹调法、胶囊法、液氮法、泡沫法、膨化法等。

1. 真空低温烹饪（Sous Vide & Under Puress Cooking）

（1）真空低温烹饪的概念　低温烹饪是一种最新的烹饪技术，秉承的是一种全新的烹饪理念，主要是在不流失原材料水分和营养的情况下利用真空压缩包装机和可以稳定控制温度的低温烹饪机烹制菜肴的一种烹调方法。真空低温烹饪成为高级西餐厅处理肉类、鱼类的主流，同时也可以处理蔬菜和水果。

（2）真空低温烹饪的优势　低温烹饪保持了食材的营养成分及原料的水分，并且在长时间恒温的状态下原料的口感更胜一筹。而且在烹饪之后，原料相比普通的烹饪更加入味，所以在烹饪之前，不需要长时间的腌渍过程，在烹饪有些原料时，只需要加入盐调味即可，不需要任何其他的调味和腌渍。但是，在进行低温烹饪时需要注意，在烹饪之前切忌使用含有高浓度酒精的调味剂腌渍和调味，因为高浓度酒精的调味剂会在恒温的状态下严重破坏肉类原料的蛋白成分，甚至导致肉类失去原有的口味和口感。

在低温烹饪中，通常所使用的最低的温度应在50℃或者50℃以上。原则上来说等于或高于65℃以进行杀菌，因为细菌生存的理想温度是4 ～ 65℃之间。特别是在制作低温鸡蛋的时候，其温度应该严格控制在64 ～ 65℃，在这个温度中烹饪的鸡蛋，口感极佳，而且也符合正规烹饪的消毒要求。但是，真空低温烹饪最好不要超过70℃，以减少水分和口味的流失。

（3）真空低温烹饪案例

① 低温烟熏三文鱼配蔬菜挞塔（Cold Smoked Salmon and Vegetables Tart，4人份）

原料：三文鱼500克，红椒30克，黄椒30克，洋葱30克，白蘑菇30克，苹果30克，八角6克，丁香8克，柠檬皮8克，红胡椒粒5克，海盐12克，新鲜莳萝16克，橄榄油100毫升，蛋黄酱40克，巧克力拉线膏20克，卵磷脂柠檬泡沫20克。

工具或设备：真空包装机、真空袋、恒温水浴锅、烟熏枪、手持搅拌器、汤匙、密封罐。

制作过程：

a.使用八角、丁香、柠檬皮、红胡椒粒、海盐、新鲜莳萝、橄榄油腌渍三文鱼，再用真空包装机抽真空，冷藏保存1小时。

b.红椒、黄椒、洋葱、白蘑菇、苹果切成0.3厘米见方的小丁，再用蛋黄酱调味，制成果蔬挞塔，拌制均匀。

c.将装好三文鱼的真空袋60%放入恒温水浴锅中加热5分钟捞出，清除表面香料，改刀成4厘米见方的块，入密封罐使用烟熏枪烟熏10分钟取出。

e.将烟熏好的三文鱼放入盘中央，再用卵磷脂柠檬泡沫点缀，插入新鲜莳萝，果蔬挞塔制成橄榄型放入盘的一侧，最后用巧克力拉线膏装饰。

e.成菜时，使用烟熏枪将果木烟注入玻璃杯中，扣在三文鱼上即成。

质量标准：色调优雅，口感软嫩，意境优美。

② 香煎低温小牛肉配奶油羊肚菌汁（Pan-fried Low-temperature Beef with Cream Morel Sauce，4人份）

原料：小牛肉1000克，芦笋300克，丁香胡萝卜100克，西葫芦200克，盐15克，白胡椒粉6克，橄榄油40克，黄油20克，百里香3克，奶油羊肚菌汁120克，新鲜迷迭香10克，坚果薄脆插片20克。

工具或设备：真空包装机、真空袋、恒温水浴锅、刨片机、煎锅、耐热保鲜膜。

制作过程：

a.将小牛肉改刀成直径6厘米的柱状条，用盐、白胡椒粉、百里香码味，再用保鲜膜包裹，在案板上滚制成规则的柱状体，装入真空袋抽真空，冷藏腌制保存2个小时。

b.芦笋、丁香胡萝卜、西葫芦使用刨片机刨成2毫米厚的片，芦笋去皮，分别放入真空袋抽真空，放入85℃的水浴锅加热20分钟，取出待用。

c.用橄榄油将恒温处理后的芦笋、丁香胡萝卜、西葫芦小火炒制，再用盐、白胡椒粉调味即成，保温待用。

d.腌好小牛肉在68℃的水浴锅中浸煮30分钟捞出，使用混合油脂将小牛肉表面煎至上色，切成厚度为2.5厘米的块。

e.蔬菜在盘底铺平，将切好的牛肉放在蔬菜上，淋入奶油羊肚菌汁，再用坚果薄脆插片和新鲜迷迭香装饰即可。

质量标准：色泽搭配和谐，口感细腻。

③中式温泉蛋（Chinese Hot Spring Eggs，1人份）

原料：土鸡蛋1只，葱尖1节，自制姜汁3毫升，玫瑰红色鱼子10粒。

工具或设备：恒温水浴锅、取蛋器。

制作过程：

a.将鸡蛋洗净，放入恒温水浴锅中，以64℃的温度加热75分钟，取出。

b.用取蛋器将鸡蛋打开盖子后，先往蛋里面淋上姜汁，然后放入玫瑰红色的鱼子，插上葱叶即可。

质量标准：色泽自然，口感滑嫩。

④秘制山药（Secret Cooking Yam，2人份）

原料：山药（去皮）150克，蓝莓酱50克，果冻35克，巧克力2克。

工具或设备：真空包装机、真空袋、恒温水浴锅、粉碎机。

制作过程：

a.将山药放入真空袋并封好口，再放入恒温水浴锅中，以80℃加热30分钟。

b.取出后用粉碎机搅打成泥。

c.将山药泥放入冰箱冷藏2小时后取出，加入果冻做成球形，放入杯中，淋上蓝莓酱，撒上巧克力即可。

质量标准：色泽鲜艳，口感细腻。

2.胶囊法烹饪技术

（1）胶囊法烹饪技术的概念

胶囊法烹饪技术是将食材制成液体、气体或酱状，包裹于细小的胶囊之中，人们食用时，胶囊破裂，才知道吃的是什么。如鹅肝胶囊就是鹅肝酱的胶囊形状物由一层薄膜包裹，若刺穿薄膜即可看见内层液体，其形态大约维持1小时。此法制作的菜品，色泽惊艳，口感新奇，让食客充满期待。

（2）胶囊的制作方法

胶囊法烹饪技术中，钙粉入水为"正向"，海藻胶入水为"反向"，两种方法均可成形。正向操作只需要两种辅料，略简便；反向需要三种辅料。当原料为酸性、油性物质时，一定要用反向技术。

胶囊法烹饪技术（正向）：海藻胶也叫海藻酸钠，是一种从海藻中提取的食品添加剂，当海藻胶溶解在调味汁或果汁内，再滴入钙水中就会瞬间发生反应，在表面形成一层膜，将里面的味汁包裹住，在水中形成圆圆的胶囊形状（小个的胶囊形似鱼子，几可乱真）。钙粉为氯化钙的一种，呈颗粒状，有很强的吸水性，和水溶在一起后形成钙水，可反复利用。做好的胶囊一般作为冷菜类品种。

胶囊法烹饪技术（反向）：在调味汁或果汁内加上钙粉和黄原胶（一种食品添加剂，起增稠作用）搅拌均匀，然后滴入溶解了海藻胶的纯净水中，静置30秒即成胶囊。捞出冲洗干净，放入保鲜柜保存（做好的胶囊可保存3～4天）。

（3）胶囊法烹饪技术案例

① 姜汁"鱼子"（正向，2人份）

原料：姜汁30克，陈醋30克，酿造酱油30克，纯净水60克，海藻胶1克，纯净水1000克，钙粉5克。

制作工具或设备：注射器、搅拌器、瓷碗。

制作过程：

a.将钙粉倒入纯净水中搅匀。

b.姜汁、陈醋、酿造酱油、纯净水，加海藻胶用搅拌器充分搅拌融合。

c.将溶液静置2小时后用注射器吸入适量姜汁溶液，滴入到钙水中（将姜汁等与海藻胶充分搅拌融合后，需要放置2小时再做"鱼子"，目的是为了让搅拌器打出的泡沫彻底消失，否则"鱼子"原料里会充满泡沫，浮在钙水上面，形不成完整的"鱼子"）。

d.大约过10分钟，可见水里形成许多小圆珠，状如鱼子。

质量标准：色泽晶莹，形如滴珠。

② 西瓜鱼子酱（正向，2人份）

原料：西瓜200克，红石榴糖浆15克，钙粉2.5克，海藻胶2克，矿泉水500克。

制作工具或设备：注射器、搅拌器、瓷碗。

制作过程：

a.西瓜去皮、去籽，放入搅拌机搅碎，加入红石榴糖浆、海藻胶，用搅拌器搅匀至原料充分融合，然后倒入细密筛中，将杂质和泡沫过滤待用。

b.矿泉水中加入钙粉，搅拌5分钟至钙粉充分溶解。

c.取1只针管，吸入果汁，慢慢推动活塞，挤入钙溶液中，静置片刻，外壳凝固，鱼子酱成形。

质量标准：色泽红艳，晶莹如珠。

③ 黄圣女果胶囊（反向，2人份）

原料：黄色圣女果200克，鲜橙汁15克，海藻胶4克，黄原胶1克，钙粉1.5克，矿泉水500克。

制作工具或设备：搅拌器、瓷碗。

制作过程：

a.黄色圣女果去皮、去籽，放入搅拌机搅碎，加入鲜橙汁、黄原胶、钙粉，用搅拌器搅匀至原料充分融合，倒入细密筛中，将杂质和泡沫过滤，待用。

b.矿泉水中加入海藻胶，搅拌5分钟至完全溶解。

c.取1只不锈钢小勺，舀起稠状果汁，再放入海藻胶溶液中，静置30秒，外壳凝固，胶囊状即成。

质量标准：色泽鲜艳，晶莹如珠。

④ 瓜胶囊（反向，4人份）

原料：金瓜500克，黄原胶1克，钙粉1.5克，纯净水1000克，海藻胶4克。

制作工具或设备：搅拌器、瓷碗、不锈钢锅、高速搅拌真空机。

制作过程：

a.将金瓜去皮去瓤，切块，放入不锈钢锅内，加入纯净水没过金瓜，中火煮25分钟至熟。

b.把煮好的金瓜捞出来，放入料理机打成金瓜蓉，过滤掉粗渣，留金瓜汁约400克。

c.在金瓜汁里加入黄原胶、钙粉，用高速搅拌真空机抽至真空（抽真空后的南瓜汁呈糊状。如果不抽真空，做好的胶囊里会有小泡）备用。

d.取纯净水500克，加入海藻胶，用高速搅拌真空机抽至真空（抽真空后仍然是液态，只是搅动时不起泡了）备用。

e.用小勺舀起金瓜糊放入海藻胶水中静置30秒即成胶囊，捞出冲洗干净，入保鲜柜保存（做好的胶囊可保存3～4天）。

质量标准：色泽橙黄，口感细腻。

3.液氮法烹饪技术

（1）液氮法烹饪技术的概念

液氮法是将食物原料放入液氮中，能在瞬间达到特定的温度，或以液氮喷洒在食物上，能使食物瞬间达到低温，从而达到改变食物风味的烹饪方法。

（2）液氮法烹饪技术的优势

利用液氮的低温来改变食物原料的结构，使其发生物理变化，令食物味道、质感、造型超越常规，简单而言是"吃鸡不见鸡"，而是一堆泡沫或一缕烟。

（3）液氮法烹饪技术案例

① 香瓜鸡蛋（1 人份）

原料：椭圆形的蛋白 3 个，鲜奶油 50 克，香瓜汁 50 毫升。

制作工具或设备：液氮罐、液氮不锈钢碗、注射器。

制作过程：

a. 在 3 个椭圆形的蛋白上浇上鲜奶油，然后浸入 –184℃的液氮里。

b. 沾了奶油的调和蛋白瞬间被冻结，表面形成像鸡蛋壳一样的外壳。

c. 用 1 支注射器向蛋白壳里注入香瓜汁。

d. 注满后再浸入到液氮里 3 秒钟取出。

质量标准：色泽浅白，口感膨松，口味清凉。

② 海胆芦笋冷汤（2 人份）

原料：海胆芦笋汤 100 毫升，莲叶 1 片。

制作工具或设备：液氮罐、液氮不锈钢碗、勺。

制作过程：

a. 将海胆芦笋汤用小勺分次，舀入放有液氮的不锈钢碗中，让汤汁迅速冻结成固体，并且包裹住芦笋的清香。

b. 取出后，盛于莲叶上，仿若露珠。

质量标准：色泽浅白，晶莹如珠。

4. 泡沫法烹饪技术

（1）泡沫法烹饪技术的概念

泡沫法需要把食物先制成液体，再加入卵磷脂并用搅拌器打成泡沫。与别的菜肴不同的是，品尝泡沫时不只是舌尖或唇边某一触点的味觉享受，而是能在入口瞬间使口腔内溢满香气，犹如体验了气态食材的爆炸与挥发之感。

（2）泡沫法烹饪技术的原理

大豆卵磷脂是大豆油通过蒸发而分离出来的，是理想的泡沫制造原料。它不仅对健康无害，还有抗氧化的作用。卵磷脂外形呈细粉末状，易溶于液体中，不溶于油脂。

在泡沫的制作过程中，使用了高速搅拌器。不同于普通的搅拌机，它的功率很大，转速非常高，每分钟能达到 4800 转，是普通搅拌机转速的 100 多倍，利用极高的转速可将卵磷脂溶液迅速打出丰富的泡沫。

除此之外，还可以利用真空管将添加了琼脂或凝胶的汁状物，制作成泡沫状物。

（3）泡沫法烹饪技术案例

① 芥味泡沫（2 人份）

原料：卵磷脂 2 克，纯净水 1000 克，芥末油 10 克。

制作工具或设备：高速搅拌器。

制作过程：

a.把卵磷脂放入纯净水中，用搅拌器打成泡沫状。

b.倒入芥末油，继续打至泡沫丰富。

c.用小勺舀适量泡沫放在菜品上即可。

质量标准：色泽浅白，泡沫丰富。

②青柠泡沫（6人份）

原料：青柠汁225克，水275克，大豆卵磷脂1.5克。

制作工具或设备：高速搅拌器。

制作过程：

a.将所有的原料混合，并用手握式搅拌器高速搅拌，此时表面会形成大量的泡沫。

b.让泡沫静止1分钟并稳定下来，就可以用勺将泡沫盛盘了。

质量标准：色泽浅白，泡沫丰富。

5.膨化法烹饪技术

（1）膨化法烹饪技术的概念

膨化法是将含有鱼胶、淀粉或者植物胶质的液体灌入特制的奶油瓶中，加入 NO_2–Patron（气弹）子弹后摇匀，即成慕斯膨化状。

（2）膨化法烹饪技术的原理

膨化法主要使用奶油瓶。这种快速制作奶油的瓶子我们在很多咖啡店里见过，就是把液体奶油装入瓶中，再装入气弹，就可以挤出奶油了。而膨化瓶是奶油瓶的改良版本，它不仅可以处理冷的液体，也可以处理热的液体，根据不同的胶质和胶质的多少，它可以做成像慕斯一样比较结实的口感，或者像奶油一样比较轻盈的口感。它也可以最大程度地保留原料的香味。泡沫瓶特别适合做酱汁、汤和甜点等。

（3）膨化法烹饪技术案例

①雪花红果（6人份）

原料：鲜山楂400克，纯净水200克，淡奶油30克。

制作工具或设备：搅拌机、膨化瓶、气弹。

制作过程：

a.鲜山楂去核，入笼蒸20分钟，用搅拌机搅成泥，反复过滤，筛掉粗的颗粒，加纯净水稀释成山楂汁。

b.将山楂汁和雀巢淡奶油倒入虹吸瓶，拧紧盖。

c.取一颗气弹塞入瓶盖上的气弹套筒，拧紧。

d.等气体喷进密封的瓶中后，充分摇晃瓶体。

e.打开阀门，将奶油状山楂糊挤出即可。

质量标准：色泽粉红，细腻膨松，入口即化。

② 膨化奶油（2 人份）

原料：淡奶油 100 克。

制作工具或设备：搅拌机、膨化瓶、气弹。

制作过程：

a.将淡奶油倒入瓶中，拧紧盖。

b.取一颗气弹塞入虹吸瓶盖上的气弹套筒，拧紧。

c.等气体喷进密封的虹吸瓶中，充分摇晃瓶体。

d.打开阀门，将奶油挤出即可。

质量标准：色泽奶白，口感细腻。

　　分子烹法是在较大程度上改变我们人类现有烹调学理论知识和操作技能的一项高端科技。其中涉及到物理、化学等专业学科，而主要理论基础在于深入研究食物烹调过程中的细微环节，如温度的精确升降、时间的长短，以及不同物质的加入量所造成的各种状态下的物理和化学变化，借由这些研究得到的数据去优化烹调方法，进而可以帮助厨师对传统烹调技法及菜品的形貌进行颠覆、解构和重组，最终创造出饮食的全新味觉和口感。这种以科学研究为基础的烹饪，其最大的价值在于颠覆了传统的烹调方法，改变了传统的饮食习惯。除了以上介绍的分子烹法外，其他还有薄脆干法技术、激光烹饪、橄榄油拉丝，离心技术，烟熏技术、意大利面技术等分子烹法，在本书中不展开介绍。

第二节　西餐肉类菜肴烹调程度测试

一、肉类烹调原理和方法

　　肉类原料最终呈现的口感和状态受烹调方法、烹调温度和烹调时间的影响。肉类原料在加热过程中，发生了一系列的变化，烹调程度也会随之改变，所以要选择合适的烹法。

　　采用干热烹调法加热后，容易在肉的表面形成硬壳及发生焦糖化作用，改善肉的风味。但同时，由于蛋白质凝固变硬会使肉的咀嚼性增强，肉的嫩度下降。一般情况下，高质量级的嫩质肉最适于使用干热烹调法烹调，如牛、羊、猪等肉类原料的脊背部分分别可以制作鲜嫩的烤牛排、烤羊排、烤猪排等。同时，热油烹调法主要适于肉质较嫩的肉类，否则高温加热会使肉的嫩度下降。

　　采用湿热烹调法加热肉类，可以提高含大量结缔组织的肉的嫩度；在较低温度下长时间进行湿热烹调，可使结缔组织中的胶原蛋白转变成明胶，改善肉类的嫩度。

含水量多的肉类原料（相对嫩的肉类）在用微波烹调时，更容易成熟，也更容易保持肉类的原有嫩度。

二、描述肉类烹调程度的参数

评价肉类烹调效果的指标有质感（嫩度）、多汁性、风味、外观和出品率等，其中前四项是最主要也最常用的，这四个指标受烹调温度和烹调时间的影响，因此温度与时间是肉类烹调中的两个相互关联的主要因素。

（一）温度

肉块的中心温度是判断其成熟程度的一个重要参数，在西餐中通常要用专门的肉用温度计进行测量。肉用温度计有直接型和间接型两种类型。直接型是指温度计的读数盘和探针直接连为一体，使用时将探针插入至肉块的中心部位，只有靠近肉块才能看清读数盘上的指示温度；间接型温度计的读数盘和探针是分开的，二者之间通过电线相连，因此便于远距离的温度测量与控制。肉用温度计是唯一准确的测量肉、烤肉及大块厚肉排内部温度的指示器。

长时间的高温烹调，可以硬化肌纤维和结缔组织、汽化固有水分、消耗脂肪、引起肉块收缩。来自同一种畜类的外形、质量均相同的两块牛肉，低温烤制比高温烤制更嫩、汁液更多、风味更好。此外，低温烤制时脂肪不会大量溅开、不产生烟，使得烤炉较干净、清洗方便。因此，一般推荐采用低温烹调，当然也不能排除一些特殊的烹调方法采用高温。（如"铁扒"这一烹调方法，铁板的温度可达 180 ~ 200℃）

以上方法主要针对干热烹调法的菜肴，对于湿热烹调法的菜肴，烹调温度常常保持在 100℃ 左右（采用高压锅烹调的例外），只有通过延长加热时间来实现软嫩的口感。如炖制牛肉在 100℃ 的条件下，慢火加热 2 小时左右，可使牛肉口感酥烂、鲜美多汁。在烹调过程中，常常将叉子插进去试其抗压力如何，这是测试这类肉块的较为可靠的办法。

（二）时间

烹调时间是判定肉块成熟程度的另一个重要参数，不同烹调方法在烹调过程中所需时间的长短是不同的。高温烹调的烹法所需的时间一般比较短，低温烹调的烹法则比较长。

具体地说，干热烹调法的烹调时间长短主要取决于下面几个因素。一是肉块的大小和重量。肉块越大，热传至肉的最厚部分的中心的距离越远，烹调所用的总时间就越多。所以，大块肉每千克所需的烹调分钟数通常比同类型的较小块肉多，薄而宽的肉块每千克所需分钟数比同样质量的小而厚的烤肉的少。二是肉中骨头的含量。由于骨头能够较快地将热量传导到肉块内部，因此等质量的无骨肋排肉所需烧烤时间比一般肋排要长一些。三是肉块表层脂肪的厚度。肉类表面的脂肪担任着隔热层的角色，大大延长了烹调时间。但是丰富的大理石花纹（即均匀分布的脂肪）可以缩短烹调时间，因为融化的脂肪能够迅速地将热量传导到肉的各个部分。四是烹调的初始温度。室温放置的肉块比刚从冰箱中取出的肉块烹调起来更快。一般来说，烹调冻肉所需的时间是室温放置的肉的 3 倍，是刚从冰箱中取出的肉的 2 倍。因此，烹调前可以先将冻肉先行解冻。五是烹调温度。温度高则烹调时间长，温度低则烹调时间短。六是肉块与热源的距离。肉块离热源之间的距离近，则温度高，烹调时间短；反之，则温度低，烹调时间长。

而湿热烹调法的烹调时间长短主要取决于下面几个因素：一是肉块的体积和质量，大块肉烹调时间长，小块肉则烹调时间短；二是肉块的固有嫩度，长时间地缓慢烹调可以让肉更嫩，因此嫩度较差的肉需在较低温度下加热很长时间，而具有一定嫩度的肉烹调时间可以短一些。

三、肉类的烹调程度表述

适度烹调是肉类烹饪的最高准则，它是保持肉类嫩度与菜肴风味的保证。表 8-2 介绍了畜肉的成熟度与其对应的特点。

表 8-2　畜肉的成熟度与其对应的特点

畜肉的成熟度	畜肉的特点
三四成熟（Rare）的畜肉	内部颜色为红色，按压时没有弹性并留有痕迹，肉质较硬 牛肉内部温度是 49 ~ 52℃ 羊肉内部温度是 52 ~ 54℃ 猪肉三四成熟时不能食用
五六成熟（Medium）的畜肉	内部颜色为粉红色，按压时没有弹性但留有轻微痕迹，肉质较硬 牛肉内部温度是 60 ~ 63℃ 羊肉内部温度是 63℃ 猪肉五六成熟时不能食用
七八成熟（Well-done）的畜肉	畜肉内部没有红色，用手按压畜肉时没有痕迹，肉质硬，弹性强 牛肉内部温度是 71℃ 羊肉内部温度是 71℃ 猪肉内部温度是 74 ~ 77℃，猪肉七八成熟不能食用，必须是十成熟才能食用

四、确定肉类烹调程度的方法

确定肉类烹调程度的方法有很多，常见的有测温法、计时法、辨色法、触摸法、品尝法等。但在实际菜肴制作过程中，常常结合几种方法同时判断，这样结果就更为准确。

（一）测温法

烹调温度是影响菜肴嫩度的原因之一。在烹调过程中由于温度过高，特别是过了火候，肉质就会变老。其质感变化主要源于肉中肌原纤维蛋白的变性和蛋白质持水能力的变化。短时间加热，肉中的肌原纤维蛋白尚未变性，组织水分损失很少，所以肉质比较细嫩；加热过度，肌原纤维蛋白深度变性，肌纤维收缩脱水，造成肉质老而粗韧。因此，把握合适的烹调温度很重要。

西餐中对肉类的烹调温度有严格的规定，而且多用肉用温度计来测量食物的内部温度。这种科学的方法有助于我们找到口感要求与卫生安全的最佳温度契合点。

（二）计时法

通过记录加热时间来确定肉类烹调程度。这也是西餐中经常采用的方法，如烤牛肉时，每千克肉烧烤44分钟为生，每千克肉烧烤55分钟为半生半熟，每千克肉烧烤66分钟为熟透。又如煎牛排时，牛排肉块厚度为2.5厘米，与热源距离5厘米时，烧烤10分钟为生，烧烤14分钟为半生半熟，烧烤20分钟为熟透。

（三）辨色法

西餐比较重视辨色法，因为更直观、更方便快捷而且实用效果好。在西餐中，判断肉类的烹调程度，只需在烹调过程中观察切开的肉块的中心颜色，红色为生，粉红色为半生半熟，褐色为熟透。

（四）触摸法

触摸法是西餐中常用的方法。鉴定时，用大拇指和其他手指指端相互配合所产生的可感硬度来比较牛排其他肉类的硬度和弹性，以判断不同的烹调程度。因为当拇指和其他不同手指捏在一起时，指端可以明显感知的硬度是不同的：拇指与食指捏在一起时的可感硬度为生，拇指与中指捏在一起时的可感硬度为半熟偏生，拇指与无名指捏在一起时的可感硬度为半生半熟，拇指与小指捏在一起时的可感硬度为熟透。

（五）品尝法

品尝法在中餐里较为常见，通过咀嚼可切实地感受到肉类的老嫩与烹调程度。

第三节　西餐调味概述

调味就是把菜肴的主、辅料与多种调味品适当配合，使其相互影响，经过一系列的物理和化学变化，去除异味，增加美味，形成菜肴风味特点的过程。

一、调味原则

（一）根据菜肴的风味特点进行调味

长期以来，西餐各式菜肴都已形成了各自的风味特点，因此，在调味中应注意保持其原有的特点，不能随便改变其固有的风味，如俄罗斯人口味较重，英国人口味较清淡，美国南部德克萨斯州靠近墨西哥地区的人们口味浓重偏辣等。

（二）根据原料的不同性质进行调味

西餐烹饪原料有很多，特点各异。对于本身具有鲜美滋味的原料，要利用味的对比现象，突出原料本身的美味；对于本身带有异味的原料，调味要偏浓重，利用消杀现象或调味品的化学反应去除异味。

（三）根据不同的季节进行调味

人们口味的变化和季节有一定的关系。在炎热季节人们喜爱清淡口味，而在严寒季节人们喜爱口味浓郁的菜肴。因此，在调味时应根据这种规律，灵活掌握口味的变化。

二、调味作用

（一）确定菜肴的口味，形成菜肴的风味

菜肴的口味主要是通过调味来确定的，同时调味还是形成菜肴风味的主要手段，如西餐和中餐菜肴口味的不同主要是由于调味的不同而形成的。又如同

样是牛肉，由于使用的调味品不同，就可以形成不同风味特点的菜肴。

（二）形成美味，去除异味

烹饪原料本身的滋味是有限的，甚至有的原料本身并无明显的美味，但可以通过调味使其增加美味，成为人们喜爱的菜肴。同时，有的烹饪原料有一些不良气味，如通过调味，利用消杀现象和其他化学变化可以去除水产品的腥味和羊肉的膻味等。

（三）使菜肴多样化

菜肴品种的变化是由多种因素决定的，其中调味方法的变化是其主要因素之一。同样的原料、烹法，使用的调味品不同，就可以调制出不同的风味菜肴来。

三、调味方法

西餐调味的方法主要有原料加热前调味、原料加热中调味、原料加热后调味等三种形式。

（一）原料加热前调味

原料加热前的调味，又叫基础调味，目的是使原料在烹制之前就具有一个基本的味，同时减除某些原料的腥膻气味及改善原料的色泽、硬度和持水性，主要适用于加热中不宜调味或不能很好入味的原料的烹调方法，如烤、炸、煎等烹调方法烹制的菜肴，一般均需对原料进行基础调味。此阶段所用的调味方法主要有腌渍法和裹拌法等。

腌渍法具体操作是将加工好的原料用调味品，如盐、辣酱油、料酒、糖等调拌均匀，浸渍一下，时间可长可短，根据具体要求而定。而裹拌法主要是指原料的裹粉，调味与致嫩同时完成，一举两得。

（二）原料加热中调味

加热中的调味，也叫做正式调味或定型调味。其特征为调味在加热炊具内进行，目的主要是使菜肴所用的各种主料、配料及调味品的味道融合在一起，相辅相成，从而确定菜肴的滋味。

（三）原料加热后调味

加热后的调味又叫做辅助调味，它是指菜肴起锅后上桌前或上桌后的调味，是调味的最后阶段，其目的是补充前两个阶段调味的不足，使菜肴滋味更加完美或可增加菜肴的特定滋味，如肉类炸制菜肴往往在成菜后或上桌前撒上花椒盐或蘸番茄酱等，煎烤牛排类菜肴要在上桌前另浇沙司等调味佐味等，这些都是加热后的调味。

　　值得注意的是，并不是所有的肉类菜肴都一定要全部经历上述三个阶段，有的肉类菜肴只需要在某一阶段完成，常称之为一次性调味。而有些肉类菜肴需要经历上述三个阶段或者其中的某两个阶段，一般称为重复性调味。

思考题

1. 简述西餐的食物热处理技术分类方法。
2. 简述烤的概念、特点、适用范围和制作关键。
3. 简述炸的概念、特点、适用范围和制作关键。
4. 简述铁扒的概念、特点、适用范围和制作关键。
5. 简述煮的概念、特点、适用范围和制作关键。
6. 简述微波的概念、特点、适用范围和制作关键。
7. 如何理解肉类烹调原理和方法？
8. 分子烹法的概念是什么？
9. 描述肉类烹调程度的参数有哪些？
10. 确定肉类烹调程度的方法有哪些？
11. 西餐调味的原则有哪些？
12. 西餐调味的作用有哪些？
13. 西餐调味的方法有哪些？

第九章

西式面点制作工艺

本章内容： 西点制作基础工艺

蛋糕制作工艺

面包制作工艺

点心制作工艺

甜点制作工艺

教学时间： 4课时

训练目的： 让学生了解西餐面点的概念，掌握西餐面点的分类方法，熟悉西餐面点的生产工艺，以及西餐面点等相关品种的特点。

教学方式： 由教师讲述西餐面点的相关知识，运用恰当的方法阐述各类西餐面点的特点。

教学要求： 1.让学生了解相关的概念。

2.掌握西餐面点的分类方法。

3.熟悉各类西餐面点的特点。

4.掌握西餐面点的制作方法。

5.掌握西餐早餐的制作方法。

课前准备： 准备一些原料，进行示范演示，掌握其特点。

西点是西餐中的重要组成部分，有着十分悠久的历史。西点在原料选择、面团调制、馅心制作、成形手法、装饰方法等方面，都有着独特的特点。

第一节　西点制作基础工艺

一、西点概述

西点又称西式糕点，是指来源于西方国家的点心，英文为 Baking Food，意思为烘焙食品。它表明了西点熟制的主要方法是烘焙，通过烘焙，西点制品不仅具有金黄的色泽和诱人的香气，而且携带与食用方便，更易于实现生产的机械化、自动化和批量化，确保了生产场地和制品的清洁卫生。传统西点主要包括面包、蛋糕和其他糕点等。从西点的发展来看，面包的历史最为久远，它是西方人的主食，也是西方国家销售量最大的食品之一，除主食面包品种外，各种花色面包也层出不穷。在西点中，蛋糕也极具代表性，有海绵蛋糕和油脂蛋糕两种基本类型，还可以派生出各种水果蛋糕、果仁蛋糕、巧克力蛋糕、生日蛋糕和花色小蛋糕。其他糕点品种也较多，主要包括甜酥点心（塔、派等）和起酥点心两大类，此外还有泡芙、化学发酵点心、蛋白点心、布丁、饼干等。

二、西点制作基本工艺流程

西点品种多，工艺复杂，但一般制品的基本工艺过程大致相同，基本过程为面团调制工艺→面团膨松工艺→点心成形工艺→点心熟制工艺→点心装饰工艺。

（一）面团调制工艺

面团调制是指将主要原料与辅助原料配合，运用调制手法使制品成为适合各种点心需要的面团。不同的点心制品所用的原料性质及面团调制工艺不尽相同。所用面团调制技术多样，一般品种而言，面团调制的基本操作主要包括原料和辅料准备、混料、调和、形成面团等工艺过程。

原料和辅料准备是指各种原料按照配方和产量要求准确称取以及进行必要的处理，如面粉过箩、打蛋、果料与果仁的清洗加工等。

混料是指将准备好的原料，根据不同工艺要求依次投料。

调和又称和面，是将主料与调辅料依次掺和的过程，该过程称为面团调制工艺，而工艺中所需要的操作技法称为面团调制技术。西点面团的调制技术通常有蛋糖调制法、糖油调制法、粉油调制法、一次调制法、两步调制法、连续调制法等。调制手段有机器调制和手工调制两种。机器调制通常使用的机械是和面机或搅拌机，它们将西点原料通过机械搅动，调制成所需的各种性质的面团。手工调制的技法，根据不同制品的要求，大体可分为搓擦法、炒拌法、调和法、搅打法及揉、摔、叠等。

形成面团即是在不同调制方法的基础上形成面坯的半制品，它的好坏直接影响西点的品质及操作工序。不同的西点品种具有不同的面团调制方法，西点常见的面团有水调面团、水油面团、油酥面团和膨松面团等。

（二）面团膨松工艺

西点中常用的膨松方法有机械膨松法、化学膨松法、生物膨松法。

1. 机械膨松法

此法又叫物理膨松法，俗称搅打法，是以某种原料为搅打介质，通过机械高速搅打的方式引入空气，从而使制品膨松的方法。西点中的机械膨松常见于全蛋液和糖、蛋清和糖、油脂和糖（或糖水）及鲜奶油的搅打等几种情况。

2. 化学膨松法

此法是由化学膨松剂通过化学反应产生二氧化碳使制品膨松的方法，通常在蛋糕、点心和饼干制作中应用。

西点制作中常用的化学膨松剂有碳酸氢钠、碳酸氢铵和泡打粉，它们在受热过程中虽然都能产生二氧化碳，但由于各自的化学成分不同，因而反应形式也有差异。

碳酸氢钠受热时的反应：

$$2NaHCO_3 \xrightarrow{\triangle} Na_2CO_3 + CO_2\uparrow + H_2O$$

碳酸氢铵受热时的反应：

$$NH_4HCO_3 \xrightarrow{\triangle} NH_3\uparrow + CO_2\uparrow + H_2O$$

泡打粉复合膨松剂，由碱剂、酸剂和填充剂配合组成。碱剂一般用碳酸氢钠；常用的酸剂为有机酸或有机酸盐，如酒石酸、酒石酸氢钾、酸性磷酸钙等。碱剂与酸剂受热时发生酸碱中和反应，放出二氧化碳，产物呈中性，这种复合膨松剂在一定程度上克服了单独使用碱性化合物的缺点，从而提高了产品质量。

3. 生物膨松法

此法又称发酵法，它是利用生物膨松剂即酵母在面团中的发酵作用使制品膨松的一种方法。面团发酵是一个十分复杂的生物化学变化过程，该过程大致体现在三个方面。第一，淀粉、庶糖分解成单糖，为酵母繁殖提供养分；第二，酵母利用面团中的养分，进行呼吸作用和发酵作用，从而产生大量的二氧化碳气体、水和热；第三，随着发酵时间的延长和温度的升高，面团中的杂菌也会繁殖，特别是醋酸菌大量繁殖分泌出的氧化酶，把酵母发酵作用产生的酒精最终氧化为醋酸和水，使面团有强烈的酸味。面团发酵时间越长，醋酸菌繁殖越多，面团的酸味越浓，这就是面团发酵时间过长会出现酸味的原因。

（三）点心成形工艺

所谓点心成形工艺是指将调制好的面团按照产品要求，使产品形成半成品或成品生坯的工艺方法。西点工艺中的成形方法很多，但主要有手工成形、模具成形和机械成形三种基本形式。

手工成形又有直接成形和间接成形两种。直接成形主要是指一次性成形方法，间接成形主要是指多次或辅助成形的方法。成形动作主要有和、揉、搓、擀、包、挤、搅打、捏、卷、抹、淋、折叠、拉、转、割等。

模具成形是利用各种模具，使面团形成各种形态的半成品或成品的方法。常见的模具有三类，即印模、套模（各式小花纹模）和盒模（有一定深度的凹形模）。模具成形具有使用方便、规格一致等优点。

机械成形是利用机械模具使制品成形的方法，常见的有酥皮机、蛋糕浇模机、揉圆机、面包成形机等。

（四）点心熟制工艺

点心熟制工艺是对调拌好的生料或制作成形的生坯，运用各种加热方法，使其在温度的作用下发生一系列的变化，成为色、香、味、形俱佳的熟制品。西点种类繁多，熟制方法也较多，主要有烘、烤、煎、炸、烙、蒸、煮等加热法，及为了适应特殊需要的综合加热法。但从大多数品种来看，以单独加热法为主，其中又以烘焙为最主要的方法。

（五）点心装饰工艺

所谓点心装饰工艺是指操作者以装饰原料为基础，通过精湛的技术，审美的意识及艺术的想象力，运用多种手法，体现制品美的过程。西点的装饰技术一般包括装饰设计、装饰方法、装饰用料等内容。西点形态多姿，色彩绚丽，装饰手法简洁明快，能表达很多美好的情感。所以，西点不仅具有食用价值，还具有观赏价值。

如裱挤技术是装饰西点的常用操作方法，欧美人擅长使用。西点中的不少蛋糕、花饼类，便是将奶油和糖调制后，用特制的工具在糕和饼上挤出各种花样图案；也有用蛋白等原料挤上各种图案作为装饰，它是将用料装入裱花袋（或裱花纸）中，用手挤压，装饰用料从花袋的花嘴中被挤出，形成各种各样的图案和造型。

第二节　蛋糕制作工艺

一、蛋糕概述

蛋糕是西点中最常见的品种之一。据说，蛋糕制作有其漫长的发展历史，最早起源于中东地区，以后逐渐传入欧洲的意大利、法国、英国等地。在17世纪后风靡欧美各国，然后才传入我国，蛋糕制作在我国的历史可以追溯到明代，据记载明代元启二年（公元1662年）来华的德国传教士汤若望在京居住期间，曾"以蜜面和以鸡卵"制作的"西洋饼"款待中国人，食者皆"诧为殊味"，其"西洋饼"即指现今的蛋糕。

蛋糕的种类很多，根据使用原料、搅拌方法和面糊性质不同，常见的有海绵蛋糕、油脂蛋糕、装饰蛋糕等。

二、海绵蛋糕

海绵蛋糕是利用蛋白起泡性能，使蛋液中充入大量的空气，加入面粉烘烤而成的一类膨松点心，因其结构类似于多孔的海绵而得名。国外又称为泡沫蛋糕，国内称为清蛋糕（Plain Cake）。海绵蛋糕不含或含有少量的油脂，组织疏松，口感绵软。

在蛋糕制作过程中，蛋白通过高速搅拌使其中的球蛋白降低了表面张力，增加了蛋白的黏度，因黏度大的成分有助于泡沫初期的形成，使之快速地打入空气，形成泡沫。蛋白中的球蛋白和其他蛋白受搅拌的机械作用，产生了轻度变性。变性的蛋白质分子可以凝结成一层皮，形成十分牢固的薄膜，将混入的空气包围起来，同时，由于表面张力的作用，蛋白泡沫收缩变成球形，加上蛋白胶体具有黏度和加入的面粉原料附着在蛋白泡沫周围，从而形成均匀的面糊，经过烤制后达到膨松的效果。

由于海绵蛋糕中所使用的鸡蛋成分及量的不同，有些只用蛋白，有些用全蛋，有些又增加蛋黄的用量，因此又可分为天使蛋糕和全蛋海绵蛋糕。

（一）天使蛋糕

天使蛋糕因全部用蛋白进行制作，所以其发泡性能很好，糕体内部组织相对比较细腻，色泽洁白，质地柔软，几乎呈膨松状。其制作过程相对简单，将蛋白与蛋黄分开，加入蛋白量60%的白糖进行搅打，搅打到蛋白泡沫坚实，用工具蘸一点竖起，尖略下垂，再加入蛋白量60%的面粉拌匀即可。在制作的过程中，为了口感滋润，可在最后加入蛋白量20%的油脂。成品天使蛋糕具有组织细腻、色泽洁白、低油的特点，常用于高档宴会和庆典活动。

原料：蛋白210克，塔塔粉2克，盐1克，细砂糖160克，低筋面粉100克。

用具或设备：搅拌桶、筛子、垫纸、蛋糕圈、蛋糕板、烤箱。

制作过程：

① 蛋白加入塔塔粉。

② 使用电动打蛋器以中速拌打至起细泡。

③ 在步骤2的材料中加入2/3的细砂糖和盐拌打至糖溶解。

④ 再把剩下的1/3的细砂糖加入步骤3的材料中，拌打至湿性发泡即可。

⑤ 把过筛后的低粉轻轻拌入步骤4的材料中，拌匀。

⑥ 将面糊倒入中空圆形烤模中，再用刮刀将表面抹平；放入烤箱下层以190℃烤约25分钟。

⑦ 将烘焙好的蛋糕体倒扣在凉架上等待放凉；用抹刀沿着烤模边缘绕一圈，让蛋糕体离模；将烤模整个倒扣在凉架上面，并取出蛋糕即可。

质量标准：口感松软、湿润爽口。

（二）全蛋海绵蛋糕

全蛋海绵蛋糕传统的配方一般有两种：一种是鸡蛋与糖、面粉的比例为1:1:1；另一种为鸡蛋与糖、面粉的比例为2:1:1。与天使蛋糕的不同之处在于其不仅使用蛋白，同时也使用了蛋黄，如果制作方法得当，其成品品质与天使蛋糕无异。

1. 海绵蛋糕（清蛋糕胚，Sponge Cake）

原料：鸡蛋600克，白糖300克，低筋粉290克，白脱油100克，脱脂牛奶适量。

用具或设备：搅拌桶、筛子、小锅、垫纸、蛋糕圈、烤盘、蛋糕板、烤箱。

制作过程：

① 预热烤箱至180℃（或上火180℃、下火165℃）备用。

② 将鸡蛋打入搅拌桶内，加入白糖，上搅拌机搅打至泛白并成稠厚的乳沫状。

③ 将低筋粉用筛子筛过，轻轻地倒入搅拌桶中，并加入融化且冷却的白脱油和脱脂牛奶，搅和均匀成蛋糕糊。

④ 将蛋糕糊装入垫好垫纸并放在烤盘里的蛋糕圈内，并用手顺势抹平，进烤箱烘烤。

⑤ 约烤30分钟，待蛋糕完全熟透取出，趁热覆在蛋糕板上，冷却后即可使用。

质量标准：色泽金黄，口感松软。

2. 戚风蛋糕（Chiffon Cake）

原料：鸡蛋 500 克，白糖 300 克，细盐 5 克，低筋粉 200 克，发酵粉 5 克，脱脂牛奶适量，玉米油 75 克。

用具或设备：搅拌桶、搅拌盆、筛子、垫纸、蛋糕圈、蛋糕板、烤箱。

制作过程：

① 预热烤箱至 170℃（或上火 175℃、下火 160℃），在烤盘上铺上垫纸，再放好蛋糕圈备用。

② 将鸡蛋分成蛋黄、蛋白备用。

③ 在搅拌桶内倒入蛋黄、细盐及一半白糖，上搅拌机搅打至稠厚并泛白，再依次加入低筋粉、发酵粉和脱脂牛奶及玉米油，全部搅拌均匀。

④ 将蛋白和另一半白糖放入另一搅拌桶内，上搅拌机搅打成软性泡沫状，拌入蛋黄混合物，拌和均匀，装入备用的蛋糕圈内，并顺势抹平，进烤箱烘烤。

⑤ 约烤 40 分钟，至蛋糕完全熟透取出，趁热覆在蛋糕板上，冷却后即可使用。

质量标准：色泽金黄，口感细腻。

三、油脂蛋糕

油脂蛋糕，是用鸡蛋、黄油、面粉、白糖等搅拌、烘烤而成。油脂蛋糕含有较多的固体油脂，弹性和柔软度不如海绵蛋糕，组织相对较紧密，口感细腻滑润，油润感、饱腹感强，别具特色。

在制作过程中，空气通过搅拌进入油脂形成气泡，使油脂膨松、体积增大；当蛋液加入到打发的油脂中时，蛋液中的水分与油脂即在搅拌下发生乳化。乳化对油脂蛋糕的品质有重要影响，乳化越充分，制品的组织越均匀，口感也越好；为了改善油脂的乳化，在加蛋液的同时可加入适量的蛋糕油（为面粉量的 3%～5%）。蛋糕油作为乳化剂，可使油和水形成稳定的乳液，蛋糕质地更加细腻，并能防止产品老化，延长其保鲜期。下面介绍黄油蛋糕的做法。

原料：黄油 1000 克，白糖 1000 克，鸡蛋 1200 克，面粉 1400 克，牛奶 240 克，发酵粉 10 克，香草粉、糖粉各适量。

用具或设备：搅拌桶、搅拌盆、筛子、垫纸、蛋糕模。

制作过程：

① 黄油、白糖放入搅拌机里，搅拌膨松；将鸡蛋分次加入搅拌，直至膨松细腻为止。

② 发酵粉、面粉、香草粉过筛后放入，轻轻搅拌，然后放入牛奶搅拌均匀。

③ 将圆柱形小模子（直径4厘米，高5厘米）擦净放在烤盘上，模具内壁垫一层油纸，将油糕糊装入布袋挤入模具中，以1/2满为宜，挤完后送入170℃的烤箱烘烤30分钟，然后出箱冷却从模具中取出，在表面撒一层糖粉即可。

质量标准：色泽金黄、口感油润。

四、装饰蛋糕

装饰蛋糕的品种很多，按用途及工艺特点通常分为两大类：一类是一般装饰蛋糕，如奶油裱花蛋糕、水果蛋糕、巧克力装饰蛋糕等；另一类是艺术造型蛋糕，这类蛋糕工艺难度大，欣赏价值高，多用于装饰橱窗、宴会、各种大型活动的布景，满足客人的特殊需要。

装饰蛋糕通常以海绵蛋糕或油脂蛋糕为坯料，其装饰料则据制品需要灵活选择。一般常用的装饰原料有奶油制品（奶油酱）、糖粉膏、巧克力、干鲜果、杏仁膏、各式水果罐头及胶冻类原料等。

1. 黑森林蛋糕（Black Forest Cake）

原料：鸡蛋400克，蛋黄50克，砂糖150克，面粉500克，可可粉15克、黑樱桃150克，鲜奶油500克，糖水75克，巧克力碎片150克。

用具或设备：搅拌桶、筛子、小锅、垫纸、蛋糕圈、烤盘、蛋糕板。

制作过程：

① 将鸡蛋、蛋黄、砂糖放在搅拌桶内,快速搅拌到膨发4～5倍量时停止搅拌。

② 面粉、可可粉过筛后后加入到蛋糊中，轻轻搅拌均匀即成蛋糕糊；把蛋糕糊倒入刷油的模具中，入200℃的烤箱内烘烤30分钟。

③ 将烤好的蛋糕坯从模具中取出，晾凉后分成四层备用；在糖水内加入少许调味酒刷在每一层蛋糕上。

④ 将鲜奶油倒入调料盆中打至膨松，取一部分抹在第一层蛋糕坯上，撒黑樱桃，然后把第二层蛋糕坯盖在第一层上，抹上一层奶油，再撒黑樱桃，盖上第三层蛋糕坯，最后用奶油将表面及四周覆盖均匀，撒上巧克力碎片。蛋糕表面液可以用鲜奶油裱花，或用红樱桃点缀。

质量标准：色泽微黑，口感香滑。

2. 多层婚礼蛋糕（The Tiered Wedding Cake）

原料：清蛋糕胚3个（直径分别是60厘米、50厘米、30厘米），打好的鲜奶油4000克，朗姆酒50克，杂果罐头800克，鲜水果及食用色素各适量。

用具或设备：抹刀、锯齿刀、裱花嘴、裱花袋。

制作过程：

① 将每个蛋糕分为三层，然后抹奶油、夹杂果丁，使其形成三个大小不同的奶油蛋糕坯。

② 在直径 60 厘米的奶油蛋糕表面裱满各色玫瑰花，而且用白色奶油裱上图案。

③ 将直径 50 厘米的蛋糕坯同样裱制后备用；在直径 30 厘米的蛋糕坯上挤花边和玫瑰花后，中间点缀上新郎和新娘饰物。

④ 将分别装饰完毕的蛋糕坯，用三层拆装式支架组合为整体。

质量标准：主题突出，造型美观。

第三节　面包制作工艺

一、面包概述

面包是以面粉、油脂、糖、发酵剂、鸡蛋、液体物质（水或牛奶）、盐、调味品等为原料，和面并制成面团坯料，经过烘烤制成的食品。根据面包的形状特点，面包有很多名称，如形状较大的方面包称为 Loaf，小圆面包叫 Bun 或 Roll，油酥面包叫 Pastry，方形片状面包叫 Toast，棍式面包称为 Baguette。

二、面包的种类及特点

面包的种类繁多，通常根据面包的特点分为以下几种。

（一）硬式类面包

硬式类面包一般为较低成分面包，配方中使用的糖、油脂皆为面粉用量的 4% 以下，具有外脆内软的特质，如法国面包，具有吐司面包所不及的浓郁的麦香味，表皮要硬或脆，内部组织有韧性，但并不太强，有嚼劲，如法式面包（French Bread）和意大利面包（Italian Bread）。

（二）软质面包

软质面包是松软、体轻、富有弹性的面包，如吐司类面包（Toast）和各种甜面包（Sweet Roll）。

1.吐司类面包

吐司类面包体形较大，柔软细致，应使用吐司烤模烤焙。此类面包讲求式样美观，组织细腻，需要有良好的烤焙弹性，面筋须充分搅拌出来，基本发酵必须适当，才能得到良好形状和组织。其特性为表皮颜色呈金黄色，且薄而柔软，内部组织颜色洁白或浅乳白色，有丝状光泽，组织细腻均匀，咀嚼时容易嚼碎且不粘牙，可添加各种口味的馅料。

2. 甜面包类面包

甜面包一般为较高成分面包，配方中使用的糖、油脂皆为面粉量的10%以上，馅料应为面团重量20%以上，组织较为柔软，可应用各式馅料来做成最终的烘焙品。其特性为成分较高，配方中含糖、蛋、油脂量较多，外表形状及馅料变化多，外观漂亮美观，内部组织细致均匀，风味香甜柔软。

（三）健康面包

凡在软式或硬式面包中添加合法的谷物或核果，且添加量不得低于面粉量20%，多谷物、高纤维含量、低糖、低油、低热量的产品均为此类，如杂粮葡萄面包、葵花子面包等。其特性为低成分的高纤维面包，配方中油、糖、蛋含量极少，甚至有些不添加，有些产品配方中含麸皮、裸麦、黄豆、葵花子等多谷类原料，产品外观光亮，内部组织较为紧密，外皮酥脆。

（四）起酥类面包

起酥类面包有明显的层次及膨胀感，入口酥脆，含油量高。其特性为产品面团中裹入很多有规则有层次的油脂，加热汽化形成一层层又松又软的酥皮，外观呈金黄色，如丹麦面包（Danish Pastry）和牛角面包（Croissant）等。

丹麦类面包有明显层次感，柔软、化口性佳，成分较高，如可颂面包、丹麦吐司等，其特性为产品有松酥的层次，表面为金黄色，油脂含量高，较为柔软，有浓郁的奶油香味，内部组织均匀，外观及馅料变化多，是高成分产品。

三、面包制作原理

面包面团的发酵原理主要是由构成面包的基本原料（面粉、水、酵母、盐）的特性决定的。

（一）面粉的作用

面粉是由蛋白质、碳水化合物、灰分等成分组成的，在面包发酵过程中，起主要作用的是蛋白质和碳水化合物。面粉中的蛋白质主要由麦胶蛋白、麦谷蛋白、麦清蛋白和麦球蛋白等组成，其中麦谷蛋白、麦胶蛋白能吸水膨胀形成面筋质。这种面筋质能随面团发酵过程中二氧化碳气体的膨胀而膨胀，并能阻止二氧化碳气体的溢出，提高面团的保气能力，它是面包制品膨胀、松软的重要条件。面粉中的碳水化合物大部分是以淀粉的形式存在的。淀粉中所含的淀粉酶在适宜的条件下，能将淀粉转化为麦芽糖，进而继续转化为葡萄糖供给酵母发酵所需要的能量。面团中淀粉的转化作用，对酵母的生长具有重要作用。

（二）酵母的作用

酵母是一种生物膨胀剂，当面团加入酵母后，酵母即可吸收面团中的养分生长繁殖，并产生二氧化碳气体，使面团形成膨大、松软、蜂窝状的组织结构。酵母对面包的发酵起着决定的作用，但要注意使用量。如果用量过多，面团中产气量增多，面团内的气孔壁迅速变薄，短时间内面团持气性很好，但时间延长后，面团很快成熟过度，持气性变劣。因此，酵母的用量要根据面筋品质和制品需要而定。一般情况下鲜酵母的用量为面粉用量的 3% ~ 4%，干酵母的用量为面粉用量的 1.5% ~ 2%。

（三）水的作用

水是面包生产的重要原料，其主要作用是：使面粉中的蛋白质充分吸水，形成面筋网络；水可以使面粉中的淀粉受热吸水而糊化；水可以促进淀粉酶对淀粉进行分解，帮助酵母生长繁殖。

（四）盐的作用

盐可以增加面团中面筋质的密度，增加弹性，提高面筋的筋度，如果面团中缺少盐，醒发后面团会有下塌的现象。盐可以调节发酵速度，没有盐的面团虽然发酵的速度快，但发酵极不稳定，容易发酵过度，发酵的时间难以掌握。盐量多则会影响酵母的活力，使发酵速度减慢。盐的用量一般是面粉用量的 1% ~ 2.2%。

综上所述，面包面团的四大要素是密切相关，缺一不可的，它们的相互作用才是面团发酵原理之所在。其他的辅料（如糖、油、奶、蛋、改良剂等）也是相辅相成的，它们不仅能改善风味，丰富营养，对发酵也有着一定的辅助作用。糖是供给酵母能量的来源，糖的含量在 5% 以内时能促进发酵，超过 6% 会使发酵受到抑制，使发酵的速度变得缓慢；油能对发酵的面团起到润滑的作用，使面包制品的体积膨大而疏松；蛋、奶能改善发酵面团的组织结构，增加面筋强度，提高面筋的持气性和发酵的耐力，使面团更有胀力，同时供给酵母养分，提高酵母的活力。

四、面包制作案例

（一）餐包

原料：高筋面粉 500 克，白糖 80 克，酵母 8 克，鸡蛋 1 个，面包改良剂 15 克，黄油 5 克。

用具或设备：和面机、压面机、刷子、烤箱。

制作过程：

1. 和面

一次发酵法的投料次序为将全部的面粉投入到和面机里，放入白糖和酵母水溶液及其他配料，再开机，用低速档搅拌。和面时一定要揉透，以使面团产生面筋，这样才有助于提高成品质量。在面团和好后，还需把面团放在压面机滚筒上反复滚轧多次，直至面团光滑为止。

二次发酵法的投料次序为先取 30% ~ 50% 的面粉与全部酵母液和适量的水调制成面团，待其发酵成熟后，再将剩余的面粉和辅料一同放入和面机里，搅拌至面团光滑时为止。待面团体积增大约一倍时，再进行一次揉制，这是为了让面团释放出二氧化碳，补充进新鲜空气，以便有利于酵母的生长，促使面团尽快发酵成熟。

2. 成形

面团和好后，按成品所需体积大小的要求，将面团搓条并摘成小剂，然后在案板上搓成球形，再压扁擀开，包入备好的馅心（奶黄馅、叉烧馅、豆沙馅、莲蓉馅等），然后收口向下放入垫有油纸的烤盘内（油纸上需刷色拉油），送入醒发室里进行醒发（烤箱中也可以）。如果制作的是酥皮餐包，还要先盖上酥皮，并刷上蛋液再进行醒发。

3. 醒发

餐包醒发时，要特别注意醒发环境的温度和湿度。湿度应保持在 85% 左右，如果湿度过低，餐包生坯表面很容易干裂，尤其是在烤箱里，更要随时注意喷水保持湿度；反过来如果湿度过高，表面又容易结露水，同时还会给餐包表面带来水迹斑点，致使烘烤时出现颜色不均匀的现象。醒发的温度最好保持在 38℃左右，因为这时才最有利于酵母菌的生长。

4. 成熟

将烤箱的底火调至 200℃，面火调至 180℃，待炉温升起来后，我们再将醒发好的餐包生坯放入烤箱。餐包的皮较薄，且馅心多为熟制品，很容易烤熟，所以在烤制时，要随时注意餐包表面颜色的变化，通常情况下，烤至餐包表面呈浅黄色、底部呈金黄色时（时间为 6 ~ 7 分钟），即可出炉。烘烤成熟的餐包，应立即出炉冷却，以免烤炉里的余温将餐包烤煳。此外，还可趁热给每只餐包刷上一层蜂蜜水或糖浆水，以增加其光泽度。

质量标准：松软可口、色泽金黄。

（二）法国面包

原料：高筋粉 1500 克，水 800 克，酵母 45 克，盐 30 克。

用具或设备：和面机、压面机、刷子、烤箱。

制作过程：

1. 和面

使用直接法和面。先将酵母用温水浸泡，加面粉和水，中速搅拌 3 分钟，醒发 2 分钟后，再中速搅拌 3 分钟。

2. 发酵

在 27℃ 的发酵箱内发酵 1.5 小时，用手压下发酵的面团后再发酵 1 小时。

3. 成形

将面团经过揉搓后，分成面胚（法国面包重量为 340 克，圆面包为 500 克，小面包为 450 克），经过揉搓后再分成 10 ~ 12 个小面胚。

4. 成熟

炉温 200℃，前 10 分钟使用水蒸气，然后关掉水蒸气，继续烘烤，直至成熟。

质量标准：色泽金黄，口感松韧。

五、面包类其他产品制作案例

（一）三明治

1. 三明治概述

三明治（Sandwich）是一种典型的西方食品，以两片面包夹几片肉和奶酪、各种调料制作而成，吃法简便，广泛流行于西方各国。三明治没有固定的菜式，可以根据人们的用餐习惯、市场流行的口味和形状、人们的消费水平、季节的变化进行设计。

通常一个完整的三明治由四个部分组成：面包、涂在面包上的调味酱、面包片中的夹层食物和装饰物。

制作三明治的面包主要有法国面包、意大利面包、全麦面包、黑麦面包、水果面包等；涂在面包上的调味酱主要有黄油、蛋黄酱、花生酱、半流质奶酪等；面包片中的夹层食物主要有各种畜肉、禽肉、奶酪、水产品、沙拉、蔬菜、水果等；常用的装饰物有绿色蔬菜、番茄、酸黄瓜、黑橄榄、炸薯条、炸薯片等。

三明治冷食、热食皆可。

2. 三明治制作案例

（1）总统三明治（President Sandwich，1人份）

原料：吐司3片，烤鸡胸肉1片，培根2片，番茄1个，草莓1颗，生菜2大片，蛋黄酱2大匙，黑胡椒0.5克，奶油1大匙，牙签4根。

用具或设备：餐刀、餐盘、烤箱。

制作过程：

① 将培根用烤箱烤干后备用；番茄、草莓切片备用。

② 将烤鸡胸肉切片与蛋黄酱和黑胡椒混合搅拌后备用。

③ 将吐司用烤面包机烤过后分别涂上奶油备用。

④ 以一层吐司、一层生菜与一片番茄，再一层吐司、一层鸡胸肉与培根地叠上，最后再以另一片吐司覆盖。

⑤ 用面包刀将三明治斜角对切后插上牙签，再放上草莓做装饰后即可食用。

质量标准：营养丰富，色彩和谐。

（2）火腿奶酪三明治（Ham & Cheese Sandwich，4人份）

原料：法棍面包1根，火腿片75克，生菜6片，番茄2个，奶酪片12片。

用具或设备：餐刀、餐盘。

制作过程：

① 生菜洗净，番茄洗净切片；面包横切两半。

② 在面包上依次铺上火腿片、奶酪片、番茄片、生菜即可。

质量标准：原料简单，富于营养。

（二）热狗

1. 热狗概述

1893年美国芝加哥举行世界博览会，一个小贩将热香肠夹在小面包内出售，由于不烫手、不沾油，又好吃，又方便，十分畅销。因英文香肠与腊肠犬为同一单词，后来一幅题名《热狗》的漫画经报纸一登，"热狗"之名不胫而走。从此人们把面包夹热肠称为"Hot Dog"，热狗便诞生了。

所谓热狗就是在剖开的长形小面包中夹一条香肠。一百多年来，"热狗"以其方便、快捷、卫生、营养而风靡欧美，销量远远超过汉堡、比萨、面包、三明治，成为欧美五大快餐食品之首。

热狗用的香肠制作方法有规定，大多是牛肉占60%，猪肉占40%，有的以鸡肉或火鸡肉代替猪肉，也有完全用牛肉做的。制作时将肉绞成肉泥，加上盐、胡椒、香料等，塞在薄薄的肠衣内，每条10～16厘米长，熏熟。吃时先将香肠在烤箱或平底锅上加温。有人爱涂些芥末或番茄酱，再夹入面包，吃起来香喷喷，营养也不错。

通常一个完整的热狗由四个部分组成：面包、调味酱、热狗肠、装饰物。

制作热狗的面包主要有长形面包等；调味酱主要有芥末酱、蛋黄酱、番茄酱等；香肠为热狗肠；常用的装饰物有绿色蔬菜、番茄、酸黄瓜、黑橄榄等。

2. 热狗制作案例

（1）茄汁热狗（Hot Dog in Ketchup，4人份）

原料：热狗香肠4根，生菜4片，胡萝卜半根，色拉油5克，盐3克，胡椒0.5克，长面包4个，黄油25克，番茄酱100克。

用具或设备：平底锅、微波炉、厨刀。

① 用刀在香肠上划出斜纹。

② 将生菜和胡萝卜切成丝。

③ 在平底锅中倒入色拉油，加热后放入香肠略煎。

④ 倒入胡萝卜丝，略炒一下，撒上盐和胡椒。

⑤ 将长面包在微波炉中稍微加热，从中间切开，涂上黄油，夹入香肠和生菜丝。

⑥ 最后将番茄酱挤在上面。

质量标准：色彩艳丽，营养丰富。

（2）蛋黄酱热狗（Hot Dog in Mayonnaise，2人份）

原料：热狗香肠2根，洋葱4片，生菜4片，番茄4片，色拉油5克，盐3克，胡椒粉0.5克，长面包2个，黄油20克，蛋黄酱50克，奶酪片2片。

用具或设备：平底锅、微波炉、厨刀。

① 刀在香肠上划出斜纹；在平底锅中倒入色拉油，加热后放入香肠略煎，用盐、胡椒粉调味。

② 将长面包在微波炉中稍微加热，从中间切开，涂上黄油，夹入香肠、生菜、洋葱、番茄、奶酪片。

③ 最后将蛋黄酱挤在上面。

质量标准：色彩艳丽，荤素搭配。

（三）汉堡包

1. 汉堡包概述

原始的汉堡包是剁碎的牛肉末和面做成的肉饼，故称牛肉饼。古代人有生吃牛肉的习惯，而后逐渐改生食为熟食。德国汉堡地区的人又加以改进，将剁碎的牛肉泥揉在面粉中，摊成饼煎烤来吃，遂以地名而称为"汉堡肉饼"。1850年，德国移民将汉堡肉饼烹制技艺带到美国。后来花样翻新，逐渐与三明治合流，将牛肉饼夹在一剖为二的小面包当中，称为"汉堡包"。

通常一个完整的汉堡由四个部分组成：面包、调味酱、馅心、装饰物。

制作汉堡的面包主要为法国圆面包等；调味酱主要有黑椒汁、布朗汁、黄色肉沙司、蛋黄酱、番茄酱等；馅心种类较多，主要有牛排、鸡排、鱼扒、奶酪、鸡蛋饼、猪排等；常用的装饰物有绿色蔬菜、洋葱、番茄、酸黄瓜、黑橄榄等。

2. 汉堡包制作案例

（1）鸡肉汉堡（Chicken Hamburger，1 人份）

原料：鸡胸肉 150 克，汉堡坯子 2 个，鸡蛋 2 个，面包糠 100 克，葱姜末各 5 克，盐 3 克，料酒 5 克，生菜 3 片，番茄 2 片。

用具或设备：平底锅、漏铲。

制作过程：

① 鸡胸肉切块，用葱、姜末、精盐、料酒腌渍。

② 将鸡蛋打散，用腌好的鸡柳裹上蛋汁，拍上面包糠压实后，用平底锅煎至熟透。

③ 在汉堡坯子中夹入鸡柳、番茄片、生菜片即可。

质量标准：色泽和谐，荤素搭配。

（2）牛肉汉堡（Beef Hamburger，1 人份）

原料：汉堡坯子 2 个，生菜 3 片，牛肉馅 75 克，奶酪片 1 片，番茄 1 片，鸡蛋 1 只，盐 2 克，胡椒粉 0.5 克，沙拉酱 35 克，洋葱适量。

用具或设备：平底锅、漏铲。

制作过程：

① 牛肉馅中放盐、胡椒粉、鸡蛋液，顺时针搅拌，放置 15 分钟。

② 洋葱切末，锅放油烧热放入洋葱末炒香后，放入调好的馅中，搅拌均匀，直至上劲。

③ 锅放油烧热，将适量调好的肉馅揉圆放进油锅，迅速用锅铲将肉馅压成饼状，小火煎至熟。

④ 汉堡坯子烤热，夹入生菜、番茄片、牛肉饼、奶酪，浇上沙拉酱即成。

质量标准：松软鲜香，营养丰富。

第四节　点心制作工艺

一、甜酥点心

甜酥点心又称混酥点心，它是用面粉、油脂、糖、鸡蛋等原料调成面团，配以各种辅料，通过成形、烘烤、装饰等工艺而制成的一类点心，这类点心的面坯无层次，但具有酥松性。

（一）甜酥点心制作原理

甜酥点心具有酥松的特点，主要与油脂的性质有关。油脂是一种胶性物质，具有一定的黏性和表面张力。当油脂与面粉调成面团时，油脂便分布在面粉中的蛋白质或淀粉的周围并形成油膜，这种油膜影响了面粉中面筋网的形成，造成面粉颗粒之间结合松散，从而使面团的可塑性和酥性增强。当面坯遇热后，油脂流散，伴随搅拌充入面粉颗粒之间空气遇热膨胀，这时，面坯内部结构破裂成很多孔隙结构，这种结构便是面坯酥松的原因。

（二）甜酥点心分类

甜酥点心从面团的角度通常分为两类，一类为酥点面团（Short Pastry），另一类为甜点面团（Sweet Pastry）。甜点面团的含糖量和油脂量高于酥点面团，用于各种干点；酥点面团一般用于塔和派。

酥点面团的配方为：低筋面粉 1000 克，油脂 500 克，白砂糖 250 克，水 125 克（或鸡蛋 200 克），泡打粉 10 克。

甜点面团的配方为：低筋面粉 1000 克，油脂 625 克，白砂糖 335 克，鸡蛋 200 克，泡打粉 10 克。

（三）甜酥点心制作案例

1. 蛋挞（Custard Tart，20 人份）

蛋挞是甜酥点心，英语称为 "Custard Tart" "Custard"，是指用鸡蛋、牛奶、白糖混合制成的奶油蛋羹。蛋挞脆皮形圆如碟，其皮面松酥，皮盛黄色蛋浆，可作盛器也可食用，是方便食品中的又一特色。也可将酥皮制成不同形状，如浅盘形、斗形、碗形、浅筒形等，然后盛入不同馅料烘焙成各种方便食品。

原料：面粉 500 克，黄油 1000 克，砂糖 1500 克，鸡蛋 1500 克，水 750 克，面粉 1000 克，蛋液 200 克。

用具或设备：搅拌机、蛋挞模具、烤箱。

制作过程：

①制油酥：将面粉与融化的黄油拌匀，擦透成油酥。

②制蛋浆：将砂糖加水，烧成糖浆，再加冷水搅匀，将鸡蛋磕入糖浆内，搅成蛋浆。

③制坯：将面粉、蛋液加水揉和至不粘手时，再将油酥包入，用擀面杖擀薄（约 1 厘米厚），再将其对折成四层，再擀薄。如此重复折叠三次，最后擀成 0.3 厘米厚的薄皮。

④ 成形：把饼坯放入碟形模内，把蛋浆舀入。

⑤ 烘烤：送入炉内烘焙约 13 分钟即成。

质量标准：色泽金黄，入口即化。

2. 水果派（Pie）

Pie 通常音译成"派""排"或"攀"等。由外国传入我国的一种糕饼，是以小麦粉、禽蛋、糖等为主要原料，经搅打、充气（或不充气）、注模、烘烤熟制成形后，再夹入、灌入、涂饰其他辅料等制成的带馅心（或不带馅心）的一类冷加工糕饼。代表品种有蛋黄派、巧克力派等。

原料：模具 6 英寸、直径约 15 厘米。

派皮原料：黄油 45 克，糖粉 20 克，鸡蛋 1 个，低筋面粉 75 克，盐 1 克。

馅料：牛奶 300 毫升，糖 75 克，玉米粉 40 克，蛋黄 1 个，香草粉 1 克，各种水果 300 克。

用具或设备：排盘、搅拌机、烤箱。

制作过程：

① 黄油加糖打止发白。

② 蛋黄蛋白分离；将分开的蛋黄加入制作过程① 中，搅拌均匀，筛入面粉和盐，拌匀。

③ 把制作过程② 和成面团用保鲜模包上，醒 15 分钟。

④ 用牛奶冲开玉米粉加糖，用中火边煮边搅拌，防止粘锅；煮到像酸奶一样的浓稠度即可，放凉后依次加入蛋黄、香草粉，搅拌均匀。

⑤ 醒好的面团铺在派盘上，用叉子戳洞以免在烘烤时饼底鼓起。

⑥ 把水果丁放在派皮上，倒入准备好的蛋液馅料。

⑦ 放进烤箱上下火 150℃烤 50 分钟（中间要取出来在表面盖上锡纸，避免派边烤成焦黄色）。

质量标准：色泽褐黄，口感酥甜。

二、起酥点心

起酥点心（Puff Pastry）又称帕夫酥皮点心，国内称为清酥点心。起酥点心以独特的酥层结构在西点中别具一格。

（一）起酥点心制作原理

起酥点心是由面团包裹油脂，再经过反复擀制折叠，形成一层油与一层面交替排列的多层结构。成品体积轻、分层、酥碎而爽口。

起酥点心的分层是由于面层中的水分在烘烤中因受热而产生蒸汽，蒸汽的压力迫使层与层分开。同时面层之间的油脂像"绝缘体"一样将面层隔开，防止了面层的相互黏结。在烘烤中融化的油脂被面层吸收，而且高温的油脂也作为传热介质烹制了面层并使其酥脆。

（二）起酥点心分类

起酥点心按照油脂总量（包括皮面油脂和油层油脂）与面粉量的比例，起酥面团可分为全起酥（油脂量与面粉量相等）、3/4 起酥（油脂量为面粉量的 3/4）、半起酥（油脂量为面粉量的 1/2）3 种。其中，3/4 起酥为常用起酥面团。

3/4 起酥面团配方：面粉 1000 克，油脂 750 克，盐 10 克，鸡蛋 75 克，水 450 克。其中皮面油脂 100 克，油层油脂 650 克。

（三）起酥点心制作案例

1. 果酱风车酥

原料：低筋粉 450 克，黄油 500 克，鸡蛋 50 克，清水 150 克，果酱 100 克，白糖 15 克，鸡蛋 1 个，富强粉适量。

用具或设备：冰箱、烤盘、烤箱、酥槌。

制作过程：

（1）制作皮面 取低筋粉 300 克过筛，在案上开窝，加入清水、鸡蛋、白糖，用手混匀，擦至均匀后掺入富强粉，揉擦均匀至光滑，放入盘里，盖上湿布，放入冰箱待用。

（2）制作酥心 将低筋粉 150 克过筛，与黄油混合，用酥槌砸至油、面均匀，放盘内入冰箱待用。

（3）制作开面 将皮面取出在案上擀成长方形，再将心面开成相当于皮面一半大小的长方片，将心面放在皮面上包严，擀成长方形片折三层入冰箱，冻硬后取出擀成长方形片，再折三层，放入冰箱冻硬后，取出擀成长方形片折四层，再擀成薄片，盖湿布放入冰箱冻硬。

（4）点心成形 取出冻硬的酥片，用刀切成四方形块（块大小按需要而定），在每块的四角处切一刀（切的深度离块的中心一半为合适）。将鸡蛋 1 个磕在碗内，打成蛋液，用排笔蘸鸡蛋液刷在切好刀口的四方片上，将果酱放在四方片的中心，再从四方片的八个角，每隔一角折向中间一折，共折四角成风车状，码放烤盘里（轻拿、轻放），轻刷蛋液。

（5）熟制 入炉以 200℃炉温烘烤，烤约 15 分钟，熟后晾凉取出，放点心盘里。用油纸卷圆筒装果酱，挤在风车点心的中间即成。

质量标准：酥香可口，层次清晰，形似风车，美观大方。

2. 蝴蝶酥

原料：低筋粉 450 克，黄油 500 克，鸡蛋 50 克，清水 150 克，果酱 100 克，白糖 15 克，鸡蛋 1 个，富强粉适量。

用具或设备：冰箱、烤盘、烤箱、擀面杖。

制作过程：

（1）制作皮面　取低筋粉 300 克过筛，在案上开窝，加入清水、鸡蛋、白糖，用手混匀，擦至均匀后掺入富强粉，揉擦均匀至光滑，放入盘里，盖上湿布，放入冰箱待用。

（2）制作酥心　将低筋粉 150 克过筛，与黄油混合，用酥槌砸至油、面均匀，放盘内入冰箱待用。

（3）制作开面　将皮面取出在案上擀成长方形，再将酥心开成相当于皮面一半大小的长方片，将心面放在皮面上包严，擀成长方形片折三层入冰箱，冻硬后取出擀成长方形片再折三层，入冰箱冻硬后，取出擀成长方形片折四层，再擀成薄片，盖湿布入冰箱冻硬。

（4）点心成形　从冰箱取出起酥面团，用擀面杖卷起，放在酥皮面上，上下对卷成卷，用刀在两卷间切开成两份，两卷搓细对齐，用刀切剁成剂（个要小，两个剂出一个成品），两剂立起合缝相对，用一双筷子在两剂的下半部（1/3 处）一夹，使下部黏连，上部合缝处张开。

（5）熟制　用 180 ～ 200℃炉温烤约 20 分钟，饼身稍硬即成蝴蝶酥。

质量标准：外形美观，味甘酥香。

三、巧克斯点心

巧克斯点心（Choux Pastry），国内称为搅面类点心，成品又称"哈斗"或"泡芙"。

（一）巧克斯点心制作原理

巧克斯点心制作时先用沸腾的油、水烫面，再加入较多的鸡蛋搅打成膨松的面糊。因而在烤制过程中，借助于鸡蛋的发泡力，体积涨大，形成内部的孔洞结构，成品口感松泡，外酥内软，其风味主要取决于所填装的馅料。

（二）巧克斯点心分类

巧克斯点心有两种基本类型：一类以圆形的奶油泡芙（Cream Bun）为代表，表面呈开裂状，可以填塞馅心；另一类是呈手指形的爱克兰（Eclair），表面光滑，易于用巧克力作涂面装饰。

泡芙面团配方：高筋面粉 500 克，鸡蛋 750 克，水 750 克，油脂 250 克。

爱克兰面团配方：高筋面粉 500 克，鸡蛋 800 克，水 800 克，油脂 350 克。

（三）巧克斯点心制作案例

1. 奶油泡芙

原料：水 1/2 杯，蛋液 180 克，奶油 75 克，奶油膏 75 克，面粉 100 克，糖粉 35 克。

用具或设备：搅拌机、烤盘、烤箱。

制作过程：

① 水和奶油放在小锅里，用小火煮沸；筛入面粉搅拌均匀，熄火。

② 待面团稍凉后加入 1 大勺蛋液，用搅拌机搅拌到完全融合，再继续加一些蛋液搅拌，直到加完并搅拌均匀即成面糊。

③ 用裱花袋把面糊挤在烤盘上成为 20 个小堆即可烤焙。

④ 烤箱先预热到 220℃，放在烤箱下层，烤约 30 分钟。

⑤ 烤好晾凉后横切一刀打开，填满奶油膏馅料，表面筛上糖粉。

质量标准：色泽金黄、外酥内嫩。

2. 爱克兰

原料：高筋面粉 125 克，鸡蛋 200 克，水 200 克，奶油 90 克，奶油膏 75 克，巧克力酱 30 克。

用具或设备：搅拌机、烤盘、烤箱。

制作过程：

① 水和奶油放在小锅里，用小火煮沸；筛入面粉搅拌均匀，熄火。

② 待面团稍凉后加入 1 大勺蛋液，用搅拌机搅拌到完全融合，再继续加一些蛋液搅拌，直到加完并搅拌均匀即成面糊。

③ 用裱花袋把面糊挤在涂有油脂的烤盘上，挤出的长度控制在 10 厘米左右。

④ 烤箱加热到 220℃，烤约 20 分钟。

⑤ 烤好晾凉后将边缘部分切开，填满奶油膏馅料，表面刷上巧克力酱。

质量标准：色泽金黄，外酥内嫩。

四、化学膨松点心

化学膨松点心的外观像面包，但它的膨松主要依赖于化学膨松剂（通常为泡打粉）。

（一）化学膨松点心制作原理

膨松剂是由各种化学制剂配制而成的，与面肥发酵不同。一些点心、饼干等多糖、多油、多蛋的原料就不宜使用酵母和面肥作膨松起发，而要使用膨松剂进行化学膨松。化学膨松剂使用量少（最大用量5%），操作简便，不需要发酵设备和工序，能缩短操作和起发过程，只要主料、辅料加入化学膨松剂调合均匀，通过加热，化学膨松剂促使主辅料迅速产生大量二氧化碳等气体，使面团内部产生变化，形成结构均匀致密的多孔性组织，体积膨松，使成品膨松酥脆。但必须注意采用的化学膨松剂，必须是对人体健康无害的。

（二）化学膨松点心分类

化学膨松点心通常分为三类：一类称为司康饼（Scone），质地松软，接近于面包；另一类称为巴恩包（Bun），有较多的蛋、油脂和糖，接近于蛋糕；还有一类称为饼干（Biscuit），口感酥脆，接近于甜酥面团类产品。

（三）化学膨松点心制作案例

1. 司康饼

司康是一种烤饼，据说它的名字来源于苏格兰的斯康王宫（Scone Palace），那里的一座教堂内摆放着"命运之石"，历代苏格兰国王都是坐在石头上加冕的，司康饼的形状就是模仿那块石头。但是司康松软可口，而且因为放了高筋面粉，所以表面虽和普通的饼一样酥脆，但中间却又软一些，和石头的坚硬更是一点都沾不上边。

原料：中筋面粉125克，黄油20克，果酱适量，细砂糖30克，鸡蛋1个，泡打粉1小勺，牛奶30毫升，水45毫升。

用具或设备：烤箱、模具。

制作过程：

① 面粉，细砂糖和泡打粉放在同一容器里混合均匀。

② 黄油切成小丁，加入到制作过程① 中的混合物里，用手慢慢抓捏，让黄油和面粉混合均匀；再将牛奶、水和鸡蛋液加入到其中，搅拌成团；再用手慢慢抓捏面团，搅和均匀。

③ 案板上撒一些干面粉，将面团放上去，擀成厚2厘米左右的面片，刀子蘸干面粉，将面片切成三角形，或者四方形，或者用圆形印模印出一个个圆片，排入烤盘，表面刷一层牛奶。

④ 烤箱预热210℃，烤18分钟左右，出炉表面淋上果酱即可，也可以趁热抹上黄油食用。

质量标准：色泽金黄，质地松软。

2. 巴恩包

巴恩包一般用低筋面粉，可以得到酥松的质地和口感。

原料：鸡蛋 1 个，温水 150 毫升，黄油 40 克，高筋面粉 280 克，盐 1 克，糖 40 克，发酵粉 2 小勺。

用具或设备：烤箱、模具、搅拌机、保鲜膜。

制作过程：

① 准备好所有原料，将以上所有原料依次放入搅拌机，机器自动揉好面团后，取出备用。

② 将面团分成 12 个小面团。烤盘底抹层油，把小面团放烤盘里，再找一个大点的容器盛一些温水，把烤盘放里面，盖上保鲜膜，进行第二次发酵。直至面团膨胀至原来的 2 倍大。

③ 大概需要 1 个多小时，面团就发好了。

④ 烤箱加热至 200℃，放中层烤 25 分钟左右，直至色泽金黄即成。

质量标准：色泽金黄，口感松软。

3. 饼干

所谓饼干的词源是"烤过两次的面包"，即从法语的 bis(再来一次)和 cuit(烤)中由来的。饼干是以小麦粉、糖类、油脂等为主要原料经机器焙烤而成的食品，它口感酥松，水分含量少，约为 4%；储存时间长，如果利用防潮包装材料包装能有 10 个月以上的保质期；饼干还可制作成不同大小和各种形状，经过焙烤出来后还可以挂巧克力衣，各种原料混合在一起还可添加奶酪，还有添加香料、色素等种类。根据不同的口感，饼干有韧性饼干和酥性酥干两类，下面介绍酥性饼干的配方及做法。

原料：鸡蛋 2 个，细砂糖 80 克，盐 1 克，奶油 50 克，中筋面粉 320 克，泡打粉 1 克。

用具或设备：烤箱、模具。

制作过程：

① 所有材料依次放入盆中，搅拌成均匀的面团。

② 在桌上些面粉，把面团倒在面粉上，再撒一层面粉在面团上。

③ 用擀面杖擀成 0.3 厘米厚的薄片，放置 30 分钟。

④ 用饼干模印成各种形状的片，放在涂油的烤盘上；烤箱加热至 160℃，烤约 20 分钟，即成。

质量标准：色泽金黄、口感酥脆。

第五节 甜点制作工艺

一、甜点概述

Dessert 是法语，原意是"从餐桌撤去餐具"，准备上甜点或水果，后来渐渐变成"（餐后）甜点"，英语也使用这个单词。同样是甜点，意大利语是 Dolce，原意是"甜"，西班牙语则是 Postre，原意是"最后"，强调了甜点为每一餐划上句号的作用。

二、甜点的分类

甜点的种类很多，主要有蛋糕类、派类、布丁类、冷冻类等。如在意大利，常见的甜点有 Gelato 和 Tiramisu，前者原意是"冰冻、结冰"，现在指"雪糕"，有多种不同口味，后者字面意思是"引领我上天堂"，是一种海绵状的咖啡蛋糕。而且非得选用意大利特产马斯卡彭奶酪（Mascarpone）不可，否则做不出那种海绵状的奇特效果，在世界各地广受欢迎。

在法国，常见的甜点有布丁（Pudding）、蛋奶酥（Souffles）和雪泥（Sherbet）。布丁形态多样，冷的、热的、干的和湿的都有。Souffles 原意是"蓬松的"，将鸡蛋、砂糖、面粉搅拌均匀，放进专门用于制作蛋奶酥的盅里，按照各人口味加入水果、干果和香料，再将蛋白打成泡沫，放在上面，高温烘烤，变成松软的蛋糕，记住一定要趁热吃！不然，原本蓬松漂亮的蛋糕就会冷却，塌陷，直到变成一摊面糊，让人大倒胃口。Sherbet 来自阿拉伯语的 sharab，意思是"冰冻果汁或牛奶"，中世纪流传到意大利，变成意大利语就是 Sorbetto，后来又传到法国变成 Sherbet。

至于西班牙，相比之下在烹饪方面显得逊色一些，比较出名的是甜牛奶米饭（Arroz Conleche），从名称就可以看出制作方法，不过，这道甜点虽然看起来简单，却同样很受欢迎，在意大利、奥地利等国家相当流行。

三、甜点制作案例

（一）吉拉多

吉拉多（Gelato）为一种意大利冰激凌，也就是英语中的 Ice cream。以新鲜牛奶为原料，经过巴氏高温消毒杀菌，然后搭配最浓厚的新鲜的天然果酱，搅拌冷冻而成，入口香滑绵密，如"丝绸"一般的柔顺浓郁，是意大利冰激凌最为传统的一种。

不论哪一款冰激凌，吉拉多的配方中没有任何添加剂。因此，吉拉多少了许多热量和脂肪，新鲜、健康、低脂、低糖、美味可口。

原料：玉米粉 200 克，厚奶油 200 克，柠檬 3 个，白糖 15 克，蛋黄 6 个，鲜奶油 200 克。

用具或设备：沙司锅、打蛋器。

制作过程：

① 在沙司锅中将玉米粉与奶油混合起来，加入 1 个柠檬的汁液，置于中火上加热。

② 同时，将另 2 个柠檬榨汁，加入白糖均匀混合，然后加入蛋黄，用打蛋器打至又白又光滑，慢慢加入热的奶油，最后加入制作过程①中，置于小火上，不时用木匙搅拌（保持 4 分钟左右），直至变稠能裹住木匙，保持微热，否则它会凝结。

③ 将② 从火上取下，继续搅拌 1 分钟，让它慢慢变冷（大概 15 分钟），然后加入鲜奶油搅拌，盖住冷冻，至少保持 8 小时。

④ 根据生产条件，可以在冰激凌机里进行制作。

质量标准：香滑味浓、口味清凉。

（二）提拉米苏

关于提拉米苏（Tiramisu）的起源其实也有好几个不同的版本，但流传最广的一个说法却还是和爱情有关。第二次世界大战期间，一位意大利刚刚结婚的新郎突然被应征入伍，临行前，新娘倾尽家中所有，将手指饼、咖啡粉、朗姆酒及奶酪等一股脑儿混合在一起，做成了一个点心给新郎吃。提拉米苏在意大利语中的原意就是"请带我走"，也许就是代表了新婚夫妇之间深挚的情感，倾尽所有，要你记住我，如果不能跟你走，至少请你把我的爱带在身边。

原料：奶油 200 克，马斯卡彭软奶酪 50 克，咖啡酒 15 克，蛋黄 3 个，鱼胶粉 5 克，砂糖 25 克，青柠檬汁 10 克，手指饼干或者蛋糕 1 块，黄油 50 克、盐和可可粉各适量。

用具或设备：打蛋器、抹刀。

制作过程：

①先在蛋糕模上用牛油纸封好底部，均匀铺好饼底；将咖啡酒均匀地洒在饼底上，充分入味约半小时。

②在奶油里加入蛋黄，然后加糖、青柠檬汁、盐打匀。

③用水将鱼胶粉化开，再以热水溶开，倒进打发好的奶酪里。

④混合后在奶酪浆里加入打起的奶油，打均匀。

⑤将已经混合的奶酪馅料加进预先做好的饼底上，最好中间隔层，再放入

冰柜约 6 小时。

⑥表面撒上可可粉。

质量标准：口感松软、奶香浓郁。

（三）焦糖布丁

布丁是用面粉、牛奶、鸡蛋、水果等制成的西点，焦糖布丁（Caramd Pudding）中又加入了焦糖浆，如巧克力牛奶鸡蛋焦糖布丁、其他类型的还有鸡蛋布丁、面包布丁、芒果布丁等。

原料：巧克力牛奶 400 毫升，砂糖 150 克，鸡蛋 3 个，焦糖浆 50 克。

用具或设备：沙司锅、杯子、蒸锅、冰箱。

制作过程：

①将巧克力奶加热加入砂糖，砂糖溶化后马上熄火散热（注意不要让牛奶沸腾）。

②将鸡蛋充分搅拌。

③把制作过程①倒入制作过程②中 。

④用过滤网把制作过程③过滤。

⑤把焦糖浆倒入 4 个杯子内，待其凝结后，倒入鸡蛋液。

⑥用蒸锅蒸，等下层水沸腾，即可将制作过程⑤放入。大火蒸 2 ~ 3 分钟，弱火 13 ~ 15 分钟。最后，冷却放入冰箱 2 小时后即可。

质量标准：层次分明、口感鲜嫩。

（四）沙勿来

沙勿来又称苏夫利、梳乎厘，都是法语 Souffles 的音译，由打发蛋白膨化、烘焙而成，也叫作蛋奶酥。Souffle 在法语中有鼓起、膨胀的意思，制作沙勿来时需打发蛋白，蛋白中的空气受热膨胀，使沙勿来在烘焙后像蛋糕般膨起。它的质地轻松绵软，不像蛋糕那样稳定，出炉后在极短时间内就会塌陷，因此必须在烘焙完成后尽快食用，吃起来入口即化。

原料：黄油 60 克，牛奶 250 毫升，面粉 30 克，鸡蛋 4 个，糖粉 60 克，朗姆酒香精油 6 滴。

用具或设备：茶杯、搅拌机、奶锅。

制作过程：

①在茶杯内涂匀黄油。

②奶锅上小火加热黄油，放入面粉和牛奶搅拌成糊状，加入香精油和 2 大匙糖粉。

③离火，打入蛋黄拌匀。

④蛋白打起泡后分次加糖粉打至干性发泡。

⑤蛋黄糊和蛋白糖霜轻轻拌匀，装入涂过黄油的茶杯，放入烤箱以190℃烤5～10分钟，即可。

质量标准：香甜松软，入口即化。

（五）芒果雪泥

雪泥的是以水果果汁冰凝后打松的冷冻甜点，因质感接近，也被归类为冰激凌的一种。现代的冰激凌机，也可以加果汁制作出 Sherbet，一般来说，中文译为雪酪、雪泥、冰沙的等，它的质感和冰激凌稍有不同，呈现水状冰凝后的感觉，有沙沙的口感。根据添加的原料不同有芒果雪泥、猕猴桃雪泥、香蕉雪泥等。

原料：芒果果肉4个，青柠汁10毫升，白糖1汤匙，碎冰4杯。

用具或设备：玻璃碗、搅拌机。

制作过程：将原料放在搅拌机桶内中速搅打均匀即可。

质量标准：口味清凉，口感沙甜。

（六）甜牛奶米饭（Arroz conleche）

甜牛奶米饭（Arroz Conleche）为西班牙风味，制作简单实用，其制法现已传到欧洲各国。

原料：黄油50克，大米50克，糖20克，牛奶900毫升，豆蔻粉1克，柠檬皮丝半个。

用具或设备：烤盅、烤箱。

制作过程：

①准备一个烤盅，在烤盅四周先涂抹一层黄油备用。

②把米洗净后沥干水分。黄油切成小丁备用。

③把米、黄油、糖、牛奶与柠檬皮放进烤盅中，撒上豆蔻粉。

④预热烤箱至150℃，将烤盅放入烤40分钟后，用汤匙拌匀，再烤2小时后即可盛出食用。

质量标准：色泽洁白、口感甜糯。

（七）巧克力慕司

慕司（Mousse）是一种用模具制成的冻类甜食，常见的有奶油慕司、巧克力慕司及各种水果慕司等。

原料：纯巧克力75克，水4汤匙，咖啡粉3克，蛋3只（蛋白、蛋黄分开），明胶粉2克，杏仁碎25克。

用具或设备：搅拌机、玻璃杯、冰箱。

制作过程：

①把巧克力分成小块，放入碗内。

②把装有巧克力的碗放在一煲热水上，加入 100 克水，隔水搅拌至溶解。

③把咖啡粉、蛋黄一起搅拌至浓厚，加入已化开的巧克力，拌匀。

④用 25 克水溶开明胶粉，加入巧克力溶液里。

⑤蛋白打至膨松拌入巧克力溶液内。

⑥倒入玻璃杯，放进冰箱冷藏 1 小时。

⑦撒上碎杏仁伴食。

质量标准：口味甘甜、口感酥软。

（八）松饼

Muffin 译为松饼又译为玛芬面包或英式小松糕，主要指两种以面包为原料的食品，一种用酵母发酵而成，另一种更为"快速"的方法是用烘烤粉或者烘烤苏打对面包进行处理而制成。

原料：面粉 300 克，泡打粉 3 克，黄油 50 克，白糖 150 克，鸡蛋 2 个，香兰素（香草醛）0.05 克，牛奶 300 克。

用具或设备：松饼盘、烤箱。

制作过程：

①烤箱预热至 175℃。准备好松饼盘。

②面粉和泡打粉混合均匀，放在一边。

③把混合均匀的面粉慢慢搅拌，加入黄油、糖、鸡蛋、香兰素，慢慢倒入准备好的牛奶。

④把搅拌好的面糊倒入准备好的松饼盘，只倒 2/3 满。

⑤放入烤箱烤到松饼呈金黄色即可。

质量标准：口感松软、色泽金黄。

思考题

1. 简述西点的概念。

2. 简述西点制作基本工艺流程。

3. 简述海绵蛋糕的制作原理。

4. 简述面包的概念、种类及特点。

5. 简述三明治的概述及制作案例。

6. 简述热狗的概述及制作案例。

7. 简述汉堡包的概述及制作案例。

8. 简述甜酥点心制作原理。

9. 简述甜点概述、分类及制作案例。

第十章

西式早餐制作工艺

本章内容： 西式早餐概述

西式早餐中蛋类的制作案例

西式早餐中热食的种类与制作案例

西式早餐中谷物类品种与制作案例

教学时间： 2课时

训练目的： 让学生了解西餐早餐的概念，掌握西餐早餐的制作方法。

教学方式： 由教师讲述西餐早餐的相关知识，运用合理的方法阐述西餐早餐的特点。

教学要求： 1. 让学生了解相关的概念。

2. 掌握西餐早餐的分类方法。

3. 掌握西餐早餐的制作方法。

课前准备： 准备原料，进行示范演示，掌握其特点。

第一节　西式早餐概述

欧美人非常重视早餐，他们认为早餐若吃得舒服，一整天都会有愉快、满足的心情有些人甚至利用早餐的时间，边吃边谈生意。

西式早餐主要供应一些选料精细、粗纤维少、营养丰富的食品，如蛋类、面包、各种饮料等。这些食品作为早餐非常适宜，所以大多数西方人到中国后仍习惯吃西式早餐，而且越来越多的东方人也开始喜欢食用西式早餐。

西式早餐一般可分为两种，一种是美式早餐（American Breakfast），英国、美国、加拿大、澳大利亚及新西兰等以英语为母语的国家都属于此类；另一种是欧陆式早餐（Continental Breakfast），如德国、法国等的早餐属于此类。

相对于欧陆式早餐，美式早餐内容相当丰富，本书会详细介绍。

一、水果或果汁

这是早餐的第一道菜，果汁又分为罐头果汁（Canned Juice）及新鲜果汁（Fresh Juice）两种。另有一种将干果加水，用小火煮至汤汁蒸发尽、干果质软，以餐盘端上桌，用汤匙边刮边舀着吃。常见的果汁有以下几种类型。

（一）新鲜果汁

新鲜果汁主要有葡萄柚汁（Grapefruit Juice）、番茄汁（Tomato Juice）、柳橙汁（Orange Juice）、菠萝汁（Pineapple Juice）、葡萄汁（Grape Juice）、苹果汁（Apple Juice）、番石榴汁（Guava Juice）、木瓜汁（Papaya Juice）、新鲜胡萝卜汁（Fresh Carrot Juice）、什锦蔬菜汁（Mixed Vegetable Juice）等。

（二）罐头果汁

罐头果汁主要有 蜜汁桃子（Peaches in Syrup）、蜜汁杏子（Apricots in Syrup）、蜜汁无花果（Figs in Syrup）、蜜汁梨子（Pears in Syrup）、蜜汁枇杷（Loquats in Syrup）、什锦果盅（Chilled Fruit Cup）。

（三）炖水果干

炖水果干主要有炖无花果（Stewed Figs）、炖李子（Stewed Prunes）、炖桃干（Stewed Peaches）、炖杏干（Stewed Apricots）等。

二、谷类

玉米、燕麦等制成的谷类食品，如玉米片（Corn Flakes）、脆爆米（Rice Crispies）、脆麦（Rye Crispies）、泡芙（Puff Rice）、小麦干（Wheaties）、保健麦片（Cheerios），通常加砂糖及冰牛奶，有时再加香蕉切片、草莓或葡萄干等食用。

此外还有麦片粥（Oatmeal）或玉米粥（Cornmeal），可以变换口味，食用时加牛奶和糖调味。

三、鸡蛋

蛋是早餐的主食，这是早餐的第二道菜，通常为 2 个鸡蛋，随着烹煮方法的不同，可以分为：煎蛋；带壳水煮蛋，煮 3 分钟熟的叫 Soft Boiled，煮 5 分钟熟的叫 Hard Boiled；去壳水煮蛋，将蛋去壳，滑进锅内特制的铁环中，在将沸的水中或水面上煮至所要求的熟度；炒蛋；蛋卷等。

煎蛋、煮蛋、炒蛋等由客人选择火腿、腌肉、腊肠作为配料，以盐、胡椒调味。腌肉有人要脆的，即 Crisp。蛋卷则有下列各种形式：普通蛋卷、火腿蛋卷、火腿乳酪蛋卷、西班牙式蛋卷、草莓蛋卷、果酱蛋卷、乳酪蛋卷、香菇蛋卷等。蛋卷通常用盐与辣酱调味，而不用胡椒，因为胡椒会使蛋卷硬化，也会留下黑斑。

四、吐司和面包

吐司通常烤成焦黄状，要注意 Toast with Butter 和 Buttered Toast 的不同。Toast with Butter 是指端给客人时，吐司和黄油是分开的；Buttered Toast 是指把黄油涂在吐司上面之后，再端给客人，美国的咖啡店大都提供这种 Buttered Toast。

此外，还有多种糕饼，以供客人变换口味。注意吃的时候不可用叉子叉，要用手拿，抹上黄油、草莓酱或橘皮咬着吃。

常见的有玉米面包、松饼（须趁热吃，从中间横切开，涂上牛油、果酱、蜂蜜或糖汁）、玉米松饼、英国松饼、饼干、牛角面包、压花蛋饼（可涂上牛油或枫树蜜汁，用一只叉子连切带叉即可）、糖衣煎圈饼（吃油煎圈饼要用手拿着咬）、巧克力油煎圈饼、果酱油煎圈饼、素油煎圈饼、糖粉油煎圈饼、荞麦煎饼（通常有 3 片或 4 片，吃时将牛油放在热煎饼上使其融化，然后将枫树蜜汁涂在上面，用叉子边割边叉着吃）、枫树蜜汁煎饼、法式煎蛋衣面包片（将吐司蘸上蛋和牛奶调成的汁液，在平底锅中煎成两面发黄的吐司，吃时可涂果酱或盐及胡椒粉）、肉桂卷、丹麦小花卷、黄油热烘丹麦花卷等。

五、饮料

饮料指咖啡或茶等不含酒精的饮料。所谓 White Coffee 是指加奶精的咖啡，也就是法语中的 café au lait，较不伤胃。不加奶精的咖啡就称为 Black Coffee。

在国外，茶 Tea 一般是指红茶，如果是绿茶则须指明 Green Tea。早餐的咖啡和红茶都是无限制供应。

欧陆式早餐比美式早餐简单，内容大致相同，但不供应蛋类，客人想点蛋类食品时，需要另外付费。

第二节　西式早餐中蛋类的制作案例

一、带壳水煮蛋

通常，鸡蛋在煮制过程中，有煮 3 分钟（三分熟）、5 分钟（五分熟）、10 ~ 12 分钟（全熟）之分。

原料：鸡蛋 6 个，白醋 3 汤匙，水 500 克，盐 2 茶匙。

用具或设备：锅、漏勺。

制作过程：

① 先将蛋放置于室温下，在带壳全蛋的气室一端刺一小孔，以避免烫煮时爆裂。

② 锅中放入水、白醋和盐烧开，将蛋放入沸水中，以计时器计时，3 分钟捞起，蛋黄未凝固；5 分钟捞起，蛋黄半凝固；10 分钟捞起，蛋黄凝固。

③ 冲冷水后，剥去蛋壳。

质量标准：成熟有度，味道新鲜。

二、荷包蛋

荷包蛋又叫水波蛋，是将去壳的蛋在 65 ~ 85℃的热醋水中烫熟，3 分钟蛋黄呈流体；5 分钟蛋黄呈微嫩；8 分钟蛋黄呈凝固状。

原料：鸡蛋 6 个，白醋 2 汤匙，水 250 克，盐 1 茶匙。

用具或设备：锅、漏勺。

制作过程：

① 锅中放水烧热到 80℃，加入盐、白醋，将蛋打破放入小碗中，然后顺着锅边倒入微沸的水中。

② 用漏勺捞起煮熟的蛋，用时间衡量或指尖触摸两种方式，判断所需的成熟度。

质量标准：质地软嫩，成熟有度。

三、炒鸡蛋

将鸡蛋去壳打散，可添加适量牛奶、鲜奶油、水或高汤以增加香味，放入锅中不停地搅拌至凝结，呈现质地柔嫩、多汁而湿润的状态，但切勿搅拌过度。

原料：鸡蛋 6 个，鲜奶油 2 汤匙，盐 1 茶匙，白胡椒粉 1/4 茶匙，色拉油或黄油 3 汤匙。

用具或设备：锅、木匙。

制作过程：

① 将洗净的蛋打入碗中，加入鲜奶油、盐、白胡椒粉后搅拌均匀。

② 锅烧热放入色拉油或黄油，再倒入鸡蛋液，以木匙搅拌至蛋凝结。

质量标准：质地柔嫩，汁多湿润。

四、煎蛋

将鸡蛋逐个打入杯中，滑入热锅中，一般分为单面煎和双面煎等。单面煎也有很多人管单面煎蛋叫太阳蛋、双面煎又分为微熟（煎好一面就赶紧翻面，里面的蛋黄尚在流动），中等熟或半熟，全熟（煎一面时将蛋黄刺破，再翻面将蛋黄煎熟）。

原料：鸡蛋 6 个，盐 1 茶匙，色拉油或黄油 3 汤匙。

用具或设备：平底锅、漏铲。

制作过程：

① 将洗净的蛋去壳，放入碗中。

② 将平底锅烧热，放入色拉油或黄油，将蛋倒入锅中，撒少许盐，蛋白煎至凝固，蛋黄完整且软，即成太阳蛋。

质量标准：造型美观，口感软嫩。

五、煎蛋卷

将去壳打散的蛋液加入牛奶、鲜奶油、高汤或水等增加嫩度，在锅中用筷子或木匙拌炒至微软定形后，加入馅料翻转成蛋卷状。

原料：鸡蛋 6 个，鲜奶油 3 汤匙，盐 1 茶匙，白胡椒粉 1/4 茶匙，色拉油或黄油 3 汤匙。

用具或设备：平底锅、木匙。

制作过程：

① 将洗净的蛋打入碗中，加入鲜奶油、盐、白胡椒粉后搅拌均匀。

② 锅烧热放入色拉油或黄油，倒入鸡蛋液，以木匙拌炒。

③ 在鸡蛋液未完全凝固前，用木匙推至锅边翻折成半圆形。

质量标准：形似月牙，质地柔嫩。

第三节 西式早餐中热食种类与制作案例

西式早餐中除了以上介绍的蛋类制作案例之外，还有其他热食品种，例如肉类主要品种有培根、早餐香肠和火腿；蔬菜类主要有土豆、番茄、芦笋等。

一、煎培根、早餐香肠和火腿

原料：培根 3 片，火腿 3 片，早餐香肠 2 根，色拉油或黄油 3 汤匙。

用具或设备：平底锅、漏铲。

制作过程：

① 将培根和早餐香肠分别在开水锅中烫熟。

② 锅烧热，放入色拉油或黄油，将培根、早餐香肠和火腿煎上色即可。

质量标准：色泽美观，口感酥嫩。

二、煎土豆饼

原料：土豆 2 只，碎洋葱 2 汤匙，碎培根 2 汤匙，盐 1 茶匙，白胡椒粉 1/4 茶匙，黄油 3 汤匙。

工具或设备：平底锅、木铲。

制作过程：

① 将土豆煮熟去皮，切成丝状，加入碎洋葱、碎培根、盐、白胡椒粉 1/4 茶匙。

② 平底锅烧热，加入黄油，再加入混合原料，边煎边压，使其成饼状，一

面煎黄后，再煎另一面。

质量标准：外焦里嫩，松软酥香。

三、煎番茄

原料：番茄 2 个，干淀粉 2 汤匙，鸡蛋 2 个，盐 1 茶匙，白胡椒粉 1/4 茶匙，黄油 3 汤匙。

工具或设备：平底锅、木铲。

制作过程：

① 将番茄洗净，去掉蒂，切成厚约 1 厘米的片，撒上盐和白胡椒粉调味；鸡蛋打入碗中打散。

② 将干淀粉放入平盘中，放上番茄片，使其两面均蘸满干淀粉。

③ 平底锅上火，放入黄油，把蘸有干淀粉的番茄放在鸡蛋液中蘸一下，放入锅中将两面煎黄后取出，整齐地码放在盘中，直至将全部番茄煎好。

质量标准：色泽金黄，外酥内嫩。

第四节 西式早餐中谷物类品种与制作案例

谷物类，主要有燕麦粥、薄饼、法国吐司、烤面包、华夫饼、煎饼等。

一、燕麦粥

原料：牛奶 4 杯，快熟燕麦片 2 杯，葡萄干 3/4 杯，苹果丁 1/2 杯，香草精 1 茶匙，盐 1/2 茶匙，烤过杏仁 1/2 杯。

工具或设备：奶锅、木铲。

制作过程：

① 将原料放进锅里煮，待煮沸之后转小火焖煮 20 分钟。

② 食用前加入杏仁即可。

质量标准：营养丰富，口感糯软。

二、薄饼

布列塔尼是正宗薄饼（Crepe）的发源地，并在法国美食中占有重要地位。

法国薄饼的做法配方有三四十种之多，至于饼馅的组合则从奶酪、火腿、蛋、香肠、蘑菇、海鲜到冰激凌、果酱、巧克力酱、水果等中进行搭配，一般来说，咸味的饼皮是采用荞麦或当地俗称的黑面粉所制，颜色呈现栗子般的褐色；而甜的则是使用白面粉，颜色呈奶黄色，前者的荞麦焦香和后者的牛奶甜香都很讨人喜爱。在当地，薄饼可作为正餐或甜点。

原料：面粉 125 克，鸡蛋 2 个，糖 15 克，黄油 50 克，温热牛奶 25 克。

工具或设备：平底锅，木铲。

制作过程：

① 把牛奶、鸡蛋、糖、面粉等原料放在碗里搅拌均匀，直到没有面粉颗粒为止。

② 锅烧热，在锅里加上黄油，用汤匙舀入面糊，一面煎好后，拿起锅一抛，便转为煎另一面。

③ 食用时包上馅料或淋上蜂蜜。

质量标准：色泽金黄，口感软韧。

三、法国吐司

法国吐司，法文称作 Pain Perdu，字面的意思是消失的面包，英文叫作 French Toast。原本是以前的法国主妇为了珍惜食物，把隔夜的、已经变硬，却又舍不得丢弃的长棍面包、吐司面包等，蘸上蛋汁之后，或烤或煎，撒上糖粉或果酱再食用。

原料：白吐司 2 片，鲜奶 200 克，鸡蛋 2 个，细砂糖 1 大匙，黄油 2 大匙，香草精数滴，草莓酱汁 25 克，薄荷叶 1 枝，糖粉 3 克。

工具或设备：平底锅，木铲。

制作过程：

①先将鲜奶、蛋、糖打匀（鲜奶分甜奶与原味奶，后者需要适量放糖），再加入香草精拌匀即为蛋汁。

②将每片吐司对角斜切成 2 片三角形，再将吐司浸泡在蛋汁中，让吐司充分吸收蛋汁至饱和度五成左右的状态。

③将黄油放入平底锅中加热融化，接着放入三角形吐司煎至两面皆成金黄色即可熄火。

④将煎好的吐司放入盘中，淋上草莓酱，再挑出颗粒完整的草莓放在吐司上，最后以薄荷叶及糖粉装饰即可。

质量标准：色泽金黄，外酥内软。

四、烤面包

原料：吐司 2 片，黄油 1 汤匙。

工具或设备：烤面包机、抹刀。

制作过程：

将吐司抹上黄油，放入烤面包机中，烤成两面金黄即成。

质量标准：色泽金黄，外酥内软。

五、压花蛋饼

压花蛋饼（Waffle）又叫华夫、格子饼、格仔饼、窝夫，是一种烤饼，源于比利时，用专用的烤盘烤成。烤盘上下两面呈格子状，一凹一凸，把倒进去的面糊压出格子来。

原料：鸡蛋 2 个，牛奶 150 克，黄油 2 汤匙，白糖 1 汤匙，盐 1 克，面粉 75 克，泡打粉 1 茶匙。

工具或设备：烤盘、搅拌机、打蛋器。

制作过程：

① 将牛奶、鸡蛋、白糖等放入碗中，搅拌至糖溶化，然后加入面粉、泡打粉、盐和黄油，搅拌均匀成面糊状。

② 将烤盘刷上油，倒入适量的面糊，盖上烤盘，烤至两面呈金黄色即成。食用时佐以枫糖浆或蜂蜜。

质量标准：色泽金黄，酥软可口。

六、煎饼

一般的薄煎饼就是 Pancake，但是，如果制作精美一点，而且比较薄又大一点的就称为 crêpe。吃薄煎饼的时候，有涂上普通糖浆的，比较讲究的也有涂上枫糖浆的。不过，也有人喜欢放柠檬汁和糖粉的。更为讲究的吃法是先把 crêpe 放到热橙汁和白兰地酒中泡一会儿再品尝。

原料：低筋粉 120 克，鸡蛋 2 个，色拉油 2 大匙，牛奶 120 毫升，糖 2 大匙，盐 1/4 小匙，泡打粉 1 小匙。

工具或设备：烤盘、平底锅、打蛋器。

制作过程：

① 蛋打散，加入糖、盐打至溶解。

② 加入色拉油、牛奶，搅匀，最后筛入低筋粉，拌匀成光滑面糊，放置 10 分钟，让面糊更为融合。

③ 平底锅加热，放很少的油润一下，淋 1/10 的面糊到锅正中间，让它自然摊开成圆饼状。等表面出现大气泡，轻轻翻面，煎到两面都呈漂亮的金黄色时

即可。

④ 食用时，撒上糖粉或淋上枫糖浆。

质量标准：色泽金黄，香甜可口。

思考题

1. 西式早餐的特点有哪些？

2. 西式早餐的种类有哪些？

3. 美式早餐内容相当丰富，主要包括哪几种？

4. 带壳水煮蛋有几种成熟度？

5. 西式煎蛋主要分哪几种？

6. 西式早餐中谷物类品种有哪些？

第十一章

西餐配菜及装盘装饰工艺

本章内容：西餐配菜工艺

西餐装盘装饰工艺

教学时间：2课时

训练目的：让学生了解西餐配菜的概念，掌握西餐装盘装饰的方法。

教学方式：由教师讲述西餐配菜、西餐装盘装饰的相关知识，运用示范的方法演示西餐配菜和装盘装饰的特点。

教学要求：1. 让学生了解相关的概念。

2. 掌握西餐配菜的分类方法。

3. 掌握西餐配菜的制作方法。

4. 掌握西餐装盘装饰的方法。

课前准备：准备原料，进行示范演示，掌握其特点。

第一节　西餐配菜工艺

一、配菜概述

（一）配菜的概念

配菜是指在菜肴的主料烹制完毕后装盘时，在主料旁边或另一个盘内配上一定比例的、且经过加工处理的蔬菜或米饭、面食等菜品，与主料搭配后组合成一份完整的菜肴。

（二）配菜的作用

1. 增加颜色，美化造型

配菜以土豆类、蔬菜类、谷物类菜肴为主。其中蔬菜类配菜色彩艳丽，而且加工精细；谷物类配菜色彩庄重，和主菜搭配相得益彰，使得菜肴整体美观。如黑胡椒牛排主料和沙司的色调单一，都呈褐色，这就需要配菜加以补充和完善，如配以金黄色的土豆条、橙色的胡萝卜条等，可以弥补主料的色调单一，使得整个菜肴的色调显得和谐、悦目。

2. 营养搭配合理，促进人体酸碱平衡

菜肴的主料通常是动物性原料，配菜则一般是植物性原料，两者相互搭配，可使菜肴既含丰富的蛋白质、脂肪，又含有丰富的维生素和矿物质；且肉菜属酸性食物，蔬菜大多属于碱性食物，因此每份菜肴营养全面、搭配合理能满足人体的需要，从而保障人体健康。

3. 完善菜肴的色、香、味、形、质，使菜肴富有风味特点

菜肴的主料通常是单一原料，但配菜的品种很多，必须通过配菜来完善整份菜肴的特点。而且主料通常是动物性原料，配菜大都为植物性原料，且口味比较清淡，这样与主料相配，使两类原料的颜色、香气、口味、形状和质地等具有鲜明的对比，从而使菜肴整体更加协调、完美。西餐菜肴中，对主菜应该配什么配菜通常都有一定的讲究，如煎、煮鱼应配煮土豆，意式菜应配面条等，从而使每份菜肴富有与众不同的风味特色。

二、配菜的制备

（一）配菜的分类

配菜的种类很多，一般有土豆类、蔬菜类和谷物类三大类。

（1）土豆类　以土豆为主要原料制作而成的各种制品。

（2）蔬菜类　品种主要有胡萝卜、芹菜、番茄、芦笋、菠菜、青椒、卷心菜、生菜、西蓝花、蘑菇、朝鲜蓟、茄子、荷兰芹、黄瓜等。

（3）谷物类　品种主要有各种米饭、通心粉、玉米、蛋黄面、贝壳面、中东小米等。

（二）配菜的烹调方法与制作案例

1.常用的烹调方法

（1）沸煮（Boiling）　沸煮是西餐中使用较广泛的以水传热的烹调形式。这种烹调方法不仅能保持蔬菜原料的颜色，还能充分保留原料自身的鲜味及营养成分，使其具有清淡爽口的特点，如煮土豆、煮菜花、煮胡萝卜等。

（2）油煎（Pan-frying）　应选用色泽鲜艳、汁多脆嫩的蔬菜，使用少量的油，在煎板上或煎锅里制成，如煎土豆、煎芦笋、煎蘑菇等。但某些蔬菜如番茄、茄子有时需要调味拍粉后进行煎制。

（3）焖煮（Braising）　先将原料与油拌炒，再加入适量的基础汤，用小火熬煮制成，如焖紫包菜、焖煮卷心菜、焖酸菜、焖红菜头等。

（4）烘烤（Baking）　将原料放入烤箱内，烤焙至熟。烘烤的蔬菜有自然的香甜味，且能保持其营养价值，但要求以不影响其色泽为佳，如烤土豆、烤龙须菜（用锡纸包裹烤）。

（5）焗（Gratinating）　将经过加工处理的原料，直接放入烤箱或在原料上撒些奶酪末或面包屑放入焗炉内，将菜肴表面烤成金黄色。如焗西蓝花、焗意大利面条等。

（6）油炸（Deep-frying）　油炸的烹调方法深受欢迎且使用广泛，是将原料直接放入油中进行炸制或在原料表面裹上一层面糊炸制。油炸菜肴成熟速度快，有明显的脂香味，具有良好的风味，如炸薯条等。

2.配菜的制作案例

（1）土豆类配菜

①土豆泥（Mashed Potatoes）

原料：净土豆500克，牛奶150克，盐3克，胡椒粉1克。

工具或设备：沙司锅、打蛋器。

制作过程：

a. 将土豆切成块，放入盐水锅中煮熟，牛奶加热备用。

b. 把土豆控去水分，趁热捣碎成泥。

c. 逐渐加入热牛奶，搅拌均匀直至成糊状，调以盐、胡椒粉即可。

质量标准：色泽洁白，口感细腻。

② 法式炸薯条（French Fried Potatoes）

原料：净土豆 500 克，盐 3 克。

工具或设备：油炸炉、厨刀。

制作过程：

a. 将土豆切成 8 厘米长、8 毫米粗的条。

b. 放入 130℃的炸炉中，炸至浅黄色取出。

c. 上菜前再放入 150℃的炸炉中，炸至金黄色后取出，沥干油后撒上盐即可。

质量标准：色泽金黄，口感酥脆。

③ 黄油煎薯片（Saute Potatoes）

原料：土豆 500 克，黄油 50 克，盐 3 克，胡椒粉 1 克，番芫荽适量。

工具或设备：油炸炉、水果刀。

制作过程：

a. 将土豆去皮，切平两端，旋削成直径 5 厘米的圆筒形，再切成 3 毫米厚的圆片。

b. 将切好的圆片经泡水洗净后，放入 140℃的炸炉中，炸成浅黄色备用。

c. 上菜前用黄油炒香至金黄色，加盐、胡椒粉调味，撒上番芫荽即可。

质量标准：色泽金黄，口感酥脆。

④ 里昂土豆（Lyonnaise Potatoes）

原料：土豆 500 克，洋葱丝 120 克，黄油 50 克，盐 3 克，胡椒粉 1 克。

工具或设备：平底锅、厨刀。

制作过程：

a. 将土豆煮至半熟，去皮后切成 5 毫米厚的片，将洋葱丝用黄油炒软。

b. 煎锅内放黄油，加热，倒入土豆片，煎至两面金黄，再加入洋葱丝，继续煎制。

c. 加盐、胡椒粉调味即可。

质量标准：色泽金黄，口感酥脆。

⑤ 法式奶油焗土豆（Potato Gratin Dauphine Style）

原料：土豆 500 克，奶油 250 克，蒜泥 2 克，盐 3 克，胡椒粉 1 克，豆蔻粉 1 克，奶酪 1 克。

工具或设备：烤箱，厨刀。

制作过程：

a. 土豆去皮，洗净切成薄片。

b. 将土豆片与奶油、蒜泥、豆蔻粉、盐、胡椒粉拌匀，放入锅中加少许清水煮约 5 分钟。

c. 将煮过的土豆片倒入烤盘中，放入 200℃的烤箱烤 30 分钟，表面撒上奶酪即可。

质量标准：色泽淡黄，口感酥软。

⑥ 橄榄土豆（Potato in the Shape of an Olive）

原料：土豆 500 克，黄油 30 克，盐 3 克，胡椒粉 2 克，番芫荽适量。

工具或设备：平底锅、厨刀。

制作过程：

a. 将土豆洗净后去皮，先切平两端，再纵向切成 2 瓣或 4 瓣，取其中 1 块，用小刀从上端成弧线削至底端，成均匀的弧面，削成 3 厘米长的橄榄形。

b. 用盐水将橄榄形土豆煮熟，捞出沥干水分待用。

c. 用黄油炒香橄榄形土豆、加盐、胡椒粉调味，撒上番芫荽即可。

质量标准：色泽淡黄，口感酥软。

⑦ 德式土豆（Potato German Style）

原料：土豆 500 克，洋葱 150 克，培根 100 克，黄油 50 克，香叶 2 片，盐、胡椒粉各适量。

工具或设备：平底锅、厨刀。

制作过程：

a. 将土豆去皮洗净后，切成 5 毫米厚片，放入水锅中加热至成熟，沥干水分。

b. 黄油炒香后放入洋葱块，香叶炒香，放入培根小方片炒熟。

c. 放入土豆片、盐、胡椒粉一起炒到土豆熟透变黄即可。

质量标准：色泽金黄，口感酥软。

⑧ 原汁烤土豆（Roast Potato with Liquid）

原料：土豆 500 克，烤肉类原汁 100 克，盐 10 克，胡椒粉 2 克。

工具或设备：烤箱、厨刀。

制作过程：

a. 将土豆去皮洗净后切成 5 毫米厚片，炸至金黄色。

b. 将烤肉类原汁过滤，用盐、胡椒粉调味。

c. 将土豆片铺入盘中，倒入原汁，放入 200℃烤箱内烤 10 分钟即可。

质量标准：色泽金黄，口感酥软。

⑨ 焗奶酪土豆泥（Baked Mashed Potato with Cheese）

原料：土豆 500 克，奶油 50 克，鸡基础汤 100 克，蛋黄 4 个，盐 5 克，胡椒粉2克，黄油20克，奶酪粉50克。

工具或设备：烤箱、厨刀。

制作过程：

a.选用外形整齐新鲜的大土豆，洗净煮熟。

b.把土豆一切为二，用勺子挖去中间的土豆肉，边上留5毫米厚制成土豆碗。

c.把取出的土豆肉磨细过筛，与奶油、鸡基础汤、蛋黄、盐、胡椒粉、黄油制成土豆泥。

d.把土豆泥装入裱花袋，呈螺旋状挤在土豆碗上，撒上奶酪粉。

e.放入200℃的烤箱中烤至金黄色即可。

质量标准：色泽金黄，口感酥软。

⑩水手式土豆（A Sailor's Potato）

原料：土豆800克，芥末30克，肉汤1000克，灌肠200克，洋葱80克，盐5克，胡椒粉1克。

工具或设备：平底锅，厨刀。

制作过程：

a.土豆洗净入冷水锅煮熟后去皮，切成小块，灌肠切片待用。

b.洋葱块，与芥末拌匀后，放入肉汤中煮制，加盐、胡椒粉调好味后，放入土豆块，用小火炖15分钟左右，放入灌肠片稍煮即可。

质量标准：色泽金黄，口感酥软

（2）谷物类配菜

①西班牙海鲜面（Spanish Seafood Pasta）

原料：意大利面150克，各种海鲜（虾仁、墨鱼、海红等）100克，藏红花0.1克，各色橄榄25克，鱼基础汤200克，白葡萄酒25克，蒜蓉、洋葱末、盐、胡椒粉各适量，香叶1片，橄榄油适量。

工具或设备：沙司锅。

制作过程：

a.用开水将意大利面煮至柔软。

b.煎锅中放橄榄油，将蒜蓉、洋葱末炒香，再放入各种海鲜炒至变色。

c.加白葡萄酒稍煮一下，再加入鱼基础汤、意大利面、橄榄、藏红花、香叶，以盐、胡椒粉调味，烧至汁水浓缩一半即可。

质量标准：色泽鲜艳，口味鲜浓。

②茄汁意大利面（Spaghetti with Tomato Juice）

原料：意大利面500克，番茄沙司50克，茴香碎0.5克，红辣椒碎50克，洋葱碎10克，西芹碎10克，盐、胡椒粉、橄榄油各适量。

工具或设备：沙司锅。

制作过程：

a. 将意大利面放入开水中煮熟。

b. 锅中放入橄榄油，下洋葱碎、西芹碎、红辣椒碎炒香，加入番茄沙司和煮好的面，最后加盐、胡椒粉、茴香碎调味即可。

质量标准：色泽鲜艳，口味咸鲜。

③ 意大利肉酱面（Spaghetti with Bolognese）

原料：意大利面500克，牛肉糜200克，胡萝卜碎、西芹碎、洋葱碎、蒜泥80克，奶酪粉20克，芫荽末10克，番茄汁30克，盐、胡椒粉、黄油各适量。

工具或设备：沙司锅。

制作过程：

a. 用开水将意大利面煮熟，捞出过凉。

b. 用黄油将洋葱碎、胡萝卜碎、西芹碎、蒜泥炒香，放入牛肉糜炒匀，再加入番茄汁和少量水煮成肉酱，然后加盐、胡椒粉调味。

c. 将煮好的肉酱和意大利面拌匀，撒上奶酪粉和芫荽即可。

质量标准：色泽鲜艳、口味咸鲜。

④蔬菜千层面（Vegetable Lasagna）

原料：牛肉酱220克，面皮3张，奶油汁，番茄汁，奶酪粉，罗勒叶适量。

工具或设备：烤盘，焗炉。

制作过程：

a. 取大盘一个，在盘底倒上番茄汁，铺上一张面皮后放一层肉酱，盖上一张面皮，再放一层肉酱，最后盖第三张面皮并淋上番茄汁。

b. 入220℃的烤箱烤至里面熟透取出。

c. 在上面交浇上奶油汁，撒一层奶酪粉，再入焗炉焗至金黄色即可，用罗勒叶装饰。

质量标准：色泽金黄，口味咸鲜。

⑤ 米兰式意粉（Spaghetti in Milan Style）

原料：意式实心粉100克，奶酪粉25克，黄油25克，番茄沙司125克，火腿10克，熟牛舌10克，蘑菇10克，盐、胡椒粉适量。

工具或设备：沙司锅。

制作过程：

a. 实心面用盐水煮至八成熟左右，控干水分。

b. 将火腿、牛舌、蘑菇切成丝。

c. 用黄油将实心面炒匀后，加入番茄沙司、火腿丝、牛舌丝、蘑菇丝，用盐、胡椒粉调味。装盘时，在上面撒上奶酪粉即可。

质量标准：色泽鲜艳，口味咸鲜。

第二节 西餐装盘装饰工艺

一、西餐装盘装饰的特点

（一）食用性

西餐一切菜点皆以可食用为前提，以营养为目的。西餐的装盘追求自然、立体感强，尤其可食性强，所有进盘的食品绝大多数都能食用，点缀品通常就是主菜的配菜。

（二）艺术性

如同绘画离不开用笔一样，现代西餐装盘往往借助于烹饪工艺技术，切割原料，建构形状以传达抽象的含义凝结着精湛的工艺技术之功和艺术之魂。

二、西餐装盘装饰的形式法则

（一）单纯一致

单纯一致是一种见不到差异和对立因素的形式美。装盘后给人一种纯净明洁、整齐划一、简朴自然的美感，如西餐开胃菜及小甜点的装盘法则通常如此。

（二）对称平衡

对称平衡是形式美的又一基本法则，是装盘后，求得重心稳定的两种结构形式。

对称，是以假想中心为基准，各对应部分构成的均等关系。中心为一直线的是轴对称，如左右对称，上下对称。中心为一点的是中心对称，如三面对称、五面对称、放射对称、向心对称、旋转对称等。此外，对称还有严格对称和相对对称之分。严格对称的各对称部分要求同形同色同量；相对对称的主要组成部分结构相同，局部稍有变化。

平衡，又称均衡，可以分为重力平衡和运动平衡两种。重力平衡类似于力学中的力矩平衡原理。反映在装盘中，是通过色彩和形状的变化分布（如上下、左右、对角的不等量分布和色彩的浓淡变化），以取得平衡安定的效果。运动平衡是形成平衡关系的两极有规律的交替出现，使平衡不断打破又不断重新形成。重力平衡和运动平衡都是在不对称组合变化中求平衡。

对称的装盘圆润饱满、端庄统一、装饰性强，但多用或用之不当，则显得呆板，缺少活力；均衡的装盘活泼自由，富有生命力，若处理失当，又容易杂乱，没有章法。因此，两者结合使用，以一者为主，或在对称中求均衡，或在均衡中求对称，更易获得理想的形式效果。在西餐装盘中，对称往往用于大批量的装盘，如冷餐会、自助餐的菜点的装盘和排序；而平衡往往用于单个冷菜、热菜或甜点的装盘，以显示其动感和生命力。

（三）调和对比

调和与对比是对立统一的关系。调和意在求"同"，对比趋于立"异"。光有调和，没有生机；光有对比，刺激性太强，唯有调和对比，才有优美形式的装盘。

在装盘中，对比可以通过外在形式因素，如物象的动静、大小、高低、显隐，结构的疏密、张弛、开合、聚散，位置的远近、上下、纵横，色彩的浓淡、明暗、冷暖等变化表现出来。如以对比为主，有跌荡起伏、多姿多彩之美；以调和为主，有协调和谐，优美宁静之美。

（四）尺度比例

尺度比例又是形式美的法则之一。尺度是一种标准，所谓"增之一分则太长，减之一分则太短"；比例是某些数理关系，如 $1:1.618$ 的"黄金分割定律"所以西餐装盘时，要"依器度形，依器度量"，讲究的就是器皿与物象之间的尺度比例要合适。

讲究尺度比例是以装盘能以真切、规范、晓畅的形象，去切合人们的审美需要。如西餐装盘具有一定的立体感，烹调后的原料具备一定的长度、宽度和高度，妥善使用尺度比例，尤其是"黄金分割定律"可以使装盘后长、宽、高比例协调，立体感生动。

（五）节奏韵律

节奏是一种合规律的周期性变化的运动形式，韵律则是在这种形式中注入更多的变化形成的复杂而又含蓄的节奏。

（六）多样统一

多样统一是形式法则的集中概括，是矛盾的统一体。没有多样性，见不到丰富的变化，显得呆板单调；没有统一性，则看不出规律性和目的性。如在西餐装盘中怎样把多种不同的原料和谐地组配在一起，以形成一个整体，达到多样统一，也需要西餐大厨们发挥他们的智慧。

三、西餐装盘装饰的方法

西餐菜点种类很多，大致分为头盘、冷菜（沙拉）、热菜、甜点等；每类菜点极其讲究造型和搭配，所以每一件菜点都像艺术品一样精致。具体装盘方法有排、堆、叠、围、覆等。

（一）排

将食物原料平排成行的排在盘中叫排。这种方法比较多的用在西餐冷菜开胃菜和甜点中，如酒会冷餐会的小吃及沙拉，甚至使用高脚杯作为器皿。大型自助餐台上的冷菜，常使用抛光大理石板和镜面作为器皿进行布排装盘，以显示气派和豪华的氛围。

（二）堆

堆就是把食物原料堆放在盘中，使其“型”成立体，自然天成。因为西餐的装盘立体感强，而且可食性强，点缀品就是主菜的配菜。装盘时，将配菜垫底，主料堆放其上，再辅以酱汁即成。

（三）叠

叠是把加工好的食物原料一片片整齐地叠起，一般造成梯形，叠时需与刀工结合起来，随切随叠，切一片叠一片，迭好后铲在刀面上，再盖到已经用另一种熟料垫底盖边的盘中。如西式火腿片、肉卷、鸭脯等都是采用这种装盘方法。

（四）围

将切好的食物原料，排列成环形，或呈放射状，称为围。用围的装盘方法，可以将西餐冷盘制成很多花样。有的在排好主料的四周，围上一层辅料来衬托主料，称为围边。

（五）覆

将食物先排在模具中，直接或入冰箱冷冻后，再覆于盘中，然后去掉模具。

四、西餐装盘装饰的关键点

在西餐装盘时，往往注重“五元素”：颜色、高度、口感、酱汁和流动感。

（一）颜色

西餐的原料多选择新鲜、无污染、天然的食物原料,颜色源自天然。在装盘前,就应该考虑装盘后的整体颜色,因为在西餐装盘时,通常要求在一道菜中,至少要有三种以上不同的颜色,而"绿色"通常来自蔬菜,"棕色"通常来自主菜,"黄色"通常来自淀粉类,若是主菜、配菜和淀粉类都是同一色系的时候,就要在酱汁和装饰的颜色上有所考量,若是每项菜点都已经拥有各自的颜色,加上酱汁和装饰的另外两种不同颜色,将会有五种以上的颜色出现在盘子中,通过巧妙对比,可使菜肴色泽醒目和谐。

（二）高度

西餐注重装盘的立体效果,而高度是显现西餐菜点立体造型的一种标尺之一。同时,西餐在会装盘之后对菜点的高度有所要求,是因为想要让用餐者在享用美食前,就可以在不弯腰、不靠近桌面的状态下闻到"香气"。因为西餐所端上来的大部分菜点温度较低,但是可以利用高度让这道菜点的香气传到用餐者鼻子里,若是没有高度,一来在视觉上失去了立体的感觉,二来越靠近桌面的菜点当然越不容易闻到香气。

（三）口感

与颜色的视觉原理一样,在西餐装盘中,最好可以给食用者提供不同的口感,松、软、酥、脆、滑、嫩等俱全。而且,西餐装盘时一般将松、软、嫩等口感的食用原料垫在盘底,而酥、脆等口感的食用原料装在上层,以显示出质地的层次感。

（四）酱汁

通常西餐的主餐中都会有相对口味的酱汁来搭配主菜,而酱汁的使用量通常都不会很多,主要是因为不希望过多的酱汁掩盖住主菜本身的味道。西餐装盘时,酱汁通常以线条或对称性的几何图形来表示,平衡菜点的整体造型。

（五）流动感

"流动感"在英文中即为 Flow,装盘时,要以主料为中心,利用酱汁相互配合,设计出有流动感的视觉效果,通常以"同心圆""放射性线条"或是"三角形区域"来呈现。有的时候也会使用经过调味或用其他天然食物原料（如新鲜香草）来染色橄榄油做装饰,或是利用"色差"或"油水比重不同"的技巧,来显示酱汁的层次感。

五、西餐装盘装饰的注意事项

（一）配菜不可直接接触到盘子边缘

要根据规格选择足够大的餐盘，这样食物就不会接触盘边或从盘子边缘滑落出来。厨师喜欢淋一些香辛料或剁碎的香菜或用一点沙司来点缀盘子的边缘，适量点缀可起画龙点睛的作用，但如果用过量，则会使菜品的吸引力大打折扣。

（二）冷热餐盘要合理使用

热食装热盘，热盘即加过温的餐盘，以便保持菜肴的温度；冷食上冷盘，冷盘即未加热的餐盘。

（三）主料装盘处于餐盘的合适位置

通常的配菜为谷物类时，摆放在主菜的左上方；为蔬菜时，则摆放在主菜的右上方。无论配菜摆放在什么位置，主要食物要放在离就餐者最近的地方。

（四）合理搭配沙司或肉汁

不要每盘菜都加沙司或肉汁，有时将所有食物浇上汁会掩盖食物的颜色和形状。如果食物本身美观应让客人看见它，可将汁浇在周围或下面，或仅盖住它的一部分。

（五）简单实用为主

配菜的装饰要求单纯、实用，力求简洁，避免过于精致、华丽。

（六）不要加不必要的装饰物

在许多场合，食物没有装饰物已经很漂亮了，而加上装饰物反而使盘中凌乱，破坏了餐盘的美观，同时也增加了成本。

（七）装饰物也要注意安全、卫生和食用

装饰物必须是可食、无毒的，与食物是相得益彰的，应在整个菜盘的设计中考虑的而不是随便地堆在盘子上，它应该与主料的色、香、味、形、质等风味特征相协调。

（八）配菜适时地单独配置

有时将配菜用另一只碟来提供是必要的。因为这些配菜并不能增加盘子的

对比效果，如烤土豆配一块肉或炸薯条配鸡或鱼，单独摆放配置还会增加菜点的层次感。

六、西餐配菜装盘与装饰

（一）主料的装盘与装饰

主料是一道菜点中的精华和主体部分，在装盘装饰中应该得到重点呈现和表达。在传统西餐的装盘装饰中，主菜的装盘形式基本上形成了固定的模式。即主料（鸡、鸭、鱼、肉类原料）、淀粉类原料（米、面、番薯类食物）及蔬菜，成三角形排列。这种状况，一直延续到20世纪八九十年代，现代的西餐更加注重菜点装盘装饰的立体效果。

西餐主料的装盘装饰一般有平面几何造型和立体造型两种，前者主要是利用点、线、面进行造型的方法，也是西餐最常用的装盘方法。几何造型的目的是挖掘几何图形中的形式美，追求简洁、明快的装盘风格；后者则自然立体感强，展示了菜点之美的空间。这种立体造型的方法，也是西餐摆盘常用的方法，是西餐装盘的一大特色。

随着装盘装饰方法的创新，西餐餐盘也从原来的统一的圆形，发展到如今的长方形、正方形、异形等。画线、构图、色彩越来越大胆开放。同时，随着餐饮从业者的文化素养和美学修养的不断提高，西餐装盘形式也出现了精彩纷呈的局面。由集中形向分散形转移，由一点式过渡到两点式，甚至多点式。充分运用了几何造型和落差的视觉效果，达到菜肴的完美组合。

总之，西餐菜点在装盘装饰时，要注意菜肴中原料的主次关系，主料与配料层次分明，和谐统一，不能让配料超越或掩藏了作为注意力中心的主料。

（二）配菜的装盘与装饰

1. 配菜的使用规则

配菜在使用上有很大的随意性，但一份完整的菜肴在风格上和色调上要统一、协调。常用普通的配菜有以下三种形式。

（1）以土豆和两种不同颜色的蔬菜为一组的配菜　如炸土豆条、煮豌豆可为一组配菜，烤土豆、炒菠菜、黄油菜花也可以为一组配菜。这样的组成形式是最常见的一种，大部分煎、炸、烤的肉类菜肴都采用这种配菜。

（2）以一种土豆制品单独使用的配菜　此种形式的配菜大都与菜肴的风味特点搭配使用，如煮鱼配土豆、法式羊肉串配里昂土豆。

（3）以少量米饭或面食单独使用的配菜　各种米饭大都用于带汁的菜肴，

如咖喱鸡配黄油米饭；各种面食大都用于配意大利式菜肴，如意式烩牛肉配炒通心粉。根据西餐烹饪的传统习惯，不同类型的菜肴要配以不同形式的蔬菜。一般是水产类配土豆泥或煮土豆，其他可随意；禽畜类菜肴中，烹调手法用煎、铁扒或平板炉的菜肴一般配土豆条、炸方块土豆、炒土豆片、煎土豆饼等，其他可随意；禽畜类中白烩菜或红烩菜一般配煮土豆、唐白令土豆、土豆泥、雪花土豆或配面条和米饭；炸的菜肴一般可配德式炒土豆、维也纳炒土豆；黄油鸡卷可配炸土豆丝；烤的菜肴一般是配烤土豆，其他可随意；有些特色菜肴的配菜是固定的，例如马令古鸡就必须配炸洋葱圈，麦西尼鸡必须配面条。

2. 配菜与主菜的搭配

西餐菜肴与中餐菜肴一样，大多数都是由主料和配料组成。中餐菜肴的配料多与主料混合制作，而西餐的配料与主料大多数是分开制作的，单独的主料构不成完整意义上的菜肴，需要通过配菜补充，使主料和配菜在色、香、味、形、质、养等方面相互配合、相互映衬，达到完美的目的。因此，在配菜与主菜的搭配上应注意以下原则。

（1）色彩搭配　选择配菜时，要注意食品原料之间颜色的搭配，使菜肴整齐、和谐。鲜明的颜色可以给人以美的感观和享受，每盘菜肴应有 2~3 种颜色，颜色单调会使菜肴呆板，但颜色过多，则显得杂乱无章和不雅观。

（2）分量搭配　注意配料与主料数量之间的协调搭配，突出主料数量，主料占据餐盘的中心，不要让主料有过多装饰，也不要装入大量土豆、蔬菜及谷物类食物，且配料数量永远少于主料。

（3）口味搭配　突出主料的本味，用不同风味的配菜不仅可以弥补主料味道的不足，而且可以起到解腻、帮助消化的作用，但不可盖过主料的风味，如炸鱼配以柠檬片，煎鱼酸黄瓜等。

（4）口感搭配　配菜与主料的质地要恰当搭配。如马铃薯沙拉中放一些嫩黄瓜丁或嫩西芹丁，蔬菜汤中放烤面包片，肉饼等质地软的主料应以土豆泥为配菜。

（5）烹法搭配　配菜的烹调方法要与主料相互搭配。如土豆烩羊肉配米饭等。

（6）空间搭配　配菜与主菜之间应保持适度空间，不要将每种食物都混杂地堆在一起，每种食物都应该有单独空间，使其整体比例协调、匀称，都能达到最佳的视觉效果，显示出一种流畅美。

3. 配菜装盘装饰的常见形式

① 传统式的摆放。主菜在前，蔬菜、谷物类菜品和装饰配菜摆放在边缘。

② 主菜摆放在盘子中央，简单的沙司或装饰物摆在一边或其上边。

③ 主菜放在中间，蔬菜按照图案精心地码在主菜周围。

④ 主要原料在中间，蔬菜随意地分布在周围，下面配沙司。

⑤ 谷物类或蔬菜类食物摆在中间，主要食物成片斜放着靠在配菜上面，其他蔬菜、装饰物或沙司放在盘子四周。

⑥ 主菜、土豆类、蔬菜类、谷物类配菜和其他装饰配菜整齐地摆在盘子中央其他菜品的上部。沙司或其余的装饰配菜可摆在外圈。

⑦ 蔬菜在中间，有时浇上沙司。主菜加工成不同形状如片状、大扁平圆状、小块等，围绕在蔬菜外面。

⑧ 片状的主菜放在蔬菜垫盘上、蔬菜汁或面食上，若有装饰，将装饰摆在一边或周围。

（三）沙司的装盘与装饰

西餐沙司不仅是菜肴的辅助调味汁，而且也是菜肴装饰不可或缺的重要组成部分。西餐厨师常常将各种颜色鲜艳的调味沙司淋在盘中，形成各种美丽的造型图案，以达到美化、装饰的效果。

沙司还常常被装在沙司盅或斗中，可以防止不同原料搭配时，共用沙司发生串味。沙司盅或斗的使用也可以突出视觉效果，或颜色不同，或层次落差有别，或聚焦点被转移。总之，这种趋势愈演愈烈，在现代西餐中被广泛使用。

（四）自助餐展台的菜点装饰

1. 自助餐的内容和特色

西式自助餐是以欧美风味的菜肴、包饼、甜食等为食品体系，用刀、叉、匙为进餐工具的自助形式。

西式早餐自助餐的食品体系由餐前饮料、蛋类、肉肠类、谷物类、面包类及餐后热饮等构成。餐前饮料通常是冷制的各种果汁、蔬菜汁及酸奶；蛋类有炒蛋、煎蛋、煮蛋等，配以黄油、果酱、蜂蜜等；谷物类有麦片、玉米片、泡泡米等；餐后热饮有咖啡、茶、可可等，并配以巧克力、饼干等。

西式正餐自助餐通常由冷盘、沙拉类、汤类、开胃小吃类、热菜类、面包类、甜品类、酒水饮料构成。

西式自助餐食品的盛器是多样化的大型器具。大气的银盘，镀金盘，形态各异的镜盘，晶莹剔透的水晶玻璃斗、盅，各种丰富有特色的瓷盘瓷盅，乡土气息浓厚的柳藤编织品，木质沙拉盒及组合式的糕点展示台和水果展示台，还有现代时尚的各种不锈钢保温盘、锅等。这些器具的使用，为菜点的艺术造型提供了有利的条件，更为菜点的美化起到了非常好的烘托作用。同时也美化了就餐环境，突出了整个餐饮活动的热烈气氛。

西式自助餐还特别讲究餐台，展示台的整体装饰效果，并要突出西方民族的情调和风格。包括用餐工具：刀、叉、匙、盘、酒水杯的摆放；标准台布、口布、装饰布、桌裙的选择、搭配；台面上的食品雕刻、黄油雕、冰雕，及一些工艺品的摆放；背景音乐，灯光等，通过细心的布置，精雕细琢，充分体现西方的饮食文化特色和典雅，温馨的欧美艺术情调。

2. 自助餐的摆台方法

西式自助餐的菜点比较丰富，单个菜点的装盘通常可以采用多种装盘装饰方法，常见的装盘方法如下。

（1）分格摆盘　适用于不同风味、不同味道、装入不同的格状器具中，整体美观，食物不易交叉混味。

（2）圆柱摆盘　一般把菜点摆在盘中堆成丘状，形成高高的圆柱，周围加以装饰，菜点很有立体感。

（3）混合摆盘　将不同颜色、不同的食材、用调料汁混合拌匀，多选用颜色、形状不同的食材。

（4）平面式摆盘　将各种冷肉、奶酪、冷鱼等经过不同的刀法处理后平放在盘中。

（5）立体式摆盘　通过构思、设计和想象把菜点摆成各式各样的造型，再用其他装饰物搭配出高低有序，层次错落，豪华艳丽的立体造型。

（6）放射状摆盘　以一个主要菜点为主，周围的菜点呈放射状摆放，摆盘时注意食材间的色彩搭配。

总之，西式自助餐中的大型拼盘则会运用原料之间的合理搭配，及整个盘面的合理布局，创造出更为大气的几何图形。而这种大型的立体拼盘再经过台面的整体布局，形成错落有致、精彩纷呈的壮观景象。另外，西餐在装盘、装饰时喜欢使用天然的花草树木作为点缀物，并且遵从点到为止的装饰理念，即便是不使用雕刻作品作装点，其视觉效果也足以让食客们饱足了眼福。

（五）西式雕塑装饰技法

食品雕刻是一种综合造型的艺术形式，主要以刀工技术为主，吸收木刻、金石、剪纸、雕塑、牙雕等造型工艺的有关方法，通过切、削、挖、铲、刻、透雕、拼接、嵌贴等手法，创制出具有有优美造型的食雕成品。这些年来，食雕技艺发展很快，为菜肴和高档宴席起了很好的美化作用。同时，人们对食雕的认识逐步转变，已开始重视食雕的食用性，使食雕成品既可观赏，又可食用。

西式雕塑的种类较多，常见的雕塑形式有黄油雕、巧克力雕和冰雕等。

1. 黄油雕

黄油雕则多采用的是加料法，即先扎好坯架、或者在泡沫雕成的初坯上，往上面添加涂抹黄油。这种采用加料法的黄油雕，骨架扎到哪里，料就可以加到哪里。在空间走势上可以随心所欲，并且还不用担心受到原料形状的限制，这算是黄油雕的一大优势。还有一大特点是随着黄油雕作品的存放时间的不同它的表面就会产生不同的光泽度。

在烹饪艺术上，黄油雕是相当常见的题材。大型餐厅和酒店在举办宴会或自助餐时，往往会用黄油雕放在大厅，烘托现场气氛。

2. 巧克力雕

巧克力雕起源于西方，在西餐自助餐中和大型宴会中必用的装饰品。由于巧克力雕容易定形，保存时间又长，适合制作大型的雕塑群。巧克力又分为白巧克力和黑巧克力。不同颜色的巧克力雕塑出的作品，别有一番风情。巧克力也可以做成彩色的，把白巧克力用温水（隔水加温）加热，可以添加不同颜色。然后再进行雕塑的造型。由于巧克力在国内制作雕塑成本比较高，大部分是先用泡沫做个大形，然后再涂上巧克力进行雕塑。

巧克力雕可以做得很大，放在厅堂展示，调节气氛；也可以做得娇小，可放在桌上，如大盆栽般大小的冰雕来装饰台面，如常见的主题有一对天鹅，在喜宴中可烘托成双成对的喜庆气氛。

3. 冰雕

冰雕是造型艺术中的一种，是以冰为材料通过雕、刻、塑等方法创造出的各种三维或二维的空间形象实体。冰雕也分圆雕、浮雕和透雕三种。冰雕是餐饮陈列艺术的佼佼者，其造型大可以至无限之组合，小可为套餐之事作容器，没有空间限制，且其晶莹剔透，皎洁光彩的质感，更增添了视觉上的享受。由于烹饪用冰雕融化的很快，所以通常会搭配干冰一起展示。

七、西点装饰工艺

西点的装饰工艺一般包括装饰设计、装饰方法、装饰用料等内容。

西点中的装饰设计一般包括装饰类型与方法的确定、图案与色彩的构思及装饰原料的选择。西点中的装饰类型一般有简易装饰、图案装饰和造型装饰三种。其方法依制品要求而定。装饰图案有对称和非对称，规则和非规则之分，图案要求简洁、流畅、布局合理。色彩装饰力求协调、明快、雅致，其搭配方式可以采用近似或反差的原则，以产生悦目和诱人的视觉效果。

西点的装饰方法很多，常见的有色泽装饰、平面或立体造型装饰、夹心装饰、表面装饰及模具装饰等方法，具体手法有裱、抹、夹、淋、挂、编、蘸及借助模型等。

西点中的装饰材料较多，常用的有奶油制品（黄油、鲜奶油等）、巧克力制品（各式巧克力、巧克力碎片、封糖巧克力等）、糖制品（蛋白糖、翻砂糖、糖粉花、熬糖制品等）、干鲜果品（杏仁片、葡萄干、草莓、猕猴桃等）、罐头制品（黄桃罐头、红樱桃等）及其他装饰料。常见的装饰料有以下几种。

（一）糖霜类

糖霜类装饰料的基本成分是糖和水。糖在制品中多呈细小的结晶状态，如添加其他成分如蛋清、明胶、油脂、牛奶等，即制成各种不同的品种。使用时可采用浸蘸、涂抹或挤注等方法进行装饰。

1. 方登装饰料（Fondant）

方登国内又称粉糖或白马糖。制品晶粒细小，色白，微有光泽，常用于西点的涂衣（挂霜）。

原料：白砂糖 500 克，葡萄糖 75 克，水 175 克。

用具或设备：不粘锅、木搅板、大理石板。

制作过程：

① 把糖和水放入锅中，置火上加热至沸腾，然后加入葡萄糖，继续加热至沸腾，直至温度升至 115℃。

② 将糖浆倒在大理石板上，待温度降至 40℃，用木搅板来回搅拌，糖浆逐渐变稠、变白，直至成为一个较硬的团块，用湿布盖上备用。

特点：口味甜酥，可塑性强（可以加入少量色素染色使用，还可以加入炼乳或奶油混合使用）。

2. 皇家糖霜（Royal Icings）

原料：糖粉 500 克，蛋清 100 克，柠檬酸 3 克。

用具或设备：搅拌机。

制作过程：将 2/3 的糖粉与蛋清一起打匀，然后再加入剩余的糖粉和柠檬酸继续打匀。成品用湿布盖住备用。

特点：色泽洁白，口感细腻（可以加入少量色素染色使用；糖霜的硬度可以用蛋清调节，蛋清越多，硬度越低）。

（二）膏类

膏类装饰料是一类光滑、细腻，具有可塑性的软膏，其结构为泡沫与乳液并存的分散体系，糖在制品中呈细小的微晶态。主要有油脂型（如奶油膏）和非油脂型（如蛋白膏）两类。各种膏类装饰料可以根据需要加入可可粉、咖啡粉、食用色素、食用香精等，色泽和风味发生变化。

1. 奶油膏（Butter Cream）

原料：糖粉 500 克，奶油 1000 克。

用具或设备：搅拌机。

制作过程：将糖粉与奶油一起打匀呈膏状，备用。

特点： 色泽洁白、口感细腻。

2. 蛋白膏（Meringue）

原料：糖粉 500 克，蛋清 200 克，柠檬酸 1 克。

用具或设备：搅拌机。

制作过程：将糖粉与蛋清、柠檬酸一起打匀呈膏状，备用。

特点： 色泽洁白、口感细腻（可以在打制的过程中加入溶化的明胶，搅打至细腻的膏状）。

（三）果冻

果冻（Jelly）又称冻胶，加热时溶化，冷却时凝结成冻。常用于西点的装饰及新鲜水果的表面上光，还可以直接用作冷食。冻胶可由天然压榨果汁，借助于自身果胶的胶凝作用凝结而成；也可以加入凝结剂如明胶、琼脂的方法制成。

1. 琼脂果冻（Agar Jelly）

原料：琼脂 100 克，水 1200 克，白糖 50 克。

用具或设备：磁化炉、不粘锅。

制作过程：将琼脂与水一起加热，并不断搅拌至琼脂溶化，加入白糖，沸腾后晾凉，备用。

特点： 色泽透明，口感滑腻（如直接用于食用可注入模具中晾凉后取出）。

2. 上光果冻（Glazing Jelly）

原料：明胶 50 克，水 1200 克，白糖 150 克，柠檬酸 1 克。

用具或设备：磁化炉、不粘锅。

制作过程：将明胶与水一起加热，并不断搅拌至明胶溶化，加入白糖、柠檬酸，沸腾后晾凉，备用。

特点： 色泽澄清，口感滑爽（如直接用于食用可注入模具中晾凉后取出）。

思考题

1. 什么是配菜？配菜的作用有哪些？

2. 热菜配菜有哪些使用形式？应注意哪些规则？

3. 配菜与主菜搭配有哪些注意事项？

4. 配菜分为哪几类？

5. 配菜常用的烹调方法有哪些？

6. 西餐装盘装饰的特点有哪些？

7. 西餐装盘装饰的形式法则有哪些？

8. 西餐装盘装饰的方法有哪些？

9. 西餐装盘装饰的关键点有哪些?

10. 西餐装盘装饰的注意事项有哪些?

11. 在配菜与主菜的搭配上应注意哪些原则?

12. 配菜装盘装饰的常见形式有哪些?

13. 常见的装盘方法有哪些?

14. 西式雕塑的种类较多,常见的雕塑形式有哪些?

15. 西点的装饰方法很多,常见的有哪些?

16. 西点中的装饰材料较多,常用的有哪些?

第十二章

西餐烹调表演工艺

本章内容： 西餐烹调表演概述

西餐烹调表演的要素

西餐烹调表演的种类

西餐烹调表演常用的用具、设备及调料

西餐烹调表演的程序与标准

西餐烹调表演案例

教学时间： 2 课时

训练目的： 让学生了解西餐烹调表演工艺的概念，掌握西餐烹调表演要素，熟悉西餐烹调表演的种类，以及西餐烹调表演的程序与标准。

教学方式： 由教师讲述西餐冷菜的相关知识，运用恰当的方法阐述西餐烹调表演的特点。

教学要求： 1. 让学生了解相关的概念。

2. 掌握西餐烹调表演的要素。

3. 熟悉西餐烹调表演的种类。

4. 掌握西餐烹调表演的程序与标准。

课前准备： 准备一些原料，进行示范演示，掌握其特点。

当今，视觉效应在西餐中越发受到重视，西餐烹调表演工艺正符合人们的这种消费需求。通过现场表演，让客人看到食物加工、烹调的全过程，闻其香、观其色、看其形、听其声，增加了就餐的情趣和观赏性，使顾客产生了浓厚的购买兴趣和消费冲动，大大提高了酒店的知名度，产生了较好的经济效益和社会效益。

第一节　西餐烹调表演概述

所谓西餐烹调表演，包括客前切割（刀工）、烹制（调制）、燃焰等。其实是在就餐客人面前进行的一种烹饪表演，是一种能够增加就餐气氛，提高宴会档次的服务方式，是把餐饮管理者与顾客之间沟通的距离快速拉近的一种交际方式，也是餐饮营销的一种快速制胜的法宝。一次成功的美食表演，会成为客人本次就餐时的谈资和关注焦点，会使客人对餐厅的服务档次刮目相看，也会成为客人再次消费的重要因素，还会带来口口相传的宣传效果。

西餐烹调表演主要来源于西餐中的法式服务。西餐服务员面对顾客，在餐厅里利用烹调车和轻便的小服务桌制作一些有观赏价值的菜肴和运用艺术切割法加工水果、奶酪和一些已经烹调成熟的菜肴及一些菜肴调味汁等，以营造餐厅的氛围，增加餐厅的知名度及提高餐厅的营业额。基于此，西餐烹调表演过去一直在法国餐厅进行，主要有烹调、燃焰和切割服务表演等形式。瑞士餐饮管理专家沃尔特·班士曼（Water Bachmann）在评估西餐烹调表演时说："我相信在顾客面前做一些烹调、燃焰和切割表演已经成为高级西餐厅中最吸引人的服务项目。"许多优秀的西餐厅经理认为："如果西餐厅服务员或承担烹调表演的厨师技术优秀，表演认真，顾客会非常喜欢和欣赏。餐厅烹调表演已经被业内人士证明，是个有效的营销方法。"

第二节　西餐烹调表演的要素

不是任何西餐厅都适合采用西餐烹调表演这种形式，因此，经营西餐的企业必须根据市场与目标顾客的需求、自身的条件及其他因素进行评估后才能决定是否需要餐厅烹调表演及采用哪种具体形式。评估烹调表演的因素主要包括十个方面，只有当这十个方面都达到理想的效果时，才真正需要餐厅烹调表演。

一、顾客方面因素

顾客对餐厅烹调与切割表演的接受能力和欣赏能力，对餐厅烹调与切割服务价格接受能力、餐桌翻台率、服务速度等对顾客的影响。

二、服务方面因素

进行西餐烹调表演时，服务工作也要与一般的宴会有所区别，对于客前操作的美食，一定要给客人做详细的介绍，并且操作人员和服务人员要注意运用自己的服务技巧调节现场气氛，使整个就餐过程因为进行了客前操作而使人感到热烈和愉悦。使客人享受到的服务也是五星级的，每上一道不同的菜式都会换一次瓷碟，让客人眼前永远清清爽爽的，分量也都恰到好处，既让人品尝到真味，又不会让人发腻。

三、成本方面因素

餐厅烹调与切割表演需要更多的时间、更多的服务员、更多的空间、更多的设备和用具，因此服务成本高。

四、安全方面因素

餐厅烹调和切割表演必须在严格的安全条件下，在十分卫生的前提下才能进行。在西餐烹调表演过程中，安全因素很重要。如在表演铁板烧时，技术高超的大厨会把握距离，虽然铁板的核心部位有300℃的高温，但客人不必担心有烟熏火燎不舒服的感觉。如在制作"燃焰"（即火焰餐）时，由于加入了烈性酒烹制，淡蓝色火焰腾空而起，顺着锅边旋转，平添了热烈的气氛，空气中也弥漫着淡淡的酒香。由于在表演过程中，出现了明火，所以安全格外重要。平时要定期检查煤气炉及煤气罐，灶具与客人之间要保持一定距离（至少应离开餐桌1.5米，这样的距离还便于服务），而且要做好消防安全措施（防火毡及小型手压式灭火桶应放在员工熟悉及易拿的位置）。

五、人员方面因素

西餐烹调表演效果的好坏，与烹制操作者表演水平的高低有着直接的关系，杰出的餐厅烹调表演需要有技术熟练和充满自信的操作人员，一般由厨师长进行操作，但如果由餐饮部经理、餐厅经理或服务主管来操作，往往效果会更好，因为这样可以拉近餐饮管理者与顾客之间的距离，便于双方沟通。

六、技术方面因素

熟练的操作技能、专业的标准及表演的天赋等都是客前美食表演成功的基础，而操作技能处在一个相当重要的地位。在烹调表演过程中，敏捷的动作、有目的性的操作表演行为，往往给人以自信的感觉，再加上所烹制出来的美食在色、香、味、形、器上都让人赏心悦目，那么，这次客前美食表演必定成功无疑。如在西餐中，铁板烧是一类比较受欢迎的菜肴，一般6～8位客人围在一个烧烤台前，烧烤台上放置一块厚度约2厘米的铁板，用煤气加热升温，铁板就是厨师的舞台，在烹制菜肴过程中，他能将盐罐、胡椒罐随一双巧手上下左右翻飞，能将利刀在空中抛舞，而且准确到位、得心应手。精湛的技艺往往让在场的客人还没开始吃，就已先张大了嘴。

再如"印度飞饼"，是来自印度首都新德里的独特风味食品，是一种将调和好的面饼在空中用"飞"的绝技，制作时厨师捏紧面饼一端，按顺时针方向转动，手里的面饼越转越大，越转越薄，几近透明。接着就是放馅料，稍做切割，装盘。制作飞饼的厨师在餐厅现场表演制作，潇洒大方，技术精炼，会为用餐增添无限情趣。

七、原料方面因素

原料质量优劣是客前美食表演成功与否的首要保证，"巧妇难为无米之炊"。除了烹调表演的专业技术要求之外，原料一定要新鲜、卫生、美观，不易变色或破损，而且都经过适当的加工，以免表演的时间拉得太长。如在表演沙拉的拌制与装盘时，精选的蔬菜、瓜果等原料必须在厨房内清洗干净并滤干冷藏，沙拉酱也可以在厨房预备好。而在西餐中表演制作肉类菜肴时，原料选择顶级的，事前加工时已去掉肥油及筋，并且按分量平均分开，每份以1分钟的制作时间为好。

八、用具设备方面因素

西餐烹调表演使用的设施设备要质地优良、造型美观、功能齐全，要给人以高档华贵的感觉。如果烹调车陈旧简陋，功能不全，进行操作时设施不能配套，使用工具跟不上，那样会影响客人欣赏客前操作的兴趣，从而破坏烹调表演的整体效果。

九、环境方面因素

进行烹调表演前要充分考虑顾客的感受，必须要保证客人不受干扰，不能使客人有不适的感觉。所以，在烹制过程中不可声音太响，刺鼻气味太重，油烟味太大，而且，烹饪时间过长的菜肴或点心等都不宜进行客前操作。一般情况下，一桌高档宴会最多只能安排 1 ~ 2 道客前烹调表演，以免引起视觉疲劳和延长就餐时间。

十、菜肴品质方面因素

进行西餐烹调表演，一定要保证菜肴色、香、味、形、质等各方面的质量。顾客来餐厅用餐，主要是来享受美味佳肴，而不会是为了专门欣赏烹饪表演。所以，在酒店经营中，如果只注重渲染气氛、哗众取宠而不能保证菜品质量，其结果只能是导致客人的反感。

第三节　西餐烹调表演的种类

西餐烹调表演是在顾客面前，利用烹调车制作一些有观赏价值的菜肴的表演。因此，西餐烹调表演的菜肴必须有观赏性，可以快速制熟，而且没有特殊气味的菜肴。餐厅烹调表演有许多种类和分类方法。

一、按照表演形式分类

1. 全过程烹调表演

将加工过而没有熟制的原料送至餐厅进行全过程的烹调表演。

2. 部分烹调表演

将厨房烹调好的菜肴送至餐厅做最后阶段的烹调，组装或调味表演。

二、按照西餐菜肴的种类分类

1. 开胃菜表演

开胃菜烹调表演包括冷汤、水果、沙拉和鸡尾菜制作表演，方法主要是切割和组装方面的表演。

2. 意大利面条表演

将厨房煮熟的面条运送至餐厅做最后阶段的烹调，组装或调味表演。

3. 海鲜、禽肉和畜肉的表演

将小块的、容易制熟的海鲜、禽肉和畜肉原料，通过在服务桌的酒精炉或烹调车上的烹调表演将菜肴制熟。

4. 甜点制作表演

在餐厅服务桌上或烹调车上制作一些可以快速成熟，又有观赏价值的甜点，或者将一些已经制熟的甜点和水果等原料组装在一起的表演。

三、按照烹调手段分类

1. 燃焰烹调表演

燃焰烹调表演是在菜肴最后的烹调阶段放入少许烈性酒，使酒液与烹调的锅边接触产生火焰的表演。这种烹调方法是使用酒精度高的白兰地酒或朗姆酒，通过将酒洒在成熟的热菜上，倾斜热锅的边缘，使它与烹调炉上的火焰接触而产生火焰。燃焰烹调不仅可以观赏，还能使餐厅和菜肴的本身充满香味，同时活跃了餐厅气氛。

2. 非燃焰烹调表演

非燃焰烹调表演是在顾客面前烹调一些有观赏价值又简单易制的菜肴，包括某些菜肴的全部或部分烹调过程，或最后的组装等。

第四节　西餐烹调表演常用的用具、设备及调料

一、西餐烹调表演常用的用具、设备

（一）西餐烹调表演设备

1. 餐厅烹调车（Cooking Trolley）

烹调车也称为燃焰车，通常是带有45厘米×90厘米长方形的操作台，双层，有1个或2个炉头（燃烧器），带有煤气炉和4个脚轮的小车。

2. 餐厅烹调炉（Cooker）

许多餐厅在烹调表演时不使用烹调车，只使用餐厅烹调炉，这样可以简化服务程序。餐厅烹调炉也称为台式烹调灯，这是因为有些烹调炉的外观和构造像一个汽灯，它以酒精或气体为燃料。炉子的上端有个燃烧器，燃烧器上面可放平底锅进行烹调表演。

3. 餐厅表演桌（Service Side Table）

表演桌是长方形的轻便的小桌，常带有脚轮，一些表演桌不带脚轮，高度

与餐桌相等，它的面积有多种尺寸，但是至少不得低于 46 厘米 ×61 厘米。

4. 切割车（Carving Trolley）

切割车又称为烤牛肉切割车，是用来切割大块肉类菜肴的专用服务车，如烤牛肉、烤猪腿、烤羊腿、烤火鸡等，服务时都可以用此类切割车进行现场服务，营造气氛。

切割车外观像一只半圆形的自助餐保温炉，打开翻盖，就可以看到切割砧板和相应的菜肴，旁边是盛装调味汁的汁船，切割车下部的小托盘是摆放刀叉和服务刀叉的，车身的右侧有一圆形托盘与车身连接，这是摆放空餐盘的餐盘架，若是用于自助餐菜肴的切割，切割车底部还可以根据用餐人数，适当贮放一些餐盘供服务时使用。

5. 甜品车（Dessert Cart）

甜品车是餐厅用于展示和销售蛋糕等各类甜品的服务用车，各种甜品有序而整齐地摆放在带有玻璃罩的甜品车上，服务时将甜品车推进餐厅，让客人自由选择，然后根据客人需要切出相应数量的甜品提供给客人，所有的甜品碟都摆放在甜品车下层的托盘内。也有一些餐厅，各类甜品都事先按分量切好放入车中，客人点单后直接从车中取出递给客人即可。

6. 酒水车（Beverage Trolley）

酒水车是餐厅专门用于陈列和服务各种酒水的服务用车，其形状根据所陈列的酒水品种不同而有所不同。普通酒水车一般分上下两层或多层，上层摆放杯具、冰桶及相应的调酒用具，下层陈列酒水，服务时直接将酒水车推进餐厅，根据客人的选择现场斟倒、配制或调酒。

（二）西餐烹调表演用具

1. 餐厅切割用具

（1）刀具　主要有切割叉、削皮刀、片鱼刀、厨师用刀、剔骨刀、切割刀、片火腿刀等。

（2）砧板　任何一种用于餐厅现场切割的砧板都有一个共同的特征，即在砧板的四周都会有一圈凹槽，这是用来接各类菜肴切割时流出的汁液的。这种凹槽既增加了砧板的美观性，又使得操作更卫生。

普通方形砧板，可以用于各类菜肴的切割，尺寸可大可小，根据服务的需要可以自由选择使用。

羊腿形砧板，制作十分考究，"羊腿"部分采用镀银装饰，十分美观。主要用于烤羊腿、烤猪腿等一类菜肴的切割。

2. 餐厅烹调用具

根据需要餐厅烹调用具各有不同，主要包括大小金属盘各 1 个，大餐匙（主菜匙）、大叉（主菜叉）各 3 个，大餐刀 1 个，盐盅和胡椒盅各 1 个，沙拉碗 1 个，餐盘数个（根据需要），杂物盘 1 个等。

二、西餐烹调表演常用的调料

① 根据需要，准备沙司、辣酱油、酱油辣酱和番茄酱等。

② 根据需要，准备白糖，鲜奶油，柠檬 1 个，青葱末、洋葱、香料末、香菜末、芥末酱各少许等。

③ 根据菜单准备烹调酒 1 瓶，可以是有颜色的，甜味或干味葡萄酒、味美思、雪莉、马德拉。利口酒或烈性酒、各种橘子甜酒、白兰地酒和朗姆酒等。

第五节　西餐烹调表演的程序与标准

一、西餐烹调表演的程序

① 准备烹调车或表演桌与烹调炉，根据菜单需要提前准备各种用具和调料。

② 严格按照每道菜肴的制作规程进行烹调，充分使用标准菜谱。

③ 检查要烹调的主料的温度，主料温度必须是热的，沙司也是热的。

④ 不同菜肴烹调程序不同，应根据食谱的要求操作。通常的程序是将平底锅加热后，放植物油或黄油，放洋葱末、主料、调味品，放烈性酒燃焰。

⑤ 用一种以上的调味酒时，应当把酒精度最高的放在最后使用。烹调菜肴时，不要使菜肴出现燃焰现象，应在最后放入烈性酒，出现燃焰。放入烈性酒，倾斜平底锅，让锅边与炉中的火焰接触，使炉中的火焰立即点燃烈性酒，不要用火柴点燃（使用电炉除外）。

⑥ 用烹调勺或大餐匙将燃焰的液体重复浇在锅中的菜肴上，火焰的效果会更理想。制作甜点时，将少许白糖撒在火焰上会出现蓝色火焰。

二、西餐烹调表演的标准

① 在顾客面前做燃焰表演时，菜肴必须是热的，达到理想的成熟度，烹调锅（平底锅）必须是热的，否则，燃焰表演会失败。

② 注意使用适量的烈性酒达到理想的效果，使用过多的酒既不安全又浪费成本。

③ 餐厅烹调表演是烹调艺术表演和营销活动，应当选择有观赏价值和有特色的设备、器皿和工具。

④ 讲究卫生，操作前必须洗手，不要用手直接接触食物，应使用工具拿取原料。

⑤ 操作前检查炉具和设备，掌握烹调的流程。不要移动已经点燃的烹调车和烹调炉，与顾客保持一定距离，与窗帘和其他易燃物品保持一定距离。此外，还应切记烹调锅中有少量的液体或调味汁时，烈性酒会溅出汤汁，而且火焰较大。

⑥ 注意仪表仪容、举止行为和礼节礼貌。在这些方面出现问题的餐厅烹调表演不仅不能增加收入，还破坏了企业的声誉。

第六节　西餐烹调表演案例

一、开胃菜烹调表演——鱼子酱

鱼子酱（Caviar）采用腌制过的鲟鱼卵，颗粒的大小和颜色因鲟鱼的种类不同而各异。其中颗粒最大、质量最高的品种是白鲟鱼的比鲁格（Beluga）。颗粒最小的品种是塞录加（Sevruga）和欧塞塔（Oscietra），前者颜色为灰色，后者为酱色或金黄色。

烹调用具：小茶匙2个。

食品原料：鱼子酱、烤面包片、柠檬（切成角）、青菜末、洋葱末、酸奶酪片。

表演程序：

① 用小匙取出鱼子酱，堆成一堆，盘内放两片烤面包和一块柠檬。

② 根据需要放调味品。

③ 鱼子酱的其他表演方法：将鱼子酱放在一个小容器内，将该容器放在装有碎冰块的专用杯子中，下面放一个垫盘。

二、海鲜烹调表演—煮龙虾荷兰沙司

烹调用具：砧板1块，厨刀1把，酒精炉1个，主菜匙，主菜叉，洗手盅1个，餐盘1个，杂物盘1个，铺好餐巾的椭圆形盘1个。

食品原料：烹制好的龙虾1只，荷兰沙司适量，香菜嫩茎4根。

厨房准备：将龙虾烹调熟，连带锅中的调味汁一起放入一个可以加热的圆形无柄平底锅内。将荷兰沙司倒入沙司盅内，待用。

表演程序：

① 用服务匙和服务叉将龙虾从锅中取出，放在铺好餐巾的椭圆形餐盘上，使龙虾的汁浸在餐巾上，然后放到切菜板上，左手用口布按住龙虾，右手用厨刀切下龙虾腿，把切下的龙虾腿与虾身分开。

② 用餐巾把虾头包住，从头下部把虾纵向切成两半，再把虾头纵向切成两半，用服务叉和服务匙取出龙虾头中部和背部的黑体与黑线。

③ 用服务叉和服务匙从龙虾尾部将虾肉取出。用服务匙压住虾壳，用叉子取肉。并用厨刀切下头部的触角。

④ 左手用餐巾握住龙虾大爪，右手用厨刀背将大爪劈开，并用服务叉取出虾肉。

⑤ 用厨刀将龙虾头部的肉切整齐。

⑥ 把龙虾肉整齐地放在餐盘上，虾肉浇上荷兰沙司，盘中摆放些虾壳、小爪和香菜茎作装饰。

三、意大利面条烹调表演—海鲜意大利面条

烹调用具：酒精炉 1 个，平底锅 1 个，服务匙 1 个，服务叉 1 把，温碟盘 1 个，餐盘 1 个。

食品原料：意大利面条 40 根，虾仁（切成丁）6 个，鲜鱿鱼丝 50 克，小海蚌 10 个，小海蛤 10 个，大蒜末 8 克，辣椒丁 20 克，橄榄油 40 毫升，番茄酱 100 克，煮蛤原汤、香菜、盐、胡椒各少许。

厨房准备：将意大利面条煮熟，将各种海鲜煮熟，去皮，切成条。将番茄酱配制好（将番茄丁、洋葱丁、牛肉煸炒制成），将煮蛤汤过滤后，放到一个容器内备用。

表演程序：

① 橄榄油倒入平底锅，加热，煸炒大蒜末和辣椒丁至金黄色，放蛤肉、蚌肉、虾仁和鱿鱼丝煸炒，倒入番茄酱。用服务匙和服务叉搅拌，倒入蛤原汤，制成沙司。

② 把煮过的意大利面条用服务叉卷起，放到沙司中。

③ 把意大利面条和沙司一起搅拌，如果沙司太稠，可倒一些热水。放盐和胡椒调味，撒上香菜末。

④ 用服务叉将面条缠在叉齿上，放入餐盘中堆成堆，将锅中的沙司倒在面条上，使面条上有各种海鲜，再撒上少许香菜末。

四、鱼类烹调表演—水波鳕鱼

烹调用具：酒精炉 1 个，小煮锅 1 个，鱼刀 1 把，服务匙 1 个，鱼盘 1 个，服务叉 1 把，杂物盘 1 个。

食品原料：鳕鱼 1 条（约 500 克），土豆块、洋葱块、西芹块各 20 克，食盐少许，黄油与柠檬制成的沙司适量。

厨房准备：鳟鱼宰杀、去鳞、剖腹掏内脏，洗净。

表演程序：

① 将煮锅放入开水，放少许盐、土豆块、洋葱块、西芹块，在酒精炉上煮开，放鳟鱼，快速地煮一下。用服务匙和服务叉将鱼从煮锅中托起，把鱼放入鱼盘上，然后将鱼的腹部面对自己，鱼头朝右手方向。用鱼刀剥去鱼皮，从鱼头往下剥。将鱼翻过去，用同样方法剥去皮。

② 左手用服务叉压住鱼头，右手用鱼刀从鱼的尾部向鱼头方向将鱼肉切下。放在餐盘的上部，用鱼刀切下鱼尾，再切下脊骨。将上片鱼肉放在下片鱼肉上，鱼尾也摆在原来的位置，形成一条完整鱼形状。

③ 用煮鱼汤中的蔬菜摆在鱼肉上作装饰，浇上用黄油和柠檬汁混合成的沙司。

五、牛排烹调表—黑椒牛排配玛德拉沙司

烹调用具：保温炉、餐盘、汤盅（碗）、主餐刀、服务叉、服务匙。

食品原料：2块黑椒牛排，150毫升玛德拉沙司，10克黄油，白兰地15克，盐2克，煮土豆50克，炖苦荬菜50克。

厨房准备：根据客人的要求将牛排煎熟，并放在平底锅内，加少量黄油、放在保温炉上保温。

操作程序：

① 先将牛排加热，然后从炉头将平底锅移开，在牛排上倒上白兰地并点燃。

② 用服务匙和服务叉将牛排从平底锅中取出，放进餐盘内，将汤盅倒扣在牛排上，使其保温。

③ 将玛德拉沙司倒进平底锅内。一边晃动平底锅，一边用服务匙铲刮锅底。

④ 在沙司中加入黄油，慢慢搅拌，使其融化。如果需要的话，加少许盐调味。

⑤ 用服务匙和服务叉将牛排放进另一只餐盘，注意要将牛排放在餐盘的一边。用煮土豆和炖苦荬菜装饰，并将玛德拉沙司浇在牛排上。

六、菜肴切配表演——烤羊腿

烹调用具：保温炉1个，砧板1块，羊腿抓手1把，剔骨刀1把，切割刀1把，服务匙1把，服务叉1把。

食品原料：烤羊腿1只，炸土豆500克，蒜丸子200克，水芹50克，薄荷调味汁。

厨房准备：将烤羊腿及其装饰物入展示盆内放在保温炉上，配好调味汁。

表演程序：

① 将羊腿骨放进羊腿抓手内，拧紧抓手上的螺丝，固定好。

② 提起羊腿，使肉多的一侧朝下，用切割刀将羊腿上的软骨切除。

③ 翻转羊腿，使肉多的一侧朝上，切除腿关节上的一块小肉。

④ 再将羊腿翻转 180°，开始切割羊腿的外侧，这里肉较少。

⑤ 抓紧羊腿，将切割刀从下面插进羊腿，与腿骨平行，由下而上切割肉片。

⑥ 如果腿骨露出，用剔骨刀在腿骨两侧分别切开一口子，这样下一步切割腿肉时就更容易些。

⑦ 将羊腿翻转，使肉多的一侧朝上，抓紧羊腿，按腿骨垂直方向切割腿肉。

⑧ 沿着腿骨移动切割刀，并且切割出尽可能宽的肉片。

⑨ 当腿肉全部切后，用剔骨刀剔下腿骨上剩余的腿肉并切成片。将膝关节肉切成适当形状。

⑩ 将羊腿前后腿的肉和膝盖骨肉装进餐盘，用炸土豆和蒜丸子、水芹装饰。

七、燃焰表演—火焰香蕉

烹调用具：保温炉 1 只，平底锅 1 把，服务匙 1 把，服务叉 1 把。

食品原料：香蕉 6 片（香蕉从中间纵向一切为二），黄油 25 克，白糖 20 克，焦糖 10 克，朗姆酒 35 克，杏仁片 15 克。

厨房准备：香蕉去皮，纵向切片；提前熬好焦糖。

表演程序：

① 将平底锅预热，放入黄油使其融化，然后加入白糖及焦糖混和成糖浆。

② 将香蕉片依次排列于平底锅内，香蕉中心部分朝上，煎制香蕉使其成棕色。

③ 当香蕉表面变成棕色时，用服务匙和服务叉将香蕉翻身，继续煎另一侧。

④ 当另一侧也变成棕色后，加入朗姆酒。

⑤ 点火燃焰，将煎好的香蕉放入餐盘，切面朝下，浇上糖汁。

八、奶酪切割表演

奶酪是西餐中的一种特色食品。奶酪通常在甜品前食用，食用时最好与葡萄酒和面包相配。法国奶酪根据其生产方式、成熟程度、坚硬度和其他特征可以分为很多种。下面按照其坚硬度分类进行简单介绍。

（一）新鲜软奶酪（Fresh Soft Cheese）

这类奶酪在生产过程中既不会过分成熟，也不会脱水太多，因此，它们不能长时间存放，必须在生产出来后短时间内食用。这类奶酪口味清淡，品种有 Fromage Blanc，Petit-suisse，Boursault，Ricotta。

（二）软奶酪（Soft Cheese）

软奶酪的凝乳被自然风干，而且成熟时间较短。这类奶酪又分为以下三种。

1. 白霉软奶酪（White Molded Soft Cheese）

这类奶酪表面附着一层白霉菌，呈白金色，奶酪内层呈奶油状，十分松软易切，品种有 Camembert，Brie，Saint-marcellin。

2. 镀金面奶酪（Washed-rind Cheese）

这类奶酪在盐水中冲刷过，表面为橙色，而且十分光亮，但触摸起来很潮湿，它的味道十分强烈和浓郁。品种有 Munster，Livarot，Maroilles。

3. 山羊奶酪（Goat Cheese）

这类奶酪是用山羊奶制作而成，品种有 Banon，Crottin de Chavignol，Saonte-Maure。

（三）半硬奶酪（Semihard Cheese）

半硬奶酪的生产是将凝乳在乳清中熬煮、压榨和老熟而成的，品种有 Cantal，Saint-Nectaire，Reblochon，Tomme de Savoie。

（四）硬奶酪（Hard Cheese）

硬奶酪是凝乳在乳清中熬煮和压榨而成，生产中当乳清凝结后，乳清温度会超过凝结温度。硬奶酪成熟时间长，口味温和甜美，品种有 Beaufort，Emmental，Cruyere，Parmesan。

（五）精制奶酪（Processed Cheese）

精制奶酪又称为精制干酪、混和奶酪，它是用加热、融化和无菌的自然奶酪制成，精制过程中，自然奶酪中的微生物被杀死，使得奶酪的原味丧失不少，但是，其他一些原材料如香料等经常被混和到奶酪中去。精制奶酪可以较好的贮存，价格也比较便宜，品种有 Fromage Aux Fines Herbs 或香料奶酪。

（六）不同奶酪的切割形式

烹调用具：切割刀 2 把。

食品原料：各种形状的奶酪各 1 小块。

厨房准备：准备 2 把切割刀，1 把切淡味的奶酪，1 把切浓味的奶酪；将奶酪根据味道排成一圈，从淡味的开始到浓味的结束。

表演程序：

不同形状、不同软硬度的奶酪有不同的切割形式，常见的切割形式有以下几种。

1. 蛋糕形

圆形和方形、质地较软的奶酪采用蛋糕形切割法，即以奶酪的中心为基准，呈放射状切割。

2. 半圆形

小块状圆形奶酪如山羊奶酪等，宜采用半圆形切割法切割，即将圆形奶酪从中间一切为二。

3. 等分形

对于正方体、圆柱体、梯形等形状的奶酪可以采用等分体切割法切割。等分体切割要求所切分量要基本相等，尽量避免大小不均的现象。

4. 薄片形

薄片形切割法适用于各种形状的奶酪的切割，其切割方法也多种多样，既可以横切、竖切，也可以斜切。

5. 锥形

锥形切法适用于软奶酪和半软奶酪的切割，特别是扇形状的薄奶酪，采用锥形切法更合适。

九、甜品烹调表演—苏珊薄饼

烹调用具：酒精炉1个，热碟器1个，平底锅1个，服务匙1个，服务叉1把，餐盘1个。

食品原料：4张脆煎饼，白砂糖30克，黄油20克，橘子汁100毫升，橘子利口酒、白兰地酒少许，橘子皮切成的丝与橘子瓣各适量。

表演程序：

① 将平底锅放在酒精炉上稍加热，将白砂糖放入平底锅炒至金黄色，加黄油使它充分融解，加少量橘子汁搅拌，再加少量柠檬汁，煮几分种后，倒入适量橘子利口酒。

② 用服务叉的叉尖挑起薄饼，并卷在齿尖，放入平底锅内，均匀蘸上调味汁后，将其对折，移至锅边。其他3张薄饼依次做完。

③ 将两张薄饼放在一个餐盘中，撒上橘子皮切成的丝与橘子瓣，浇上锅中的糖汁即成。

思考题

1. 简述西餐烹调表演的概念。
2. 西餐烹调表演的要素包括哪些方面?
3. 西餐烹调表演的种类有哪些?
4. 西餐烹调表演常用的用具、设备及调料有哪些?
5. 西餐烹调表演的程序与标准各有哪些?
6. 简述燃焰表演案例。

第十三章

西餐工艺中菜单筹划和设计

本章内容： 西餐菜单概述

西餐菜单的种类

西餐菜单的筹划

西餐菜单的定价

西餐菜单的设计

教学时间： 4 课时

训练目的： 让学生了解西餐菜单筹划和设计的概念，掌握西餐菜单筹划和设计的
分类方法，熟悉西餐菜单筹划和设计的筹划及西餐菜单的设计等。

教学方式： 由教师讲述西餐菜单筹划和设计的相关知识，运用恰当的方法阐述
各类西餐菜单筹划和设计的特点。

教学要求： 1. 让学生了解相关的概念。

2. 掌握西餐菜单筹划和设计的分类方法。

3. 熟悉各类西餐菜单筹划和设计的特点。

4. 掌握西餐菜单的筹划和设计。

课前准备： 准备一些材料，进行阐述，掌握其特点。

第一节　西餐菜单概述

一、西餐菜单的含义

人类饮食历史可以追溯到远古时代，在西方国家，以文字形式表现的菜单出现在中世纪，第一份详细记载并列有菜肴细目的菜单出现在 1571 年一位法国贵族的婚宴上。此后由于法国国王路易十五不但讲究菜色的结构，而且尤其注重菜单的制作，各种形式典雅的菜单纷纷出现，成为王公贵族及富豪宴请宾客时不可缺少的物品。

欧洲早期的菜单基本上都是被王公贵族们用作向宾客炫耀其奢华和地位的一种宣传品。至于被民间饮食行业广泛采用，则要推迟到 19 世纪末（公元 1880 ~ 1890 年），法国一家名为巴黎逊（Parisian）的餐厅把制作精良的商业菜单第一次介绍给世人，之后开始广泛流传开来。

因此，从概念上讲，西餐菜单是指经营西餐的企业如西餐厅、咖啡厅和快餐厅等为顾客提供的菜肴种类、菜肴解释和菜肴价格的说明书。菜单是沟通顾客与餐厅的桥梁，是西餐企业的无声推销员。

二、西餐菜单的作用

西餐菜单是西餐企业经营的关键和基础。西餐经营的一切活动，都应围绕着菜单进行。一份优秀的西餐菜单，既要能反映餐厅的经营方针和特色，衬托餐厅的气氛，同时也是餐厅重要的营销工具，能够为饭店和餐厅带来丰厚的利润。餐饮业的发展实践证明，"餐饮经营成功的关键在于菜单"，菜单的作用主要体现在以下三个方面。

（一）菜单是顾客餐饮消费的主要参考依据

餐厅的主要产品是菜肴和食品，产品不宜贮存或久存，许多菜肴在客人点菜之前不能事先制作。因此，用餐顾客不大可能在点菜之前看到实物产品，只有通过菜单的具体介绍，来了解产品的颜色、味道和特色。因此，西餐菜单成为顾客购买西菜和西点的主要工具，并发挥着重要的参考作用。

（二）菜单是餐厅销售菜肴的主要工具

餐厅主要通过菜单把自己的产品介绍给顾客，通过菜单与顾客沟通，通过菜单了解顾客对菜肴的需求并及时改进菜肴以满足顾客的需求。定期有效的菜单分析能够帮助管理者及时发现餐厅各类菜肴的销售情况，对菜品进行"优胜劣汰"。因而，菜单成为餐厅销售菜肴的主要工具。

（三）菜单是餐厅经营管理的重要工具

西餐菜单在西餐经营和管理中发挥着非常重要的作用。不论是西餐原料的采购、西餐成本控制、西餐的生产和服务、西餐厨师和服务人员的招聘，还是西餐厅和厨房的设计与布局等，都要根据菜单上的产品风格和特色而定，违背这一原则西餐经营就很难获得成功。因此，西餐菜单是西餐厅、咖啡厅和快餐厅的重要管理工具。

三、西餐菜单的基本内容

关于西餐菜单的内容，有多种不同的说法，很难断定谁是谁非。综合来说，西餐菜单还是有其一定的顺序可循，以下将介绍传统及新式西餐菜单的编排项目。

（一）传统西餐菜单

根据瑞士出版的《烹饪技术》（*Technologie Culinaire*）一书所记述，传统西餐菜单结构主要包括冷前菜、汤类、热前菜、鱼类、大块菜、热中间菜和冷中间菜、冰酒、炉烤菜附沙拉、蔬菜、甜点、开胃点心及餐后点心 12 个项目。各个项目具体说明如下。

1. 冷前菜（Hors D'oeuvre Froid）

冷前菜也称开胃菜，因其开胃作用而被列为第一道菜。

2. 汤类（Potage）

汤泛指用汤锅煮出来的食物，英文名称为 Soup。汤有清汤与浓汤之分，供客人自由选择。从用途上讲，汤也属于开胃品的一种。国内不少西餐厅习惯将面包随汤上桌的做法是不对的，实际上面包应和主菜一起食用，其用意如同东方人的米饭，而真正随汤而出的应是咸脆饼干（Cracker）。

3. 热前菜（Hors D'oeuvre Chaud）

热前菜主要用于大规模宴请时放置于大盘菜旁的小盘菜，一般是指小盘中分量较小的热菜，诸如以蛋、面或米类为主所制备的菜肴。

4. 鱼类（Poisson）

鱼餐的具体英文名称为 Fish Course，排序于家畜肉之前。具体内容除鱼类产品外，还包含虾、贝类等其他水产原料制作的食品。

5. 大块菜（Grosse Piece）

大块菜具体的英文名称为 Meat Course，主要指对整块的家畜肉加以烹调，并在客人面前进行切割分食的一类菜品。

6. 热中间菜（Entree Chaud）和冷中间菜（Entree Froid）

这两类的做法相似，都是将材料切割成小块后再加以烹煮，烹调时都不受数量的限制。上菜顺序在大块菜与炉烤菜之间，并称为"中间菜"。中间菜是西餐的主菜，不可忽略。

7. 冰酒（Sorbet）

冰酒是一种果汁加酒类的饮料，并在冷冻过程中予以搅拌，制成状似冰激凌的冰冻物，相当于我们俗称的"雪波"或"雪泥"。冰酒可调整客人的味觉，并让用餐者的胃稍作休息。

8. 炉烤菜（Roti）

炉烤菜是指用大块的家禽肉或野味为主的菜肴，搭配沙拉上桌。炉烤菜可以算是大块菜的补充，有人认为它是全餐中味道最好的菜肴。

9. 蔬菜（Legume）

西餐中的蔬菜一般都被当作主菜盘中的"装饰菜"，其目的是增加主菜的色香味，对于均衡用餐者的营养、搭配主菜颜色也有很大的作用。

10. 甜点（Entremets）

甜点以甜食为主，冰激凌也包含在内，所以有冷热之分。

11. 开胃点心（Savoury）

开胃点心属于英国式的餐后点心，内容和热前菜相似，只是味道更浓。奶酪及酒会常见的小点心等都属于此类。

12. 餐后点心（Dessert）

法文 Dessert 的意思是指"不服务了"，此道菜肴一出，就表示所有的菜已全部服务完毕。餐后点心仅限于水果或者是餐馆于餐后奉送给客人的小甜点或巧克力糖而已。

（二）新式西餐菜单

用餐者在对菜式质与量的改变和选择上，致使西餐菜单的内容不断趋于简化，从而将传统西餐菜单重新归类为七个项目，分别为前菜类、汤类、鱼类、主菜类或肉类、冷菜或沙拉、点心类及饮料。

1. 前菜类（Hors D'oeuvre）

前菜类也称为开胃菜、开胃品或头盘，是西餐中的第一道菜肴。一般分量较少，味道清新，色泽鲜艳。前菜具有开胃、刺激食欲的作用。常见的开胃菜有鸡尾酒开胃品、法国鹅肝酱、俄罗斯国鱼子酱、苏格兰鲑鱼片、各式肉冻、冷盘等。

2. 汤类（Soup）

汤与其他菜的特性不同，故一直予以保留。汤具有增进食欲的作用，不吃开胃菜的客人往往都要先来一碗汤。

3. 鱼类（Fish）

鱼类可视为汤类与肉类的中间菜，味道鲜美可口，新式西餐菜单一直保留。

4. 主菜类或肉类（Middle Course/Meat）

主菜类或肉类是西餐中的重头戏，烹饪方法较为复杂，口味也最独特。制作材料通常为大块肉、鱼、家禽或野味。同时，以肉食为主的主菜必须搭配蔬菜食用，一是可以减少油腻，二是可以增加盘中色彩，常用的配菜为各色蔬菜、土豆等。

5. 冷菜或沙拉（Salad）

生菜可补充身体所需的植物纤维素和维生素，因此将生菜做成各式沙拉，可符合节食及素食者的需要。冷菜或沙拉同时可当作主菜类的装饰菜。

6. 餐后点心（Dessert）

美味香醇的甜点可满足口舌之欲，餐后点心主要包含各色蛋糕、西饼、水果及冰激凌等。

7. 饮料（Beverage）

饮料主要以咖啡、果汁或茶品为主。需要说明的是，以前饮料供应多以热饮为主，随着人们消费习惯的变化，现如今不少西餐厅同时供应热、冷饮两种。

综合以上内容，虽然传统西餐菜单比新式西餐菜单的种类更为烦琐，但依一般西餐的用餐原则，仍可归纳出主要的分类项目，现将两者之间的关系汇总如表 13-1。

表 13-1　传统与新式西餐菜单对照表

传统西餐菜单	新式西餐菜单
冷前菜（Hors D' oeuvre froid）	前菜类（Hors D' oeuvre）或开胃菜（Appetizer）
热前菜（Hors D' oeuvre chaud）	
开胃点心（Savoury）	
汤类（Potage）	汤类（Soup）
鱼类（Poisson）	鱼类（Fish）
大块菜（Gross Piece）	主菜类或肉类（Middle Course/Meat）
热中间菜（Entree Chaud）	
冷中间菜（Fnt ree Froid）	
炉烤菜（Roti）附沙拉（Salad）	
蔬菜（Legume）	冷菜或沙拉（Salad）
甜点（Entremetsl）	
餐后点心（Dessert）	点心类（Dessert）
	饮料（Beverage）

第二节 西餐菜单的种类

随着餐饮市场需求的多样化，国内外的西餐企业为了扩大销售，都采用了灵活的经营策略。根据西餐的各种类型、各种制作特点、各种菜式，并根据不同的销售地点和销售时间，西餐企业筹划和设计了各种各样的菜单以促进菜肴的销售。这些菜单大致可以归纳为三个类别。

一、根据顾客用餐需求和供餐性质进行分类

为满足顾客对于菜肴的不同的购买方式、不同的购买时间、不同的口味需求及供餐性质而筹划和设计的菜单有以下几种。

（一）套餐菜单（Table d'hote Menu）

套餐是根据顾客需求将各种不同的营养成分，不同的食品原料，不同的制作方法，不同的菜式，不同的颜色、质地、味道及不同价格的菜肴，合理地搭配在一起设计成的一套菜肴，并制定出每套菜肴的价格。因此，套餐菜单上的菜肴品种、数量、价格是固定的，顾客选择的空间很小，只能购买整套菜肴。套餐菜单的优点是，节省顾客点菜时间，价格比零点购买更优惠。

（二）零点菜单（A La Carte Menu）

零点菜单是西餐经营中的最基本菜单。A La Carte 一词源于法语，意思是"零点"。顾客根据菜单上列举的菜肴品种，以单个菜肴购买方式自行选择，组成自己完整的一餐。零点菜单上的菜肴是分别定价的。西餐零点菜单上销售品种的排列方法，常以人们进餐的习惯和顺序进行分类和排列，如开胃菜、汤类、沙拉、三明治、主菜、甜点等。

（三）宴会菜单（Banquet Menu）

宴会菜单是西餐厅或宴会厅推销产品的一种技术性菜单。宴会菜单通常体现出饭店或西餐厅的经营特色，菜单上的菜肴是该餐厅中比较有名的美味佳肴。同时，餐厅还根据不同的季节安排一些时令菜肴。宴会菜单也经常根据宴请对象、宴请特点、宴请标准或宴请者的意见而随时调整。此外，宴会菜单还是餐厅推销自己库存食品原料的主要媒介。根据宴会的形式，宴会菜单又可分为传统式宴会菜单、鸡尾酒会菜单和自助式宴会菜单。

（四）节日菜单和混合菜单 Holiday Menu & Combination Menu

节日菜单是根据一些地区和民族节日筹划传统的菜肴；混合菜单是在套餐菜单的基础上，增加了某道菜肴的选择性，这种菜单集中了零点菜单和套餐菜单的共同优点，其特点是在套餐的基础上加入了一些灵活性，如一个套餐规定了三道菜：第一道菜是沙拉，第二道菜是主菜，第三道菜是甜品，其中每一道菜或者其中的两道菜中可以有数个可选择的品种，并将这些品种限制在顾客最受欢迎的那些品种上，而且固定其价格。因此，这种套餐菜单很受欧美人的欢迎，它既方便了顾客，也有益于餐厅提高效率，还为餐厅减少了繁重而复杂的菜肴制作工作和服务工作。

二、根据西餐经营餐次进行分类

按照顾客在不同餐次对菜肴的需求和用餐习惯需求，西餐菜单可分为以下几种。

（一）早餐菜单（Breakfast Menu）

为早餐设计的各种菜肴和点心的菜单，称为早餐菜单。由于现代人的生活节奏加快，人们不希望在早餐上花费许多时间。因此，早餐菜单的菜肴和食品既要丰富又要简单，还要有服务速度快的特点。通常咖啡厅供应西式早餐的品种约有 30 个品种，有各式面包、黄油、果酱、鸡蛋、谷类食品、火腿、香肠、酸奶酪、咖啡、红茶、水果及果汁等。早餐菜单通常有零点菜单、套餐菜单和自助餐菜单三种形式。早餐的套餐可分为欧陆式早餐套餐和美式早餐套餐。

1. 欧陆式早餐套餐（Continental Breakfast）
所谓欧陆式早餐套餐是最为简单清淡的早餐，主要包括各式面包（吐司、牛角、松饼、丹麦面包或饼干等）、黄油、果酱或蜂蜜、水果、果汁、咖啡或茶。

2. 美式早餐套餐（American Breakfast）
美式早餐套餐是内容比较丰富的早餐，主要包括以下一些内容。

（1）开胃品　主要有果汁、新鲜水果等。

（2）谷物类　如麦片（热食）或玉米酥片（冷食）等与牛奶搭配食用。

（3）各种蛋类　如煎蛋、水煮蛋、荷包蛋等

（4）肉类　常见的是培根、火腿与香肠。

（5）蔬菜类　常见的番茄、芦笋及土豆等。

（6）面包类　以吐司附奶油与果酱为主，也可用薄煎饼代替。

（7）奶酪类　种类有数百种。

（8）饮料类　咖啡、茶、巧克力饮料或牛奶等。

需要说明的是，美式早餐套餐分量较多，为方便就餐者，菜单往往也有"定食"（套餐）与"散点"（零点）之分，像蛋类、肉类及蔬菜类就可以同装一盘成为早餐的主菜。

（二）午餐菜单（Lunch Menu）

午餐是维持人们正常工作和学习所需热量的重要餐次。午餐的销售对象是购物或旅游途中的客人或午休中的企事业单位员工。因此，西餐中的午餐菜单一般都具有价格适中、上菜速度快、菜肴品种多且实惠等特点。西餐午餐的菜肴通常包括开胃菜、汤、沙拉、三明治、意大利面条、海鲜、禽肉、畜肉和甜点等。

（三）晚餐（正餐）菜单（Dinner Menu）

人们习惯将晚餐称为正餐，不论是欧美还是国内的消费者都非常重视正餐，大多数的宴请活动一般都安排在正餐中进行。由于大多数顾客的正餐时间宽裕，所以许多饭店和西餐厅都为正餐提供了丰富的菜肴。由于正餐菜肴的制作工艺比较复杂，制作和服务时间较长，因此其价格也高于其他餐次。传统的西餐正餐菜单包括以下几个方面。

（1）开胃菜（Appetizer）　包括各种由熏鱼、香肠、腌鱼子、生蚝、蜗牛、对虾、虾仁和鹅肝制作的冷菜。

（2）汤（Soup）　包括各种清汤、奶油汤、菜泥汤、海鲜汤及各种风味汤，如法国洋葱汤等；

（3）沙拉（Salad）　由各种蔬菜为主料制作的冷菜，有时配上熟肉或海鲜，配备调味汁。

（4）海鲜（Sea Food）　包括使用炸、扒、水煮等方法制作的鱼、虾、龙虾和蟹等菜肴，带有传统式和现代式的各种调味汁，配上蔬菜、淀粉类菜肴（土豆、米饭或意大利面条）和装饰品。

（5）烤肉（Roast and Grill）　用烤和扒的方法烹调的畜肉、家禽等，配有各种调味汁，再配上蔬菜、淀粉类菜肴。

（6）甜点（Desssert）　包括酥福来、冷冻邦伯、各种水果冰激凌、幕斯。

（7）各种奶酪（Cheeses）　奶酪是由牛奶或羊奶经过凝乳酶浓缩、凝固、熟化和加工成的奶制品。

图13-1为美国休斯顿大学希尔顿酒店管理学院的"2004美食之夜"晚宴菜单。

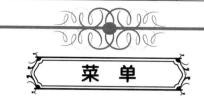

菜 单

汤

绿皮西葫芦、碎黑米和美式牛肉汤

酒

加州葡萄酒、法国阿尔萨斯 Trimbach 2000 酒

沙拉

太平洋蟹肉、胡萝卜、烤土豆、蒜泥蛋黄酱和 "Granny Smith" 牌苹果果冻

酒

法国 Sauvignon 酒、2002 Brancott 酒、新西兰 Marlbrough 酒

开胃菜

脆桃片、五香美国山核桃果，配微甜樱桃酱和 Habenero 酱的意大利调味饭

果汁冰糕

甜瓜、姜汁和熟梨，表面淋香槟

主菜

烤龙虾，配全谷物酸辣芥末酱；茶熏糜鹿肉，配半冰沙司、土豆；奇波里尼洋葱；卷形蕨类蔬菜嫩叶

酒

法国 Sauvignon 酒、德国 Marques 酒和智利 Concha 酒

奶酪

Humbolt 乳酪、Petit Basquc 乳酪、Rambol 熏乳酪，配 Stone 水果酱、烤果仁

甜品

巧克力蛋糕、奶油柠檬和冰酒酱

酒

Port 酒、Cockburn 酒、葡萄牙 LBv 1996

图 13-1 "2004 美食之夜" 晚宴菜单

（四）夜餐菜单（Night Snack Menu）

从经营时间上讲，西餐厅在晚 10 点后供应的餐食称为夜餐。夜餐菜单，要求应具有清淡、分量小等特点，菜肴以风味小吃为主。西餐夜餐菜肴，常安排开胃菜、沙拉、三明治、制作简单的主菜、当地小吃和甜品等 5～6 个类别，

每个类别安排 4 ~ 6 个品种。

（五）其他菜单

许多西餐厅和咖啡厅还筹划了早午餐菜单（Brunch Menu）和下午茶菜单（Afternoon Tea Menu）。早午餐一般是上午 10 点的一餐，一些旅游的顾客因起得晚没有来得及吃早餐，多会选择早午餐。早午餐菜单通常具有早餐和午餐共同的特点。许多人在下午 3 点钟有喝下午茶的习惯，人们喝下午茶时会吃点儿甜点和水果，因此下午茶菜单都会突出甜点的特色。此外，还有一些专门推销某一类菜肴的菜单，如冰激凌菜单。

三、根据西餐销售地点进行分类

不同的西餐经营地点对西餐内容的需求不同，咖啡厅菜单的内容需要大众化，扒房菜单的产品需要精细，宴会菜单讲究菜肴的道数，客房用餐菜单需要清淡。因此，按照西餐厅经营方式，西餐菜单常分为四种类型。

（一）咖啡厅菜单（Coffee Shop Menu）

方便、快速、简洁及不需要太多的用餐时间为一般咖啡厅所具有的共同特征，所以咖啡厅菜单上的菜式种类有限、售价相对较低、菜品用料较为平实。由于咖啡厅本身的策划与经营与业主的心境和个人喜好有很大的关系，所以菜单的艺术性特征很容易得到淋漓尽致的体现。

（二）扒房菜单（Grill Room Menu）

扒房菜单的特点是比较庄重，选用高质量的纸张印刷，封皮选用暖色调。该类菜单一般是固定式零点菜单，内容包括开胃菜、汤、沙拉、海鲜、特别风味、扒菜、甜点、各式奶酪及酒水等。扒房只销售午餐和正餐。

（三）快餐厅菜单（Past Food Menu）

这里主要指西式快餐厅菜单。因快餐厅的宾客普遍要求经济、实惠、快捷，有自我服务的习惯，因此，这类菜单多采用一次性纸张式和固定放置的做法，后者尤为普遍，又称墙挂菜单。

（四）客房送餐菜单（Room Service Menu）

客房送餐是旅馆餐饮的一大特色。由于房输送的困难，客房送餐只提供有限的菜单内容。最常见的客房送餐菜单制作成牌型，悬挂于客房门把上，上面注明菜式内容及供应时间，由客人选定菜色并指定用餐时间后，再挂回门把，届时客房服务员会根据此卡制备、运送食物。

四、根据西餐用餐服务方式进行分类

按照西餐的服务方式，西餐菜单还可分为传统式服务菜单（Traditional Service Menu）和自助式服务菜单（Buffet Menu）。传统服务式菜单即一般餐桌式服务，表现形式多种多样，西餐厅中的大多数菜单都属于这一类型。自助式服务菜单的出现源于自助餐本身的特点，自助餐因形式自由灵活、适应性强深受广大顾客的欢迎。这种形式不仅在自助餐厅供应，还可以在宴会上供应，其特色是花色品种多、布置讲究、客人选择性强、形式自由灵活。冰雕摆件、黄油雕刻件、鲜花、水果或其他装饰常常使自助食品颜色缤纷、富丽堂皇。如果每天供应自助餐，消费者又是常客，必须经常改变菜单内容。因自助餐的各种食品均摆放在自助餐台上，所以餐厅一般不再为宾客提供专门的书面菜单，而只做供生产经营用的简易菜单。

第三节　西餐菜单的筹划

一、西餐菜单筹划概述

西餐菜单是西餐企业主要的营销工具，制作严谨的菜单是餐饮经营致胜的先决条件。因此，筹划一份有营销力的西餐菜单，并非简单地把一些菜名罗列在几张纸上，而是要餐厅和厨房管理人员集思广益，综合考虑自身的条件、环境等因素，并配合其特有的风格，以循序渐进的方式逐步制定最适合该餐厅经营形态的菜单。不仅如此，菜单筹划还应将餐厅所有的菜肴信息，包括菜肴的原料、制作方法、风味特点、重量和数量、营养成分和价格及饭店有关的其他餐饮信息等体现在菜单上，以方便顾客购买。同时，西餐菜单必须要重视外观设计上的视觉效果，引导顾客消费，才能充分发挥营销尖兵的功能。

一份菜单在使用一些时日之后，出于顾客结构的改变、口味流行的不同、材料采购上的问题等种种原因，经营者必须能适时调整菜单，予以部分修正或重新更换。这项事后评估、修正的工作与新拟菜单同等重要，一样要以审慎的态度来完成。

二、菜单筹划的原则

从吸引客源的角度看，一些星级酒店和西餐厅早期在筹划菜单时，往往采取扩大营业范围的做法来吸引各种类型的顾客。这种贪大求全的做法给也经营者带来了很大的负担。在现代西餐经营中，为避免食品和人工成本的浪费，降低经营管理费用，人们已改变了过去的筹划原则，而把菜单的内容限制在一定的范围，从而可最大限度地满足本企业的目标顾客的需求。现代西餐与传统西餐相比，已经有了很大变化。随着人们饮食消费行为的不断成熟，现代西餐菜肴口味正朝着清淡、制作程序简化、富有营养的方向发展。因此，菜单筹划人员在筹划前，一定要了解目标顾客的需求，了解饭店的设备和技术情况，设计出容易被顾客接受而又能为企业获得理想利润的菜单。菜单筹划要遵循以下几方面原则。

① 菜单要能反映和适应目标市场需求。对市场需求进行有针对性的分析，找准目标市场。同时，一份成功的菜单要能反映出饮食口味的变化和潮流，这样才能完全符合消费者的需求。

② 菜单必须反映酒店与西餐厅的形象和特色，菜单要成为西餐经营企业的"形象代言"。

③ 菜单设计思路应简单化，给人一种干净利落、一目了然的印象，最大限度地方便顾客选择。

④ 菜品内容标准化。西餐菜单尤其要始终将菜色的内容和分量维持一定的标准。

⑤ 菜单必须为西餐企业带来最佳经济效益。菜单对菜品的选择要将赢利能力作为一项重要的考察指标。

三、制作菜单前应考虑的要素

菜单制作的好坏直接关系到餐厅的经营效果，因而，在菜单制作之前首先要充分考虑到餐厅自身所拥有的资源。只有经过慎重详细的调研论证，才能筹划出一个有很强获利能力、营销功能强大的菜单。在菜单形成之前，必须要认真考虑以下几方面的因素。

（一）顾客的需求

顾客对菜肴的口味有不同的偏好，在不同地区、城市的不同区域有不同的饮食消费趋势。企业在了解顾客的实际需求时，必须要通过较为详细的调查、统计分类等方法在把握餐厅所在地的社会、文化和经济状况。当然，了解顾客的需求还有许多其他的简单方法，如仔细研究附近餐厅的菜单，也可以对市场需求有一个大致的了解。

（二）餐厅服务方式

餐厅选择不同的服务方式会对菜单筹划产生直接影响，餐厅是选择传统式服务还是自助式服务，都将影响菜单菜式的选择及菜单的制作结构。

（三）厨房设备状况和员工业务能力

设备最能评估餐厅在菜肴制作上的能力和潜力。通常一家新开的餐厅要先设计好菜单，然后才能添购器具。这样菜单和器具才能联手创造出最高的效用与利润。

训练有素且能力强的员工能保证食物的品质，因此，随时储备人员可将劳工短缺造成的影响降至最低。

（四）市场的需求与利益

市场与营销是决定利润的关键。因此通过选择有卖点、利润高的菜色来吸引顾客，就全靠菜单设计者对消费市场及顾客需求的敏锐掌握。

四、菜单筹划的步骤

在对菜单筹划的前期要素有了全面的了解后，为保证菜单筹划的质量，菜单筹划人员还应当制订一个合理的筹划计划和筹划步骤，并且严格按照计划和步骤筹划菜单。菜单的筹划步骤通过包括以下几个方面内容。

第一步，确定酒店和餐厅的经营策略和经营方针；采取什么样的西餐经营方式，是零点、套餐还是自助餐；制定具体的菜肴品种、数量、质量标准及风味特点；明确食品原料的品种和规格，是否使用半成品原料或方便型原料；明确菜肴的生产设施、生产设备和生产时间要求。

第二步，菜单筹划人员要能全面把握食品原料和燃料的价格及经营成本与相关费用，计算出所经营菜肴的总成本。

第三步，根据市场需求、企业的经营策略、食品原料和设施情况、菜肴的成本和规格及顾客对价格的承受能力等因素设计出菜单，要确保这些菜单上菜品制作和成品质量上的标准化。

第四步，依照菜肴的销售记录、成本费用及企业的赢利情况，对执行中的菜单进行进一步的评估和改进。同时，还要征求顾客和员工对菜单的意见，然后进行有针对性的修改及完善。

五、菜单筹划的项目

菜单筹划的项目，一般包括菜肴品种、菜肴名称、制作菜肴的食品原料结构、菜肴的味道、菜肴的价格及其他内容。一个优秀的菜单，它的菜肴品种是紧跟市场需求的，它的菜肴名称是人们喜爱的，菜肴中的原料结构是符合人们对营养成分需求的，菜肴的味道有特色并容易被人们接受的，菜肴的价格符合餐厅特色和目标顾客消费水平的。综上所述，菜单筹划的内容必须包括：

① 酒店或西餐厅的名称；

② 餐厅的经营方式或菜肴的类别；

③ 菜肴的名称；

④ 对部分菜肴的解释；

⑤ 菜肴的价格；

⑥ 服务的费用；

⑦ 其他方面的经营信息等。

第四节　西餐菜单的定价

菜单的定价是菜单设计的重要环节。价格是否适当，往往影响市场的需求变化，影响整个餐厅的竞争地位和能力，对餐厅经营利益影响极大。在定价之前首先要得出总成本，把提供该菜肴的所有成本费用逐项加起来，但这实际上是往往不容易做到的。因为一些费用如餐厅日常间接费用等，是无法化为每一种菜肴来估计的，有时各项成本的数据也是很难得到的。因此，西餐管理人员必须要重视菜单的定价，掌握一些基本的定价策略和方法。

一、菜单定价原则

（一）菜单价格应能够反映产品的价值

菜单上食品饮料的价格是以其价值为依据制定的。其价值包括三部分：一是餐饮食品原材料消耗的价值、生产设备、服务设施和家具用品等耗费的价值；二是以工资、奖金等形式支付给劳动者的报酬；三是以税金和利润的形式向国家和企业提供的积累。

（二）菜单价格必须符合市场定位，适应市场需求

菜单定价，既要能反映产品的价值，还应综合考虑饭店和餐厅的地理位置、品牌效应、星级、餐厅档次、旺季淡季、客源市场的消费能力、地区经济发展状况、物价水平等。档次高的餐厅，其定价可适当高些，因为该餐厅不仅满足客人对饮食的需要，还给客人一种饮食之外的舒适感。旺季时，价格可比平季和淡季略高一些；位置好的餐厅比位置差的餐厅价格也可以略高一些。牌子老、

声誉好的餐厅的价格自然比一般餐厅要高等。但价格的制定必须适应市场的需求能力，价格体系应有较大的选择范围，使餐饮消费呈现高、中、低并存的局面，"让每位客人都能找到属于自己的菜单"。

（三）制定价格既要相对灵活，又要相对稳定

菜单定价应根据供求关系的变化而采用适当的灵活价，如优惠价、季节价、浮动价等。要根据市场需求的变化有升有降，调节市场需求以增加销售，提高经济效益。但是，菜单价格过于频繁的变动，尤其是价格经常大幅上涨，会给潜在的消费者带来心理上的压力和不稳定的感觉，挫伤消费者的购买积极性，甚至会失去客源。因此，菜单定价要有相对的稳定性。这并不是说在三五年内冻结价格，而是要注意以下几点。

① 菜单价格不宜变化太频繁，更不能随意调价。

② 调整菜单价格，必须事先进行市场论证。

③ 每次调价幅度不能过大，最好不超过 10%。

④ 菜单价格的调整可以与餐饮促销活动同时展开。

⑤ 为了避免价格调整对客人消费心理的直接作用，菜单的价格调整可用其他促销方式替代，如优惠卡、积分折扣、贵宾卡、赠送奖励消费等。

⑥ 降低质量的低价出售以维持销量的方法是不足取的，要避免低层次的价格战和低价倾销。

（四）制定价格要服从国家政策、接受物价部门检查和监督

要根据国家的物价政策制定菜单价格，在规定的范围内确定本餐厅的毛利率。定价人员要贯彻按质论价、分等论价、时菜时价的原则，以合理成本、费用和税金加合理利润的原则来制定菜单价格（即价格＝成本＋费用＋税金＋利润），反对牟取暴利、坑害消费者的行为。在制定菜单价格时，定价人员要接受当地物价部门的检查和监督。

二、菜单定价策略

（一）产品生命周期定价策略

菜单对个体餐饮产品考虑定价策略时，要充分考虑在产品生命周期的各阶段上，决定价格的因素是不一样的，所以菜单价格应随生命周期的发展而变化。

1. 导入阶段的定价策略

在产品生命周期各阶段中，导入阶段的定价决策最为重要。这一时期，客

源增长缓慢，餐厅需要花费大量资金进行宣传促销，因此经营成本较高。这一阶段，餐厅通常会采取以下四种定价策略。

（1）撇脂价格策略　这是一种高价投放新产品的定价策略。将产品定以高价，能较快地收回投资。就像从牛奶中撇取表层的油脂，因此这种价格叫撇脂价格。

采取撇脂价格策略，必须具备以下条件：① 目前市场需求较高；② 虽然销售量低，单位成本高，但制定高价，餐厅仍能获得更高利润；③ 制定高价，不会刺激更多竞争者进入市场；④ 制定高价，有助于打造产品优质的形象。

（2）渗透价格策略　与撇脂价格相反，渗透价格是低价格投放新产品的策略。餐厅把价格定得很低，以便市场渗透，增加销售量，尽快获得较高市场占有率，扩大市场份额。

采用渗透价格策略，需具备以下条件：① 市场对价格高度敏感，低价有助于市场扩展；② 随着销售量增加和经验的积累，企业能降低单位成本；③ 制定低价，可阻止竞争者进入市场。

（3）满意价格策略　这是一种折衷价格策略，它吸取上述两种价格策略的长处，采取两种价格之间的适中水平来定价，既能保证餐厅获得合理的利润，又能为顾客接受，从而使双方满意。同时，餐厅根据市场的大小、竞争激烈程度、产品新奇特的程度和本身实力（如现金周转、知名度高低）来确定偏高与偏低的策略。

（4）短期优惠价格　许多餐厅在新开张期内或开发新产品时，暂时对部分顾客免费或降低价格使企业或新产品迅速投入市场，为顾客所了解。短期优惠价格与上述渗透价格策略不同，它是在产品的引进阶段完成后就提高价格。

2. 成长期定价策略

进入成长期后，市场对餐饮产品的需求开始出现较快的增长，在正常情况下，单位成本开始下降，利润有明显增加。在成长期，餐厅的主要任务是努力扩大自己的市场份额，同时采取有效措施抵御模仿者的进入。随着产品接近成熟期，价格变动幅度会变得越来越小，价格水平趋于下降，营业收入与利润趋于上升。因此，成长期产品定价决策的关键是要选择适当的时机灵活运用价格手段去进一步拓展市场，实现预定的经营目标。

3. 成熟期定价策略

成熟期是指消费者对餐饮产品已经接受，销售收入达到最高水平。进入成熟期后，由于餐厅很难通过促销来增加客源，面对激烈的竞争，菜单的定价策略是在努力降低成本的基础上通过合理的低价维持自己的市场份额，增加企业的经营利润。若有可能，餐厅应该充分利用自己的客源，及时推出新的服务项目，以增加顾客的平均消费额。

一般而言，在成熟期，降价是菜单定价的主旋律。在需求价格弹性充分时，降价就是有利可图的。问题在于在成熟期，菜肴的降价可能引起竞争者随之而来的反击，结果是两败俱伤，市场竞争格局可能保持不变，但利润水平明显下降。因此，降价只有在餐饮市场需求富有弹性并且降价后餐厅的销售收入大于相应的成本增加时才是可取的。

为了在竞争性降价后仍能实现目标利润，餐厅应采取各种措施降低成本。因为在成熟期只有那些低成本的企业才能在低价位获得利润，否则亏损难以避免。

4. 衰退期定价策略

在衰退期，变动成本对菜单定价非常重要，因为市场竞争已迫使餐厅把自己的价格降到最低点，接近于变动成本水平。只要有服务能力闲置，餐厅就应该以变动成本或增量成本为基础来制定价格。只要价格高于增量成本，即使这些贡献不足以补偿固定成本，但至少可以部分减轻负担，实际上也等于增加了餐厅的利润。

在衰退期，餐厅的定价策略应该注意两点。一是充分利用竞争低价吸引顾客，餐厅通过为他们提供多种服务来增加人均消费水平。需要指出的是，餐厅实行低价策略并不意味企业服务的质量低下。有人认为，在餐饮业，不应该有衰退期出现，只要服务过硬，餐厅只会越来越兴旺。二是餐厅及时更新换代。从已有的资料看，西餐厅内部装修每 3 ~ 5 年更新一次。这样做虽然有助于餐厅提高竞争力，但是，更新周期太短不仅会增加企业经营成本，降低企业经济效益，而且还会导致餐厅人为客源流失，服务质量无法保证。

（二）价格折扣定价策略

运用价格折扣是餐饮促销的一种重要手段。打折的优惠形式在餐饮行业运用甚广。

1. 团体用餐优惠

为促进销售，餐厅常常对大批量就餐的客人给予价格优惠，比如会议就餐、旅游团队就餐等，其价格往往比较优惠。会议和团队就餐通常以包价收费，在这个包价中提供各色菜肴。

2. 累积数量折扣

有的饭店企业为鼓励常住户和常客户经常在店内消费，以折扣价格鼓励客人在店内就餐。一般饭店中的长住户，其在店内就餐的需求只是一种日常生存性需要，而不是享受性需求，因此他们不愿在餐厅中花很多的钱和时间。饭店如能提供价格折扣，就能有效地吸引他们在店内就餐。南京一家饭店以每天 30 元的折扣包价向长住户提供做工简单、经济实惠的饭菜。一些餐厅为鼓励长住户常来餐厅举办宴会，对常客户的宴会价格进行折扣。折扣率的大小通常取决于客户光顾餐厅的次数。

3. 清淡时间的价格折扣

有的餐厅在生意清淡的时段中推出"快乐时光"（Happy Hour）的推销活动，如推销鸡尾酒时采取"买一送一"的优惠政策，或者以发展就餐俱乐部的形式对会员采取"一份价格买二份"政策。这种折扣政策是否有效，必须对降价前后的毛利进行比较，通过比较可算出降价后的销售量达到折价前的多少倍，这项折扣决策才算合理。

在有限的时间内作促销，对增加销售量的计算只要考虑毛利率额。但在较长的经营时间内促销，还要考虑偿付固定成本、企业获得的利润及平均降价率。

如某餐厅在每周一到周五下午的3：00～6：00的"快乐时光"中推行"买一送一"的折价活动，这项推销虽然在该段时间内折价50%，但对整个经营时间来说，平均折扣率可能不是50%而是20%，这项推销政策带来销量上的增加将会大大超过折扣利润的缺失。

（三）心理定价策略

现代市场营销观念告诉我们，餐厅提供顾客满意的东西，就是适销对路。因而，顾客对产品的满意程度如何，对定价影响极大。从顾客的心理反应出发来刺激其消费动机，从而达到促销、多销，这种高效益的定价策略，称为"心理定价策略"。

1. 尾数定价

又叫奇数定价。饭店为迎合宾客求廉心理，给商品制定一个以带有空头的数结尾的非整数价格策略，如0.99元、9.95元等，奇数定价可以给顾客一个价格低的印象，并能使宾客产生对企业定价认真负责的信任感，餐饮产品的标价常采用此策略。

以美国餐饮业的定价策略为例，尤其注重尾数定价策略在产品销售中的应用。注要体现在以下几个方面。

（1）菜肴价格的尾数应为奇数，特别应当是5或9 价格在6.99美元以下的菜肴，其价格尾数常常是9。餐厅经营管理人员之所以采用这种做法，主要原因可能是企业长期使用这样的尾数，大多数宾客已经习惯，宾客会认为餐馆给了他们一定的折扣。如某菜肴的价格为1.79美元，宾客往往会认为该菜肴的价格应当是1.80美元，餐馆为了扩大销售量，有意给他们1分钱折扣。如果把菜肴价格定价为1.81美元，不少宾客就会认为餐馆故意多收1分钱。有关调查显示，如果菜肴的价格从1.99美元降至1.96美元，销售量反而会降低。

价格在7美元至10.99美元之间的菜肴，其价格尾数以5最为常见，这是因为价格较高的菜肴应当打较大的折扣，尾数为 5，宾客会认为餐馆给了他们 5 美分折扣。此外，到价格较高的餐馆就餐的人，主要是为了享受，而不是为了"吃"，他们认为以 9 结尾的价格，是廉价餐馆的价格，因此，以 5 为尾数的价格，更能适应这类宾客的心理。

价格在 10 美元以上的菜肴，尾数为 0 也是很常见的。但是餐厅在制定高价菜肴的价格时，也应当充分利用顾客的心理。如某一菜肴的价格可以是 19.00 美元，而不要定为 20.00 美元。

（2）价格中的第一个数字最重要 宾客常根据价格的第一个数字作出消费决策，他们认为价格中的第一个数字要比其他数字重要。如一般宾客认为 0.79 美元与 0.81 美元两种价格之差要比 0.77 美元与 0.79 美元两种之差大。因此，餐馆比较愿意将某菜肴的价格从 0.72 美元提价至 0.77 美元，却不大愿意将菜肴的价格从 0.79 美元调整至 0.81 美元。

（3）价格数字的位数应该尽量少一些 宾客对价格数字的位数是很敏感的。他们认为 9.99 美元和 10.25 美元两种价格之差要比 9.95 美元和 9.99 美元两种价格之差大得多。因此，很多餐馆在定价时，尽可能使菜肴的价格低于 10.00 美元或 1.00 美元，即尽可能减少价格数字的位数。这样制定的价格，就不大会引起宾客的抵触情绪。

（4）尽可能使菜肴价格保持在某一范围内 宾客常把某一价格范围看成是一个价格，如他们常把 0.86 美元至 1.39 美元看作为 1 美元，把 1.40 美元至 1.79 美元看作是 1.5 美元，把 1.80 美元至 2.49 美元看作是 2 美元，把 2.50 美元至 3.99 美元看作是 3 美元，把 4.00 美元至 7.95 美元看作是 5 美元等。因此，如果餐馆调价以后，菜肴的价格仍在原来的范围之内，就不易为宾客感知，从而也就更容易为宾客所接受。

（5）调价频率不宜过快，幅度不宜过大 调价过于频繁或调价幅度过大，会引起宾客的反感。通常每次菜肴的调价幅度应在 2 ～ 5 美分之间。快餐厅 1 年内调价次数不应超过 3 次。

2. 整数定价策略

一般顾客对于消费品的购买，属于不懂行的购买，即该产品的制作过程、烹调技艺、原料情况、何种配料等都是不了解的，也不需要去了解，除非从欣赏角度看产品。一般消费者又有"一分价钱一分货"的价值观念，为了让顾客对自己的选择放心，除了提高售时服务，让顾客试用、品尝等促销方式以外，明码实价，将价格合理地调整到代表产品价值效用数附近的整数上面，顾客选购起来容易比较，可以放心地购买。如餐厅中的一般饮料为 8.00 元或 6.00 元，而不同的酒类根据其质量、品牌可分别定价为 18 元、20 元及 40 元一杯不等。

3. 声望定价策略

高档菜肴的定价应定以高价，既提高了菜肴的身价，又衬托出消费者的身份、地位和能力，给人们以自我实现的心理满足。如在定价时，若按成本加成计算出一桌酒水费用为1637.60元，按声望定价法则为1800元，针对商务人员，特别是港、澳、粤地区客人较多的情况下，还可定价为1888元，讨了"要发发发"的口彩。对于追求实惠的客人，还可对其"优惠"为"一路发发"，即定价1688元。

（四）亏损先导推销策略

亏损先导（Loss Leader）产品，是企业经过选择将那些价格定得很低的、用来作诱饵吸引客人光顾餐厅的产品。

1. 次级推销效应

分析这些产品折价推销的效果，不能只分析这一产品折价前后的盈利性，还必须分析它们的"次级推销效应"。

"次级推销效应"就是产品的推销对其他产品的销售带来的影响。顾客利用诱饵产品折价的机会进入餐厅时，通常还会购买其他产品。特别是餐饮产品之间具有互补性。一种产品的销售往往会刺激另一种产品的销售。如西餐主菜菜品的折价，会增加葡萄酒、开胃品、甜品的销售量。前面提到"快乐时光"或就餐俱乐部的饮料折价政策，还会使餐厅的顾客增加并使其他产品的销售额增加。

假如某餐厅为增加客源，向前来就餐的客人免费提供一杯葡萄酒。这项推销活动会使餐厅的食品收入提高，预计它对企业会产生下述影响。

① 由于免费推销葡萄酒，这部分葡萄酒的销售不产生收入。

② 预计客人会增加1倍，从原来的200位客人增至400位，每位客人的平均消费额为5.50元，则销售额将从1100元增加到2200元。

③ 由于客人增加1倍，所用饮料的成本额也增加1倍，那么80元增至160元。食品成本总额也增加1倍，那么407元增至814元。

④ 服务人数需增加，人工费增加40元。

这项推销活动对餐厅的收入和利润产生的总体影响见表13-2。

综上所述，一类产品的推销对其他产品销售所产生的影响（收益），必须减去本类产品损失的利益，它的纯收益可用下面公式来表示：

其余产品增加的顾客人数 ×（1–其他产品变动成本率）× 顾客平均消费额 – 增加人手的人工费及其他费用 – 亏损先导损失的收入 – 亏损先导增加的成本

由上表的数据计算，葡萄酒推销新增的净收益如下：

（400–200）× 5.5 ×（1–37%）–（290–250）–200–（200×40%）=373（元）

表 13-2 葡萄酒推销后产生的次级推销效应

	菜肴销售		饮料销售		总计	
	推销前	推销后	推销前	推销后	推销前	推销后
销售额	200 名顾客，人均消费 5.50 元，销售额共计 1100 元	400 名顾客，人均消费 5.50 元，销售额共计 2200 元	200 元	0 元	1300 元	2200 元
变动成本（原料及饮料成本）	成本率 37%，成本额 407 元	成本率 37%，成本额 814 元	成本率 40%，成本额 80 元	成本额 160 元	487 元	974 元
毛利	693	1386	120	−160	813	974
工资费用	—	—	—	—	250	290
净收益	—	—	—	—	563	936

由此可见，亏损先导的推销虽然减少了饮料的收入，但使餐饮纯收益增加了 373 元，但进行亏损先导推销必须做好销售预测和可行性研究，有可能的话作试推销。

2. "亏损先导推销"活动时需收集的相关数据

在推销过程中要注意收集信息，避免产生不可收拾的损失，在作亏损先导推销时要收集下列数据。

① 亏损先导的产品推销给其他产品增加的顾客数和销售额。

② 亏损先导推销所增加的成本包括亏损先导增加的成本及其他产品新增加的成本。

③ 亏损先导推销所损失的收入。

④ 推出亏损先导销售所增加的其他费用（如人工费用、能源费用等）。

⑤ 亏损先导推销所获得的净收益。

三、菜单定价方法

（一）成本系数法

餐厅在决定菜单售价时，首先会考虑到餐饮成本，而成本实际上是由食品原料、工资及经常费用三项构成的。因此，最常见的餐饮定价法自然是所谓的成本系数法。

【案例1】

某道菜材料成本为 6（美元）

某道菜人工成本为 1.5（美元）

主要成本额为 6+1.5=7.5（美元）

设定主要成本率为 60%

求主要成本率的倍数 100%＋60%=1.66（倍）

主要成本额 × 倍数 = 售价 7.5×1.66=12.45（美元）

此种方法的优点是简单易算，清楚易懂，但是餐饮的经营除了主要成本（材料及人事费用）外，还会有其他的开销及变数影响最后的利润所得，因此并非最理想的定价方法。

（二）利润定价法

这种方法较有科学根据，以利润的需求（Profit Requirement）和食物成本（Product Cost）合并来计算。

【案例2】

假设年度预算如下：

预估菜肴销售量 =937500（美元）

操作费用（不含食物成本）=590625（美元）

预期利润 =46875（美元）

步骤一：预估食物成本

937500–（590625+46875）=300000（美元）

步骤二：计算出定价的倍数

937500÷300000=3.13（倍）

步骤三：计算出每道菜的售价

如牛排的成本为 10（美元）

10×3.13=31.3（美元）

这种方法的重点是将利润估算成所花费成本的一部分，从而确保利润，提高菜单定价效率。

（三）需求定价方法

了解不同的销售地点、时间及不同的需求价格后，再根据市场价格和菜肴食品的标准成本率制定出的菜肴价格，称为以需求为中心的定价方法。通常，饭店或餐厅在制定菜单时，必须进行市场调查和市场分析，然后根据市场对价格的需求制定菜单的价格。脱离市场价格的菜单没有任何推销功能，只会失去餐厅的竞争力。

（四）竞争定价法

参考同行业的菜肴的价格，使用一些低于市场价格的方法定价，称为以竞争为中心的定价方法。参考同行业的菜肴价格时，必须注意餐厅的类型、级别、地点和时间等重要因素，忽视饭店或餐厅的类型、级别、坐落地点和不同的经营时间等因素会导致经营失败。如三星级饭店的咖啡厅的菜肴价格，不能随便降低成一般公路旁的咖啡厅的价格，必须在保持自己的菜肴和服务质量的前提下妥善定价。

第五节　西餐菜单的设计

一、西餐菜单的外形设计

菜单既然是餐饮业宣传的利器，菜单的设计要与餐厅塑造出来的形象相吻合，外形上要能反映出餐厅的主题，颜色、字体要能搭配餐厅的装潢和气氛，甚至经由菜单内容的配置可以反映出服务的方式。

美国的餐饮学者曾指出："最赚钱的餐厅是那些能提供符合市场需求的菜单的餐厅，它们将平淡无奇的菜单赋予魅力，以吸引顾客的青睐。"这句话充分说明了菜单若是设计得当，甚至能引发顾客愉快、兴奋的情绪的话，那么这家餐厅的经营就成功了一半。

（一）菜单的格式

菜单的规格和样式大小应能达到顾客点菜所需的视觉效果。除了满足顾客视觉艺术上的设计外，经营者对于菜单尺寸的大小、插页的多少及纸张的折叠选择等，也不可掉以轻心。

1. 尺寸大小

餐厅对于菜单尺寸的大小应谨慎选择，以免造成不必要的麻烦与困扰。

（1）尺寸适中　菜单尺寸太大，让客人拿起来不舒适；菜单尺寸太小，造成篇幅不够或显得拥挤。

（2）标准尺寸　菜单最理想尺寸为 23 厘米 ×30 厘米。

（3）其他尺寸　下列尺寸应用范围十分广泛：

① 小型：15 厘米 × 27 厘米或 15.5 厘米 ×24 厘米；

② 中型：16.5 厘米 ×28 厘米或 17 厘米 × 35 厘米；

③ 大型：19 厘米 ×40 厘米。

2. 插页张数

餐厅可利用插页或其他辅助文字来促销特定的食物及饮料，借此刺激产品的销售量。

（1）插页过多　插页页数太多，客人眼花缭乱，反而增加点菜时间。

（2）插页过少　插页页数太少，造成菜单篇幅杂乱，不易阅读。

3. 纸张折叠

菜单的配置形式很多（图13-2），不论餐厅采用何种方式，都要详细考虑西餐上菜的整体顺序。但是也可以匠心独具地配上不同的颜色、形状来显示创意。

（1）折叠技巧　菜单经由折叠后会显得美观，并达成客人阅读方便的目的。

（2）折叠原则　菜单折叠后要保持一定的空白，一般以50%的留白最为理想。

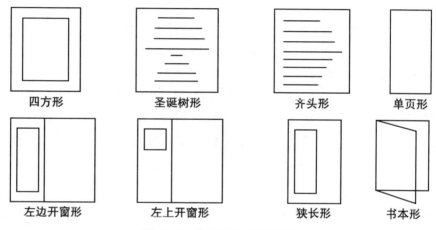

图 13-2　菜单设计的配置形式

（二）菜单封面设计

封面是西餐菜单最重要的门面，一份色彩丰富而又漂亮雅致的封面，不仅可以点缀餐厅，更可成为餐厅的重要标志。因此，西餐菜单封面必须精心制作，使其达到点缀餐厅和醒目的双重作用。

在设计菜单封面时，要考虑以下五项因素。

1. 封面成本

套印在封面上的颜色种类越多，封面的成本便会相应的提高。

（1）低成本的做法　最节省的封面设计是在有色的底纸上再套印上一种颜色，如白色或淡色底纸上套印黑色、蓝色或红色，这样可以有效地降低成本。

（2）高成本的做法　在有色底纸上套印两色、三色或四色，从而可以形成鲜艳丰富的图样。

2. 封面图案

菜单封面的图案必须符合餐厅经营的特色和风格，顾客通过封面的图样便能了解餐厅传达的特性与服务方式。

（1）古典式餐厅 菜单封面上的艺术装饰要反映出古典色彩。

（2）俱乐部餐厅 菜单封面应具有时代色彩，最好能展现当代流行风格。

（3）主题性餐厅 菜单封面应强凋餐厅的主要特色，并显现浓厚的民族风味。

（4）连锁性餐厅 菜单封面应该放置餐厅的一贯服务标记，借此得到顾客的肯定与支持。

3. 封面色彩

封面的设计必须具有吸引力，才易引起顾客的关注，所以善用色彩是增强西餐菜单设计效果的主要利器，为此要做到以下几点。

（1）色调和谐 菜单封面的色彩要与餐厅的室内装潢相互辉映。

（2）色系相近 菜单置于餐桌上并分散在客人的手中，其色彩要跟餐厅环境的整体感觉相近，自成一个体系。

（3）色系相反 也可使用强烈的对比色系，使其相映成趣，增添不同的风格。

4. 封面信息

菜单封面上有几项信息是不可少的，如餐厅名称、餐厅地址、电话号码、营业时间等。

（1）主要信息 菜单封面要恰如其分地列出餐厅名称，此项信息是不可或缺的。

（2）次要信息 餐厅经营时间、地址、电话号码、使用信用卡付款等事项可列于封底。

（3）其他信息 有的菜单封面印有外送的服务信息。

5. 封面维护

为协助顾客点菜，菜单的使用频率居高不下，所以容易造成毁损和破坏，常常要更换新的菜单，致使餐厅的营业费用上涨。做好各种维护工作，可以有效保护菜单，降低餐厅成本。

（1）维护方法 将菜单封面加以特殊处理，如采用书套或护贝等方式，维护封面的整洁，使水和油渍不易留下痕迹，且四周不易卷曲。

（2）慎选材质 选择合适的纸质作为菜单封面用纸，以确保整体的美观与耐用。

（3）菜单存放 菜单的存放位置应保持洁净干燥，才能延长菜单的使用年限。

（4）人人有责 服务人员和客人的手与菜单接触最频繁，应尽量避免沾上水渍和油污，否则再精美的菜单，一旦弄脏了便会失去其价值。

（三）菜单文字设计

菜单是通过文字向顾客提供产品和其他经营信息的，因此文字在菜单设计中发挥着重要的作用。西餐菜单的文字设计主要包括以下内容。

1. 菜单文字的表达内容一定要清楚和真实

避免使顾客对菜肴产生误解，如把菜名张冠李戴，对菜肴的解释泛泛描述或夸大，外语单词的拼写出现错误等，都会使顾客对菜单产生不信任感，造成菜肴销售的困难。

2. 在西餐菜单设计中，一定要注意字体的大小和形状

中文的仿宋体容易阅读，适合作为西餐菜肴的名称和菜肴的介绍；行书体或草写体有自己的风格，但是在西餐菜单上的用途不大。

英语字体包括印刷体和手写体，印刷体比较正规，容易阅读，通常在菜肴的名称和菜肴的解释中使用；手写体流畅自如，并有自己的风格，但是不容易被顾客识别，偶尔运用可为菜单增加特色。英语字母有大写和小写之分，大写字母庄重有气势，适用于标题和名称；小写字母容易阅读，适用于菜肴的解释。此外，字体的大小也非常重要，应当选择易于顾客阅读的字体，字体太大浪费菜单的空间，使菜单内容单调；字体太小，不易阅读，不利于菜肴的推销。

3. 西餐菜单的文字排列不要过密

通常文字与空白应各占每页菜单的50%的空间。文字排列过密，使顾客眼花缭乱；菜单中的空白过多，给顾客留下产品种类少的印象。

4. 不论是西餐厅菜单还是咖啡厅菜单，菜肴的名称都应当用中文和英文两种文字对照

法国餐厅和意大利餐厅的菜单，还应当有法文和意大利文以突出菜肴的真实性，并方便顾客点菜。当然，西餐菜单的文字种类不能太多，否则给顾客造成繁琐的印象，最多不要超过三种。

5. 菜单的字体应端正

菜肴名称的字体和菜肴解释的字体应当有区别，菜肴的名称可选用较大的字体，而菜肴解释可选用较小的字体。

6. 菜单的字体明显

为了加强菜单的易读性，菜单的字体应采用黑色，而纸张应采用浅色。

（四）菜单色彩运用

西餐菜单的颜色具有装饰及促销菜肴的作用，丰富的色彩使菜单更动人，更有趣味，因此在菜单上使用合适的色彩，能增加美观和推销效果。所以，必

须谨慎运用各种色彩来展现餐馆的特殊情调与风格。

1. 色彩多寡

菜单的色彩搭配合宜，才能展现餐厅的特色与气氛，因此在色彩的运用上，应注意下列几项原则。

① 颜色种类越多，印刷成本越高。

② 单色菜单的成本最低，但又过于单调。

③ 制作食品的彩色照片，一般以四色为宜。

④ 菜单中使用不同的颜色能产生某种凸显效果。

⑤ 人的眼睛最容易辨读的是黑白对比色。

2. 色纸选择

选择合适的色纸，不但不会增加菜单的印刷成本，同时还具有凸显餐厅主题的效果，所以善用色纸是美化菜单的不二法则。

① 采用色纸能增添菜单的色彩，具有美化和点缀的效果。

② 适合用于菜单的色纸有金色、银色、铜色、绿色、蓝色等。

③ 如果印刷文字太多，为增加菜单的易读性，不宜使用底色太深的色纸。

④ 不宜选用两面颜色相同的色纸作为菜单封面，造成印刷广告和刊登插图的困难。

⑤ 另外采用宽彩带，以横向、纵向或斜向粘在封面上，也能改善菜单的外观。

3. 彩色照片

许多图形漂亮的菜肴和饮料无法用言语来形容，只能用照片才能显现其风貌，所以，利用彩色照片来描述食物、饮品的美味与可口，实为不错的销售方法。

① 彩色照片能直接而真实地展示餐厅的美食佳肴。

② 菜肴的彩色照片配上菜名及介绍文字，是宣传食物、饮品的极佳推销手段。

③ 一张拍摄优质的彩色照片胜过上千字的文字说明。

④ 彩色实例照片有助于顾客点菜，逼真的菜肴图片能提高客人的食欲。

⑤ 印有彩色照片的菜肴，是餐厅最愿意销售并希望顾客都能注意而予以购买的项目。

⑥ 餐厅通常将招牌菜、高价位和受顾客欢迎的菜肴，拍摄成彩色照片印在菜单上。

⑦ 菜单上通常需用彩色照片辅助说明的食品项目为开胃品类、沙拉类、主菜类、甜点及饮料等。

（五）菜单纸张的选用

设计菜单时，必须选择合适的纸张，因为纸张品质的好坏与文字编排、美工装饰一样，会很大程度地影响菜单设计质量的优劣。

1. 菜单用纸的种类

目前餐厅中使用的西餐菜单，主要采用的纸张类型有下列四种。

（1）特种纸　有各式各样的颜色，质地分粗糙和光滑两类。从成本上看，特种纸造价非常昂贵。所以，菜单如选用这类纸张，会显得典雅和有价值。目前，不少高星级饭店和高档西餐厅常选用此种纸张来印制菜单。

（2）凸版纸　材质是新闻报纸的用纸，成本相对低廉。菜单选用凸版纸一般仅限于使用一次。目前市场这种纸很少用在菜单制作上。

（3）铜版纸　可以分为各种不同的厚度，质地较好，较厚的铜版纸称为铜西卡。铜版纸的成本比凸板纸要高。从效果上看，护贝后的铜版纸非常光滑，显得格外精致。

（4）模造纸　也可分为各种不同的型号，质地较薄，最常用来印制信纸。模造纸的成本廉价，使用其所印制的菜单不怎么耐用。因模造纸过于单薄，所以常被用于制作广告单邮寄给消费者。

2. 菜单的用纸方法

餐厅在决定采用何种纸张印制菜单时，必须顾虑到菜单的使用方法，是每日更换还是长期使用。

（1）每日更换的菜单

① 纸张克数低：菜单若是每日更换，则可选用较薄的纸，如普通的模造纸、铜版纸。

② 菜单不必护贝：每日更换的菜单，不需要护贝，客人用完即可丢弃。例如麦当劳的菜单置于餐盘上，客人用餐完毕后就可以即时处理。

③ 纪念性的菜单：纪念性菜单也可使用轻薄型的纸张，如宴会菜单常被客人带走以作为留念。

④ 不必考虑污渍：每日更换的菜单无须考虑纸张是否容易遭受油污或水渍。

⑤ 不必顾虑破损：每日更换的菜单没有拉破撕裂问题，可以随时补充或报废。

（2）长期使用的菜单

① 纸张克数高：菜单若是长期使用，则应选用较厚的纸张，如高级的铜版纸或特种纸。

② 菜单可以护贝：纸张要厚并加以护贝，才能经得起客人多次周转传递，进而达到反复使用的目的。

③ 污渍不易沾上：经过护贝的菜单具有防水耐污的特性，即使沾上污渍，只要用湿布一擦即可去除。

④ 纸质交叉使用：作为长期使用的菜单，其制作费用高昂，为降低成本，菜单不必完全印在同一种纸质上。封面采用较厚的防水铜版纸，内页选用较薄的模造纸，插页使用价格低廉的一般用纸，因插页的更换频率最高。

3.菜单用纸的选择因素

菜单用纸的选择因素包括餐厅的层次、纸张的费用和印刷技术三个项目。

（1）餐厅的层次　依照餐厅的层次，而选择合适的菜单用纸。一般而言，高层次餐厅所使用的纸张品质较好，而低层次餐厅则使用品质较低的纸张。

① 高档餐厅：在高级的饭店或餐馆里，即使是只使用一次的菜单，也会选用较佳的薄型纸或花纹纸。

② 中低档餐厅：中低档餐厅常使用品质低劣的纸张来印制菜单。

（2）纸张的费用　菜单用纸的费用在菜单设计制作过程中，虽然只能算是小额的零星支付，但仍是不可忽视的一项。

① 费用额度：菜单用纸的费用应该审慎考量，不得超过整个设计印刷费用总额的1/3，以免徒增菜单的制作成本。

② 使用状态：纸张的选择会因餐厅层次不同而有所区别。大致上，高级餐厅的用纸费用较为昂贵；相反，一般平价餐厅的用纸费用则较为低廉。

（3）印刷技术问题　在选择纸张时，还要考虑印刷技术问题，设法排除各种障碍，如充分考虑纸张的触感及质感，才能印制出精美的菜单。

① 纸张的触感：有些纸张表面粗劣，有的光滑细洁，有的花纹凸凹，各有特色。由于菜单是拿在手中翻阅的，所以纸张的质地或手感是非常重要的问题，特别是在豪华、气派的高级餐厅里，菜单的触感更是不容忽视。

② 纸张的质感：纸张的强度、折叠后形状的稳定性、不透光性、油墨的吸收性和纸张的白度等，都会形成印刷上的不便，必须加以改善。

二、西餐菜单的制作

（一）菜单的制作原则

一份成功的菜单要能反映出饮食口味的变化和潮流，才能符合消费者的需求。因此，菜单制作要考虑下列五项原则。

1.坚持菜单内涵品质优越、创意领先的原则

重点加强菜单收录菜品的新鲜、奇特、异质、稀奇及安全等内涵要求。

（1）新鲜　一是要注意食物材料的新鲜程度是否符合规定；二是注意食品的安全存量。若有不足，即时予以补充。

（2）奇特　菜单要能够发挥对于食品的品质与数量详加控制的作用，能够制作出特殊的菜式，以满足各种类型消费者的需要。

（3）异质　菜单要能提供与众不同的饮食口味，内容要能不断得以丰富。

（4）稀奇　菜单要能不断推出独一无二的招牌菜，同时能根据市场趋势与

变化潮流，作适当的调整。

（5）安全　确保任何一款菜品都可以安心食用，制作上必须达到制定卫生安全标准。

2. 坚持厨艺专精、价格合理的原则

强调产品的有效性、产品的适合性及产品的多样性。

其中，产品的有效性是指食品原料有无季节性，原料是当地生产，还是需依赖进口；产品的适合性指食品是否广被消费者接受，是否合乎当地的风俗习惯；产品的多样性包括菜单是否独特有变化和食品饮料有无替代品两个部分。

3. 菜单结构要形成营销高明、供需均衡的优势

这里，要求注重产品的可售性、产品的有利性及产品的均衡性三方面内容。产品的可售性考察的是菜单是否易于食物销售及食品是否有足够的营销管道；产品的有利性是指食品销售对业者而言，是否有利可图，是否能满足市场的需求与利益；产品的均衡性一是指产品是否能满足消费者的营养需求，同时检验供给者与需求者之间，是否能达到平衡。

4. 菜单要能体现出重视员工、强调专业的要求

通过菜单，要从一个角度检验出员工的制作能力及机械生产能力。员工制作能力方面，员工的工作技巧及效率会影响餐食的供应，应给予员工充足的工作时间来完成各式菜肴，要培养出一批训练有素且技术优良的专业人员，以确保食物品质；机械生产能力体现在厨房设备是否能展现食物在制备上的潜力，是否有足够且适合的用具来制备食物，是否有足够的炉面及烹调用具以适合菜单需要等三个方面。

5. 菜单要能积极发挥服务顾客、掌握市场的作用

根据餐厅的种类、服务的形式及顾客的需要来制作菜单。餐厅种类对菜单制作造成莫大的影响，因为食物的烹饪方式和菜色因餐厅种类而有差别，不同类型的餐厅，提供不同的菜肴口味；服务形式要求服务方式因地制宜，以服务方式影响顾客对菜肴的选择；要具体调查顾客的需要，每个人对食品各有其不同的喜好，而通过调查及统计方法，可了解顾客的饮食趋势，系统地研究顾客的属性有助于开发潜在的餐饮市场。

（二）菜单的制作要求

菜单可增加顾客的购买能力，节省顾客点菜时间，提升人员服务品质，同时也是餐厅重要的营销工具，可说是一举数得。所以，餐饮业者应重视菜单设计者的能力，强调菜单制作的各种要求。

1. 菜单设计者应具备的条件

餐厅的菜单一般由餐饮部门的经理和主厨担任设计工作，也可另外设置一名专职的菜单设计人员。菜单设计者应将焦点放在顾客身上，考虑各种相关因素（图13-3），才能明白顾客用餐的动机与需求。因此，菜单设计者应具备下列八项条件。

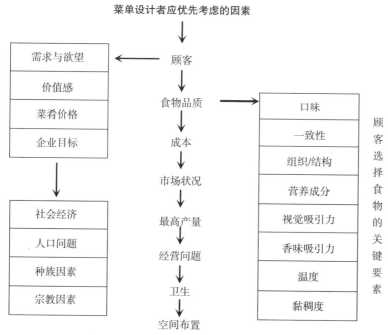

图13-3　以顾客为焦点的菜单设计流程图

（1）具有权威性与责任感

① 菜单设计者应具有权威性，才能制定明确的食物决策。

② 菜单设计者要有强烈的责任感，才能完成确实可行的计划。

（2）具有广泛的食品知识

① 对于食物的制作方法及供应方式有充分的了解。

② 完美展现食物的最佳烹调状态，以满足消费者的需求。

③ 同时顾及食品的价格与营养成分，设计出价格合理且营养均衡的产品。

（3）具有一定的艺术修养

① 设计的菜单要合乎艺术原则。

② 对于食物色彩的调配，兼具理性与感性。

③ 将食物的外观、风味、稠度及温度等作良好的配合。

④ 使用合适的装饰物，以增添菜品的风貌。

（4）具有创新和构思能力

① 随时使用新的食谱。

② 大胆尝试新发明的菜单。

③ 留意食物发展的新趋势。

④ 不断制作与众不同的菜肴。

（5）具有调查和阅读能力

① 搜集各种食品的相关资料，以供参考。

② 吸收各方面的专业知识，以增加菜单设计的能力。

③ 根据调查资料或研究报告，分析消费者对食物的喜恶程度。

④ 了解餐馆内部厨房设备的生产能力及各项用具如何妥善搭配。

（6）制作完备的菜单表格

① 建构一套有系统的菜单表格，作为设计菜单的指引。

② 菜单表格可以丰富菜单内容，避免过于单调或重复。

（7）以顾客立场为出发点

① 设计者应根据顾客的要求制作菜单，而非个人主观的好恶。

② 避免将客人喜爱或不太受欢迎的菜色集中于某一餐，形成两极化的差别。

③ 倾听客人的建议或诉求，将之作为菜单改善的最高指导原则。

（8）有效地使用残余材料

① 随时察看厨房中残留材料的存量。

② 秉持废物利用之精神，将残余材料融入菜肴项目中。

2. 菜单设计者的主要职责

菜单设计者的主要职责可分为下列几项。

① 与相关人员（主厨或采购部门主管）研制菜单。

② 按照季节之变化编制新的菜单。

③ 进行各式菜肴的试吃、试煮工作。

④ 审核食物的每日进货价格。

⑤ 检查为宴席预订客户所设计的宴会菜单。

⑥ 配合财务部门人员一起控制食品与饮料的成本。

⑦ 了解顾客的需求，提出改进及创新餐点的建议。

⑧ 从事新产品的促销工作，向客人介绍本餐厅的菜色。

⑨ 结合市场行情，制定食品的标准价格与分量。

⑩ 在不影响食物质量的情况下，找出降低食物成本的方法。

3. 菜单制作的要求

制作一份完善又精美的菜单，除了要有合理的价格外，还要考虑其他各项需求，才能让菜单达到尽善尽美的境界。

（1）菜单形式多元化

① 菜单的式样、颜色能与餐厅气氛相呼应。

② 菜单摆放或坐或立，应能引起客人的注意。

③ 桌式菜单印刷精美，可平放于桌面，供客人观看。

④ 活页式菜单便于更换，可随时穿插最新讯息。

⑤ 悬挂式菜单能美化餐厅环境，吸引客人的目光。

（2）菜单内容多样化

① 菜单项目不断创新，带给客人新鲜奇特的感觉。

② 根据季节的周而复始，变换餐厅的菜单内容。

③ 设计"循环性菜单"，提供不一样的饮食口味。

④ 筹划"周末菜单"或"假日菜单"，借此丰富菜单的内容，并引起客人的兴趣。

（3）菜单命名专业化

① 建立菜单命名的科学性。

② 展现菜单名称的艺术性。

③ 菜肴的名称能恰如其分地反映这道菜的实质与特性。

④ 运用各种艺术手法，增添菜肴名称的美学与文学色彩。

（4）菜单价格大众化

① 餐厅应提供各式平价餐点，让消费者有能力一饱口福。

② 餐厅可借由大众化的消费产品，维持市场的占有率。

③ 唯有制定合理的价格，才能吸引顾客前来用餐。

（5）菜单推销生活化

① 菜单不仅是餐厅的推销工具，更是很好的宣传广告。

② 客人既是餐厅人员的服务对象，也是义务的推销员。

③ 与政府机构或民间企业相结合，借此壮大餐厅的声势。

④ 举办各种折扣或娱乐活动，融入当地的生活习性。

⑤ 重视饮食的营养均衡及环保卫生，满足消费者视觉上和精神上的追求。

三、西餐菜单设计与制作中常出现的问题

菜单是西餐企业销售食品的工具，餐厅通过菜单向顾客传递服务信息和用餐品质，所以，一份完整的菜单有助于产品销售量的增加，而一份不完善的菜单会使餐馆失去生意。然而，菜单在制作过程中，受到种种限制因素的影响，容易形成偏差与错误，尤其是发生在菜单的表现方式及经营策略两大部分。

（一）菜单表现方式常出现的问题

顾客往往根据菜单中得到的信息来决定他对餐馆的看法，因此菜单外观品质的好坏，便成了餐饮企业极为重要的考量因素之一，然而常见的菜单在外观设计及表现方式上却存在着种种缺失，都是应当尽量避免的。

1. 菜单尺寸大小不恰当

① 菜单规格太小，增加阅读的困难。

② 菜单规格过大，客人容易感到不适。

2. 菜单字体太小或拥挤

① 字体太小或太细，年长者不易阅读。

② 顾客因看不清菜单上的字而无法点菜。

③ 字体不易于分辨，印刷时没有留意油墨色调之搭配。

④ 字体与纸张没有形成鲜明的对比色彩，难以辨识。

3. 菜单缺乏介绍性文字

① 没有任何解说的菜单，给消费者造成极大的不便。

② 缺少介绍性文字或没有清楚地表达菜的做法及主要材料。

4. 菜单肮脏或破损老旧

① 一份沾有油污或破裂的菜单，会使客人失去食欲。

② 菜单的整洁状况会使客人联想到食品的清洁与卫生。

5. 菜名不当或拼写错误

① 将菜单中的外文名称译错或出现拼写错误。

② 如果餐厅提供的是外文菜单，只有顺畅的中文说明，外文原文不够准确或不全面。

6. 虚伪不实的菜单内容

① 菜单上出现餐厅无法供应的菜色。

② 菜单上刊登已过时的餐点推销信息。

③ 桌上菜肴和菜单上的照片不符，未能达到顾客期望。

7. 缺乏合理的菜单定价

① 任意涂改菜单价格。

② 菜单价格未能明确列出，易与顾客发生冲突。

③ 菜单定价不当，顾客不愿花钱品尝美食佳肴。

8. 菜单与餐厅风格不符

① 菜单的整体设计与餐厅风格不符合。

② 菜单制作项目和餐饮内容格格不入。

③ 菜单无法充分展现餐厅的特色与诉求。

（二）菜单经营策略上出现的问题

菜单在经营策略方面常见的问题包括遗漏饮料单、菜单种类不当、菜单份数不足、菜单更换频繁、菜品介绍夸张、菜单内容乏味、缺少儿童菜单及招牌菜色。现分别说明如下。

1. 遗漏饮料单或酒单

① 酒单的设计与制作没有使用专业人士。

② 酒精性饮料与葡萄酒品未打印成酒单。

2. 菜单种类难以规范

① 菜单上的内容过少，客人选择性低。

② 菜单的内容过多，客人不知所措。

3. 菜单份数不够使用

① 菜单数量不足，服务速度会减缓。

② 菜单种类单一，无法实现促销之功效。

③ 菜单数量不足，在用餐高峰时段出现菜单短缺的现象。

4. 菜单更换过于频繁

① 菜单项目每日更换，顾客易混淆。

② 菜单更换频率过高，无法凸显获利较佳的菜色。

5. 菜品介绍过于夸张

① 存在太过夸张的形容性的描述。

② 菜肴名称、主要原料及烹调方法不全面。

6. 菜单内容令人乏味

① 餐厅菜肴口味常年不换，令客人产生厌烦情绪。

② 有些餐厅的菜单种类从不更换，只有价格才是唯一变动的项目，这是错误的经营理念。

③ 不受欢迎或利润不佳的项目一直留在菜单上。

7. 没有制作儿童菜单

① 儿童菜单的菜色过于繁杂或营养不均衡。

② 没有儿童菜单，不利于增加有小孩的成人客源。

8. 菜单上缺少招牌菜

① 菜单上没有单独列出或特别标明招牌菜。

② 招牌菜价格过高或无法给人留下深刻印象。

1. 简述西餐菜单在经营中的作用。

2. 比较传统与新式西餐菜单内容的区别。

3. 按照经营餐次对西餐应该进行怎样分类？

4. 西餐菜单筹划的原则有哪些？制作一份高效西餐菜单之前应该做哪些准备工作？

5. 论述西餐菜单的定价策略。

6. 请结合本章学习，制作一套完整的西餐菜单。

第十四章

世界各国著名菜点案例

本章内容： 法国菜点

意大利菜点

英国菜点

美国菜点

俄罗斯菜点

德国菜点

比利时菜点

奥地利菜点

西班牙菜点

葡萄牙菜点

澳大利亚菜点

新西兰菜点

芬兰菜点

希腊菜点

教学时间： 2课时

训练目的： 让学生了解世界各国著名菜点案例。

教学方式： 由教师讲述世界各国著名菜点案例的相关知识，运用恰当的方法阐述各类西餐菜点的特点。

教学要求： 1. 让学生了解部分世界各国著名菜点案例。

2. 掌握其代表性菜点的制作方法。

课前准备： 准备一些材料，进行阐述，掌握其特点。

第一节　法国菜点

一、一般概况

法国位于欧洲西部，与比利时、卢森堡、瑞士、德国、意大利、西班牙、安道尔、摩纳哥接壤，西北隔拉芒什海峡与英国相望，濒临北海、英吉利海峡、大西洋和地中海四大海域，地中海上的科西嘉岛是法国最大岛屿。优越的地理环境使法国的农牧业都很发达，粮食和肉类除自给自足外还有部分出口，此外，法国的香槟酒、葡萄酒、白兰地酒及奶酪也都著称于世。

几个世纪以来法国饮食在国际上尤其是欧洲食坛上占主导地位，16世纪亨利二世和亨利四世相继与意大利联姻，意大利的食制和食风传入，尤其相随的宫廷烹饪名厨的精湛技艺，使法国在饮食上追求豪华，注重排场，烹调技术等方面迅速精进。法国大革命使法国社会政治、经济发生巨变，豪门贵族的厨师都受雇于餐馆。他们以烹调技巧相互竞争，从而名厨辈出，遂使法国烹调技术趋于举世无双的地位。20世纪60年代法国有些有威望的厨师掀起了新派法菜的潮流，提出"自由烹饪菜"的号召，要一改以往法国烹饪太注重传统束缚，提倡随着时代转变，烹调也应有所改进，强调许多食品无须煮得过久，用缩短烹饪时间去保留食物的鲜味，过丁浓腻的菜逐渐减少，清淡的菜相应增多，进而赢得更多人的喜爱。

二、主要特点

（一）选料广泛、制作精细

法国菜的选料相对广泛，蜗牛、块状菌类、动物脏脑等西餐中不常见的原料在法国菜中出现较多。常见原料的选用较偏好牛肉、海鲜、蔬菜及鱼子酱，而在配料方面习惯选用大量的酒、牛油、鲜奶油及各式香料。

（二）烹调讲究、注重火候

法国人多喜欢吃略带生的菜肴，在烹调过程中，火候占了非常重要的一环，如牛、羊肉通常烹调至六七分熟即可；海鲜烹调时须熟度适当，不可过熟，甚至有许多菜是生吃的。如常见的菜肴除了生蚝鲜吃之外，还有各式海鲜生食小吃。另外，在酱料（沙司）的制作上，更特别费功夫，且都得灵活运用。常用的烹调方法有烤、炸、汆、煎、烩、焖等，菜肴偏重肥 、浓、酥、烂，口味以咸、甜、酒香为主。

（三）擅用香料、重视用酒

法国人用膳时饮酒也十分讲究，吃哪种菜配哪种酒。最上规格的是吃哪一种菜，必须要用哪一家酿酒厂、哪个年份酿造的、哪个名称的酒，否则就不能称为高规格了。一般在吃菜前先要喝一杯味美思酒或威士忌的开胃酒，吃鱼时要饮酸干白葡萄酒，吃红肉时要伴饮红葡萄酒等。与配膳用酒一样，调味上酒的使用也严守陈规，烹制什么菜一定要用什么酒。如烹调水产品及海鲜常用干白或白兰地酒去腥味，烹调成年牛肉及羊肉习惯使用玛德拉酒等红酒祛膻味，制作西点一般用朗姆酒调味等。

除了酒类，法国菜里还要加入各种香料，以增加菜肴、点心的香味。如大蒜头、欧芹、迷迭香、他那根香草、百里香、茴香、洋苏叶等。各种香料有独特的香味，放入不同的菜肴中，就形成了不同的风味。法国菜对香料的运用也有定规，什么菜放多少什么样的香料，都有一定的比例。可以说，酒类和香料是组成法国菜的两大重要特色。

（四）配菜丰富、名品迭出

法国菜对蔬菜的烹调也十分讲究，规定每种菜的配菜不能少于两种，而且要求烹法多样，仅土豆一种，就有几十种做法。所以，在烹调时，肉菜中总伴有多种蔬菜配伍。另外，法国菜中有很多名品原料，如蜗牛、生蚝等，其中最著名的美食极品是鹅肝酱，它与黑菌（松露菌）、黑鱼子酱被称为食物三宝。

法国的名菜很多，如鹅肝酱、焗蜗牛、牡蛎杯、洋葱汤等，著名的地方菜有南特的奶油鲮鱼、鲁昂的带血鸭子、马赛的普鲁旺斯鱼汤等。

三、著名菜点案例

（一）鹅肝冻（Foie Gras in Aspic，法式，2人份）

原料：鹅肝500克，牛奶1000毫升，清汤570克，明胶粉5克，盐3克。
工具或设备：蒸箱、保鲜盒、保鲜冰箱、搅拌机、煮锅、厨刀。
制作过程：
① 法国鹅肝解冻后放入保鲜盒内，用牛奶浸没，放入保鲜冰箱泡制2天，然后取出带着牛奶入蒸箱蒸半小时，这样处理的鹅肝口感细嫩爽滑。
② 入搅拌机，加入清汤、熬开的明胶粉搅打成蓉（每500克鹅肝放入清汤

70 克、明胶粉约 0.5 克），每 500 克打好的鹅肝蓉放入盐 3 克调好味。

③ 煮锅烧热，加入清汤 500 克，加入明胶粉熬开（500 克汤加 5 克明胶粉），备用。

④ 将调好味的鹅肝蓉倒入小号保鲜盒中，冷却至室温后再入保鲜冰箱冷藏成形（约 1 小时）。

⑤ 取出后将鹅肝冻直接扣入稍微大一号的保鲜盒，然后将调好味的清汤浇上，这样清汤不但会覆盖在鹅肝上面，而且会渗透到周边，然后继续入冰箱冷藏成形。

⑥ 取出改刀成条。这样改刀出来的鹅肝条，两头都会带有透明的清汤冻。

质量标准：色泽透明，口感细腻，富有弹性。

（二）马赛鱼羹（Bouillabaisse，法式，10 人份）

原料：各种鱼 1000 克，沙白 12 个，鲜虾 500 克，番茄 1 个，蒜 1 瓣，藏红花 1 小撮，小洋葱 2 个，月桂叶 2 片，西芹 50 克，白葡萄酒 400 毫升，水 1600 毫升，盐 10 克，黑胡椒粗粒 5 克，橄榄油 15 克。

工具或设备：煮锅、汤勺。

制作过程：

① 将鱼洗净，剔出鱼骨和碎肉做汤，汤锅内加水，加入洗净的鱼骨和碎肉，加入西芹，月桂叶一片，白葡萄酒 200 毫升，煮开后除去浮沫，加入盐、黑胡椒粗粒，再用小火煮 20 分钟后，把汤滤出，备用。

② 鱼肉切成块，虾除去中段的壳，去虾肠洗净。沙白泡在水中吐沙洗净。

③ 番茄去皮切成小块，洋葱切碎，西芹切碎。

④ 在厚的深锅内，放入橄榄油加热，先炒切碎的洋葱，放入番茄再炒，接着加入切碎的蒜和月桂叶炒 5 分钟，取出月桂叶。

⑤ 把炒好的菜在锅底铺平，依次加入鱼块、虾、沙白，再倒入白葡萄酒 200 毫升，加入过滤好的鱼汤，用大火煮。

⑥ 煮开后，撇去浮沫，放入用盐水泡好的藏红花，再煮约 10 分钟，然后撒入西芹碎即可。

质量标准：色泽鲜艳，鲜浓香醇。

（三）麦西尼鸡（Chicken Mancini，法式，4 人份）

原料：嫩母鸡 1 只，鸡肝 2 只，鸡蛋 1 个，鲜蘑菇 50 克，洋葱 1 个，胡萝卜 1 根，芹菜 50 克，香叶 1 片，胡椒粉 2 克，鸡蛋面条 50 克，面粉 50 克，奶酪粉 15 克，奶油沙司 100 克，牛奶 50 克，盐 5 克，黄油 100 克，色拉油 50 克，鲜奶油 30 克，清汤 300 克，花纸套 2 只。

工具或设备：烤箱、煮锅、煎锅、木铲。

制作过程：

① 将嫩母鸡去内脏、去头、去脚，洗净。再依次抹上盐、胡椒粉和黄油，放在烤盘内，以220℃烤制。

② 芹菜、洋葱、胡萝卜分别切成片和段，待鸡烤至四至五成熟时放入，继续烤熟，取出冷却。

③ 切下鸡腹部白肉，拆去骨，切成8大片。取出芹菜、洋葱、胡萝卜不要。

④ 鸡蛋面条用开水氽熟，捞出，并用凉开水冲冷，沥干水分，再加上色拉油拌匀，以防粘在一起。

⑤ 蘑菇切片，鸡肝、洋葱切丁。另用煎锅，加上黄油，用中火略炒后，加洋葱炒黄，加鸡肝炒熟，再加入鸡蛋面炒和，加少许奶酪粉、奶油沙司和盐、胡椒粉，随即塞入鸡肚，仍将切成块的肚白肉按原形放回鸡上，使恢复成整鸡形状，装入长盘（肚朝上）。

⑥ 煎锅内放入黄油加面粉用中火稍炒，用牛奶、奶油、清汤和少许奶酪粉，边搅拌边烧。鸡蛋取蛋黄，将蛋黄加入奶油面粉糊中调和均匀，浇在鸡肚肉上，撒上奶酪粉，淋上黄油。

⑦ 再将长盘移进热烤箱焗黄焗透。

⑧ 从烤箱端出时，在鸡腿的尖端各套1只花纸套即成。

质量标准：色泽金黄、口味浓肥。

（四）马令古鸡（Chicken Marengo，法式，4人份）

原料：光母鸡1只，鸡蛋4个，白蘑菇10朵，黑蘑菇2朵，土豆4个，番茄200克，法香50克，他拉根香草5克，白胡椒粉1克，红汁沙司250克，油炸面包片4片，白葡萄酒50克，盐3克，黄油100克，色拉油100克。

工具或设备：煎锅、厨刀。

制作过程：

① 选1000克多重的光母鸡，去内脏，去头脚，洗净，带骨斩成4块，抹上胡椒粉和盐，煎锅内放黄油，开中火煎黄，加红汁沙司、白葡萄酒和切碎的鲜番茄煮熟，再加白蘑菇切片的黑蘑菇和他拉根香草拌匀。

② 鸡蛋先用水煮熟，去壳，用色拉油炸熟。油炸面包片切成鸡心形。土豆煮熟去皮。

③ 每客1块鸡装盘，上放鸡蛋1只、油炸面包1块、白蘑菇2只，鸡上淋原汁，面包上撒些碎法香末作为装饰，配上1个煮熟的土豆。

质量标准：色泽鲜艳，口味香鲜，营养搭配合理。

（五）烤羊马鞍（Roast Saddle of Lamb，法式，6人份）

原料：羊马鞍1只，芫荽50克，鲜迷迭香10克，大蒜头25克，刀豆500克，土豆500克，番茄3个，面包粉50克，黑胡椒粉3克，盐5克，黄油15克，牛肉汤25克。

工具或设备：烤箱、烤盘、烤架、木槌、焗盅、沙司锅、筛、沙司斗、厨刀。

制作过程：

① 选重1500～2000克的羊马鞍1块，洗净，用木槌将羊马鞍平拍一下，修齐边缘，切下浮油，将切下的羊肉和羊油卷入羊马鞍内，用棉线前后三道扎牢。表面用黑胡椒粉和盐擦抹。

② 烤盘内放一烤架，将羊马鞍放在烤架上，移入烤箱，以220℃烤约30分钟。

③ 芫荽、鲜迷迭香、大蒜头都切碎，放入碗内，加入面包粉拌匀。

④ 黄油放入煎锅内以小火煮融化，备用。

⑤ 将烤盘从烤箱中取出，将羊马鞍的棉线拆去，将拌匀的面包粉混合料撒在羊马鞍上，淋上黄油。

⑥ 再将烤盘移入烤箱，以220℃烤制10分钟，至面包粉焗黄，取出烤盘。

⑦ 取出烤盘，将羊马鞍放在砧板上，顺长切薄片，摆放整齐。

⑧ 刀豆、土豆切片后，皆用黄油煎熟。

⑨ 番茄用开水氽后，剥去皮，对剖后，挖去籽，将番茄合上放入焗盅，撒上黄油、盐和黑胡椒粉，盅上盖锡纸入烤箱焗约20分钟。

⑩ 羊马鞍边上放入刀豆、土豆、番茄，交叉布成花样。

⑪ 牛肉汤放入沙司锅内，将烤盘内的羊油倒入，用中火煮沸，加盐调味，用筛过滤入沙司斗，淋上黄油，佐以羊马鞍上桌。

质量标准：色泽褐黄，鲜香肥嫩。

（六）普罗旺斯焗番茄（Tomato a La Provence，法式，6人份）

原料：大番茄5个，面包粉50克，蘑菇5朵，橄榄油150克，大蒜头50克，白胡椒粉2克，芫荽25克，盐3克。

工具或设备：烤箱、煎锅、厨刀。

制作过程：

① 蘑菇切片，大蒜头、芫荽都切碎。

② 煎锅内放入一半橄榄油烧热，放入大蒜头炒匀，再放入蘑菇片炒熟，用盐和白胡椒粉调味。

③ 选成熟的大番茄，洗净，对半切开，放入烤盘内，番茄上放上炒熟的蘑菇片，撒上面包粉和芫荽，淋上橄榄油。

④ 将烤盘移入烤箱，以 220℃焗 30 分钟至熟。

⑤ 取出装盘即可。

质量标准：色泽紫红，鲜香略酸。

（七）沙瑞薄饼（Pancake Suzette，法式，8 人份）

原料：面粉 200 克，鸡蛋 4 只，柠檬皮 10 克，橙子 1 个，砂糖 100 克，牛奶 200 毫升，君度酒 25 克，白兰地酒 75 克，盐 3 克，黄油 100 克。

工具或设备：碗、煎锅、厨刀。

制作过程：

① 面粉放入碗中，加入鸡蛋和适量牛奶调匀，再加入砂糖 50 克、盐和剩余的牛奶，调成稀面浆。

② 煎锅内放入黄油，烧热后放入一勺面浆，摊成薄层，剪成圆薄饼，反转再煎黄，制成 12 个薄饼。

③ 橙子挤汁。用另一只煎锅，放入黄油烧热，加入柠檬皮、橙皮及橙汁、砂糖 50 克等熬煮。

④ 将煎好的薄饼，一片又一片地放入，煎一会，使吸收橙汁，然后用铲子折覆成三角形。

⑤ 等所有的薄饼都经橙汁煎过，就将君度酒注入汁内，淋匀各薄饼。

⑥ 食用时将白兰地酒隔水炖热，淋浇于装盘的薄饼上，引火燃烧，将其余的砂糖撒在火上，使生火花。

质量标准：甜热香糯，气味香浓。

（八）马卡龙（Macaroon，法式，6 人份）

原料：杏仁粉 110 克，纯糖粉 200 克，蛋清 90 克，细砂糖 25 ~ 50 克，奶油霜 200 克。

工具或设备：烤箱、专用硅胶烘焙垫。

制作过程：

① 过筛的杏仁粉和纯糖粉，充分翻拌均匀，制成杏仁糊。

② 室温蛋清（注意：如果用的鸡蛋是从冰箱中取出的，一定要将蛋清放半小时左右，变成室温温度）分 3 次加入砂糖，打至中性偏干的蛋白霜。

③ 向打发好的蛋白霜中加入杏仁糊。

④ 在烤盘上面，铺上烘焙垫，用平口圆花嘴配合厨房漏斗工具挤出一个个均匀大小的圆圆的马卡龙坯子。注意：因为马卡龙受热要膨胀，所以坯子需分隔开一些摆放。

⑤ 放置 15 ~ 30 分钟，等马卡龙坯子的表面结皮，为了使马卡龙在烘焙的

过程中饼的边缘产生漂亮的"裙边"。

⑥进烤箱预热，先中层，160℃，10分钟，饼的漂亮"裙边"此时出现，开一下烤箱门放走湿气，再调至140℃，烤5分钟，最后移下层，125℃，再烤5分钟，共20分钟左右。

⑦将奶油霜夹入马卡龙内即可。

质量标准：圆形膨起，外酥内软，口感轻盈，内馅甜美。

第二节　意大利菜点

一、一般概况

意大利位于欧洲南部，包括亚平宁半岛及西西里岛、撒丁岛等岛屿。北以阿尔卑斯山为屏障与法国、瑞士、奥地利和斯洛文尼亚接壤，东、西、南三面临地中海的属海亚德里亚海、爱奥尼亚海和第勒尼安海。海岸线长约7200多公里。全境4/5为山丘地带。有阿尔卑斯山脉和亚平宁山脉。优越的地理条件使意大利的农业和食品工作都很发达，其中面条、奶酪和萨拉米肉肠著称于世。

意大利的建筑艺术举世闻名，意大利的足球雄踞世界足坛之列，意大利美食也不逊色，与法国菜齐名，成为了当今西餐的主流。意大利的美食像它的文化一样高贵、典雅、味道独特。数千年来意大利半岛上的居民，享用着世界上最佳的美食。多元温和的气候与地理环境让意大利人对烹饪产生极人的热爱。从公元前4世纪的伊特里时期、经历罗马、文艺复兴到意大利时期，对于饮食的挚爱与热情已深植于意大利人的生活中。同时由于意大利是一个滨临海洋的国度，所以食谱以海鲜为主，多采用烧烤、蒸或者水煮等烹调方法来保持材料原有的鲜味。由于意大利半岛南北狭长，南北的地理、气候差别很大，自然而然形成了两种烹调特色：北部接近法国，受法国菜的影响，北菜里有不少加入奶油等乳制品的菜式，味道浓郁，而调味就比较简单；南菜则喜欢用大量番茄酱、干番茄、辣椒及橄榄油入馔，味道要丰富一些。

二、主要特点

（一）原汁原味，烹法多样

意大利菜以原汁原味、味浓香烂闻名，烹调上以炒、煎、炸、红焖等方法著称，并喜用面条、米饭作菜，而不作为主食用。喜吃烤羊腿、牛排等和口味醇浓的菜。意大利菜肴对火候极为讲究，很多菜肴要求烹制成六七成熟，而有的则要求鲜嫩带血，如罗马式炸鸡、安格斯嫩牛扒，而米饭、面条和通心粉则要求有一定硬度。

（二）面食做菜，品种丰富

意大利的面食有各种不同的形状：水管通心面、卷通心面、斜口通心面、螺旋面、蝴蝶面、贝壳面、扁细面、耳朵面、面疙瘩、面饺、细面、宽扁面及制作千层面的面皮等。

意大利的面食有各种不同的颜色，除小麦原色外，还有红、橙、黄、绿、灰、黑等。红色面是在制面的过程中，在面中混入红甜椒或甜椒根；橙色面是混入红葡萄或番茄；黄色面是混入番红花蕊或南瓜；绿色面是混入菠菜；灰色面是葵花子粉末；黑色面堪称最具视觉震撼，用的是墨鱼的墨汁，所有颜色皆来自自然食材，而不是色素。

意大利的面食有各种不同的口味：三种基本酱汁主导面的口味，分别是以番茄为底的酱汁，以鲜奶油为底的酱汁和以橄榄油为底的酱汁。这些酱汁还能搭配上海鲜、牛肉、蔬菜或者单纯配上香料，变化成各种不同的口味。

（三）区域差异，自然风味

由于南北气候风土差异，意大利菜有四大菜系。北意菜系：面食的主要材料是面粉和鸡蛋，尤以宽面条及千层面最著名。中意菜系：以多斯尼加和拉齐奥两个地方为代表，特产多斯尼加牛肉、朝鲜蓟和柏高连奴奶酪。南意菜系：特产包括榛子、马苏里拉奶酪、佛手柑油和宝侧尼菌；面食主要材料是硬麦粉、盐和水，其中包括通心粉、意大利粉和车轮粉等，更喜欢用橄榄油烹调食物，善于利用香草、香料和海鲜入菜。小岛菜系：以西西里亚为代表，深受阿拉伯影响，食风有别于意大利的其他地区，仍然以海鲜、蔬菜及各类面食为主，特产盐渍干鱼子和血柑橘。

烹制意大利菜，总是少不了橄榄油、黑橄榄、干白酪、香料、番茄与马沙拉白葡萄酒，这六种食材是意大利菜肴调理上的灵魂。最常用的蔬菜有番茄、白菜、胡萝卜、龙须菜、莴苣、土豆等，配菜广泛使用大米，配以肉、牡蛎、乌贼、蘑菇等。意大利人对肉类的制作及加工非常讲究，如风干牛肉、风干火腿、意大利腊肠、波伦亚香肠、腊腿等。

此外，还有特色点心比萨，薄薄的饼配上肉末、蔬菜经过烤箱一番烘烤，薄饼香和蔬菜香融为一体，光闻香味足以让人垂涎三尺。

典型的代表菜肴有意大利菜汤、焗菠菜面条、奶酪焗通心粉、佛罗伦萨式焗鱼、罗马式炸鸡、比萨饼等。

三、著名菜点案例

（一）意大利菜汤（Italian Vegetarian Soup，意式，10 人份）

原料：芸豆 100 克，刀豆 50 克，通心粉 100 克，番茄 150 克，胡萝卜 100 克，西葫芦 200 克，芹菜 15 克，香菜 10 克，奶酪 15 克，白皮大蒜 10 克，盐 3 克，胡椒粉 2 克，鸡汤 1000 毫升，橄榄油 50 克，洋葱和青刀豆各适量。

工具或设备：煮锅、搅拌器、厨刀。

制作过程：

① 将干芸豆放锅内，加适量水煮开，关小火盖好焖 1 小时。

② 在开水中，加入一点盐和橄榄油，放入通心粉煮透。

③ 将番茄、洋葱、蒜切碎；胡萝卜、芹菜、西葫芦切片；青刀豆切段。

④ 在煮锅中加入鸡汤，放入焖好的芸豆、番茄、胡萝卜、芹菜、洋葱、蒜、精盐、胡椒粉煮开，盖好用小火煮 10 分钟。

⑤放入西葫芦和青刀豆，煮开后盖好用小火再煮 10 分钟。

⑥ 最后放入通心粉和香菜烧开。

⑦ 食用时佐以奶酪。

质量标准：色泽鲜艳、口味酸香。

（二）焗烤肉酱菠菜千层面（Baked Barbecue Sauce Spinach Lasagne，意式，2 人份）

原料：熟板面 3 片，菠菜 2 棵，番茄 1/4 个，牛肉糜 100 克，洋葱碎 15 克，蒜瓣 3 粒，奶油 10 克，茄汁肉酱 50 克，奶酪丝 100 克。

工具或设备：烤箱、厨刀。

制作过程：

① 菠菜洗净，用铝箔纸包起，放入已预热的烤箱中，用 210℃，烤约 10 分钟后取出，切碎备用。

② 番茄切丁、蒜瓣切末，与牛肉糜、洋葱碎一起拌匀，再铺上奶油，放入已预热的烤箱中，用 200℃，烤约 10 分钟至香味溢出后取出，再加入茄汁肉酱拌匀成馅料备用。

③ 取一焗烤盘，放入一片熟板面，铺上制作过程② 的馅料与制作过程① 的菠菜碎，续盖上一片熟板面，再铺上馅料与菠菜碎，最后再盖上一片熟板面。

④ 在最上面的一片熟板面的表面撒上奶酪丝，放入已预热的烤箱中，用 210℃，烤约 15 分钟至表面呈金黄色即可。

质量标准：色泽金黄，口味鲜香，口感松软。

（三）奶酪焗通心粉（Baked Macaroni with Cheese，意式，6人份）

原料：蚬壳形通心粉100克，洋葱半只，西式火腿35克，胡萝卜丁35克，青豆35克，玉米粒35克，西蓝花50克，马苏里拉奶酪50克，盐3克，胡椒粉、橄榄油各适量，罗勒草2克，黄油50克，牛奶200毫升。

工具或设备：烤箱、厨刀。

制作过程：

① 将黄油用小火融化，倒入面粉快速搅拌至均匀。

② 慢慢倒入牛奶搅拌均匀，加入盐和胡椒粉调味成奶味白汁。

③ 把通心粉倒入沸水中加少许盐和橄榄油煮熟捞出滤水。

④ 火腿、洋葱切丁；西蓝花焯熟；换水再焯胡萝卜丁、青豆、玉米粒。

⑤ 加油热锅后先放洋葱爆一下，再放入火腿丁、胡萝卜丁、青豆、玉米粒、西蓝花和罗勒草炒匀炒香后与通心粉一起装碟，然后均匀地浇上白汁。

⑥ 把马苏里拉奶酪刨成丝，均匀铺在通心粉上。

⑦ 烤箱预热180℃，烤10分钟左右，马苏里拉奶酪融化变黄后即可。

质量标准：色泽金黄，口味香浓，口感软糯。

（四）意大利馄饨（Ravioli，意式，6人份）

原料：面粉350克，牛仔肉350克，鸡蛋4个，洋葱75克，菠菜350克，豆蔻粉1克，番茄沙司100克，精盐3克，黄油100克，奶酪75克，奶酪粉适量。

工具或设备：煎锅、煮锅、粉碎机、滚割刀。

制作过程：

① 鸡蛋打散。面粉放在案板上，中间用手揿一凹陷，放入鸡蛋液，用手揉捏成团，放置1小时醒制。

② 牛仔肉用粉碎机搅成肉糜；菠菜在开水锅内氽一下，捞起挤干压成菜泥。

③ 洋葱切碎。煎锅内放黄油，开中火炒熟。把牛肉糜也放入煎锅，炒至牛肉呈暗红色，倒入盛器内。

④ 把菠菜泥、奶酪、豆蔻粉、1个鸡蛋液和精盐都放入盛器拌和，即为馅心。

⑤ 把面团一切4块，每块擀成长方形薄皮，把一张薄皮摊平，用匙舀馅心一份份地放在薄皮上，然后把另一张薄皮盖在馅心上。再用小滚割刀在薄皮上滚动，切割成一只只四方形馄饨。余下的面团也照此做。

⑥ 煮锅内放水煮沸，把馄饨放入煮熟捞出，盛入盘内，拌上番茄沙司，撒上奶酪粉上席。

质量标准：四方成形，皮白汁红，香而鲜嫩。

（五）白葡萄酒煮龙虾（Lobster Braised with Wine, 意式，4 人份）

原料：白葡萄酒 300 克，龙虾 2 只，番茄 450 克，洋葱 1 只，大蒜头 3 瓣，法香 50 克，奥利根奴香草 15 克，干红辣椒 1 只，精盐 3 克，橄榄油 100 克。

工具或设备：剪刀、厨刀、煎锅。

制作过程：

① 选 500 克以上的大龙虾，对半剖开，弃去背肠，用剪刀剪下虾钳备用，虾的触须剪去不要。

② 洋葱切碎；大蒜头斩蓉；干红辣椒切细；法香切碎；番茄去皮去籽后切碎；奥利根奴香草切细。

③ 大煎锅内放橄榄油，开大火烧热后，将龙虾和大虾钳放入，煎约 3 分钟，盛入容器内。

④ 将煎锅内的余油倾出，只留少许。将洋葱和大蒜头放入，煸炒后，加番茄、法香、奥利根奴香草、红辣椒、精盐和白葡萄酒。

⑤ 烧开后，又将容器内的龙虾放入，撒上盐，用中火再煮约 10 分钟。

⑥ 取出装盘即可。

质量标准：虾壳鲜红，虾肉嫩白，酒香醇美，汤汁鲜甜。

（六）意大利式红烩鸡（Braised Chicken Italy Style，意式，4 人份）

原料：光鸡 1 只，鳀鱼 3 条，洋葱 50 克，大蒜头 2 瓣，干白葡萄酒 100 克，罐装黑橄榄 3 只，香叶 1 片，干奥利根奴香草 15 克，黑胡椒粉 3 克，白醋 25 克，鸡汤 250 克，精盐 3 克，橄榄油适量。

工具或设备：剪刀、厨刀、煎锅。

制作过程：

① 选 1000 克以上的嫩光鸡，洗净，去头脚，用纸巾吸干水分，斩成 3 厘米的方块，用盐和黑胡椒粉擦抹一下。

② 煎锅内放橄榄油，开中火烧热后，将鸡块放入煎至两面黄，盛起。

③ 洋葱切片，大蒜头斩蓉，干奥利根奴香草揉碎，黑橄榄切细条，鳀鱼洗清，去骨取肉。

④ 煎锅内留少许余油，放入洋葱和大蒜头，开中火煸炒约 10 分钟，加白葡萄酒和白醋，烧至稍稠，加鸡汤。

⑤ 烧开后，把煎黄的鸡块放入，再放奥利根奴香草和香叶，煮沸，盖上锅盖，转小火，焖煮约 30 分钟，至鸡肉嫩熟。

⑥ 出菜时，把香叶弃去，鸡块盛入热盆。

⑦ 再将鳀鱼肉和黑橄榄放入煎锅，烧至汤汁稍稠而成沙司，调味后将沙司

浇在鸡块上即可。

质量标准：色泽金黄，鸡肉嫩香，沙司鲜美。

（七）意大利焗鱼（Baked Fish Italy Style，意式，4人份）

原料：鳜鱼1条（1000克），胡萝卜350克，洋葱450克，土豆1200克，白芹菜450克，鲜番茄150克，番茄酱150克，大蒜头4瓣，藏红花5克，月桂叶2片，面粉50克，橄榄油150克，黄油75克，白兰地酒15克，奶酪粉50克，精盐3克，胡椒粉1克。

工具或设备：焗炉、厨刀、煎锅。

制作过程：

① 将鳜鱼的头尾先斩下，再将中段去皮拆骨，切成四片，里外抹上盐、胡椒粉，分别再蘸上面粉，用橄榄油两面煎黄，将鳜鱼的头尾用开水煮汤。

② 将胡萝卜、洋葱、芹菜分别切成小丁；大蒜头斩末；将胡萝卜等小丁同藏红花先用黄油炒黄，再加大蒜头末、番茄酱、月桂叶、胡椒粉、面粉、精盐炒和后，烹白兰地酒，再将鲜番茄切丁倒入，同时倒上煮鱼的原汤，用小火焖熟。

③ 土豆煮熟捣成浆，加精盐、胡椒粉调和做成土豆泥。

④ 将煎好的鱼中段装盘，配上土豆泥。

⑤ 并将焖好的胡萝卜等蔬菜和汤汁倒在鱼身上，撒上奶酪粉，移入焗炉焗黄。

质量标准：色泽金黄，鱼肉鲜嫩，配菜清香。

（八）烤酿火鸡（Roast Stuffed Turkey，意式，10人份）

原料：光火鸡1只，猪肉糜500克，烟肉4片，青橄榄50只，栗子50颗，面粉10克，黑胡椒粉3克，精盐10克。

工具或设备：烤箱、厨刀、煎锅。

制作过程：

① 选2500克以上的光火鸡，去头脚，洗净，用纸巾吸干水分，内外擦上精盐和胡椒粉。

② 橄榄去核，栗子去壳后都切碎，放入容器，加猪肉糜和适量精盐拌和，塞入火鸡腹内，缝上线。

③ 将火鸡放入烤盘内的支架上（腹部朝上），盖上烟肉片，转入热烤炉，以165℃烤约1.5小时后移出烤盘。取去烟肉另作别用。

④ 将烤盘内熬出的油倒入沙司锅，撒上面粉，开小火拌匀成沙司。

⑤ 将火鸡仍放入烤盘，淋上沙司。再将烤盘移入热烤箱，烤至火鸡皮呈金黄色。

⑥ 取出烤盘，把火鸡的线拆去，装入大银盘装饰即可。

质量标准：色泽金黄，鸡皮酥脆，酿馅嫩香。

（九）米兰式炸猪排（Pork Chop Milanese Style，意式，2人份）

原料：猪排4块（每块75克），鸡肉200克，鸡蛋2个，蘑菇120克，蛋黄面条120克，面包粉35克，精盐3克，奶酪粉25克，胡椒粉1克，色拉油250克。

工具或设备：烤箱，厨刀，煎锅。

制作过程：

① 猪排用刀背敲一下，撒上盐和胡椒粉；鸡蛋敲开打匀成蛋液；蘑菇和鸡肉都切丝。

② 猪排先在蛋液里蘸一下后，再分别蘸上奶酪粉和面包粉。

③ 煎锅内放色拉油，开中火烧热后，放猪排下去两面炸黄，盛入盆内。

④ 煎锅内的油倒去，剩下少许。放入蘑菇丝和鸡丝，放入锅内炒熟。

⑤ 蛋黄面条用水煮熟后，捞起，也放入煎锅内翻炒并调味。

⑥ 最后把炒熟的面条、蘑菇和鸡丝盛盘放在猪排旁边即可。

质量标准：色呈金黄，猪排嫩香，面条软熟。

第三节　英国菜点

一、一般概况

英国是位于欧洲西部的岛国。由大不列颠岛（包括英格兰、苏格兰、威尔士）、爱尔兰岛东北部和一些小岛组成。隔北海、多佛尔海峡、英吉利海峡与欧洲大陆相望。它的陆界与爱尔兰共和国接壤。海岸线总长11450公里。全境分为四部分：英格兰东南部平原、中西部山区、苏格兰山区、北爱尔兰高原和山区。

由于历史上罗马帝国曾占领过英国，影响了英国的早期文化，其中也包括饮食文化。1060年法国的诺曼底公爵威廉继承了英国王位，又带来了法国和意大利的饮食文化，为传统的英国菜打下基础。但是，由于其本身的食粮及畜牧产品均不足以自给，需要依赖进口，因此，使其在料理烹调上多少都受到外来的影响。不过，英国本身是个历史、文化悠久的国家，所以他们在料理上多少还是保留了原有的传统饮食习惯及烹调技巧。

英国菜的早餐却很丰盛，一般有各种蛋品、麦片粥、咸肉、火腿、香肠、黄油、果酱、面包、牛奶、果汁、咖啡等，受到西方各国普遍的欢迎。

另外，英国人喜欢喝茶，有在下午3点左右吃茶点的习惯，一般是一杯红茶或咖啡再加一份点心。一些办公机构会有"Coffee Break"或"Tea Time"，即喝茶喝咖啡的休息时间。英国人把喝茶当作一种享受，也当作一种社交。

二、主要特点

（一）选料局限、口味清淡

英国菜选料的局限性比较大。英国虽是岛国，但渔场不太好，所以英国人不讲究吃海鲜，反倒比较偏爱牛肉、羊肉、禽类、蔬菜等。另外，调味也较简单，口味清淡，油少不腻，但餐桌上的调味品种类却很多，由客人根据自己的爱好调味。在调味料的使用上，多数人则喜好奶油及酒类；在香料上则喜好豆蔻、肉桂等新鲜香料。

（二）烹法简单、富有特色

英式菜的制作大都比较简单，比较喜欢烩、烧烤、煎和油炸等烹法。肉类、禽类等大都整只或大块烹制。英国人喜欢狩猎，在一年只有一次的狩猎期中，就有许多的饭店或餐厅会推出野味大餐，如野鹿、野兔、雉鸡、野山羊等的烹调。而一般烹调野味时，均采用些杜松子或浆果及酒，此做法是为了去除食物本身的膻腥味。

英式菜肴的名菜有鸡丁沙拉（Diced Chicken Salad）、烤大虾蛋奶酥（Roasted Shrimp Souffle）、土豆烩羊肉（Potatoes Stewed with Lamb）、烤羊马鞍（Roasted Lamb Saddle）、冬至布丁（Winter Pudding）、明治排（Minced Pie）、牛肉腰子派（Beef Kidney Pie）、炸鱼排（English Fish Chop）、皇家奶油鸡（Chicken a La King）等。

三、著名菜点案例

（一）牛尾浓汤（Potage Ox-tail，英式，5人份）

原料：牛尾1条，胡萝卜75克，白萝卜35克，芹菜75克，洋葱75克，青豆75克，番茄75克，面粉45克，黑胡椒粉3克，精盐3克，辣酱油15克，雪莉酒35克，黄油75克，牛肉清汤1000毫升。

工具或设备：汤锅、汤匙。

制作过程：

① 牛尾放在火上燎去剩余的毛，切成段，放在汤锅里，加水用大火烧滚，将水倒掉。

② 牛尾漂洗干净，再另加清水，用大火烧滚，转中火烧3小时以上，至牛尾煮熟。

③ 取出后，撕去牛尾外膜（里层的皮不要剥去），冷却后，拆去骨，切成小方块，

再放进汤锅里，加牛肉清汤，继续烧滚。

④ 胡萝卜、白萝卜、洋葱、芹菜都切片或段，放在煎锅内，用黄油炒黄后，倒入汤锅内。

⑤ 面粉用黄油炒黄后，加入少量牛肉清汤搅成油面酱后，也倒入汤锅内。

⑥ 最后将番茄、青豆、黑胡椒粉、雪莉酒、辣酱油、盐等都加入汤锅内，用大火烧开即可。

质量标准：色泽鲜艳，汤浓味香。

（二）奶油蛤蜊汤（Cream Clam Chowder，英式，5人份）

原料：蛤蜊500克，烟肉100克，牛奶125克，土豆150克，番茄50克，洋葱50克，苏打饼干4块，面粉10克，百里香粉3克，精盐5克，黄油50克，鸡汤500毫升。

工具或设备：煎锅、汤锅、汤匙。

制作过程：

① 将蛤蜊洗刷干净，放入开水里余至蛤蜊壳张开，立即捞出。

② 挖出蛤蜊肉，将余蛤蜊的原汤滤清待用。

③ 将洋葱、土豆分别去皮洗净，与烟肉一起切成小方薄片；番茄切块，苏打饼干切碎。

④ 煎锅烧热，放入黄油融化，加入洋葱、土豆和烟肉片炒黄炒香，再加少许水煮至全熟备用。

⑤ 汤锅烧热，放入黄油烧融，加入面粉炒黄，再将鸡汤、牛奶慢慢倒入，边倒边搅匀。

⑥ 然后将炒熟的洋葱、烟肉等和切成片的番茄、盐、百里香粉及滤过的原汤一并加入搅和烧开。

⑦ 盛入汤盆，每盆放几只蛤蜊肉，汤面上放切碎的苏打饼干。

质量标准：汤色奶白，口感细腻，味极鲜美。

（三）茄汁明虾（Stewed Brawn in Tomato，英式，3人份）

原料：明虾500克，番茄500克，洋葱100克，面粉65克，芹菜100克，法香50克，香叶2片，柠檬汁50克，番茄酱50克，辣酱油15克，白胡椒粉3克，精盐5克，雪莉酒50克，黄油100克，鸡汤100毫升。

工具或设备：煎锅、煎铲。

制作过程：

① 明虾洗净，去须，剥开中段的外壳，在脊背破一裂口，除去虾肠，头尾不动，保持整只原形。

② 然后撒上盐、白胡椒粉各少许，滚上面粉。

③ 煎锅烧热放入黄油烧融，用中火煎虾至两面黄熟，再浇上雪莉酒、辣酱油、柠檬汁，一滚后就可盛起分开装盘。

④ 洋葱切片，芹菜切段后，放入煎锅，用黄油炒黄。

⑤ 再将番茄去皮去籽切细，法香切细，连同番茄酱、鸡汤和盐放入调味，烧开后起锅浇在明虾上，即可。

质量标准：色泽淡红，味道鲜美，形状美观。

（四）皇家奶油鸡（Chicken a La King，英式，3 人份）

原料：净熟鸡脯肉 300 克，吐司角 3 块，鸡蛋 2 个，蘑菇 50 克，甜红椒 1 只，柠檬汁 50 克，白胡椒粉少许，精盐适量，奶油沙司 400 克，雪莉酒 50 克，黄油 50 克，油炸吐司角 1 块。

工具或设备：煎锅、煎铲。

制作过程：

① 熟鸡脯肉去皮去骨，片成 3 厘米见方的薄片；蘑菇、甜红椒都切成片；鸡蛋取蛋黄打散。

② 煎锅烧热，放入黄油烧融，加入鸡脯肉煎黄，调入雪莉酒，用小火略焖片刻。

③ 再加甜红椒片、蘑菇片、鸡蛋黄、白胡椒粉、柠檬汁和盐搅匀，烧开，起锅装盘，淋上奶油沙司即可。

④ 盘边配 1 块油炸吐司角上席。

质量标准：奶油色泽，肥鲜滑嫩。

（五）各式铁扒（Mixed Grill，英式，1 人份）

原料：菲力牛排 1 块（75 克），猪排 1 块（75 克），红肠 1 条（30 克），烟肉 1 片（25 克），羊腰 1 只，鸡肝 25 克，土豆 50 克，刀豆 50 克，番茄 1 个，黑胡椒粉 2 克，精盐 3 克，色拉油 50 克，纸花 1 束。

工具或设备：铁排架、食品夹。

制作过程：

① 牛排去筋后用刀背拍薄；猪排也拍薄；羊腰去表皮和内筋，剖开。

② 将牛排、猪排、羊腰、红肠、鸡肝、烟肉一块块地排在盛器里，撒上盐、黑胡椒粉，抹上色拉油，然后放在铁排架上，用火扒熟（牛排不要扒得太熟，一般以七至八成熟为宜）。番茄也整个扒熟。

③ 土豆切片炸熟，刀豆用盐水煮熟。

④ 装盘时，牛排放在中间，周围放猪排、红肠、羊腰、鸡肝，上面放烟肉片，整个番茄、炸土豆片和刀豆配在盘边，猪排骨上套纸花装饰，即可。

质量标准：色泽鲜艳，品种多样，干香无汁，肥而不腻。

（六）火腿角卷（Cold Ham Cornet，英式，10人份）

原料：罐装鹅肝酱450克，熟火腿450克，鸡蛋2个，番茄250克，青豆75克，胡萝卜75克，白萝卜100克，生菜叶100克，白胡椒粉3克，精盐5克，蛋黄酱250克。

工具或设备：煮锅、厨刀。

制作过程：

① 将熟火腿切成10片，每片卷成牛角形，用鹅肝酱分别塞入角内。

② 胡萝卜、白萝卜、番茄、鸡蛋分别用水煮熟，并切成小块。

③ 放入盛器，加青豆、白胡椒粉、蛋黄酱和盐拌匀成沙拉。

④ 每客装1只火腿角卷，旁边配沙拉和少许生菜叶。

质量标准：色泽鲜艳、美味爽口。

（七）冬至布丁（Winter Pudding，英式，10人份）

原料：黄油1 000克，红糖200克，自发面粉50克，碎豆蔻1.5毫升，鸡蛋2个，白面包屑100克，葡萄干150克，黑加仑干100克，柠檬皮1个，碎杏仁25克，苹果1个，橙子1个，白兰地50毫升，牛奶100毫升。

工具或设备：蒸烤箱、搅棍。

制作过程：

① 苹果去籽去皮剁碎；柠檬皮切碎；橙子挤汁后，将皮切碎。

② 在碗内壁均匀涂上融化的黄油备用。

③ 在另一碗中把黄油和红糖搅拌好；加入面粉、碎豆蔻和鸡蛋拌匀。

④ 再把葡萄干、黑加仑干、柠檬皮碎、橙子皮碎、碎杏仁、橙汁、白兰地、牛奶等也加进来搅拌均匀，最后搅拌出来的布丁混合物要有一定湿润度。

⑤ 把搅拌好的布丁原料放在涂好黄油的碗里，用勺子把表面抹平。

⑥ 用1张锡纸盖在碗上，用细绳把油纸封好。

⑦ 把大碗放在蒸锅里蒸2小时即可。

质量标准：色泽浅黄，口感膨松，奶香酒香宜人。

第四节　美国菜点

一、一般概况

美国位于北美洲中部，领土还包括北美洲西北部的阿拉斯加和太平洋中部的夏威夷群岛，北与加拿大接壤，南靠墨西哥和墨西哥湾，西临太平洋，东濒大西洋。美国是典型的移民国家。自哥伦布1492年抵达美洲后，欧洲的一些国家就开始不断移民，他们把原居住地的生活习惯、烹调技艺带到了美国，所以美国菜可称得上是东西交汇、南北合流。但由于大部分美国人是英国移民的后裔，且17世纪和18世纪后期美国受英国统治，所以美国菜是在英国菜的基础上发展而来的，继承了英国菜简单、清淡的特点。另外，又融和了印第安人及法、意、德等国家的烹饪精华，形成了自己的独特风格。所以，目前美国菜大致又可分为三个流派：一是以加利福尼亚州为主的带有都市风格的派系；二是以英格兰移民为主的派系，保留了传统的菜点，又增加了一些当地原料的新品种；三是以德克萨斯州为主的墨西哥派系，受南美洲的影响很大，有不少菜带有辣味，味道浓烈。

二、主要特点

（一）常用水果原料做菜

美国出产很多水果，除了生食之外，还常常制作水果沙拉。另外也常用水果作为配料与菜肴一起烹制，如菠萝焗火腿、菜果烤鸭。

（二）口味清淡、烹法独特

总体来讲，美国菜的口味清淡，喜欢铁扒类的菜肴。

（三）讲究营养、注重快餐的发展

美国人对饮食的要求并不高，主要讲究科学与营养，讲求效率和方便，一般不在食物精美细致上下工夫。早餐时间一般在早上8点，内容较为简单，烤面包、麦片及咖啡，还有牛奶、煎饼。午餐也比较简单，时间通常在12:00～13:00，有时还会再迟一点。许多上班、上学人员从家中带饭菜，或是到快餐店买快餐，食物内容常常是三明治、汉堡包，再加一杯饮料。晚餐是美国人较为注重的一餐，在傍晚6点左右开始，常吃的主菜有牛排、炸鸡、火腿，再加蔬菜，主食有米饭或面条等。

美式菜肴的名菜有烤火鸡、橘子烧野鸭、美式牛扒、苹果沙拉、糖酱煎饼等。

三、著名菜点案例

（一）黑豆汤（Blank Bean Soup, 美式，4人份）

原料：黑豆300克，咸猪蹄2只，洋葱75克，芹菜1根，鸡蛋4个，法香5克，香叶1片，柠檬4片，黑胡椒粉1克，红醋15克，精盐3克，鸡汤100克。

工具或设备：汤锅、厨刀。

制作过程：

① 黑豆、咸猪蹄洗净，放入大汤锅内。加香叶和切碎的洋葱、芹菜一起放入大汤锅，加水，用大火煮开，撇去浮沫，半开锅盖，再用小火煨约3小时，使豆酥烂。

② 然后将猪蹄取出留作别用。锅内的汤用汤筛滤清，渣弃去。

③ 再将汤倒入汤锅内（如太稠可加适量鸡汤或清水），加黑胡椒粉及精盐调味，继续用小火保温。

④ 鸡蛋煮熟，去壳，切成碎块。法香切碎，加醋搅拌，于临吃时加入汤锅内，起锅装汤盆。

⑤ 每盆边上放1片柠檬，汤上再撒些切碎的法香嫩梢。

质量标准：汤热汁鲜，豆酥细腻。

（二）新英格兰蛤蜊浓汤（New England Clam Chowder, 美式，8人份）

原料：蛤蜊1罐，咸肉150克，土豆750克，洋葱200克，百里香粉2克，辣椒粉3克，白胡椒粉1克，精盐3克，鲜奶油150克，黄油50克，鸡汤1000毫升，咸饼干8片。

工具或设备：煎锅、汤锅、厨刀。

制作过程：

① 洋葱切细，土豆切方块。

② 咸肉洗净切片，放入深煎锅，加黄油，用中火煎至锅底出现一层薄衣后，将火调小，加洋葱，烧约5分钟。

③ 当咸肉和洋葱呈淡金黄色时，加入鸡汤和土豆块，用大火烧滚，再将锅盖半开，用小火煨约1分钟，直至土豆酥而不烂。

④ 将罐装的蛤蜊肉和汤汁，连同鲜奶油和百里香粉放入咸肉锅内，用小火烧至汤快要滚时，加适量的盐和胡椒粉，并试味。再加少量黄油、辣椒粉搅拌。

⑤ 上席时，将汤连同原料盛入汤盆，撒上胡椒粉。

⑥ 按传统习惯，佐以咸饼干品尝。

质量标准：味鲜肥浓，香醇宜人。

（三）华道夫沙拉（Waldorf Salad，美式，4人份）

原料：熟鸡肉200克，熟土豆300克，苹果500克，核桃肉100克，芹菜150克，奶油生菜4片，番茄1个，白胡椒粉5克，精盐5克，蛋黄酱200克，鲜奶油100克。

工具或设备：煮锅、汤匙。

制作过程：

① 熟鸡肉切成1.5厘米长的粗条；熟土豆去皮、苹果去皮去核，都切成条；芹菜也切成条。

② 核桃肉用开水泡过，剥皮切成片，用油炒熟；鲜奶油打发备用。

③ 将鸡条、芹菜条、土豆条、苹果条一起放在不锈钢锅里，加核桃肉片、打发的奶油、蛋黄酱、盐、白胡椒粉搅匀即可装盘。

④ 盘边可放番茄片和奶油生菜作为配色，再将另一半核桃肉片切碎撒在沙拉上即可。

质量标准：颜色多彩，口味鲜美，清淡爽口。

（四）蟹肉沙拉（Crab Meat Salad，美式，4人份）

原料：罐装熟蟹肉150克，土豆250克，芹菜3根，番茄2个，奶油生菜2片，鸡蛋2个，青葱1根，精盐3克，白胡椒粉2克，蛋黄酱200克。

工具或设备：煮锅、汤匙。

制作过程：

① 罐装熟蟹肉切条。鸡蛋、土豆分别煮熟。

② 土豆、芹菜分别去皮后切成3厘米的条，青葱切成末，熟鸡蛋切碎。然后放在一起拌和，再加盐、白胡椒粉、蛋黄酱并拌匀。

③ 装盘时盘边衬上奶油生菜和番茄片即可。

质量标准：色泽鲜艳，味鲜开胃。

（五）焗丁香火腿（Baked Clove York Ham，美式，10人份）

原料：整火腿1只（约5000克），脐橙2个，波本威士忌酒300克，法香50克，焦糖500克，芥末25克，丁香粒30粒。

工具或设备：烤箱、烤盘、肉叉、厨刀。

制作过程：

① 将整只火腿洗净，放入大烤盘内，放入烤箱，以180℃烤至用肉叉能轻易刺入、已熟透为止。

② 取出烤盘，待冷却后，用锋利的刀割去火腿外皮，并用刀在火腿上划出相距3厘米的方格形刀痕，刀痕深度在1.5厘米左右。

③ 再将烤盘放入烤箱中，以 200℃稍烤一烤，取出烤盘，用刷子将波本威士忌酒 200 克涂遍火腿四周。在余下的威士忌酒内加入焦糖和芥末调和，再刷于火腿上，并渗入刀痕内。在每个横直刀痕相交处，各按上一整颗丁香粒，镶嵌成图案形状，再把滴在烤盘底上的汁液用匙舀在火腿上。

④ 将烤盘移入关掉火的烤箱中，用烤箱余温烤 20 分钟，使糖化开。

⑤ 将焗好的火腿，盛入大银盘中，旁边放剖成两片的锯齿形的脐橙，将另一个脐橙剥皮，瓣开瓤放在火腿上，再放上法香点缀即可。

质量标准：色泽鲜艳、香味醇厚、鲜美可口、造型美丽。

（六）烤皇冠羊排（Crown Roast of Lamb with Peas and New Potatoes，美式，10 人份）

原料：羊排 2000 克，罐装青豆 750 克，大土豆 16 个，大蒜头 1 只，鲜薄荷叶 6 张，黑胡椒粉 3 克，迷迭香粉 2 克，纸花 16 朵，精盐 3 克，黄油 100 克。

工具或设备：烤箱、烤盘、厨刀。

制作过程：

① 选带有 16 根以上长肋骨的羊排 1 条，用锋利的小刀在每根肋骨顶端修去 3 厘米长的连骨肉，使成城墙垛口状。

② 夹入切得很薄的大蒜片，另将黑胡椒粉、迷迭香粉、精盐混合后，用手涂抹在羊排两边。

③ 将羊排两头用线扎牢，竖起来，圈成圆形，即成皇冠形状。

④ 放入烤盘，羊排内外用铝箔纸包住，以免被烤得太焦。

⑤ 烤盘移入烤箱，先用 180℃烤 20 分钟。

⑥ 再将去皮土豆放入烤盘，每隔 15 分钟将盘内焗下的热油淋涂在羊排和土豆上，改用中火焗至羊排熟透，也可根据客人喜欢的生熟程度而定。

⑦ 从烤箱中取出羊排，移入大小合适的圆银盘中，除去覆盖的铝箔纸。

⑧ 银盘中间空穴放满用黄油煸炒过的青豆。

⑨ 盘边围满土豆，浇上烤盘内的热油，在每根肋骨上端套一个纸花，并饰以鲜薄荷叶数张即可。

⑩ 多余的青豆可另外装盘跟上。上席派菜时，可用肉叉稳住羊排，再用锋利的切肉刀竖直切下，平均分成预计的客数。

质量标准：形如皇冠，色泽鲜艳，肉嫩味美。

（七）马里兰式炸鸡（Fried Chicken Maryland，美式，4 人份）

原料：光嫩鸡 1 只，烟肉 200 克，玉米棒 2 根，鸡蛋 2 个，牛奶 100 克，面粉 50 克，面包粉 50 克，糖粉 25 克，白胡椒粉 3 克，奶油沙司 200 克，精盐

3克，色拉油200克。

工具或设备：煎锅、烤箱、烤盘。

制作过程：

① 选1000克以上的光嫩鸡1只，洗清去头脚，对半剖开。

② 鸡蛋打入碗中，加牛奶、面粉、白胡椒粉和精盐调成面糊。将鸡块浸涂面糊后，再滚上面包粉。

③ 玉米棒也浸上面糊。

④ 煎锅内加色拉油，用中火将鸡块炸至两面都成金黄色。放入烤盘，移入热烤箱，焗至鸡块熟透。

⑤ 烟肉切成8条，用色拉油炸熟；玉米棒也炸熟备用。

⑥ 每客1/4只鸡装盘，盘边放奶油沙司，鸡块上放2条烟肉，成十字形交叉，另放一只撒上糖粉的玉米酥炸，即可上席。

质量标准：色泽金黄，沙司香浓，肉嫩味鲜。

（八）T骨牛排（Grilled T-bone Steak, 美式，1人份）

原料：带骨牛排1块，土豆125克，应时蔬菜75克，黑胡椒粉3克，精盐3克，黄油30克，色拉油5克。

工具或设备：铁排炉架、拍刀。

制作过程：

① 选牛排1块，重350~400克，去筋，拍松，依次抹上盐、黑胡椒粉、色拉油，放在热铁排炉架上，边扒烤边翻动，至外面呈金黄色里面有八成熟时即可。

② 牛排装入长银盘内，牛排上浇黄油。

③ 旁边配上炸土豆条和应时蔬菜即可。

质量标准：肉嫩褐黄，微焦而香。

（九）菠萝火腿排（Grilled Ham Steak with Pineapple，美式，4人份）

原料：火腿500克，炒菠菜300克，炸甜山芋条350克，菠萝4片，樱桃4颗，色拉油100克，黄油50克。

工具或设备：铁扒炉、拍刀。

制作过程：

① 火腿去皮，带骨切成5块，放在开水里氽一氽，以拔除咸味。

② 然后取出滤干，抹上色拉油，放在热铁扒炉上，边扒烤边翻动至黄熟为止。

③ 火腿摆放在盘中（每客1块）。

④ 淋上黄油，再放樱桃1颗，旁边配炸甜山芋条，炒菠菜和整片菠萝1片。

质量标准：色泽金黄，形美肉香，肉嫩味鲜。

（十）火烧冰激凌（Baked Alaska，美式，4 人份）

原料：清蛋糕 1 块，香草冰激凌 250 克，鸡蛋 8 只，白糖 100 克，糖粉 250 克，精盐 1 克，威士忌酒 50 克。

工具或设备：搅拌机、焗炉。

制作过程：

① 选 1 块清蛋糕，长 25 厘米、宽 15 厘米、高 10 厘米左右，放入椭圆形银盘中，作为垫底。

② 选质量较硬的香草冰激凌，切成蛋糕同样大小，放在蛋糕上。

③ 鸡蛋取蛋清，放入搅拌机内，加少量盐，搅打至起泡，加白糖，继续打约 5 分钟，直至蛋清起硬并呈光滑状。

④ 将蛋清糊覆盖在冰激凌表面及其四周，再将多余的蛋清糊装入裱花器内，在顶部裱上各种花纹和图案，撒上糖粉。

⑤ 放入温度较高的热焗炉内，焗 2 ~ 3 分钟，至蛋清表面呈微黄焦色，立即取出。

⑥ 上席时，在蛋清上面倒些威士忌酒，用火把酒点燃，产生蓝白色火焰，可增加宴会气氛。

质量标准：色微焦黄，香甜适口，外热里冷，口感细腻。

第五节　俄罗斯菜点

一、一般概况

俄罗斯是世界上面积最大的国家，地域跨越欧亚两个大洲。绵延的海岸线从北冰洋一直伸展到北太平洋，还包括了内陆海黑海和里海。俄罗斯历史悠久，公元 9 世纪就形成了基辅、车尔尼雪哥夫等早期国家，当时的烹调相对比较简单，据史料记载，公元 964 年，基辅国大公斯维亚托斯拉夫出征时，把马肉、牛肉或兽肉切成薄片，在炭上烤食。但到了 15 世纪，当莫斯科成为中央集权的国家首都之后，烹饪文化就比较发达了，沙皇和亲王们，曾举行过多次盛大的筵席。在莫斯科克里姆林宫有一幅表现 16 ~ 17 世纪俄罗斯饮食状况的《沙皇大公筵席壁画》，它所描绘和记录的是 17 世纪初莫斯科公国的宫廷菜，反映了最早期俄式菜肴的特点。在彼得大帝时代及之后，俄罗斯民族的菜肴已经受到西方饮食的强烈影响。18 世纪末，当第一部独创的专业烹饪书籍《烹饪札记》（谢尔盖·特鲁柯甫夫编著，1770 年第 1 版，1783 年第 2 版）在俄罗斯出现的时候，受到普遍欢迎。自此，大量有关烹饪的书籍相继问世，烹饪在俄罗斯走向大众化，俄罗斯民族的菜肴进入了新阶段，伴随着俄罗斯民族历史的发展，民族生活习惯的不断演变，各种饮食原料的不断丰富，并在很多方面借鉴了其他国家和地区的饮食文化，特别是法国菜肴的长处，逐渐形成了俄罗斯民族菜肴的特色。俄罗斯菜肴在西餐中影响较大，一些地处寒带的北欧国家和中欧南斯拉夫民族人们日常生活习惯与俄罗斯人相似，大多喜欢腌的各种鱼肉、熏肉、香肠、火腿以及酸菜、酸黄瓜等。

二、主要特点

（一）口味浓郁、烹法齐全

俄罗斯传统菜一般油较大，口味也较浓重，而且酸、甜、咸、辣各味俱全，烹调方法以烤、焖、煎、炸、烩、熏见长。

（二）注重小吃、擅长汤菜

俄式小吃品种繁多，花样齐全，风味独特，主要品种有鱼子酱、酸黄瓜、冷酸鱼等。同时，俄罗斯人还擅长做菜汤，品种多达几十种。

典型的俄罗斯菜有鱼子酱、莫斯科红菜汤、莫斯科式烤鱼、黄油鸡卷、红烩牛肉等。

三、著名菜点案例

（一）鳇鱼冻（Sturgeon in Jelly，俄式，4人份）

原料：鳇鱼肉800克，鸡蛋4个，鱼边角料（鱼头、鱼尾）1500克，芫荽25克，芹菜2根，胡萝卜4根，香叶2片，丁香8粒，琼脂25克，白醋5克，精盐5克。

工具或设备：煮锅、模具。

制作过程：

① 鳇鱼肉洗净切成2厘米厚的鱼片6～8片。

② 琼脂放入冷水软化。

③ 芹菜切碎，胡萝卜切段。

④ 鱼边角料洗净后，放入煮锅，加胡萝卜段、芫荽、芹菜碎、白醋、香叶、丁香、水，用大火煮沸，转用小火煨1小时。然后捞去胡萝卜、用细筛将汤滤清，再用大火煮沸。

⑤ 放鱼肉块，转用小火煮至鱼熟不碎（勿过熟），起锅备用。

⑥ 煮锅内汤汁，用大火收浓，剩约 800 克为止。

⑦ 鸡蛋取蛋白，打发。放入已经煮沸鱼汁的煮锅内，再加琼脂，继续用大火，边煮边搅，煮至冻汁泡起后，离火后，用细筛将汁冻滤清，加盐调味。

⑧ 将胡萝卜切片，排列在 1 只容量为 1000 ~ 2000 毫升的花式模具里，然后加一层冻汁一层胡萝卜直至容量的 1/2，移入冰箱，1 小时后，取出，将鱼肉的一半平摊在已经结块的冻汁上，再加一层未凝结的冻汁，再移入冰箱，1 小时后取出，再将另外的 1/2 鱼肉平摊在已经结块的冻汁上，加一层未凝结的冻汁后，最后再移入冰箱约 2 小时，待冻汁全部结块后出模，装在大盘内上席。

质量标准：色泽鲜艳，黄白相间，晶莹剔透。

（二）莫斯科红菜汤（Beetroot Soup Moscow-style，俄式，4 人份）

原料：牛胸肉 300 克，熏香肠 100 克，熏腿 100 克，红菜头 450 克，洋葱 1 只，胡萝卜 100 克，卷心菜 200 克，番茄 2 个，芫荽 15 克，香叶 1 片，莳萝 75 克，食糖 15 克，醋 15 克，黑胡椒粉 3 克，精盐 5 克，鲜奶油 100 克，黄油 50 克，牛肉清汤 1500 毫升。

工具或设备：煮锅，厨刀。

制作过程：

① 红菜头去皮切丝，洋葱、番茄、莳萝切碎，牛肉、熏腿切 2 厘米宽的方块，熏香肠切片，卷心菜切丝，芫荽和香叶扎在一起。

② 将黄油放入煮锅，用中火烧热，加洋葱炒软后，加红菜头、胡萝卜、醋、糖、番茄、盐、黑胡椒粉、汤汁适量（150 毫升），盖上锅盖，用小火焖熟。

③ 将剩余的牛肉清汤、卷心菜丝放入煮锅，再用中火煮沸后，加熏腿、熏香肠、牛肉、香叶、芫荽再煮 30 分钟后装盘。

④ 撒上莳萝碎上席，每客搭配 1 盅鲜奶油。

质量标准：色泽红艳，酸甜爽口。

（三）焖鳇鱼番茄蘑菇沙司（Braised Sturgeon with Tomato Mushroom Sauce，俄式，4 人份）

原料：鳇鱼 1000 克，蘑菇 75 克，番茄 4 个，香叶 1 片，洋葱 3 只，胡萝卜 50 克，芫荽根 50 克，酸豆 75 克，橄榄 75 克，奶油 100 克，黄油 100 克。

工具或设备：煮锅，煎锅，厨刀。

制作过程：

① 鳇鱼洗净切块，蘑菇、洋葱切片，芫荽根切碎，胡萝卜、番茄（去籽）去皮切碎，橄榄去核，酸豆洗净、滤干。

② 将洋葱、香叶、胡萝卜、芫荽根、番茄、黄油（50 克）、放入煮锅，加水，

用大火煮沸后转中火煨 30 分钟后，倒入细筛过滤弃渣。

③ 将蔬菜汁放回原煮锅，加鱼块，用大火煮沸，转小火，盖上锅盖，煨至鱼熟，装盘保温待用。

④ 原汁原锅用大火再煮沸，继续煮至汁稠。

⑤ 将黄油（50 克），放入煎锅，用大火将蘑菇煸炒至干软后，加稠汁和奶油，熄火搅拌均匀。

⑥ 最后加酸豆和橄榄拌成沙司，倒在已经装盘的鱼块上即可。

质量标准：色泽浅白，鱼肉鲜嫩，沙司味美。

（四）茄汁腌鱼（Fish in Tomato Marinade，俄式，4 人份）

原料：鲱鱼肉 500 克，番茄酱 150 克，洋葱 150 克，香叶 1 片，面粉 75 克，白糖 5 克，黑胡椒籽 5 粒，丁香粉 3 克，黑胡椒粉 3 克，醋 5 克，精盐 3 克，色拉油 500 克。

工具或设备：煎锅，厨刀。

制作过程：

① 洋葱切粗条，香叶撕碎。

② 煎锅内放色拉油，用大火烧热，加洋葱转中火炒软，再加番茄酱、醋、糖、丁香粉、香叶末、黑胡椒粒和盐煮沸，盖上锅盖，用小火煨 15 分钟，端锅离火，降温待用。

③ 鱼切成 5 厘米长的片，撒上盐和胡椒粉，再蘸上面粉待用。

④ 取煎锅烧热，放色拉油，用大火烧热，加鱼片，用小火两面煎黄后沥干油。

⑤ 将洋葱等调料的 1/3 倾入焗盆，放鱼片的一半，并排列成一层，再加余下的调料的 1/2，再加余下的一半鱼片，并排列成一层，再将余下的调料倒入，不加盖，腌渍 6 小时后，放进冰箱冷藏室，盖上一张塑料纸。

⑥ 冷藏 24 小时后，取出装盘上席。

质量标准：色泽金黄，鱼片鲜嫩，微酸开胃

（五）煎鱼饼芥末沙司（Fried Fish Cake with Mustard Sauce，俄式，6 人份）

原料：鳕鱼肉 1000 克，黄瓜 50 克，洋葱 1 个，芫荽 10 克，柠檬 1 个，莳萝叶 100 克，白面包 8 片，面粉 35 克，白胡椒粉 3 克，牛奶 100 克，芥末 25 克，精盐 3 克，醋 10 克，黄油 100 克。

工具或设备：煎锅、粉碎机、厨刀。

制作过程：

① 柠檬挤汁，莳萝叶分别切末，黄瓜、芫荽分别切碎。

② 将芥末、盐和白胡椒粉一起放入碗内，加醋和柠檬汁搅匀，再加芫荽、莳萝叶末和黄瓜拌和，成芥末汁，加盖放入冰箱待用。

③ 鱼肉去皮，切成小块，放入粉碎机中搅拌成糜。

④ 将面包切片，修去边，放入牛奶中浸 10 分钟后取出，挤干，放入碗内。

⑤ 将鱼糜、面包芯、洋葱末、盐、胡椒粉与面粉拌和，做成 12 只直径 8 厘米、厚 1 厘米的圆饼。

⑥ 煎锅内加黄油，用中火烧热后，逐一将鱼饼用小火两面煎黄装盘。

⑦ 与另碟装盛的芥末沙司一起搭配上席。

质量标准：色泽金黄，鱼肉鲜香，口味微辣

（六）烤鸡核桃沙司（Roast Chicken With Walnut Sauce，俄式，6 人份）

原料：光鸡（1500 克）1 只，洋葱 1 只，大蒜头 1 瓣，芫荽 25 克，核桃肉 100 克，丁香粉 3 克，红椒粉 3 克，红花粉 3 克，肉桂粉 3 克，香叶 1 片，黑胡椒粉 3 克，面粉 50 克，醋 15 克，精盐 3 克，黄油 100 克，色拉油 50 克，鸡清汤 500 毫升。

工具或设备：烤箱，煮锅，厨刀。

制作过程：

① 将光鸡洗净去内脏晾干，用绳捆扎后，再用黄油（50 克）和色拉油涂遍鸡身；另将洋葱、大蒜头、芫荽、核桃肉切碎。

② 将鸡放入烤箱，以 180℃烤制。每隔 10 分钟涂 1 次黄油和色拉油，翻一下鸡身，直至鸡烤熟。

③ 煮锅加热，放入黄油融化，将洋葱、大蒜等煸香。加面粉稍炒，加入鸡清汤，煮稠后再加醋、丁香粉、红椒粉、红花粉、肉桂粉、黑胡椒粉、香叶、芫荽、盐和核桃肉，转小火再煨 5 分钟。

④ 鸡切块装盘，淋核桃鸡汤汁即可。

质量标准：色泽金黄，鸡肉酥嫩，核桃香浓。

（七）炒牛肉丝（Fried Shredded Beef，俄式，4 人份）

原料：菲力牛肉 800 克，蘑菇 450 克，洋葱 4 只，白糖 5 克，黑胡椒粉 3 克，芥末粉 3 克，精盐 5 克，酸奶油 150 克，色拉油 50 克。

工具或设备：煎锅，厨刀。

制作过程：

① 牛肉洗净，去膘油，依横纹切圆片，再依直纹切丝，洋葱切片，蘑菇切薄片。

② 将芥末粉、糖、盐用热水搅匀成稠酱。

③ 将一半色拉油放入煎锅用大火烧热，加洋葱、蘑菇转用小火，加锅盖，煨至软熟后，用细筛将水分沥去重新放回煎锅。

④ 剩余的一半色拉油放入另一煎锅用大火烧热，加牛肉煸至微黄后，放入蔬菜煎锅。

⑤ 加盐、黑胡椒粉、芥末酱、酸奶油、糖，用小火，盖上锅盖，煨至热透，装盘即可。

质量标准：色泽浅褐，味酸咸嫩。

（八）叉烧羊肉（Barbecued Mutton，俄式，4人份）

原料：羊腿肉1000克，洋葱3个，番茄2个，柠檬2个，青葱10根，黑胡椒粉3克，精盐5克，橄榄油50克。

工具或设备：烤架、厨刀。

制作过程：

① 羊肉洗净，去骨，切块（4厘米见方）；洋葱一半切末，一半切片；番茄每只切成8块；柠檬一半切块，一半挤汁。

② 用大碗将洋葱末、柠檬汁（少量）、橄榄油、盐、黑胡椒粉搅匀，放入羊肉腌3小时，每小时搅拌1次。

③ 用4根长串肉针，1块羊肉夹1片洋葱，串好排紧，用炭火叉烧（肉串离火焰10厘米）烤至肉熟。

④ 趁热装盘，配生番茄块、青葱和柠檬块上席。

质量标准：色泽红棕，肉香浓郁。

（九）罐焖牛肉（Braised Beef in Casserole，俄式，4人份）

原料：熟牛肉400克，土豆100克，洋葱25克，胡萝卜1根，香芹25克，菜花25克，口蘑2朵，番茄1个，面团30克，番茄酱200克，淡奶油75克，黄油30克，大蒜末30克，盐3克，香叶3片，牛肉汤750克，黑胡椒5克，白兰地酒15克，色拉油、干面粉各适量。

工具或设备：厨刀、砂罐。

制作过程：

① 土豆、洋葱、胡萝卜、香芹、口蘑和番茄洗净，切成块，备用。

② 胡萝卜和土豆过油炸成金黄色；口蘑、菜花焯水，备用。

③ 锅中加入黄油，放入一半的大蒜末和香叶煸香，再倒入番茄酱和黑胡椒翻炒。

④ 放入土豆、洋葱、胡萝卜、香芹、口蘑和番茄继续翻炒2分钟。

⑤ 加入牛肉汤和熟牛肉，加盖后小火炖20分钟后加适量盐调味。

⑥ 锅中加入另一半大蒜末、淡奶油和白兰地酒，搅拌均匀，关火后盛入罐内。

⑦ 另将醒制好的面擀成片，均匀刷上色拉油，再撒上适量干面粉拍匀，使其成为油酥，卷成细长的卷，做成2个饼。

⑧盖在盛好牛肉的罐上，放入提前预热至180℃的烤箱中，上下火烤15分钟即可。

质量标准：色泽鲜艳，口味醇厚。

（十）克瓦斯（Kvas，俄式，4人份）

原料：黑面包500克，葡萄干50克，砂糖250克，薄荷叶15克，干酵母3克，水适量。

工具或设备：烤箱、煮锅。

制作过程：

①面包要取隔夜的，放入烤箱烘干（约1小时），切碎。

②将水5000克放入煮锅，用大火烧沸后加面包，离火，用布盖住锅口，至少8小时后，用细筛将面包水滤入另一锅。

③干酵母用温水化开，加糖少许，拌和。

④待干酵母的体积增加一倍后，再加糖和薄荷叶搅拌，再倒入面包水锅内，锅口盖毛巾，再至少放置8小时，然后用细筛将混料滤入另一大碗。

⑤混料用漏斗灌入啤酒瓶（不要灌满瓶），加入葡萄干，并用保鲜袋将瓶口盖住，扎上橡皮筋，储入冰箱备用。

⑥可直接作为饮料，也可作为冷汤的原汁。

质量标准：含气味酸、开胃爽口。

第六节　德国菜点

一、一般概况

德国位于欧洲中部，东邻波兰、捷克，南接奥地利、瑞士，西界荷兰、比利时、卢森堡、法国，北接丹麦，濒临北海和波罗的海，是欧洲邻国最多的国家。德国人在饮食方面喜好大块肉、大碗酒的吃法，口味较重，材料则偏好猪肉，牛肉、肝脏类、鱼类、家禽、蔬菜及香料等；调味品方面大量使用芥末、白酒、黄油等，在烹调方法上较常使用煮、炖和烩的方式。

二、主要特点

（一）肉制品丰富

德国菜在肉类的应用有其独特的方法，如德国香肠驰名世界，主要原料从猪肉到牛肉，从动物到蔬菜，包括培根肉、小牛肉、牛奶和洋葱末，甚至猪和牛的内脏、舌头等，这一点与东南亚国家的习俗颇为相似。另外，再加入相当多的盐、胡椒及豆蔻等香料。德国香肠大致可分为四大类：一是新鲜香肠，即将生料在肠衣内煮熟；二是熟肠，将已熟的材料灌入肠衣内；三是风干香肠，用熟的猪、牛肉加香料制成，风干8周成品；四是熟火腿，德国人将熟的火腿也视为香肠。香肠有曲有直，天然的肠衣，如猪、牛羊的肠衣是曲的，用牛皮骨胶原制成的人工肠衣的香肠是直的，另外，用蒸汽烫的香肠是白色，经过烟熏的香肠就呈红色。

德国香肠的吃法繁多，不仅可直接水煮、油煎或烧烤，同时也可以做成沙拉、汤、热食甚至生吃。而且，大多数的香肠是以地区命名，表示添加了该地区特有的调味香料，同时也都有最能显现出香肠的风味，如布鲁特香肠可以直接生吃，法兰克福香肠是水煮的代表，又如纽伦堡香肠、图林根香肠则多是用烤的。另外像口味较重、经过风干后专为搭配啤酒食用的啤酒香肠，这种香肠咸而硬，十分有嚼劲。

德国的肉类料理除了香肠外，火腿和熏肉也不下百种，而这也是由于制作方式及加入香料的不同而产生微妙的变化；大部分的肉制品都是吃生冷的切片，直接蘸些芥末酱就入口了。有一种"黑森林火腿"，可以切得跟纸一样薄，味道奇香无比。德国的国菜就是在酸卷心菜上铺满各式香肠，有时用一整只猪后腿代替香肠和火腿。

（二）食用生鲜菜肴

一些德国人有吃生牛肉的习惯，著名的鞑靼牛扒就是将嫩牛肉剁碎，拌以生葱头末、酸黄瓜末和生蛋黄食用。

（三）口味以酸咸为主

德式菜中的酸菜使用非常普遍，经常用来做配菜，口味酸咸，调味比较浓重，但是浓而不腻。

（四）用啤酒制作菜肴

德国盛产啤酒，大致上可以分为白啤酒、清啤酒、黑啤酒、科什啤酒，出口啤酒和无酒精啤酒这六大类。德国啤酒的消费量也居世界之首，一些菜肴也常用啤酒调味。

（五）烹调方法多样

德国菜的烹调方法以烤、烘、焖、煮为主，典型的菜式有柏林酸菜煮猪肉、酸菜焖法兰克福肠、汉堡肉扒等。

（六）早餐比较讲究

德国早餐比较丰富，通常有饮料，包括咖啡、茶、各种果汁、牛奶等；主食为各种面包，以及与面包相配的奶油、干酪和果酱，外加香肠和火腿。此外，德国人非常爱吃土豆，烹调的花样千变万化，除了炸薯条外，还有水煮土豆、火烤土豆、土豆泥，以及炸土豆饼。

三、著名菜点案例

（一）猪肉冻（Pork Meat in Aspic，德式，6人份）

原料：猪蹄1500克，猪头肉350克，洋葱100克，茴香2粒，胡萝卜50克，酸黄瓜220克，芹菜叶25克，香叶2片，胡椒粉2克，明胶粉15克，醋15克，精盐3克，白葡萄酒50克，清水适量。

工具或设备：汤锅、冰箱、不锈钢浅盘、厨刀。

制作过程：

① 猪蹄、猪头肉分别去毛，洗净，放入汤锅内，加清水没过原料，用大火烧开后，倒去水，将肉取出漂洗干净，放回原锅。

② 原锅内再加适量清水，用中火将猪蹄、猪头肉煮烂后，端锅离火，冷却，取出肉，拆去骨，切成小方块，再放回原汤锅内。

③ 洋葱、酸黄瓜分别切碎，同香叶、茴香一起放入原汤内，加盐、胡椒粉、白葡萄酒、醋烧开，加明胶粉搅拌溶解后，再端锅离火，捞出香叶和茴香弃用。

④ 选一长方形的不锈钢浅盘，倒入少许汤汁铺平盘底，然后用芹菜叶或胡萝卜切花片装饰成花纹图案，放入冰箱使其凝冻，再把猪蹄等倒入，摆平，把余下的汤汁倒入，移入冰箱使其凝成冻。

⑤ 出菜时，将肉冻覆出，切片装盘上席。

质量标准：色彩美观，清澈透明，清香不腻。

（二）烟鲳鱼沙拉（Smoked Pomfret Salad，德式，6人份）

原料：鲳鱼750克，鸡蛋2个，土豆450克，洋葱50克，酸黄瓜100克，胡椒粉2克，糖15克，蛋黄酱150克，酱油50克，白葡萄酒50克，精盐5克。

工具或设备：熏炉、厨刀。

制作过程：

① 鲳鱼去鳃，去内脏，内外洗净，放入盛器，加酱油、糖、白葡萄酒、胡椒粉、盐拌和，腌约1小时。

② 熏炉内放置木屑，将鱼挂在熏炉内，把木屑燃起烟，关好炉门。

③ 熏约 20 分钟，熟后取出冷却，切下头尾不要，中段切块装盘。

④ 土豆去皮煮熟，切小块，洋葱切碎，酸黄瓜切小块，鸡蛋煮熟切块，然后将它们放在一起，加盐和蛋黄酱拌和成土豆沙拉。

⑤ 在烟鲳鱼的盘边配土豆沙拉即可。

质量标准：鱼香烟熏，肉质鲜嫩，沙拉爽口。

（三）啤酒汤（Beer Soup，德式，4 人份）

原料：啤酒 2000 毫升，蛋黄 4 个，砂糖 150 克，肉桂粉 1 克，黑胡椒粉 2 克，精盐 3 克，酸奶油 50 克。

工具或设备：煮锅，打蛋器，厨刀。

制作过程：

① 将啤酒与砂糖倒入煮锅内，开大火煮沸，搅拌使砂糖溶解，端锅离火。

② 蛋黄放入碗内，用打蛋器打散，再渐渐地将酸奶油倒入，并不断搅拌，又舀 3 匙热啤酒下去拌匀后，一起倒入煮锅内。

③ 再稍加热，搅匀，使汤汁稍变稠（不要煮沸）。

④ 加肉桂粉、黑胡椒粉、盐调味后，分盛入汤盆内即可。

质量标准：色泽混白，香酸甜苦。

（四）扁豆汤（Lentil Soup，德式，4 人份）

原料：扁豆 250 克，烟肉 100 克，小红肠 100 克，洋葱 50 克，胡萝卜 50 克，芹菜 15 克，黑胡椒粉 3 克，精盐 3 克，色拉油 15 克，水适量。

工具或设备：汤锅、煎锅、厨刀。

制作过程：

① 扁豆洗净，洋葱切碎，胡萝卜切片，芹菜切段。

② 汤锅内放适量水，开大火煮沸，放扁豆、烟肉、胡萝卜与芹菜，煮沸后，转小火，半开锅盖，煮约 30 分钟。

③ 煎锅内放色拉油，烧热，放洋葱炒熟炒黄后，放入汤锅，用小火再煮约 30 分钟，至扁豆软熟但不烂。

④ 上席前，将烟肉捞起，切丁后，和红肠切片一起放入锅，加黑胡椒粉与精盐调味后，盛入汤盘即可。

质量标准：豆酥糯香，汤热味鲜，清淡滋养。

（五）鞑靼牛排（Tartar Steak，德式，4 人份）

原料：牛肉 500 克，鸡蛋 4 个，鳀鱼干 16 条，酸豆 75 克，洋葱 2 个，法香 75 克，黑胡椒粉 10 克，黑面包 2 个，精盐 3 克，黄油 100 克。

工具或设备：汤锅、煎锅、粉碎机。

制作过程：

① 选新鲜上好的嫩牛肉用粉碎机绞得很细，用木匙搅匀，使成润滑而有韧性的牛肉糜。

② 将牛肉糜分成 4 份，用手按成圆而扁的肉饼，放入盆内，肉饼中心按一浅窝。

③ 鸡蛋取蛋黄，放入浅窝内。洋葱、法香切细装盘；黑胡椒粉、精盐、酸豆、鳀鱼干都分别装盘。

④ 佐助以黑面包、黄油上席，由客人自己调味。

质量标准：肉嫩味鲜，风味特殊。

（六）咸猪蹄酸菜（ Boiled Pig's Trotter with Sauerkraut，德式，4 人份）

原料：咸猪蹄 8 只，土豆 400 克，卷心菜 100 克，酸菜 200 克，香叶 2 片。

工具或设备：煮锅、厨刀。

制作过程：

① 咸猪蹄洗净，刮清细毛，放入开水氽一下后捞出。

② 每只斩成两段脚圈、脚爪各一。

③ 然后放入煮锅，加适量清水至淹没猪蹄，再加香叶和卷心菜，用小火煮至酥而不烂。

④ 土豆煮熟，酸菜焖熟。

⑤ 上席时装盘，每客脚圈和猪蹄各一段，放上土豆和酸菜，浇上一些汤汁即可。

质量标准：味咸鲜肥、油而不腻。

（七）烤鹅苹果葡萄干酿馅（ Roast Goose with Apple, Raisin Stuffing，德式，10 人份）

原料：光鹅 1 只（3500 克），苹果 500 克，无籽葡萄干 250 克，杏仁（或榛子）100 克，洋葱 200 克，法香 50 克，牛膝草 25 克，应令蔬菜 500 克，面包 200 克，精盐 15 克，黑胡椒粉适量，黄油 100 克。

工具或设备：烤箱、厨刀。

制作过程：

① 洋葱切细，用黄油炒熟；杏仁（或榛子）炒熟去皮；法香、牛膝草切细；苹果去皮去心切小块；面包撕碎；所有原料都放入碗内，加黑胡椒粉与精盐拌和，作为酿馅。

② 光嫩鹅 1 只，去头脚，内外理清洗净，用纸巾吸干水分，里外抹上黑胡椒粉与精盐，将酿馅舀入鹅腹内（不要塞得太多），用白线缝上切口。将鹅颈

向后折放在鹅背上，用线扎牢，把小刀的尖锋在鹅周身扎刺一下，以使鹅皮可以烤得松脆。

③ 将鹅放入烤盘，背朝上，移入烤箱，以 180℃烤约 3 小时，并不时将烤盘内熬出的油淋浇在鹅身上。

④ 烤熟后取出，在室温放置 15 分钟冷却，切片分装入热盘上席。

⑤ 如用整鹅出菜，应将鹅肉批成薄片，不要损坏鹅的骨架，仍放回原处，使恢复成整鹅形状，装入大银盘内（胸脯朝上），旁边配上应时蔬菜即可。

质量标准：色泽金黄，形状美观，味略酸甜。

（八）土豆薄饼（Potato Pancakes with Apple Sauce，德式，5 人份）

原料：土豆 1000 克，鸡蛋 2 只，洋葱 50 克，面粉 50 克，苹果酱 50 克，精盐 5 克，黄油 100 克。

工具或设备：烤箱、厨刀。

制作过程：

① 土豆去皮，浸入水中，以防变色。后用水煮熟，研压成土豆泥，洋葱也研细。

② 将鸡蛋磕入碗内，打匀，加土豆泥、洋葱、面粉和精盐，用力搅打成浆。

③ 将煎锅内放黄油，开中火烧热。舀一些土豆泥浆到煎锅内，用平铲刀刮平，铺成直径 25 厘米的薄饼。经两面煎黄后，盛入盘内，加盖保温。

④ 待土豆薄饼全部做好后，佐助苹果酱，立即上席。

质量标准：色泽金黄，热软而香。

第七节　比利时菜点

一、一般概况

比利时位于欧洲西部，北连荷兰，东邻德国，东南与卢森堡接壤，南和西南与法国交界，西北隔多佛尔海峡与英国相望，首都为布鲁塞尔。比利时巧克力制作业历史悠久，素有"巧克力王国"的美称。

比利时人在饮食上有着自己的独特习俗，是西方最偏爱土豆的国家。在比利时家庭餐桌上每天都能看到土豆，其制作方法颇为讲究，尤其是炸土豆。在市面上到处可看到经营炸土豆的店铺，所做的土豆形状多种多样，如炸土豆条、炸土豆片、炸土豆丝、炸土豆球。炸土豆片又有圆片、花片、方片、三角片等，炸土豆丝也分粗丝、细丝、长丝、短丝等，因此也有"土豆王国"之称。

比利时人的菜肴普遍要求清淡，保持原味和营养。原料多以蔬菜为主，果菜用量大，畜类以牛肉为主，禽类则以肉鸡常见，对海鲜很感兴趣。贻贝经干制后称淡菜，是比利时餐桌上的"常客"，制作方法在饭店餐馆中一般有烤、烩、煎、蒸等。

二、主要特点

（一）擅长烹调海鲜

比利时是美食王国，在欧洲久负盛名，以各式海鲜贝类最为著名。肥美的贻贝、鲜美的淡菜、嫩滑的鲽鱼、美味的北海灰虾等都是烹调中的主角。

（二）烹调方法以蒸、煮、炖等为主

比利时烹调方法多样，尤以蒸、煮、炖等为出色。因为比利时人认为在各种的烹调方式中以白酒蒸贝最能品尝其鲜美原味。以白酒熟煮的淡菜，鲜美多汁，也广泛受到欢迎。

（三）喜欢用啤酒调味

啤酒是比利时修道院里发明的饮料，现在有 300 多种，五颜六色，使人胃口大开。比利时人喜欢品尝啤酒时加一块干酪（比利时的干酪有 80 多种）。不少菜烹调时加入啤酒。

（四）甜点品种出色

比利时甜品较为出色，喜欢吃甜品的人可以品尝很多种蛋糕、蛋奶烘饼及具有比利时独特口味的巧克力（约 400 种），巧克力以杏仁口味为代表。

巧克力作为比利时的特产并与瑞士巧克力齐名。味道丰富多样，从传统的榛子和易融的糖衣杏仁口味到最有异国情调的香蕉味、草莓味，应有尽有。在精美的西点屋和超市，人们越来越多地发现了手工制作的巧克力。

三、著名菜点案例

（一）鸡丁蔬菜汤（Chicken Diced and Vegetable Soup，比利时式，6 人份）

原料：光鸡 1 只（1500 克），芹菜 100 克，洋葱 100 克，胡萝卜 100 克，大蒜 100 克，法香 50 克，面包糠 50 克，香叶 1 片，柠檬汁 25 克，白胡椒粉 3 克，精盐 5 克，雪莉酒 50 克，黄油 100 克。

工具或设备：煎锅、汤锅、厨刀。

制作过程：

① 将光肥鸡洗净，全部擦上柠檬汁，然后放入汤锅里，加清水至淹没物料，用大火烧滚，撇去浮沫，转中火，加香叶继续烧到鸡熟。

② 胡萝卜、洋葱、芹菜、大蒜分别切碎。

③ 放在煎锅内用黄油炒黄，将盐、白胡椒粉、雪莉酒全部倒入汤锅，继续烧到肥鸡熟透。

④ 取出冷却，取肉弃骨，将鸡肉切成丁，仍放回汤锅内，略滚片刻即成。

⑤ 上菜时，将汤盛入汤盆，汤面上撒切碎法香和面包糠。

质量标准：色泽鲜丽，荤素搭配，香鲜浓滑。

（二）杂鱼汤（Fish Chowder，比利时式，6 人份）

原料：鳗鱼 250 克，鲤鱼 250 克，鲈鱼 250 克，吐司 6 片，胡萝卜 50 克，洋葱 100 克，芫荽 50 克，芹菜 50 克，青蒜 50 克，柠檬 2 个，香叶 1 片，百里香粉 3 克，白胡椒粉 3 克，白葡萄酒 100 克，精盐 5 克，黄油 100 克。

工具或设备：煎锅、汤锅、厨刀。

制作过程：

① 把鳗鱼、鲤鱼、鲈鱼清洗，去头、尾、内脏和骨刺，切成长 6 厘米的条块。

② 将胡萝卜、洋葱、芫荽、芹菜、青蒜都切碎；柠檬切片；吐司用黄油煎黄。

③ 将煎锅烧热，放入黄油溶化，将鱼块煎黄，加入切碎的胡萝卜、洋葱、芫荽、芹菜、青蒜、白胡椒粉、百里香粉和香叶约烧 10 分钟，再加入白葡萄酒、盐和适量的水，用大火烧滚，转中火直至鱼肉烧熟，捞出鱼块，放入加热过的长形鱼盘内。

④ 将锅内的汤汁用汤筛过滤，弃渣，将汤汁仍倒回锅内，放入柠檬片，淋上黄油再加热。

⑤ 装盘时，每盘配上一片黄油吐司即可。

质量标准：色泽浅白，鱼肉嫩香，鱼汤鲜美。

（三）红烩小龙虾（Stewed Crayfish，比利时式，5 人份）

原料：小龙虾 750 克，芹菜 100 克，洋葱 100 克，胡萝卜 100 克，芫荽 15 克，红椒粉 3 克，白胡椒粉 3 克，精盐 5 克，雪莉酒 50 克，黄油适量。

工具或设备：汤锅、厨刀。

制作过程：

① 小龙虾放入盛有适量沸水的汤锅里，约煮 10 分钟后取出，与龙虾汤分别放置，待用。

② 将洋葱、芹菜、胡萝卜、芫荽分别切碎，和雪莉酒、红椒粉、盐、白胡椒粉一起放入虾汤里，用大火将汤熬成浓汁，再加黄油调好味。

③ 将煮熟的小龙虾剥壳取肉，挑去虾肠和沙胃，再倒入熬好的浓汁里略滚片刻后取出装盘。

质量标准：色泽红艳，龙虾鲜嫩，汤汁浓肥。

（四）煮小鳗鱼（Boiled Eel，比利时式，5 人份）

原料：小鳗鱼 1000 克，鸡蛋 3 个，薄荷叶 25 克，香叶 2 片，白胡椒粉 3 克，精盐 5 克，柠檬汁 35 克，雪莉酒 50 克，黄油 150 克。

工具或设备：煎锅、汤锅、厨刀。

制作过程：

① 薄荷叶切碎；鸡蛋煮熟，取鸡蛋黄碾碎。

② 小鳗鱼去头，去内脏剥皮，切成 6 厘米长的段，放入汤锅，加清水、雪莉酒、香叶、黄油、盐、白胡椒粉、薄荷叶，用小火烧煮 30 分钟。

③ 出菜时，将小鳗鱼装盘，碎蛋黄撒在鱼段上面，再浇上柠檬汁即成。

质量标准：肉质鲜嫩，味鲜肥滑。

（五）黑枣烩兔肉（Stewed Rabbit with Black Dates，比利时式，8 人份）

原料：光兔子 1 只（2500 克），黑枣 30 只，面粉 25 克，蔬菜香料（洋葱、胡萝卜、西芹等）250 克，香叶 1 片，白胡椒粉 3 克，梅酱 100 克，红葡萄酒 300 克，红醋 100 克，精盐 10 克，黄油 150 克。

工具或设备：煎锅、厨刀。

制作过程：

① 将光兔子洗净，去头脚，切成大块，放入盛器内，加红葡萄酒、红醋、盐、白胡椒粉、香叶、蔬菜香料，腌约 20 小时（兔肉在腌渍过程中须翻动几次）。

② 黑枣用冷水浸泡 12 小时。

③ 取出腌过的兔肉，带骨斩成 3 厘米见方的块。

④ 煎锅内放黄油，用中火将兔肉块煎黄，再放入烩锅里，放入腌兔肉的原汁、面粉、葡萄酒、白胡椒粉、黑枣和适量的水，先用大火，烧滚后转小火，烩到兔肉熟透，黑枣软熟即成。

⑤ 装盘时，配上梅酱调味。

质量标准：色泽紫红，味香鲜嫩，甜酸适度。

（六）比利时大杂烩（Belgium Hotchpotch，比利时式，8 人份）

原料：牛胸肉 750 克，羊胸肉 750 克，猪蹄 750 克，猪尾 1 条，猪耳朵 350 克，小红肠 10 条，卷心菜 350 克，大蒜 200 克，洋葱 300 克，胡萝卜 200 克，芹菜 200 克，香叶 2 片，白胡椒粉 5 克，精盐 15 克。

工具或设备：汤锅、砂锅、厨刀。

制作过程：

① 把猪耳朵、猪蹄、猪尾刮净细毛，与牛胸肉、羊胸肉先放入开水余一下，然后将这些原料放入大砂锅，加适量冷水，用大火烧开，撇净浮沫，然后改用小火煨煮八成熟。

② 将全部蔬菜、小红肠分别切成大块或段，放入盛牛胸肉、羊胸肉的砂锅，继续用大火烧约30分钟后，加盐、白胡椒粉、香叶和大蒜，调味。

③ 上桌时，各种肉类都切成大片或大块，装大盆，由客人自己分食；砂锅内的汤汁，可连锅或改盛大汤盆同时上席。

质量标准：色泽鲜艳，肉酥汤热，鲜香可口。

第八节　奥地利菜点

一、一般概况

奥地利是位于中欧南部的内陆国，西部和南部是山区（阿尔卑斯山脉），北部和东北是平原和丘陵地带，47%的面积为森林所覆。它东邻斯洛伐克和匈牙利，南接斯洛文尼亚和意大利，西连瑞士和列支敦士登，北与德国和捷克接壤。

奥地利的格拉斯的土豆节始于1997年，如今已发展成为当地规模最大的秋季商品交易日和美食节日。近年来，每年10月第一个周末的土豆节都能为这座仅有1400位居民的小镇吸引至少1.3万游客。奥地利还有著名的莫扎特巧克力，产于萨尔茨堡，是一种巧克力加杏仁糖制成的巧克力球，每块巧克力的包装上都是一个身着传统民族服饰的莫扎特，在专卖店和各种商店均有售。

二、主要特点

（一）擅长煎炸等烹调方法

奥地利人喜欢煎炸食物。烤排骨、炸猪肘、炸猪排等，更是维也纳最著名特色菜，猪排分量很大、外皮酥黄、内肉嫩滑，咬开肉香四溢，加上浓浓奶酪香味，可配土豆块和柠檬食用。

（二）甜点品种丰富

奥地利人对甜点品种的追求永无止境。千层酥、苹果卷、奶酪卷、皇家薄酥糕、空心蛋糕、萨赫蛋糕等甜点层出不穷，每道甜点除了口感细腻、食材鲜美外，还要做工精致，十分讲究香、甜、美的顶级表现。

三、著名菜点案例

（一）卷心菜浓汤（Cabbage Soup，奥地利式，6人份）

原料：小红肠25克，卷心菜100克，面粉50克，白胡椒粉1.5克，精盐3克，黄油50克，牛肉汤1000毫升。

工具或设备：煎锅、汤锅、锅铲。

制作过程：

①卷心菜切成丝，放入黄油煎锅内，用中火炒到菜呈微黄色时，加进面粉继续炒至金黄色，倾入汤锅内，再加牛肉汤、盐和白胡椒粉，烧开后改用小火烧约20分钟。

②小红肠切片，放在汤锅内，即可装盘。

质量标准：荤素搭配，香鲜肥浓。

（二）焗马鲛鱼（Baked Mackerel with Paprika，奥地利式，5人份）

原料：马鲛鱼肉500克，土豆10个，酸牛奶50克，鸡蛋1个，洋葱100克，红椒粉15克，柠檬汁5克，精盐3克，白胡椒粉2克，黄油100克。

工具或设备：煎锅、烤箱、烤盘。

制作过程：

①土豆煮熟，洋葱切碎，放在煎锅内用黄油炒黄，放在烤盘内作为垫底。

②马鲛鱼肉洗净后切成10块，依次排在烤盘内的洋葱上面，撒上盐、白胡椒粉、红椒粉，再加酸牛奶，然后送进烤箱焗黄、焗熟。

③鸡蛋去蛋黄，打成浆，与柠檬汁、黄油拌匀后，浇在焗过的鱼上，再进炉将鸡蛋、黄油焗黄即成。

④装盘时，每客鱼2块，盘边配上2个熟土豆。

制作标准：色泽浅黄，鲜香嫩酸。

（三）奥地利式炸鸡（Fried Chicken in Austria Style，奥地利式，4人份）

原料：光鸡1000克，鸡蛋1个，面包粉200克，面粉100克，柠檬2个，精盐3克，色拉油200克。

工具或设备：煎锅、烤箱。

制作过程：

①鸡洗净，切成4块，沥干，抹上盐和面粉，蘸上打碎的鸡蛋液，取出滚上面包粉。

② 色拉油放入煎锅内，用中火将鸡块炸黄。

③ 炸后再放在烤盘内，放入烤箱烤约 15 分钟。

④ 取出装盘。每客鸡 1 块，配以柠檬块。

质量标准：鸡肉香嫩，外焦内软，具有柠檬香味，微酸。

（四）奥地利式煮牛肉（Boiled Beef in Austria Style，奥地利式，4 人份）

原料：牛臀肉 1000 克，鸡翅膀 50 克，鸡颈 250 克，鸡背 250 克，鸡肝 250 克，洋葱 250 克，胡萝卜 250 克，芫荽 10 克，青蒜 1 根，芹菜 50 克，香叶 1 片，多香果粒 4 粒，胡椒籽 6 粒，精盐 3 克，黄油 50 克。

工具或设备：煮锅、汤锅。

制作过程：

① 牛臀肉、鸡膀、鸡颈、鸡背、鸡肝等都放入煮锅内，加冷水至淹没物料，用大火煮沸，撇去浮沫。

② 洋葱、胡萝卜都切片，芹菜去叶切段，青蒜取蒜白部分，切段。

③ 煎锅内放黄油，用中火烧热，将洋葱、胡萝卜、青蒜白、芫荽放入煸炒数分钟后都倾入煮锅，再加香叶、多香果粒、胡椒籽，用大火煮滚后，改用小火，半盖锅盖，烩约 2 小时至牛肉嫩熟，加盐调味。

④ 取出牛肉盛入餐盘即可上席，可由客人自己动手切割。鸡翅膀等可以移作别用。汤用汤筛滤过，调味后，盛入汤盆，可伴牛肉同上。

质量标准：牛肉嫩熟，味鲜而香，汤热适口。

（五）炸小牛肉片（Fried Veal Cutlet，奥地利式，4 人份）

原料：小牛腿肉 750 克，鸡蛋 2 个，面粉 50 克，面包粉 100 克，柠檬 1 个，黑胡椒粉 2 克，精盐 3 克，黄油 300 克。

工具或设备：煮锅、打蛋器、冰箱。

制作过程：

① 鸡蛋取蛋清搅匀，小牛腿肉切片，撒上盐和黑胡椒粉，抹上面粉，抖掉粉屑，蘸上鸡蛋清，滚上面包粉，放入冰箱内冷藏 20 分钟。

② 煎锅内加黄油，用中火烧热。放入牛肉片用小火两面煎黄后装盘，配以切好的柠檬片上席。

质量标准：色泽金黄，外脆里嫩。

（六）维也纳炸猪排（Fried Pork Chop in Vienna Style，奥地利式，5 人份）

原料：猪排 500 克，鸡蛋 2 个，面粉 50 克，面包粉 100 克，土豆条 100 克，白胡椒粉 2 克，精盐 3 克，色拉油 750 克。

工具或设备：煎锅、肉锤、打蛋器。

制作过程：

① 将猪排切成 5 片，用肉锤敲匀，加上盐和白胡椒粉腌渍调味。

② 煎锅中放入色拉油烧热，约 165℃。

③ 将猪排蘸上面粉，拖上鸡蛋液，最后裹上面包粉放入煎锅中炸制 3 分钟至熟。

④ 放入土豆条炸黄炸脆。

⑤ 每个餐盘中放入一片猪排，配上土豆条上桌。

质量标准：色泽金黄，外酥内嫩。

（七）萨赫蛋糕 Sachertorte，奥地利式，6 人份）

原料：

蛋糕坯：黄油 65 克，黑巧克力 65 克，砂糖 25 克，鸡蛋 3 个，低筋面粉 65 克，杏子酱 15 克，白兰地适量。

巧克力糖衣：巧克力 210 克，无盐黄油 75 克，白兰地 20 克。

工具或设备：烤箱。

制作过程：

① 烤箱预热 180℃备用。

② 隔水融化黑巧克力和黄油。

③ 蛋白与蛋黄分开，蛋黄加入制作过程②拌匀。

④ 砂糖分次与蛋白打发，然后混入糊状物，边搅边加入过筛的低筋面粉拌匀。

⑤ 把糊状物倒入蛋糕模，进烤箱，调至 160℃，烤 30 ~ 40 分钟。

⑥ 取出待凉后切开，抹上杏子酱备用。

⑦ 将巧克力与黄油隔水融化，加入白兰地混合，淋于蛋糕表面待冷却即可。

质量标准：色泽鲜艳有层次，口感松软甜润。

第九节　西班牙菜点

一、一般概况

西班牙面积约 50.6 万平方公里。位于欧洲西南部伊比利亚半岛，西邻葡萄牙，东北与法国、安道尔接壤，北临比斯开湾，南隔直布罗陀海峡与非洲的摩洛哥相望，东面和东南面濒临地中海，海岸线长约 7800 公里。境内多山，是欧洲高山国家之一。

西班牙是美食家的天堂，每个地区都有著名的饮食文化。西班牙盛产土豆、番茄、辣椒、橄榄。西班牙人烹调喜欢用橄榄油和大蒜。西班牙美食汇集了西式南北菜肴的烹制方法，菜肴品种繁多，口味独特。美食主要有海鲜饭、鳕鱼、利比利亚火腿、葡萄酒、虾、牡蛎、马德里肉汤等。

二、主要特点

（一）米、面制品居多

西班牙人是世界上最讲究饮食的民族之一。总体看来，西班牙人的主食以米、面制品居多，海鲜饭更是世界闻名。副食的来源则比较广泛，如动物性原料中的海鲜、牛肉、羊肉、猪肉、肉制品、鸡肉，并以海鲜为主要特色；蔬菜和水果更是种类繁多，且不同的季节会有不同的新鲜品种应市，而现代化的食品加工技术则能在一年四季为普通百姓提供品种多样、数量充足的食物原料。

（二）擅用海鲜，注重原味

西班牙人很喜欢用海鲜和蔬果烹调，强调食物本身的味道，清淡宜人，配菜精致，以此突出主菜的味道和整体感。西班牙菜多用橄榄油烹制，清香而健康。此外，西班牙菜也会加辣椒调味，但是大多数菜式只是微辣，口感不会太刺激。

（三）生鲜食品著名

生火腿和肉肠是西班牙著名的特色小吃，广受人们的欢迎。据说，西班牙生火腿的得名，源于其自身的品质优良，西班牙的生火腿只有生吃，才能体会到其特有的美味。著名的生火腿品牌"塞拉诺火腿"有火腿王之称。西班牙人不但生吃火腿，一些香肠也是生吃的。

（四）色彩鲜艳，讲究装饰

有人说，西班牙菜就像20世纪西班牙建筑奇才高迪的作品，具有鲜艳的色彩，充满了烹饪者强烈的个人风格。同样一道菜，即使是同一个大厨做，也会采用多种不同的装饰方法，如用各种生菜、青红椒等，经常变换花样，让食客永远有新鲜感。

三、著名菜点案例

（一）西班牙冻汤（Spanish Cold Soup，西班牙式，4人份）

原料：洋葱2个，青椒4个，大蒜头2瓣，番茄5个，黄瓜1根，红椒粉少许，白胡椒粉少许,醋50克,面包8片,精盐、蒜汁各适量,橄榄油50克,黄油100克。

工具或设备:汤锅、粉碎机。

制作过程:

① 洋葱、青椒、番茄分别切碎,大蒜头切末,放在一起,用粉碎机搅打成浓浆。

② 再加盐、胡椒粉、红椒粉,并一边调一边加橄榄油,再加醋及水(适量),倒入一个木质或玻璃碗内,移入冰箱冷藏2小时成冻汤。

③ 黄瓜去皮切片;面包烤过,涂以黄油、蒜汁。

④ 食用前,将冻汤从冰箱内取出,配上黄瓜片、面包片即可。

质量标准:色泽淡红,清凉可口,蒜香浓郁。

(二)肉丸浓汤(The Meatball Soup,西班牙式,4人份)

原料:羊肉150克,猪瘦肉150克,鸡蛋2个,大蒜头1瓣,法香10克,青葱5克,番茄酱25克,豆蔻粉2克,白胡椒粉3克,红椒粉3克,面包糠25克,面粉15克,精盐3克,黄油50克,牛肉清汤1200毫升。

工具或设备:煮锅、厨刀。

制作过程:

① 大蒜头、法香分别切碎,放在一起,加面包糠、豆蔻粉调匀,加盐、白胡椒粉、红椒粉。加上打散的鸡蛋,与羊肉糜、猪肉糜一起调匀做成小肉丸。

② 肉丸上撒面粉(少许),放入煎锅,加黄油,用中火炸黄。

③ 牛肉清汤放入煮锅,用中火煮沸,再加肉丸、番茄酱,用小火煮透装盘。

④ 青葱切碎,撒在汤里即可。

质量标准:色泽清爽,肉质软嫩,汤鲜味美。

(三)西班牙什烩(Spanish National Stew,西班牙式,10人份)

原料:牛仔肉750克,光鸡半只,熏肠4条,菲力牛肉500克,羊仔肉500克,腌肉500克,青豆500克,鸡豆500克,黄瓜2根,生菜200克,洋葱2个,卷心菜250克,豇豆角250克,大蒜头3瓣,胡椒粉5克,橄榄油200克,盐适量。

工具或设备:煮锅、厨刀。

制作过程:

① 鸡豆浸入冷水,经8小时后捞出,沥干,放入煮锅,加水,用小火煮30分钟。

② 牛肉切丁,牛仔肉切6厘米条,羊仔肉切丁,鸡去骨后切丁,熏肠切片,腌肉切丁;洋葱切碎,蒜头切碎。

③ 橄榄油放入煎锅,用中火烧热。

④ 将牛肉丁、牛仔肉条、羊仔肉丁、鸡丁等分别放入油锅,用大火爆香,

盛起放入鸡豆锅。

⑤ 将熏肠片、烟肉丁、洋葱碎、蒜头碎等一同放入豆锅中，加盐和胡椒粉，用小火煮到肉酥，装盆，即为什烩。

⑥ 鸡豆锅内的汤汁，倒出两杯备用。

⑦ 卷心菜、生菜分别切丝，黄瓜去皮切片。

⑧ 卷心菜与青豆、豇豆一起放入另外一只锅，用中火煮10分钟后，放两杯鸡豆汤汁，调味后，盛入汤碗。

⑨ 与装盆的什烩一起佐配上席。

质量标准：色泽鲜艳，肉酥菜嫩，汤热香鲜。

（四）西班牙式烤鸭（Roast Duck Spanish Style，西班牙式，4人份）

原料：光鸭1只，腌肉50克，蘑菇50克，番茄150克，大蒜头1瓣，洋葱50克，土豆12只，红椒粉3克，胡椒粉3克，面粉100克，黄油50克，雪莉酒150克，精盐5克，色拉油250克，鸡汤250克。

工具或设备：煮锅、煎锅、厨刀。

制作过程：

① 光鸭去毛、去内脏，洗净，撒上胡椒粉，煎锅中加色拉油加热，放入光鸭，用小火炸至呈黄色后取出，放入另一被烧热的净锅内。

② 洋葱切碎，蘑菇切片，番茄切丁，腌肉切丁，土豆切丁。

③ 将煎鸭锅内的油倒剩下少许后，放入洋葱爆至呈金黄色。

④ 在鸭锅中，加爆黄的洋葱碎、番茄、土豆、蒜头、烟肉、红椒粉、雪莉酒、鸡汤，用小火焖至嫩酥，然后将鸭装入盘。

⑤ 将鸭锅内汤面上的油滤清。

⑥ 取煎锅，加黄油，用中火烧热，加蘑菇炒匀，加面粉、鸭锅汤汁煮沸；待汤汁稠厚时，倒在鸭锅中。

⑦ 土豆煮熟，配在鸭子旁边。

质量标准：鸭肉酥嫩，香味可口。

（五）酥炸香蕉（Deep-fried Banana Fritters，西班牙式，6人份）

原料：香蕉8根，鸡蛋3个，白糖30克，糖粉75克，面粉100克，牛奶100克，白兰地酒50克，精盐1克，黄油15克，色拉油250克，干面粉适量。

工具或设备：煎锅、厨刀。

制作过程：

① 面粉和盐用筛子筛过，放在碗里。

② 鸡蛋1只打散，与黄油和牛奶一起与面粉、盐搅匀，形成牛奶糊。

③ 1 小时后将另两只鸡蛋的蛋清打散，放入牛奶糊，拌匀，成奶油酱。

④ 白糖和白兰地酒放入大碗，搅拌至白糖完全溶解。

⑤ 香蕉去皮，纵切成两片，再每片用十字刀切成四块，放入白兰地酒浸泡腌渍。

⑥ 30 分钟后，香蕉一块块地蘸上干面粉（抖掉面粉屑），裹入奶油酱，放入色拉油锅内炸，至两面呈金黄色。

⑦ 沥干油，撒上糖粉，装盘即可。

质量标准：色泽金黄，香糯酥甜。

第十节 葡萄牙菜点

一、一般概况

葡萄牙面积约 9.24 万平方公里，位于欧洲伊比利亚半岛西南部。东部和北部与西班牙毗邻，西、南濒临大西洋。位于南欧洲的葡萄牙，有来自大西洋暖流的"眷顾"，丰富的海产是上天赐与伊比利亚半岛的礼物，顶级的鳕鱼（腌制后就是"马介休"咸鱼）、沙丁鱼及各类贝壳类海鲜，被葡萄牙人炮制出自成一格的美食。而与这些海鲜菜式同样为葡萄牙人所热爱的，是葡萄牙的烟熏制品和独特品质的葡萄酒。葡萄牙料理中还较多地使用橄榄油、葡萄酒、大蒜、番茄、海盐等天然的食材调味，用简约节制的烹饪手法，尽量呈现食材最自然最真实的味道。

二、主要特点

（一）腌渍食品丰富

葡萄牙菜口味偏咸，有些厚重。长期航行在海上的水手和渔民们更习惯用腌渍的方法来保存食物。葡萄牙人是世界上最钟爱鳕鱼的民族，在葡萄牙，仅腌鳕鱼就有 350 多种料理方法，腌鳕鱼为"咸鲜"菜的翘楚。

（二）烟熏制品出众

欧洲有名的火腿都讲究用放养的黑猪肉制作，葡萄牙火腿也不例外。先用烟熏的加工方法赋予火腿浓郁的烟熏香味，使得葡萄牙火腿与西班牙、意大利的纯风干的火腿风味截然不同。切开一只成熟的火腿，腿内侧的肉质腥红而紧实，中间粉嫩滋润，外侧则是丰腴的肥肉。在葡萄牙菜餐厅中，通常只食用火腿的瘦肉部分，肥肉则另作他用。火红的瘦肉被切成薄薄的小片，食之烟熏味浓郁，干香咸鲜。

（三）擅长烹制海鲜

葡式料理中海鲜的原料不少，有墨鱼、鲽鱼、鳕鱼、旗鱼、章鱼、鳗鱼、贝类等，烹调时喜欢用橄榄油、大蒜、香草、番茄及海盐来调味，但香料用得不多。

（四）口味较重，喜食米面

葡萄牙菜式口味重，偏辣偏咸，但很注意饭菜的营养价值，也讲究酒与饮食的搭配。平常生活中比较喜欢面食和米饭，葡式蛋挞比较出名，因为其奶香味浓郁，食用时还配以肉桂粉和糖霜粉，使口味更丰富。肉桂粉的独特香料气息使蛋挞更香浓，而糖霜赋予蛋挞更多一层甜蜜的感觉。

三、著名菜点案例

（一）柠檬薄荷鸡汤（Chicken Soup with Lemon and Mint, 葡萄牙式，4 人份）

原料：光鸡 1 只（1500 克），鸡杂 1 副，洋葱 150 克，大米 100 克，柠檬汁 50 克，薄荷叶 50 克，精盐 4 克。

工具或设备：瓦罐、厨刀。

制作过程：

① 将鸡杂切碎，和整鸡一起放入瓦罐，加清水淹没，用大火煮开，撇去浮沫和表面的浮渣。

② 洋葱切细，和盐一起加入鸡罐，改用小火，煨约 2 小时后，再加米，煨煮 30 分钟，直到鸡和米变软。

③ 从瓦罐取出鸡，冷却后，分开皮、肉、骨；皮和骨弃去不用。

④ 鸡肉切成 2 ~ 3 厘米长的条，放入鸡罐。

⑤ 上席前，煮热，加柠檬汁调味，撒上薄荷碎即成。

质量标准：色泽浅黄，口味微酸，鲜香可口。

（二）土豆卷心菜肠汤（Potato and Cabbage Soup with Sausage, 葡萄牙式，4 人份）

原料：卷心菜 200 克，土豆 500 克，熏香肠 150 克，黑胡椒粉，精盐各适量，橄榄油 200 克。

工具或设备：汤锅、煎锅、厨刀。

制作过程：

① 卷心菜择洗干净，切细丝。

② 煎锅中放油烧热，放入香肠，用尖刀将香肠戳两三下，用大火烧开，转小火，煨约15分钟后取出，冷却，切成圆形薄片。汤汁留用。

③ 土豆去皮，切薄片放入煮锅，加水和盐，用大火煮沸，转中火，煮酥。

④ 将土豆取出，放入碗，捣成泥。

⑤ 将土豆泥放入香肠汤汁锅内，加橄榄油和黑胡椒粉，再用大火烧沸。

⑥ 加卷心菜丝，再烧3~4分钟，加香肠片，煮1~2分钟，煮透后装盘即可。

质量标准：色泽鲜艳，汤浓香辣。

（三）虾汤（Shrimp Soup，葡萄牙式，5人份）

原料：海虾500克，洋葱4个，番茄50克，土豆100克，胡萝卜50克，卷心菜250克，面粉15克，面包50克，番茄酱75克，白胡椒粉3克，白葡萄酒100克，精盐5克，黄油100克。

工具或设备：煮锅、油炸炉、厨刀。

制作过程：

① 虾剪开虾背，去虾肠，洗净。

② 虾放入煮锅，加盐水用中火煮熟，取出；去头（留用）；盐水留用。

③ 将洋葱切丝、胡萝卜切丁、卷心菜切丝，番茄切丁、土豆切丁，都放入煮锅，加黄油、番茄酱，用中火煮片刻，再加面粉（少许）煮片刻，加虾、盐水同煮。

④ 虾头用刀背轻轻拍一下，加黄油（少许）调匀，用筛筛去碎骨，放入虾锅同煮。

⑤ 再加盐、白胡椒粉和白葡萄酒调味。

⑥ 面包切丁，放入油炸炉炸熟，在虾汤上席前撒在汤面上即可。

质量标准：色泽粉红，口味鲜香。

（四）鳕鱼饼（Codfish Cakes with Parsley,Coriander and Mint, 葡萄牙式，6人份）

原料：咸鳕鱼500克，鸡蛋6个，芹菜50克，法香50克，大蒜2瓣，鲜薄荷叶25克，红椒粉3克，黑胡椒粉3克，面包糠100克，精盐5克，橄榄油200克，面包粉适量。

工具或设备：煮锅、煎锅、厨刀。

制作过程：

① 咸鳕鱼浸入冷水泡12小时。在浸泡期间，要换3~4次水。然后取出鱼，

洗净，沥干。

② 放入煮锅，加清水，用大火煮沸。然后尝水味，如咸味太重，要再换水后重新煮沸，如水咸味不重，改用小火，半开锅盖，煮到用叉子能将鱼肉一戳就破（约20分钟）取出，沥干水分。

③ 将面包粉和橄榄油少许放入大碗调匀；大蒜、法香、芹菜、薄荷叶分别切碎；鸡蛋逐一煎成荷包蛋。

④ 鱼去皮，去骨、鱼肉弄碎，放入碗中，加法香、芹菜、薄荷、红椒粉、盐、黑胡椒粉和面包糠，并用力捣拌后，做成直径为9厘米、厚1.5厘米的圆饼。

⑤ 用厚底煎锅，橄榄油用中火烧热。待油面起薄雾时加大蒜炒黄捞出后，放入鱼饼，用中火两面煎黄装盘，撒上法香碎，配以煎荷包蛋装盘即可。

质量标准：色泽淡黄，咸鲜适口，有蒜香味。

（五）葡萄牙式布丁（Portuguese Pudding, 葡萄牙式，6人份）

原料：鸡蛋12个，橙子6个，白糖450克。

工具或设备：煎锅、模具。

制作过程：

① 橙子挤汁。白糖放入煎锅，加橙汁煮至汁浓厚后离火，稍凉。

② 鸡蛋取蛋黄渐渐倒入橙汁锅内调匀，倒入涂油的布丁模具中。

③ 模具放入锅中，加热水，用大火蒸至蛋熟后离火，稍凉。

④ 将蛋黄布丁取出，装盘即成。

质量标准：色泽浅黄，嫩滑香甜。

第十一节　澳大利亚菜点

一、一般概况

澳大利亚位于南太平洋和印度洋之间，由澳大利亚大陆、塔斯马尼亚岛等岛屿和海外领土组成。它东濒太平洋的珊瑚海和塔斯曼海，西、北、南三面临印度洋及其边缘海，海岸线长约3.69万公里。面积769.2万平方公里，占大洋洲的绝大部分，虽四面环水，沙漠和半沙漠却占全国面积的35%。

澳大利亚的传统饮食来源于英国，现正处在变革之中，澳大利亚的饮食受到地中海、亚洲、中东饮食的影响，鱼和海鲜成为澳大利亚饮食的特色。

澳大利亚饮食文化的多元化是从20世纪50年代后期开始的，世界各地移民的大量涌入和定居，带来了各自家乡的风味烹饪，其中影响最大的是地中海和亚洲地区的烹饪风格。

澳大利亚畜牧业发达，因此牛、羊肉类新鲜味美。而昆士兰州、北领地则以鳄鱼、袋鼠、水牛等肉类为主。而环海的城市则以海鲜为大宗，尤其以悉尼市的生蚝（或龙虾）、昆士兰州的蟹及鲱鱼、澳大利亚南部与西部的大龙虾、北领地的肺鱼包对虾最有名。另外澳大利亚沿岸土地肥沃，所以米、青菜、水果均很丰富。

澳大利亚人喜爱的菜谱有火腿、炸大虾、煎牛里脊、油爆虾、烤鸡、烤鱼、番茄牛肉、脆皮鸡、糖醋鱼、炒什锦等风味菜肴；喜欢喝啤酒和葡萄酒；对饮料中的咖啡很感兴趣，也爱喝红茶和香片花茶；喜爱水果中的荔枝、苹果、枇杷、葡萄、西瓜、梨；喜欢干果和花生等。

二、主要特点

（一）擅长煎炒炸，口味甜酸

澳大利亚人对煎、炒、炸等烹调方法制作的菜肴很偏爱，口味上一般不喜欢太咸，甜酸味道较多。

（二）喜欢米面，讲究色彩

澳大利亚人注重菜品的质量，量不一定要多，却要精致，讲究菜肴的色彩搭配。

（三）原料品种丰富多样

澳大利亚人的食物十分丰富多样，肉、蛋、禽、海鲜、蔬菜和四季时令水果应有尽有。几乎全部是自产自销，很少依赖进口，而且品质优良，其中牛肉、海鲜、水果还远销世界各地。

澳大利亚传统食谱是英国风格的，以烧烤牛羊肉和土豆、青豆、胡萝卜为主。在昆士兰州和北部地区，还能吃到鳄鱼肉、袋鼠肉和水牛肉。由于四周环海，海产也很多。尤其是悉尼的生牡蛎，昆士兰州的醉蟹、虾、鲱鱼，澳大利亚南部和澳大利亚洲西部的巨大的龙虾，北部地区的巴拉曼迪也很出名。

三、著名菜点案例

（一）昆士兰蟹汤（Queensland Crab Soup，澳大利亚式，10 人份）

原料：罐装蟹肉 500 克，牛奶 1000 毫升，柠檬汁 100 克，洋葱 1 个，芹菜

50 克，面粉 25 克，胡椒粉 3 克，红椒粉 5 克，白糖 5 克，雪莉酒 50 克，精盐 3 克，黄油 50 克，鲜奶油 50 克。

工具或设备：煎锅，煮锅。

制作过程：

① 洋葱切片；芹菜去叶，切成 3 厘米长的段。

② 煎锅内放黄油，用中火烧热，把洋葱和芹菜煸炒。

③ 煮锅内放少量水，把面粉放入调和均匀后烧开，加入牛奶、鲜奶油、红椒粉、白糖调味。

④ 继续用小火烧滚后，将煎锅内的洋葱和芹菜放入，再放入蟹肉。

⑤ 待蟹肉熟后，加雪莉酒、柠檬汁和精盐调味，即可分盛汤盆，趁热上席。也可撒些胡椒粉。

质量标准：奶白汤浓，蟹肉鲜美，味微酸辣。

（二）兔肉汤（Rabbit Soup，澳大利亚式，10 人份）

原料：光兔子 1 只，火腿 500 克，土豆 2 个，洋葱 3 个，大蒜头 2 瓣，面粉 100 克，白葡萄酒 100 克，黑胡椒粉 3 克，百里香粉 2 克，精盐 5 克，黄油 100 克，鲜奶油 100 克，鸡汤 1000 毫升。

工具或设备：煎锅、煮锅。

制作过程：

① 光兔子去头脚，和带骨的火腿一起洗净，放入汤锅内。加水，用大火煮沸，撇去浮沫。

② 将洋葱、土豆、大蒜切碎，和黑胡椒粉、百里香粉、盐放入汤锅内，用小火煮 2 小时，至兔肉酥软。

③ 取出兔子，斩块。火腿取去作他用。汤内的碎洋葱等蔬菜用匙背研碎，过筛滤去汤汁，仍倒回汤锅内，将兔肉块也放入汤锅。

④ 用黄油、面粉炒成面酱，倒入汤锅。

⑤ 加入鸡汤调和，用大火煮沸后，转用小火，加鲜奶油、白葡萄酒调味即可。

质量标准：兔肉酥嫩、汤汁浓香。

（三）黄瓜烩羊肉（Lamb Stewed Cucumber，澳大利亚式，5 人份）

原料：羊肉 1000 克，洋葱 2 只，圆辣椒 1 个，红辣椒 1 个，大蒜头 1 头，黄瓜 3 根，芹菜 50 克，玉米粉 100 克，精盐 5 克，黑胡椒粉 3 克，红葡萄酒 100 克，黄油 200 克，牛肉汤 500 克。

工具或设备：煎锅，煮锅。

制作过程：

① 羊肉切成 3 厘米见方的块，撒上盐和黑胡椒粉，放入热黄油油锅煎黄后盛起。

② 芹菜取茎切成段。洋葱、圆辣椒、红辣椒、大蒜头切碎，一起放入煎过羊肉的锅内，用剩余的底油煸炒至熟，加入玉米粉搅和。

③ 将牛肉汤放入汤锅内烧热，加入煎好的羊肉块、红葡萄酒、洋葱和圆辣椒等蔬菜，用大火煮沸，盖紧锅盖，改用小火烩到羊肉酥软。

④ 黄瓜削皮去籽切片，加入汤锅内，用中火滚一滚，即可盛盆上席。

质量标准：羊肉酥嫩，汤热香鲜。

（四）焗小牛脑通心粉（Baked Macaroni with Calf Brain，澳大利亚式，5 人份）

原料：小牛脑 1 只，通心粉 200 克，柠檬汁 10 克，奶酪粉 20 克，红辣椒粉 1.5 克，奶油沙司 500 克，精盐 3 克，黄油 50 克。

工具或设备：煎锅、焗炉、焗斗。

制作过程：

① 将小牛脑挑去血筋，放入盐开水锅内，用中火煮熟后离火保温。

② 通心粉放入沸水锅内用中火煮熟后取出，切成 6 厘米长的段，再倒入煎锅内，加黄油用中火炒一下，略加盐，分别装入 5 只小型焗斗内。

③ 将小牛脑取出，滤干水分，切成薄片，铺在通心粉上面，再浇上柠檬汁。

④ 将奶油沙司放在煎锅内用中火烧热，加黄油拌和，浇在通心粉上面，再撒上奶酪粉、红辣椒粉，淋上少许黄油。

⑤ 放入热焗炉内，焗透焗黄即成。

质量标准：色泽金黄，香糯鲜浓。

（五）焗牛奶兔肉卷（Rabbit Roll Baked in Milk，澳大利亚式，6 人份）

原料：光兔（1500 克）1 只，烟肉 400 克，牛奶 100 克，面包粉 250 克，洋葱 1 个，香叶 1 片，黑胡椒粉 3 克，精盐 5 克，黄油、原汁沙司各适量。

工具或设备：煎锅、焗炉、焗斗。

制作过程：

① 将光兔去头脚，斩成 6 块。烟肉切成 6 条长方形薄片。

② 将兔肉块放入煮锅，加冷水至淹没，同时放入整只洋葱和香叶，用中火煮至兔肉嫩熟，取出兔肉块，放入盛器，撒上黑胡椒粉和精盐调味。

③ 然后用烟肉片把兔肉包起来，用牙签串牢。

④ 焗盘底刷上黄油，铺上面包粉，将烟肉兔肉卷并排放上，再盖上面包粉。

⑤将煮锅中的洋葱取出，剁成碎末，与面包粉混和撒在兔肉卷的最上层，

⑥后将煮锅内的兔肉汤与牛奶等量混合，浇在兔肉卷上。

⑦将焗盘移入热烤炉，用中火焗至烟肉嫩熟，面包粉呈微黄。

⑧取出焗盘，将兔肉卷拆去牙签，每客1只装盘，浇上原汁沙司，趁热上席。

质量标准：色泽深黄，味鲜香浓。

第十二节　新西兰菜点

一、一般概况

新西兰位于太平洋西南部，介于南极洲和赤道之间。西隔塔斯曼海与澳大利亚相望，北邻汤加、斐济。新西兰由北岛、南岛及一些小岛组成，面积27万多平方公里，专属经济区120万平方公里。海岸线长6900公里。新西兰素以"绿色"著称。虽然境内多山，山地和丘陵占其总面积75％以上，但这里属温带海洋性气候，四季温差不大，植物生长十分茂盛，森林覆盖率达29％，天然牧场或农场占国土面积的一半。广袤的森林和牧场使新西兰成为名副其实的绿色王国。新西兰的土地肥沃富饶，草原和森林遍布全国，在这里，阳光充足，降雨充分，遍布全岛的火山灰土壤肥沃丰饶，造就了全球首屈一指的畜牧业、奶品业和果园种植业，再加上丰富的移民及本土化，这一切都使新西兰食品不仅新鲜而丰富，调制也别具风格和多样化。

新西兰海产丰富。生蚝、扇贝、龙虾、鳕鱼、笛鲷、鲔鱼及其他味道鲜美的鱼类源源不断地上市。新西兰人喜爱吃羊肉，且羊肉风味多种多样。1岁的小羊味道较清淡，十分受当地人的喜爱。羧羊肉或羊肉常被用来做羊排，几乎没有羊膻味，肉质柔软，因而成为新西兰最普遍的菜色之一。羊肉还常以香草腌渍，再炭烤或嫩煎，佐以酱汁，搭配芋泥或薯条，风味独特。此外，新西兰盛产水果，种类繁多，主要有猕猴桃、葡萄、木瓜、苹果、梨、樱桃、浆果和柑橘等。

二、主要特点

（一）擅长烧烤，蒸法自然

新西兰人喜欢烧烤，主要原料有牛扒、香肠、鸡、土豆、鱼、虾、贝类等。另外还有种烹调方式值得一提，新西兰拥有特殊的地热，在毛利人的饮食文化中，利用地热蒸汽便成为特有的烹调方式（毛利人的传统吃法是将树叶或海草包好的食物，放在滚烫的石头上慢火蒸几个小时）。

（二）兼容并蓄、天然新鲜

新西兰人的饮食习惯大体上与英国人相同，饮食很长时间被牛排、薯片、卷心菜、馅饼、鱼和熏肉所占据。千篇一律的烤肉和水煮蔬菜，以及加餐后的布丁，直到现在也仍旧是酒吧和乡村的主要食物。除了爱吃瘦肉外，欧洲移民的后裔们还爱喝浓汤，并且红茶一日不可或缺。但移民国的特点也赋予了新西兰饮食新的变化，亚洲及其他地区的移民带来的调料和烹饪技术，已使新西兰烹饪融合了其他国家的烹饪技术，创造出利用当地现成食品烹饪的菜肴，因此新西兰美食常常被称作"环太平洋风味"。

在新西兰用餐以肉餐为主。羔羊肉味道鲜美，由以烤羔羊肉或羔羊排为最多，牛肉、鹿肉的味道也一样好。新西兰的鱼产量多，品质鲜美，甲壳类如龙虾、海虾、鲍鱼、青口等也是量多质美。因气候温暖，所以蔬菜和水果相当丰富，所有烹饪原料都出自天然，新鲜度高。

（三）原料丰盛，结构均衡

新西兰本地的美食品种繁多，奶制品不仅物资丰富而且价格低廉，新西兰是嫩羊肉、鹿肉和牛肉的主要生产国，水果量多质优。新西兰人的饮食结构十分均衡，晚餐通常是一天中的正餐，以蔬菜或鱼、肉为主，也吃土豆、米饭和面食。

三、著名菜点案例

（一）沙丁鱼沙拉（Sardine Salad，新西兰式，8 人份）

原料：罐装沙丁鱼 800 克，鸡蛋 4 个，法香 50 克，洋葱 1 个，生菜叶 400 克，土豆 600 克，青椒 50 克，黄瓜 250 克，黑胡椒粉 3 克，罐装橄榄 8 只，醋 75 克，精盐 5 克，橄榄油 100 克。

工具或设备：煮锅，厨刀。

制作过程：

① 土豆煮熟，去皮，切碎；法香、洋葱、青椒分别切碎，黄瓜切块。

② 鸡蛋煮熟，去壳，切条。

③ 将熟土豆、法香、黑胡椒粉、洋葱末、黄瓜放在一起拌和，加橄榄油制成沙拉。

④ 沙丁鱼（400 克）切成 1.5 厘米长条，放入碗内，加橄榄油、醋、盐、黑胡椒粉和鸡蛋条的一半拌和。

⑤ 另将生菜叶摊放在盘上后，加沙拉，再加整条的沙丁鱼、鸡蛋条及橄榄做装饰即成。

质量标准：色泽鲜艳，清爽适口。

（二）烤羊腿（Roast Lamb Leg，新西兰式，8 人份）

原料：整羊腿 1 只，方腿 200 克，鸡蛋 1 个，洋葱 1 个，法香 50 克，紫苏 15 克，黑胡椒粉 5 克，百里香粉 3 克，面包糠 500 克，面粉 50 克，牛奶 200 克，精盐 10 克，羊油 150 克，黄油 200 克。

工具或设备：煎锅、烤箱、厨刀。

制作过程：

① 羊腿洗净出骨，保持原状。

② 将方腿、洋葱、法香、紫苏切碎，加入打散的鸡蛋，再加面包糠、羊油、黄油（100 克）和百里香粉、牛奶拌和均匀后嵌酿入羊腿内，并把羊腿裂口用细绳缝好。

③ 将面粉、盐、黑胡椒粉加水调匀，加上融化的黄油拌匀，涂在羊腿上。

④ 将羊腿送入烤箱，以 180℃烤制，烤制过程中不断涂油，直至羊腿烤酥，将整腿装盘即可。

质量标准：色泽褐黄，外酥味鲜。

（三）芳香羊脑（Sheep's Brain Savory，新西兰式，4 人份）

原料：羊脑 4 对，鸡蛋 2 个，奶酪 50 克，罐装橄榄 4 只，白胡椒粉 3 克，酸豆 2 颗，精盐 3 克，奶油 50 克。

工具或设备：煎锅、厨刀。

制作过程：

① 羊脑洗净，去皮，放入煎锅，加水，用中火稍煮后，在锅内捣烂。

② 奶酪、奶油捣碎，鸡蛋打散搅匀，加上盐、白胡椒粉、酸豆一起放入羊脑锅煮。

③ 用中火煮制并不停地搅拌稠后，加上橄榄装盘即可。

质量标准：色泽乳白，软嫩芳香。

第十三节　芬兰菜点

一、一般概况

芬兰位于欧洲北部，北面与挪威接壤，西北与瑞典为邻，东面是俄罗斯，西南濒波罗的海。和一切寒带高纬度地区的人们近似，芬兰人的饮食结构以蕴涵丰富的脂肪、淀粉的高热量食物为主，所以芬兰人主要以肉类、鱼类和土豆为主食，其中肉类又以牛肉和猪肉为主；蔬菜类中胡萝卜、番茄、黄瓜、卷心菜是最常见、最经济的食品；而牛奶、无数种奶酪则是芬兰最主要也是最具特色的副食。

二、主要特点

（一）源于传统，口味清纯

芬兰美食是传统与自然风味的结合，很多烹调特色都是源自民间世代相传的手法，而材料则取自周围山林田野，让人品尝之时完全可体会这个国家朴实的民风以与大自然的融合。普通餐膳中，重要食物是土豆，吃时配以不同鱼类或肉汁。另外芬兰也是黑裸麦的故乡，用它做的面包和麦粥，都是家常餐桌上常见的食物。

（二）海产丰富，烹调多样

芬兰是爱吃鱼者天堂，三文鱼、波罗的海青鱼、鲑鱼、淡水鳕鱼样样味美，炮制方法有烟熏、明火烤、蒸、焗等五花八门。另外，生吃、盐渍也很流行。鱼子同样为芬兰人所喜爱，吃时搭配酸奶和切碎的洋葱。

（三）擅用山珍，喜欢煮汤

芬兰人喜欢将山林材料加入菜肴中，浆果和野菇是最常见的选择。特别在夏末初秋，这两种野味，漫山遍野，随处可见，于是成为该季菜式的主要原料。浆果品种除了常见的草莓、蓝莓、蔓越莓，还有黑莓、红酒莓和白、绿、红三色醋栗，以及越橘、黑果、玫瑰果、鼠李草和长在极地沼泽边的稀有金黄色云莓。森林里的野菇，种类多得让人眼花缭乱。

芬兰人夏天通常煮菜汤，冬天海鱼类肥美，人们很多时候也做鳕鱼汤或三文鱼汤。豌豆汤则是冬季运动后的最佳美食，搭配酸奶和切碎的洋葱。

三、著名菜点案例

（一）蔬菜浓汤（Vegetable Soup，芬兰式，10人份）

原料：胡萝卜150克，洋葱150克，土豆150克，白萝卜150克，芹菜150克，西红柿 150 克，法香 15 克，面粉 25 克，白胡椒粉 3 克，香叶 1 片，牛奶 150 克，精盐 5 克，黄油 150 克，牛肉清汤 3000 毫升。

工具或设备：煎锅、汤锅、厨刀。

制作过程：

① 胡萝卜、白萝卜、洋葱、芹菜、土豆、西红柿切成小粒。

② 放入煎锅，加黄油，用中火炒至淡黄色。

③ 再加香叶、面粉，炒透炒香，都倒入汤锅，加清汤、牛奶、盐、白胡椒粉，开大火烧沸后，转小火煮至蔬菜大都熟透、汤汁浓稠时即成。

④ 法香切碎。上桌时，浓汤盛入汤盆，加些碎法香。

质量标准：色泽鲜艳，口味香鲜，口感浓郁。

（二）莳萝味螯虾（Dill-flavoured Crayfish，芬兰式，4 人份）

原料：螯虾 40 只，鲜莳萝 500 克，莳萝籽 50 克，吐司 4 份，精盐 3 克。

工具或设备：煎锅、汤锅、冰箱、厨刀。

制作过程：

① 鲜莳萝用细绳扎成 4 大束。其中 2 束和莳萝籽一起放入汤锅，加清水和盐，用大火开锅煮沸。

② 螯虾洗净，逐只投入滚水锅中，盖上锅盖，煮 6~7 分钟。

③ 将第三束鲜莳萝排列在碗内，然后捞出螯虾，放入鲜莳萝碗内。

④ 螯虾汤滤清后，浇在螯虾上。汤凉后，将碗盖上，进冰箱渍 2 天。

⑤ 临吃时，将螯虾取出，沥干，堆在盘上，盘边配上鲜莳萝，另配吐司一同上席。

质量标准：色泽鲜红，口味鲜香。

（三）肉馅鲜奶油包（Meat-loaf in Sour Cream Pastry，芬兰式，4 人份）

原料：面粉 350 克，牛肉糜 1000 克，鸡蛋 2 个，蘑菇 100 克，洋葱 100 克，法香 100 克，果酱 250 克，乳酪 200 克，牛奶 150 克，酸奶油 100 克，黄油 200 克，冻酸奶油 1 盅，精盐 3 克。

工具或设备：烤箱、冰箱、擀面杖、果酱卷模。

制作过程：

① 面粉和精盐都用筛子筛一下，加黄油 200 克、打散鸡蛋 1 个和酸奶油拌和，揉成面团。

② 将面团用蜡纸包起来，进冰箱冰 1 小时，取出切成两块，每块用擀面杖擀薄后，切成 18 厘米长、36 厘米宽的长方形面饼，作为酥皮面包生坯，碎片留下待用。

③ 选大的果酱卷模盒 1 只，盒壁涂上一层融化的黄油，铺生坯面饼 1 张。

④ 蘑菇、洋葱、法香、乳酪都分别切成末。

⑤ 把蘑菇放入煎锅，加黄油开中火煸炒数分钟，加牛肉糜炒至汤汁收干，加面粉搅匀，盛入容器内。加洋葱末、法香末、奶酪末、盐和牛奶，一起拌和，做成圆形的肉球，放入模盒内面饼的中央，用手将肉球拍成长条，并向两头拉长，盖上另一张面饼。

⑥ 将另一只鸡蛋打散，加牛奶 50 克，搅成蛋奶糊，然后用面点刷蘸蛋奶糊将模盒内上下两张生坯面饼的边弄湿，剪去多余部分，使上下两张面饼的边缘粘起并压成花纹，再在面饼上戳几个洞，使面饼里的空气散掉。

⑦ 多余的面饼碎片，滚成长方形，切成细的长条；或压成花形和叶子，放在面饼上，排成漂亮的图案，再刷上蛋奶糊。

⑧ 将模盒移入烤箱，以 180℃烤约 45 分钟，至面包皮酥而呈金黄色。

⑨ 肉熟后出炉，从模盒中覆出，切成厚片装盘，趁热与冻酸奶油 1 盅和 1 斗果酱一起上席。

质量标准：色呈淡黄，皮酥馅嫩。

（四）芬兰式烩野兔（Stewed Hare Finland Style，芬兰式，6 人份）

原料：野兔 1 只，胡萝卜 150 克，白萝卜 150 克，青豆 150 克，酸果 100 克，精盐适量，酸奶油 100 克，黄油 100 克，原汁沙司适量。

工具或设备：煮锅、厨刀。

制作过程：

① 将胡萝卜、白萝卜切成圆块，放入煮锅，加清水，开中火煮熟。

② 野兔洗净，带骨斩块，放入另一只煮锅，加适量水和酸果，先开大火，汤滚后转中火，烩到兔肉七八成熟。

③ 将胡萝卜、白萝卜捞起，放入兔肉锅内，继续烩至兔肉熟透。

④ 上席前，加酸奶油、黄油、青豆和盐，开大火，略烧沸。

⑤ 装盘时，每份 6 ~ 7 块兔肉，浇上原汁沙司，趁热上席。

质量标准：色泽粉红，味香鲜浓。

（五）菠菜薄饼（Spinach Pancake，芬兰式，6 人份）

原料：菠菜 300 克，面粉 250 克，鸡蛋 2 个，豆蔻粉 5 克，果酱 250 克，砂糖 25 克，牛奶 500 毫升，精盐 3 克，黄油 100 克。

工具或设备：煮锅、刮刀。

制作过程：

① 将牛奶倒入盛器内，加盐、豆蔻、面粉与融化的黄油 50 克拌和。

② 菠菜放入开水锅内氽熟，捞出挤干，剁成末。

③ 另一盛器内打入鸡蛋，加砂糖，打匀后倒入牛奶盛器，再加入菠菜末搅拌成糊。

④ 选大煎锅一只，放少许黄油，开中火融化后，舀入 2 汤匙菠菜糊，用刮刀摊成直径 9 厘米圆形薄饼。

⑤ 每锅 3 ~ 4 只，每面煎 2 分钟至薄饼呈淡黄色，盛入盘内，撒上果酱上席。

质量标准：色泽浅绿，香糯适口。

第十四节　希腊菜点

一、一般概况

希腊位于巴尔干半岛最南端，北同保加利亚、马其顿、阿尔巴尼亚相邻，东北与土耳其的欧洲部分接壤，西南濒爱奥尼亚海，东临爱琴海，南隔地中海与非洲大陆相望，大陆部分三面临海。

希腊的饮食有着悠久的历史，早在公元前 330 年，古希腊的美食家就写出了世界上第一部有关烹饪的书。希腊属于地中海气候，温和湿润，阳光充足，雨量充沛，适宜种植豆、麦、葡萄、橄榄等作物。希腊饮食的诀窍在于新鲜的材料、调味料和橄榄油。希腊的橄榄油世界闻名，它有益于健康，而且质量非常的好。希腊温和的气候孕育了味道鲜美的蔬菜水果，如葡萄、莴苣、桃子、咖喱、草莓、西瓜等。至于调味料，希腊漫山遍岭都是。希腊人常常在野外摘取，用于烹调。主食以面食为主，米饭也可作调剂食品。

二、主要特点

（一）擅用橄榄油调味，饮食平衡健康

希腊的饮食跟其他国家的相比有显著的区别。希腊菜里一般都放有橄榄油，它独特的香味是在其他地方品尝不到的，甚至煮饭时也掺入很多橄榄油，所以煮出来的饭色泽黄亮，香气四溢。希腊饮食重视蔬菜、全谷类、水果、豆类、坚果和鱼，每日摄入的热量有 40% 来自橄榄油和其他有利于健康的油脂，加上一两杯葡萄酒。奶制品主要是酸奶和奶酪，肉类以鱼为主，红肉吃得极少。甜食主要是水果，多半用蜂蜜代替糖。

（二）烹调方法多样，习惯用酒调味

希腊烹调手法则以烤烧为主，煮炸为辅，而且很多菜肴都少不了用酒调味。

（三）口味浓厚，香料众多

希腊人口味一般浓重，爱油大、微酸味道。调料爱用番茄汁、辣椒粉、胡椒粉、橄榄油、蒜、盐等。

希腊人最喜欢用各种辛香料来调味，包括葡萄干、橄榄、刺山柑、洋葱、大蒜、孜然、芝麻、百里香、牛至、茴香、莳萝、芸香、洋苏草、欧芹、无花果叶子及其他香草等。而用这些香草进行调味的方法在后来的西方各国烹饪中被广泛使用，一直延续至今。

三、著名菜点案例

（一）鸡蛋柠檬汤（Egg and Lemon Soup，希腊式，10 人份）

原料：鸡蛋 6 个，大米 200 克，面包 300 克，胡椒粉 3 克，柠檬汁 50 克，精盐 5 克，黄油 100 克，鸡汤 3000 毫升。

工具或设备：汤锅、厨刀。

制作过程：

① 大米用清水淘清，放入汤锅，加鸡汤，开大火煮沸，转小火煮约 1 小时。

② 待汤汁起稠时，加盐、胡椒粉调味。

③ 临吃前，把鸡蛋打散，加柠檬汁和少许鸡汤，倾入米汤锅内煮熟（不要煮沸，以免鸡蛋结块），盛入汤盆。

④ 面包切片，用黄油煎黄，配汤食用。

质量标准：色泽嫩黄，鲜浓肥滑，咸鲜适口。

（二）希腊式烤羊腿（Roast Leg of Lamb Greece Style，希腊式，10 人份）

原料：羊腿 1 只（3500 克），通心粉粒 500 克，大蒜头 1 个，洋葱 100 克，柠檬汁 150 克，番茄酱 50 克，黑胡椒粉 5 克，奥利根奴香草 5 克，奶酪 25 克，精盐 10 克。

工具或设备：煮锅、烤箱、厨刀。

制作过程：

① 大蒜头掰开，切片；洋葱切丝。

② 将羊腿修去多余的油脂，用锋利的刀尖在羊腿肉的一面戳上 8 个 1 厘米

深的洞，嵌入大蒜头。

③ 把奥利根奴香草剁碎，与黑胡椒粉、精盐混和后，撒在羊腿上。

④ 把羊腿放入烤盘内的小架上，肉面朝上地移入烤箱，以 180℃烤 20 分钟。

⑤ 淋上 1 匙柠檬汁，再把洋葱撒进烤盘内，继续用 180℃烤 40 分钟左右。其间要淋柠檬汁数次。

⑥ 取出羊腿，待 10 分钟，稍冷却后切片（羊腿上的生熟程度，可根据客人喜好而定）。

⑦ 煮锅内加水，放少许盐，煮沸。再将通心粉粒煮熟。

⑧ 倾出烤盘内熬出的油（剩少许），拣去盘底烤黄焦的杂质。再把番茄酱放入烤盘，与盘内的洋葱拌和，加通心粉粒，移入烤箱，用 150℃烤约 10 分钟，再调味。

⑨ 将羊腿肉片放入盘中，四周围以烤好的通心粉粒，撒上磨碎的奶酪粉即可。

质量标准：色泽金黄，外酥内嫩。

（三）番茄饭（Tomato Pilaf，希腊式，6 人份）

原料：番茄 5 个，大米 300 克，番茄酱 25 克，黑胡椒粉 3 克，精盐 5 克，黄油 250 克，牛肉汤 750 毫升。

工具或设备：煮锅、厨刀。

制作过程：

① 选成熟的番茄，洗后粗切，放入煮锅内，加 150 克黄油、黑胡椒粉、精盐和番茄酱拌和，用中火煮约 5 分钟。

② 至汁液稍稠而滑时，倒入筛子，用匙按压，使汁液滤出，弃去籽及渣。

③ 将番茄汁液倾入煮锅，加适量牛肉汤煮沸。

④ 大米淘净后倾入煮锅，用小火煮焖 20 分钟，至饭软熟。

⑤把番茄饭盛入盘内，再淋上一些融化的黄油，以增加光泽。

质量标准：色泽淡红，口味微酸，米饭软糯香松。

参考文献

[1] 高海薇 . 西餐烹调工艺 [M]. 北京：高等教育出版社，2005.

[2] 郭亚东 . 西餐烹调技术 [M]. 北京：高等教育出版社，2000.

[3] 李丽，严金明 . 西餐与调酒操作实务 [M]. 北京：北京交通大学出版社 ,2006.

[4] 郭亚东 . 西餐工艺 [M]. 北京：中国轻工业出版社，2000.

[5] 锦江联营（集团）公司服务食品技术研究中心 . 外国菜 [M]. 上海：上海文化出版社，1989.

[6] 王天佑 . 现代西餐烹调教程 [M]. 沈阳：辽宁科学技术出版社，2002.

[7] 上海大厦 . 西餐图谱 [M]. 上海：上海科学技术文献出版社，2000.

[8] 职业技能鉴定教材 . 西式烹调师 [M]. 北京：中国劳动出版社，1995.

[9] 董孟修 .150 道西式酱料 [M]. 汕头：汕头大学出版社，2004.

[10] 李荣耀，洪锦怡，曾淑凤 . 西餐烹饪实务 [M]. 天津：南开大学出版社，2005.

[11] 左天香 . 西式糕点制作技艺 [M]. 南昌：江西科学技术出版社，1990.

[12] 中国肉类食品综合研究中心 . 肉类科学词典 [M]. 北京：中国商业出版社，1989.

[13] 国家旅游局人事劳动教育司 . 西式烹饪 [M]. 北京：高等教育出版社，1992.

[14] 匡家庆，周良淳 . 餐厅服务与现场烹制 [M]. 沈阳：辽宁科学技术出版社，1999.

[15] 蔡晓娟 . 菜单设计 [M]. 广州：南方日报出版社 ,2002.

[16] 宋振春，聂晓红 . 旅游饭店餐饮管理 [M]. 济南：山东大学出版社，2005.

[17] 王天佑 . 西餐经营管理 [M]. 北京：旅游教育出版社，2000.

[18] 高秋英 . 餐饮管理——理论与实务 [M]. 长沙：湖南科学技术出版社，2001.

[19] 李荣耀 . 西餐烹饪培训 [M]. 天津：南开大学出版社，2005.

[20] 王天佑，侯根全 . 西餐概论 [M]. 北京：旅游教育出版社，2000.

[21] 陆理民 . 西餐烹调技术 [M]. 北京：旅游教育出版社，2004.

[22] 杜莉，孙俊秀 . 西方饮食文化 [M]. 北京：中国轻工业出版社，2006.

[23] 孙在荣 . 西式烹饪 [M]. 北京：旅游教育出版社，2002.

[24] 麦志城 . 西菜烹饪大全 [M]. 香港：万里机构·饮食天地出版社，1997.

[25] 黎子申 . 实用西菜烹饪术 [M]. 香港：中流出版社有限公司出版，1984.

附　录

附录 1　西餐烹调基本术语

一、烹调专用术语

附表 1-1 ~ 附表 1-3 列出了常见的烹调术语。

附表 1-1　烹饪的加热方式及烹调方法

加热类型	烹法	介质	工具
Dry-heat cooking	Broiling	Air	Overhead Broiler，Salamander, Rotisserie
	Grilling	Air	Grill
	Roasting	Air	Oven
	Baking	Air	Oven
	Sauteing	Fat	Stove
	Pan-frying	Fat	Stove, Tilt Skillet
	Deep-fat Frying	Fat	Deep-fat Fryer
Moist-heat Cooking	Poaching	Water or Other Liquid	Stove, Oven, Steam-jacketed Kettle, Tilt Skillet
	Simmering	Water or Other Liquid	Stove, Steam-jacketed Kettle, Tilt Skillet
	Boiling	Water or Other Liquid	Stove, Steam-jacketed Kettle, Tilt Skillet
	Steaming	Steam	Stove, Convection Steamer
Combination Cooking	Braising	Fat Then Liquid	Stove（and Oven），Tilt Skillet
	Stewing	Fat Then Liquid	Stove（and Oven），Tilt Skillet

附表 1-2　西餐烹饪术语

序号	专业术语	具体含义
1	Aging	熬成。食物原料在一定时间内改善本身味道的成熟过程，如肉、奶酪或酒
2	Aspic	胶冻状食物。由高汤提炼出的胶质制成，用于覆盖食物表面或加入食物做成冻，如蔬菜冻。也可以在高汤中加入明胶制成
3	Al Dente	耐嚼（意大利词汇）。指的是做好的面食及蔬菜的质地在口中的感觉。做成耐嚼的食物应富有弹性。如蔬菜柔软而脆，面食筋道
4	Aperitif	开胃酒。如味美思、干白、香槟等
5	Aspic	肉冻。由肉、鱼、禽肉或蔬菜等的原汤做成的冻，可以切成各种形状做饰菜，或做成有肉和蔬菜的沙拉冻，或是冷食外面的有光泽的外衣
6	Au Gratin	表面烙黄。一种放在烤烙浅烤盘中，顶层有干酪、面包屑及黄油的菜肴，放在焗炉里短时焙烤至表面变黄。也叫"奶汁烤菜"
7	Au Jus	原汁肉。配有自然原汁一起上桌的肉食
8	Au Lait	牛奶食品。任何含有牛奶的食品。但通常指牛奶咖啡
9	Acidulated Water	带酸性的水。有些水果、蔬菜，如朝鲜蓟、苹果，切开后接触空气，其表面会变成棕色，所以要将它们放在带酸性的水中。这种水是水与柠檬汁或醋等酸性原料的混和物，它们的比例为 1 ~ 2 汤匙酸加上 3 ~ 4 杯水
10	Bake	焗、烘焙。用干热的空气使食物成熟
11	Barbecue	烧烤。用木头或炭烧烤食物
12	Batter	面糊。以牛奶或水加面和蛋调和而成的面浆，用于炸制裹糊用
13	Blanch	余烫。将食物在沸水中煮过后取出浸泡于水中，在于保色、去皮或保持其清脆可口
14	Blend	混和。将两种或两种以上的原料混和搅拌在一起
15	Bouquet Garni	香料束。用于调制高汤、酱汁或炖肉时的调味，以蒜苗、月桂叶、百里香、欧芹、西芹为主，扎成一束
16	Broth	肉汤。用肉类和蔬菜长时间熬煮出来的浓郁汤汁
17	Brown	褐化。高温烹调食物，使其颜色变深或上色
18	Beurre Manie	黄油面酱。在沙司和汤快做好时放入的一种可增稠的含奶油混合物，由同等数量的面粉和黄油做成
19	Brochette	叉烧肉。串成串的肉、鱼、禽肉及（或）蔬菜，烧烤食用，与烤肉串相同

序号	专业术语	具体含义
20	Canape	菜肴吐司。一种面包片，顶部有熏鲑鱼等咸味食物，或有带香草味的黄油，可以做冷盘
21	Chutney	酸辣酱。由水果、蔬菜做成的、放有很多调味料的酸辣风味菜，可以做肉食的调味品
22	Cobbler	脆皮面水果馅饼。一种深盘水果馅饼，顶部有脆皮。脆皮可以用标准馅饼面团或饼干面团做成。当鲜饼完全烤熟时，脆皮会裂开，轻轻的压入馅料中。有时，脆皮壳也可用小圆面团片或小块饼干做成
23	Condiment	调味品。为食物添味的沙司或风味菜。最常见的调味品有番茄酱、芥末、辣酱油、意大利调味汁、尖辣椒沙司等
24	Court Bouillon	葡萄酒奶油汤汁。有水、葡萄酒、蔬菜、香草和香料做成的用来炖鱼的液体混和物
25	Curdle	凝结。用太快的速度或太高的温度把混合物加热所带来的结果，即混合物凝结成颗粒状，含鸡蛋的混合物及牛奶、酸奶油等奶制品容易凝结。与酸性原料混合时，奶制品也会凝结
26	Chill	冷却。把热的食物冷藏或置于冰块上，使之冷却
27	Chop	切碎。将食物切碎
28	Clarified Butter	澄清奶油。将奶油加热使油脂与奶汁分离，油质澄清
29	Crush	捣碎。用器具将食物捣碎或压碎
30	Decoration	装饰。对菜肴作最后的整理与装饰，使其美观
31	Delaze	去渣。煎煮食物后，锅底留有残渣，加入酒或高汤将之溶解混和的过程。溶液可作为酱汁
32	Dough	面团。面粉加水、牛奶或其他液体调和而成
33	Dash	酹。极小量的某种原料（小于1/8茶匙）。通常指液体原料（2～3滴）
34	Deviled	辣味食品。配有辣椒酱、芥末等辛辣佐料的食物
35	Egg Wash	刷蛋液。用蛋与液体（水或牛奶）的调和液刷在食物上面去烘烤，使其表面金黄光亮
36	Emulsion	乳化作用。两种或两种以上的液体融合在一起，形成混和的乳化物
37	Flambe	将烈酒淋在食物上加热燃烧，让酒精挥发而酒香味留于食物中

序号	专业术语	具体含义
38	Filo Pastry	薄层面食。一种像纸一样薄的面团，主要用于希腊、中东烹调中，特别是用来做蜜糖果仁千层酥、菠菜馅饼等
39	Fine Herbs	香料末。多种新鲜或干草的混合物，用来做调味品，与香料包不同，香料包是香料包在干酪包布中，食用前还应从菜中取出，但香料末是直接撒进菜肴里
40	Glaze	将食物的表面覆以光亮
41	Lardon	将细长状的猪脂插入瘦肉中，使之在烹调过程中保持湿润而不干硬
42	Lukewarm	微温。与体温大致相同。菜谱中经常会说加热到或凉至微温
43	Marinate	腌。将食物浸于调味汁液，使其软化入味
44	Mix	混合。将原料混合在一起
45	Mirepoix	调味蔬菜。用来调味高汤或酱汁，以洋葱、胡萝卜、西芹和蒜苗为主
46	Mise en Place	事前制备。在烹调之前，将原料做前处理，待用
47	Marinade	腌泡汁。一种给食物增味的混合物。酸性腌泡汁还能软化食物。腌泡汁通常是加了调味品的酸味液体，但有时也可指一种干的混合物，这时也可叫作 Rub
48	Meringue	蛋白酥皮。打硬的蛋清与糖的混合物，有些蛋白酥皮比较软，如柠檬蛋白馅饼中的蛋白酥皮，而有些比较硬和脆，如蛋白馅饼壳等
49	Mousse	奶油冻。这个词源于法语，意为"有泡沫的"，指一种酥疏松的，稀薄的，海绵质食品甜辣均可，凉热咸宜。奶油冻以食物泥为主要原料（如肉、鱼、水果和融化的巧克力等），与急速搅拌的蛋清和乳脂混合而成。有时添加明胶作稳定剂
50	Puree	将食物捣碎成泥糊状或以细网过筛成泥状
51	Paillard	板肉卷。敲薄的无骨鸡胸肉。有时也称为做白汁的鸡胸肉或肉片。虽然这个词在专业术语中指鸡肉，但有时也指任何一种肉（小牛肉、猪肉等）
52	Pilaf	菜肉烩饭。大米饭炒过以后再加汤做成的一种食品。菜肉烩饭里可以加入任意调味香料和配料，从切过的虾到无核葡萄干、蘑菇还有杏仁等。西班牙杂烩菜饭是一种包含了海味、禽类和肉的精致的菜肉烩饭
53	Pinch	一撮。极少量的配料（少于1/8茶匙），可以是各种配料——但通常是指干配料
54	Reduce	浓缩。将汁液加热煮去水分，使之浓缩，口味变重

续表

序号	专业术语	具体含义
55	Roux	油糊。由等比例的面粉和油脂混合加热而成，做汤或酱汁的稠化剂
56	Rub	调味擦。调味香料的混合物，在烹调食物之前擦到食物的表面上。调味擦增加了味道，但不能使食物变嫩
57	Stock	高汤。用肉、骨头和蔬菜加水和香料煮成的汤汁
58	Scallop	扇贝。一种海味食品（深水扇贝、浅海扇贝），或者是一条薄肉片，也称为肉片
59	Smoke Point	发烟点。油开始分解、冒烟、发出气味的温度
60	Strain	过滤。将高汤或酱汁用滤网或细布滤出来
61	Vegetable Cooking Spray	蔬菜烹调喷剂。装进雾化罐的植物油（加上一些配料，如酒精和卵磷脂）。可以把它喷到锅上防止食物粘锅
62	Whip	用打蛋器将酱汁或鲜奶油打入空气使成泡沫状
63	Zest	将橙或柠檬外皮，磨成细碎或切成丝，作为烹煮、调味或装饰用

附表 1-3　西点制作中常用专业术语

序号	专业术语	具体含义
1	化学起泡	以化学膨松剂为原料，使制品体积膨大的一种方法。常用的化学膨松剂有碳酸氢铵、碳酸氢钠和泡打粉
2	生物起泡	利用酵母等微生物的作用，使制品体积膨大的方法
3	机械起泡	利用机械的快速搅拌，使制品充气而达到体积膨大的方法
4	打发	指蛋液或黄油经搅打体积增大的方法
5	清打法	又称分蛋法，是指蛋清与蛋黄分别抽打，打发后再合为一体的方法
6	混打法	又称全蛋法，是指蛋清、蛋黄与砂糖一起抽打起发的方法
7	跑油	多指清酥面坯的制作，及面坯中的油脂从水面皮层溢出
8	面粉的"熟化"	指面粉在储存期间，空气中的氧气自动氧化面粉中的色素，使面粉中的硫氢键还原为双硫键，从而使面粉色泽变白，物理性能得到改善
9	烘焙百分比	以点心配方中面粉重量为100%，其他各种原料的百分比是相对等于面粉的多少而言的，这种百分比的总量超过100%

二、菜单相关专用术语

附表1-4列出了常用的西餐菜单术语。

附表1-4　西餐菜单专用术语

序号	英文名称	中文名称	序号	英文名称	中文名称
1	French Cuisine	法国菜	31	Red Wine	红葡萄酒
2	Today's Special	今日特餐	32	White Wine	白葡萄酒
3	Chef's Special	主厨特餐	33	Champagne	香槟
4	Buffet	自助餐	34	Cheese	奶酪
5	Fast Food	快餐	35	Cake	蛋糕
6	Specialty	招牌菜	36	Smoked	烟熏
7	Continental Cuisine	欧式西餐	37	Omelet	煎蛋卷
8	Aperitif	饭前酒，开胃酒	38	Poultry	家禽
9	A La Carte	零点菜单	39	Seafood	海鲜
10	Set Menu	套餐	40	Vegetable	蔬菜
11	Breakfast	早餐	41	Condiment	调味料
12	Lunch	午餐	42	Raw	全生的
13	Dinner	正餐	43	Rare	一分熟
14	Tea Time	下午茶	44	Medium Rare	三分熟
15	Soup	汤	45	Medium	五分熟
16	Consomme	清汤	46	Medium Well	七分熟
17	Chowder	海鲜羹汤	47	Well Done	全熟
18	Cream Soup	奶油浓汤	48	Late Snack	宵夜
19	Salad	沙拉	49	Supper	晚餐
20	Dessert	甜点	50	Brunch	早午餐
21	Bread	面包	51	Ham and Egg	火腿鸡蛋
22	Pasta	面食	52	Buttered Toast	奶油土司
23	Sandwich	三明治	53	French Toast	法国土司
24	Pizza	比萨	54	Muffin	松饼
25	Sauce	沙司	55	Cheese Cake	酪饼
26	Ice Cream	冰激凌	56	White Bread	白面包
27	Fresh Fruit	新鲜水果	57	Brown Bread	黑面包
28	Cocktail	鸡尾酒	58	French Roll	小型法式面包
29	Meat	肉类	59	Green Salad	蔬菜沙拉
30	Beer	啤酒	60	Onion Soup	洋葱汤

序号	英文名称	中文名称	序号	英文名称	中文名称
61	Potage	法国浓汤	81	Tequila	特基拉酒（龙舌兰酒）
62	Corn Soup	玉米浓汤	82	Straw	吸管
63	Minestrone	蔬菜通心粉汤	83	Milk-shake	奶昔
64	Ox-tail Soup	牛尾汤	84	Vanilla Ice-cream	香草冰激凌
65	Fried Chicken	炸鸡	85	Sundae	圣代，新地
66	Roast Chicken	烤鸡	86	Ice-cream Cone	甜筒
67	Steak	牛排	87	Black Coffee	纯咖啡
68	T-bone Steak	丁骨牛排	88	White Coffee	牛奶咖啡
69	Filet Steak	菲力牛排	89	Condensed Milk	炼乳，炼奶
70	Sirloin Steak	沙朗牛排	90	Distilled Water	蒸馏水
71	Club Steak	小牛排	91	Mineral Water	矿泉水
72	Draft Beer	生啤酒	92	Artificial Color	人工色素
73	Stout Beer	黑啤酒	93	Soda Water	苏打水
74	Canned Beer	罐装啤酒	94	Lemon Tea	柠檬茶
75	Gin	琴酒（金酒）	95	Black Tea	红茶
76	Brandy	白兰地	96	Tea Leaves	茶叶
77	Whisky /Whiskey	威士忌	97	Ginger Ale	姜汁饮料
78	Vodka	伏特加	98	Soft Drink	汽水（软饮）
79	On the Rocks	酒加冰块	99	Beverage	饮料
80	Rum	朗姆酒	100	Tomato Juice	番茄汁

三、常见原料的中英文名称

附表1-5 ~附表1-11是西餐中常用原料的中英文名称。

附表1-5　蔬菜类（Vegetables）

序号	英文名称	中文名称	序号	英文名称	中文名称
1	String Bean	四季豆	8	Beetroot	甜菜根
2	Green Soy Bean	毛豆	9	Spinach	菠菜
3	Mung Bean Sprout	绿豆芽	10	Leek	青蒜
4	Bean Sprout	豆芽	11	Lettuce	莴苣
5	Broccoli	花椰菜	12	Eggplant	茄子
6	Dried Lily Flower	金针菜	13	Dried Bamboo Shoot	笋干
7	Celery	芹菜	14	Bitter Gourd	苦瓜

序号	英文名称	中文名称	序号	英文名称	中文名称
15	Pumpkin	南瓜	37	Tarragon	蒿菜
16	Long Crooked Squash	菜瓜	38	Lettuce	生菜
17	White Gourd	冬瓜	39	Caraway	香菜
18	Needle Mushroom	金针菇	40	Bamboo Shoot	竹笋
19	Taro	芋头	41	Salted Vegetable	雪里蕻
20	Dried Mushroom	冬菇	42	Asparagus	芦笋
21	Agaric	木耳	43	Carrot	胡萝卜
22	Lotus Root	莲藕	44	Cucumber	黄瓜
23	Iceberg Lettuce	卷心生菜	45	Loofah	丝瓜
24	Radicchio	紫莴苣	46	Water Chestnut	荸荠
25	Romaine	萝蔓生菜	47	Gherkin	小黄瓜
26	Oak Leaf	橡树叶生菜	48	Champignon	香菇
27	Artichoke	朝鲜蓟	49	Yam	山芋
28	Cauliflower	花椰菜	50	Tomato	番茄
29	Fennel	茴香	51	White Fungus	白木耳
30	Chilli	辣椒	52	Potato/Spud	土豆
31	Pea	豌豆	53	Endive	菊苣
32	Soybean Sprout	黄豆芽	54	Butter Head	奶油生菜
33	Cabbage	包心菜，大白菜	55	Red Leaf	红叶生菜
34	Kale	甘蓝菜	56	Watercress	西洋菜
35	Water Convolvulus	空心菜	57	Truffle	块菌
36	Mustard Leaf	芥菜			

附表 1-6　水果类（Fruits）

序号	英文名称	中文名称	序号	英文名称	中文名称
1	Pineapple	菠萝	8	Mandarin Orange	蜜橘
2	Watermelon	西瓜	9	Sugar-cane	甘蔗
3	Papaya	木瓜	10	Muskmelon	香瓜
4	Betelnut	槟榔	11	Water Caltrop	菱角
5	Guava	番石榴	12	Rambutan	红毛丹
6	Coconut	椰子	13	Olive	橄榄
7	Tangerine	橘子	14	Loquat	枇杷

序号	英文名称	中文名称	序号	英文名称	中文名称
15	Honey-dew Melon	哈密瓜	25	Persimmon	柿子
16	Grapefruit	葡萄柚	26	Apple	苹果
17	Lichee	荔枝	27	Mango	芒果
18	Banana	香蕉	28	Fig	无花果
19	Shaddock	柚子，文旦	29	Wax-apple	莲雾
20	Juice Peach	水蜜桃	30	Plum	李子
21	Pear	梨子	31	Durian	榴梿
22	Peach	桃子	32	Strawberry	草莓
23	Carambola	杨桃	33	Grape	葡萄
24	Cherry	樱桃	34	Longan	龙眼

附表 1-7　肉类（Meats）

序号	英文名称	中文名称	序号	英文名称	中文名称
1	Beef	牛肉	20	Pork Chop	猪排
2	Rib	肋骨	21	Lamb	羊
3	Rib Steak	肋排	22	Chicken	鸡
4	Rib Eye	肋眼	23	Spring Chicken	童子鸡
5	T-bone Steak	丁骨牛排	24	Chicken Leg	鸡腿
6	Sirloin Steak	沙朗牛排	25	Chicken Wing	鸡翅
7	Fillet Steak	菲力牛排	26	Chicken Liver	鸡肝
8	Beef Flank	牛腩	27	Chicken Breast	鸡胸
9	Veal	小牛肉	28	Turkey	火鸡
10	Veal Chop	小牛排	29	Duck	鸭
11	Beef Oxtail	牛尾	30	Goose	鹅
12	Beef Tongue	牛舌	31	Goose Liver	鹅肝
13	Tenderloin	嫩里脊肉	32	Rabbit	兔
14	Loin	里脊肉	33	Ham	火腿
15	Loin Chop	里脊肉排	34	Parma Ham	意式风干火腿
16	Shoulder	肩肉	35	Bacon	培根
17	Pork	猪肉	36	Sausage	腊肠
18	Pork Spare Rib	猪排骨	37	Salami	意式肉肠
19	Pork Blade Bone	猪肩胛骨	38	Pigeon	鸽

附表 1-8　水产类（Seafood）

序号	英文名称	中文名称	序号	英文名称	中文名称
1	Fish	鱼	11	Lobster	龙虾
2	Garrupa	石斑鱼	12	Prawn	明虾
3	Cod	鳕鱼	13	Shrimp	草虾
4	Sea Bass	海鲈鱼	14	Crab	蟹
5	Sole	比目鱼	15	Clam	蛤蜊
6	Salmon	鲑鱼（三文鱼）	16	Oyster	蚝（牡蛎）
7	Tuna	金枪鱼	17	Octopus	章鱼
8	Trout	鳟鱼	18	Mussel	淡菜（贝）
9	Swordfish	剑鱼	19	Squid	乌贼
10	Snapper	鲷鱼	20	Scallop	扇贝

附表 1-9　蛋乳类（Dairy Product）

序号	英文名称	中文名称	序号	英文名称	中文名称
1	Butter	黄油	8	Cream Cheese	奶油奶酪
2	Milk	牛奶	9	Blue Cheese	蓝纹奶酪
3	Cream	鲜奶油	10	Parmesan Cheese	帕玛森奶酪
4	Egg	蛋	11	Cheddar Cheese	巧达奶酪
5	Yogurt	酸奶	12	Mozzarella Cheese	莫札瑞拉奶酪
6	Mayonnaise	蛋黄酱	13	Smoked Cheese	烟熏奶酪
7	Cheese	奶酪			

附表 1-10　香料类（Herbs）

序号	英文名称	中文名称	序号	英文名称	中文名称
1	Bay Leaf	月桂叶	8	Saffron	藏红花
2	Thyme	百里香	9	Tarragon	龙蒿
3	Rosemary	迷迭香	10	Dill	莳萝
4	White Pepper	白胡椒	11	Vanilla	香草
5	Black Pepper	黑胡椒	12	Basil	罗勒
6	Allspice	百味胡椒	13	Coriander	芫荽（香菜）
7	Chilli	红辣椒	14	Parsley	荷兰芹（巴西利）

序号	英文名称	中文名称	序号	英文名称	中文名称
15	Mint	薄荷	24	Clove	丁香
16	Cinnamon	肉桂	25	Juniper	杜松子
17	Nutmeg	豆蔻	26	Paprika	匈牙利红椒粉
18	Cardamon	小豆蔻	27	Cayenne	红辣椒粉
19	Sage	鼠尾草	28	Curry Powder	咖喱粉
20	Oregano	牛至	29	Turmeric	黄姜粉
21	Chive	香葱	30	Garlic	蒜头
22	Anise	大茴香	31	Ginger	生姜
23	Cumin	小茴香	32	Star Anise	八角

附表 1-11 调味料类（Seasoning）

序号	英文名称	中文名称	序号	英文名称	中文名称
1	Ginger	生姜	16	Garlic	大蒜
2	Scallion/Leek	青葱	17	Onion	洋葱
3	Green Onion	葱	18	Garlic Bulb	蒜头
4	Caviar	鱼子酱	19	Barbecue Sauce	烧烤酱
5	Tomato Ketchup, Tomato Sauce	番茄酱	20	Mustard	芥末
6	Salt	盐	21	Vinegar	醋
7	Sugar	糖	22	Sweet	甜
8	Lard	猪油	23	Sour	酸
9	Peanut Oil	花生油	24	Bitter	苦
10	Paprika	红椒	25	Cinnamon	肉桂
11	Star Anise	八角	26	Curry	咖喱
12	Maltose	麦芽糖	27	Granulated Sugar	砂糖
13	Castor Sugar	细砂白糖	28	Sugar Candy	冰糖
14	Cube Sugar	方糖	29	Ginger	姜
15	Pepper	胡椒	30	Jam	果酱

四、西餐菜点名称的命名与翻译方式

（一）西餐菜点名称的命名

在西餐中，按照法国名厨 A.Escoffier 的分类法，菜品常用地名、人名、神灵、戏剧及主要原料等来命名的。

1. 以地名命名

"Marengo"是一道典型的地名命名的菜肴，讲的是在1800年6月14日，法国皇帝拿破仑一世在意大利的一个名叫Marengo的村庄与奥地利军队激战，早上兵败如山倒，士兵溃散，饥饿之余，厨子Dunard找到了鸡、蛋、虾及面包等原料，做出了一道简便实惠的菜肴以飨士兵，吃饱后，四散的士兵重新会合与奥军再战，下午最终取得胜利。为纪念此战役，拿破仑皇帝命令以此地名作菜名。类似的地名命名的菜肴还有Waterloo（滑铁卢，拿破仑皇帝兵败之地）、Bolognaise（布朗尼斯，意大利出产肉肠的地方）等。

2. 以人名命名

"Dubarry"则是一道以人名命名的菜肴。Madame Dubarry是法国路易十四的皇后，据说这位路易皇帝非常重视美食，经常在凡尔赛宫举行厨艺大奖赛，得到第一名的厨师，由皇后Madame Dubarry亲自授予"Cordon Bleu"奖。皇后去世后，路易皇帝十分伤心。某一天，其御厨创制了一道菜肴，用奶酪白汁淋在花椰菜表面，再撒上奶酪粉以慢火焗匀，色泽金黄诱人。因其颜色酷似皇后的美艳头发，勾起了路易皇帝对已故皇后的情思，遂以Dubarry的名字作此菜式的名，以表示绵绵的思念。类似的人名命名的菜肴有Alexander（亚历山大，俄国皇帝）、Brillat-Savarin（倍拉特·赛帆，法国名厨兼品尝家）、Bechamel（白切尔，英国一位著名的管家）等。

3. 以神灵命名

"Veronique"是神话中女神。据说，远航的海员在宁静的夜里都能听到她的哀怨的琴声。有一次，一位海员厨师在感触之下，做出了一道白汁鱼的菜式，用鱼白汁比喻女神的美丽容颜，配在旁边的白提子则作她的泪。菜美情深，此菜后来成为一道法国名菜。类似的神灵命名的菜肴还有Diane（戴安娜，神话中的狩猎女神）等。

4. 以地方特产命名

"Lyonnaise"是以原料而名的菜式。众所周知，法国里昂（Lyon）出产有名的洋葱，所以有洋葱炒的菜都用此词。著名的有葱炒薯即里昂薯（Lyonnaise Potatoes）、洋葱奄列（Lyonnaise Garoupa）等。

5. 以剧中人物命名

也有为了庆祝一个戏剧的演出成功而特别用话剧名或剧中人的名字来命名那些特别的菜式，如Aida（阿衣达，剧名）、Belle-Helene（贝勒·海仑，剧中人）、Carman（卡门，剧名）等。

6. 以想象命名

此外，还有一些菜式在命名时，不合常规，菜名让人忍俊不禁。如在英国，圆形的果子酥饼叫作"Fat Rascal"（意为"胖乎乎的小淘气"）；将一根肉肠放在面浆里焗熟，称作"Toad-in-a-hole"（意为"洞中的癞蛤蟆"）；把三条猪肉肠放在面浆里裹匀焗熟又名为"Three-pigs-in-a-blanket"（意为"毛毯下的三只小猪"）；水泡蛋放在烘面包上，撒上奶酪粉，又被称为"Golden Buck"（意为"黄金鹿"）等。由此可见，不管菜肴如何命名，它总是与各国的文化、风俗、习惯等紧紧相连的。

（二）西餐菜点名称的翻译方式

西餐菜名的翻译没有固定的方式，通常有以下几种模式可以参照。

1. 以主料开头的翻译方法

① 介绍菜肴的主料和辅料，形式为：主料（形状）+（with）辅料

例：杏仁鸡丁沙拉 Chicken Cubes with Almond Salad

番茄炒蛋 Scrambled Egg with Tomato

② 介绍菜肴的主料和味汁，形式为：主料（形状）+（with，in）味汁

例：煮鱼荷兰沙司 Boiled Fish with Holland Sauce

红酒鸡 Chicken in Red Wine

2. 以烹制方法开头的翻译方法

① 介绍菜肴的烹法和主料，形式为：烹法 + 主料（形状）

例：香炸猪排 Deep-fried Pork Chop

烤牛排 Roast Beef Steak

② 介绍菜肴的烹法、主料和味汁，形式为：烹法 + 主料（形状）+（with，in）味汁。

例：红烩牛肉 Braised Beef with Tomato Sauce

黄烩鸡块 Stewed Chicken with Brown Sauce

3. 以形状或口感开头的翻译方法

① 介绍菜肴的形状（口感）和主料、辅料，形式为：形状（口感）+ 主料 +（with）辅料

例：时蔬鸡片 Sliced Chicken with Seasonal Vegetables

② 介绍菜肴的形状（口感）、主料和味汁，形式为：形状（口感）+ 主料 +（with）味汁。

例：香酥鸡块山歌沙司 Fragrant Fried Chicken with Tyrolinne Sauce

鱼片番茄沙司 Sliced Fish with Tomato Sauce

附录2　度量衡、温度、重量及容积单位换算

西餐烹调很多都是采用标准食谱，而标准食谱的具体执行还有应选用合适的容器、衡器去量取、称量，这样才能体现西餐的标准化和特有的风味。

一、度量衡的认识与运用

（一）器具的种类

常见的度量衡器具，可分为两种，一种为称量容积的度量衡器，一种为称量重量的度量衡器。

1. 各种容器的认识

常见的称量容积的器具有标准量杯、量匙，主要用于度量容积的大小。

（1）标准量杯　由不锈钢、铝及玻璃等材质制成。一杯标准量杯为240毫升（一般为方便记忆，准确为236毫升），每个量杯有3/4、1/2、1/4的刻度。另外还有一种480毫升的规格。

标准量杯主要来称量液体材料，但是各材料因比重不同，每杯的称量重量也各有很大的差距。具体见附表2-1。

（2）量匙　标准量匙由不锈钢、铝及塑料等材质制成。标准量匙一组四支组成，包括汤匙、茶匙、1/2茶匙、1/4茶匙。一般常用在计量少于1/4杯的材料，主要计量对象有粉状食品原料和液状食品原料。

同样，由于各材料比重不同，量匙的称量重量也各有一定的差距。具体见附表2-1。

附表2-1　容积及质量度量换算表

品名	量杯量匙	重量/克	品名	量杯量匙	重量/克
粉类			粉类		
高筋面粉	1大匙	7.5	高筋面粉	1杯	120
低筋面粉	1大匙	6.9	低筋面粉	1杯	100
奶粉	1大匙	6.25	奶粉	1杯	100
玉米粉	1大匙	8	澄粉	1杯	130
水淀粉	1大匙	10	水淀粉	1杯	160
地瓜粉	1杯	170	糕仔粉	1杯	120
可可粉	1大匙	6	椰子粉	1杯	70
塔塔粉	1茶匙	3.9			

品名	量杯量匙	重量 / 克	品名	量杯量匙	重量 / 克
胶质			胶质		
明胶粉	1 大匙	10 ~ 12	明胶粉	1 包	7 ~ 8
明胶片	1 片	2.5 ~ 3			
膨大剂			膨大剂		
苏打粉	1 茶匙	4.7	泡打粉	1 茶匙	3.5
干酵母	1 茶匙	3.3	干酵母	1 大匙	10
调味料			调味料		
细盐	1 茶匙	4.3	细盐	1 大匙	13
味精	1 茶匙	3.7	胡椒粉	1 茶匙	2
代糖	一包	1	糖粉（过筛）	1 杯	140
细砂糖	1 大匙	12.5	细砂糖	1 杯	180 ~ 200
粗砂糖	1 大匙	13.5	粗砂糖	1 杯	200 ~ 220
棉白糖（过筛）	1 杯	130			
糖浆			糖浆		
糖浆	1 大匙	21	糖浆	1 杯	340
果糖	1 大匙	20	麦芽糖	1 大匙	20
蜂蜜	1 大匙	20			
香料			香料		
香草片	1 片	0.3			
液体			液体		
鸡蛋（大）	1 个	60	鸡蛋（小）	1 个	55
蛋黄（大）	1 个	18	蛋黄（小）	1 个	15
蛋白（大）	1 个	38	蛋白（小）	1 个	35
奶油	1 大匙	14.	奶油	1 杯	227
奶油	1 磅	454	花生油	1 杯	220
玉米油	1 杯	220	香油	1 大匙	13.13
香油	1 杯	210	清水	1 茶匙	5
清水	1 大匙	15	清水	1 杯	236
坚果、豆类			坚果、豆类		
瓜子仁	1 杯	110	小红豆	1 杯	200
芝麻仁	1 杯	130	绿豆仁	1 杯	219
松子仁	1 杯	150	橄榄仁	1 杯	125

（3）量杯与量匙的换算关系

1 杯（C）= 240 克

1 汤匙（T）= 15 克

1 汤匙＝ 1/16 杯

1 茶匙（t）＝ 5 克

3 茶匙＝ 1 汤匙

5 汤匙＋ 1 茶匙＝ 1/3 杯

2. 各种衡器的认识

衡器的种类很多，西点厨房中主要有弹簧秤、电子秤、温度计等。

（1）弹簧秤　外形结构简单、操作方便，将要称的物体挂在钩上，指针所指的刻度，就是物体的质量。

（2）电子秤　计重比较精确，通常最大称量为 2200 克，其准确度可达小数点后一位以上，且可以直接扣除容器的质量并直接显示称重物的质量，使用方便。

（3）温度计　温度计的种类有探针测量温度计、油脂及糖测量温度计、普通温度计等。探针测量温度计主要用于测量肉类中心的温度，使用时将探针插入肉类内部最厚处，即可显示出肉中心的温度，测试完毕后再将探针拔出；油脂及糖测量温度计主要用于测量油脂和糖浆的温度，此类型温度计测温计量范围很大；普通温度计主要有水银温度计和酒精温度计两种类型，后者应用较普遍，以确保食品卫生安全。

（二）器具的使用方法和注意事项

1. 容器的使用方法和注意事项

使用量杯、量匙所得的计量重量，只能称量出大概的数值。若使用者不了解其使用方法，其误差将会更大，导致菜点的品质难以得到保证。所以应注意以下几点。

（1）量取粉类原料

① 淀粉、面粉类原料容易受潮结块，量取时应先行将其过筛。

② 容器量取后要用刮刀平直的一面将表面刮平。

③ 量取原料时，不可用量杯直接挖取原料。

（2）量取液体原料

① 直接量取液体原料，读数时眼睛平行检视，以量杯的刻度与液面相切时刻度为准。

② 当所称量物少于 1/4 杯时，可用标准量匙计算。

（3）量取固体油脂　应稍稍融化后量取。

（4）量取浓稠的液体原料

① 量取时宜在容器内涂上防粘物（油脂或水）。

② 倒取原料时应用工具刮取干净，以免出现误差。

2.衡器的使用方法和注意事项

（1）弹簧秤 是利用"弹簧的伸长或压缩跟受到的拉力或压力成正比"的性质制成的，用弹簧秤时要注意每个弹簧秤都有一定的测量范围，如果加在弹簧秤上的力过大，超过了它的测量范围，弹簧的伸长或压缩就不再跟拉力或压力成正比，撤去力以后，弹簧秤也不能再恢复原来的长度，弹簧秤就损坏了。弹簧秤上的最大刻度是它的测量范围。所以，使用前应先调整平衡钮，使其归零，看刻度时保持视线与刻度盘呈垂直状态。

（2）电子秤 使用时先插上电源，检查各项功能，选择称量的公制，然后放上容器直接按下"归零"键，直接称取原材料，最后使用完毕后关上电源。

（3）温度计 使用时应注意它的使用温度范围，严格遵守各种类型温度计的操作规范，特别是普通温度计因为测温范围有限容易因高温而损毁，所以不可留在食物中一起加热。测温时，温度计应在食物中停留一小段时间让其升温，没有刻度盘显示的温度计，看温度刻度时保持视线与刻度呈水平状态。

二、温度、重量及容积单位的换算

由于每个国家使用习惯的不同，而形成了不相同的度量衡单位。对于使用者而言为了方便使用，应该了解温度、重量及容积单位之间的换算关系。

（一）华氏温度与摄氏温度之间的转换

1.华氏温度与摄氏温度之间的转换公式

华氏温度＝摄氏温度 ×9/5 ＋ 32

摄氏温度＝（华氏温度 −32）/9×5

2.常见温度换算表（附表 2-2）

附表 2-2 常见温度换算

温度 / ℉	温度 /℃	温度 / ℉	温度 /℃
32	0	270	132
50	10	300	149
70	21	330	166
90	32	360	182
120	49	390	199
150	66	420	216
180	82	450	232
210	99	480	249
240	116	500	260

（二）各种单位制之间的关系

现今常见的度量单位有美制与公制两种。美制为美国等地区常用的度量单位，公制则是除美国外大多数国家所采取的度量单位（附表 2-3 ~ 附表 2-5）。

附表 2-3　美制度量单位及其换算

	单位名称		缩写	换算
重量	磅	Pound	1b	1 磅＝ 16 盎司
	盎司	Ounce	oz	
容积	加仑	Gallon	gal	1 加仑＝ 4 夸脱
	夸脱	Quart	qt	1 夸脱＝ 2 品脱＝ 4 杯＝ 32 盎司
	品脱	Pint	pt	1 品脱＝ 2 杯＝ 16 盎司
				1 盎司＝ 2 汤匙
长度	英尺	Foot	ft	1 英尺＝ 12 英寸
	英寸	Inch	in	

附表 2-4　公制度量单位及其换算

	单位名称		缩写	换算
重量	克	Gram	g	1 千克＝ 1000 克
	千克	Kilogram	kg	
容积	升	Liter	L	1 升＝ 10 分升
	分升	Deciliter	dL	
长度	米	Meter	m	1 米＝ 100 厘米；1 厘米＝ 10 毫米
	厘米	Centimeter	cm	
	毫米	Millimeter	mm	

附表 2-5　公制、美制、市制间度量单位的换算

	公制与美制换算	公制与市制换算
重量	1 千克＝ 1000 克＝ 2.2 磅	1 斤＝ 10 两＝ 500 克＝ 0.5 千克
	1 磅＝ 454 克＝ 16 盎司	1 两＝ 10 钱＝ 50 克
	1 盎司＝ 30 克	
容积	1 升＝ 33.8 盎司	—
	1 盎司＝ 30 毫升	
	1 杯＝ 236 毫升	
长度	1 英寸＝ 2.54 厘米	—
	1 英尺＝ 39.4 英寸	